第**5**版

**Fifth Edition**

# 品質管理

## 食品加工、餐飲服務、生鮮物流

林志城・林泗潭◎編著

QUALITY MANAGEMENT

　　食品科技進步變遷快速，但是秉持品管精神追求品質的目標是永遠不會變的。雖然統計或品管軟體日新月異，但是從基本演算的統計品管來建立全面品質管理的觀念是初學者所需要的養成過程。個人在食品界將近 30 年，總覺得食品或餐飲團膳的學生都不太學品管，事實上食品品質絕對是以安全衛生為前提，工廠與餐廳的品管、從農場到餐桌是安全衛生的必備條件。猶記得當年塑化劑事件發生時，許多餐廳貼著不含塑化劑的檢驗報告時，就是品管系統已失能的情況，整個監督方和生產方完全忘記原料驗收品管的道理。大專食品與餐飲專業教育中應要有品質管理的課程，才能為大量生產的食品或大量製備的餐廳團膳有食品安全的基本條件。

　　本書由在水產與食品加工界逾 50 年的家父主筆，歷經 11 版，書名更改過後現又進入第五版，從出版到現在已逾 20 年，一本大專用書可以流傳這麼久，個人覺得是個很不容易的成就，以當今食品管理的眼光來評論這本書，個人覺得仍然具有極大參考價值。本次重新改版維持大部分內容架構，花較多的時間在語法修正和更換較新的現況法規和實例，也刻意保留一些舊例，主要是輸出生產所需的品管。總之，這本書希望可以讓讀者感受到其歷久彌新的價值。

林志城 謹識

## 林志城　食品科技博士

1992：臺灣大學　食品科技博士（含教育部重點科技博士前出國—日本東
　　　北大學生體分子機能講座研究）

2013~2016：臺灣茶協會　理事長

現職：　元培醫事科技大學　校長暨生技製藥系與食品科學系合聘教授
　　　　臺灣健康管理學會　理事長


## 林泗潭　農業技師（水產加工組）

1963：高等考試及格、中國生產力中心 QC 高級班結業

1964：職校教員、科主任兼公司廠長顧問 38 年

1968：APO 獎學金赴日研習食品品質管理

1978：兼任中國海專品質管制講師 22 年

1990：食品技術士技能檢定委員及評審

1992：臺灣產業服務基金會食品工業顧問 4 年

1993：海洋大學食研所（4 年）、先峰企管 QC 訓練班結業

1996：宜蘭大學食品系兼任講師 8 年

現　職：朝日農業科技股份有限公司董事長、同榮實業股份有限公司顧問

　　品質管理是因應時代潮流，由品質管制(QC)發展而來，決定企業或產品品質的好壞，已不僅是技術與制度問題，而是一個公司的文化問題。如果該公司的品質文化不好，那再好的技術與制度，均將屬浪費或空談。

　　本書如目錄共分成十章，首章品質管制基本概念，尤其對品質(quality)定義多所闡述，並將由 QC 發展至 TQM 的過程背景作有系統說明。第二章至第五章均與統計學有關，事實上要作好品管，瞭解群體次數分配、抽樣計畫、解決品管問題的七大工具($Q_7$)等基礎統計品質概念，所得品管才具有完整性和可靠度。其中第五章品質管制圖是製程管制基層品管人員的必備技術，由品質管制圖能充分掌握生產線工程是否正常。目前已有許多如 SAS、SPSS 統計品管的應用電腦軟體，如具備觀念配合軟體應用，即使沒有高深數理基礎也可以按部就班學好品管。第六章全面品質管理偏重管理理論和制度，其中對品質保證(QA)及品質成本均有具體闡述。第七章是一些現行標準和規範，提供一些以食品為主的相關管制標準或規範。第八章品管圈是品管的特色，在日本實施成功後，美國與臺灣都引進應用而有豐碩成果。第九章品管應用是本書綜合性的部分，讀者學前應有統計學、食品科學、企管等理論基礎，可供公司高級 QC 人員，大學高年級以上學生參考。第十章是各種食品與餐飲業現場的品質管制參考，其中餐飲業品管的實施，因為包含製造作業（食物製備）和服務業，品管精神絕對重要，也可以作為實施 HACCP 等食品衛生規範。總而言之，從第一章至第六章為理論觀念，第七章為這些理論觀念在國內所衍化制度之標準規範，第八章至第十章則為實際應用的執行面。

　　本書初版付梓於國內限於經濟不景氣與產業外移嚴重之時，為因應企業全球化潮流，臺灣許多食品產業應思考以前傳統加工地位已不復優勢，企業的升級與轉型以提升競爭力刻不容緩。提升企業競爭力需要靠良好的品質管理，而屬製造業的食品加工產業與屬服務業的生鮮物流和餐飲事業，品管更是增加產品價值、提高企業形象策略中不可或缺的手段。近年來食品安全受到社會民眾高度重視，本版付梓正逢新冠肺炎肆虐之時，冷凍食品、半調理食品興起與餐飲服務改為外帶等飲食生活改變，益發顯現各項加工作業中導入品管制度的重要性。以往食品和餐飲相關系所有關品管課程常受到忽略，但依食品產業整體情勢發展，無論產業發展或法規怎麼變化，科技如何發展，品質管理只會更加重要。本書希望能讓讀者認識品管、瞭解品管並運用品管。學海浩瀚，雖經審慎編排和校對，仍可能有疏漏之處，尚須請先進不吝指教。

林志城　謹識

# 目　錄
## CONTENTS

# 品質管制的
# 基本概念

**01**
**Chapter**

# 第一節　品質管制的發展

　　品質管制(quality control, QC)的積極意義,是以「經濟方法生產高品質之產品或服務,以滿足購買者需求的手段」。品質管制的觀念源自 18 世紀的產業革命,由於產業革命的影響,工廠開始大量生產,加上產品零件數的不斷增加,導致零件需要有標準化及可流通或可互換的共通性。因為事實上加工時無法生產完全相同的零件,因此在 1840 年代的製造者認為只要其尺寸比所定的標準為小即為合格,這就是單側檢驗的開始。後來因應用這種單側觀念,使裝配品的組件發生很大的空隙,導致品質不良。故到 1870 年改用量規(**Go-No Go gauge**)的雙側檢驗方法。換句話說在生產同樣製品時,只要其產品的標準在公差(tolerance)範圍之內就可以判定合格,以免無謂的浪費,這便是品質管制的最基本觀念。

　　臺灣的食品加工業為提升國際上的競爭力,在民國 40~50 年代開始,中國生產力中心(CPC)先後陸續引進統計品質管制及品管圈(quality control circle)的技術,奠定食品品質管制的基礎。民國 60 年之後,並由政府實施食品工廠品質管制制度及食品良好作業規範(good manufacturing practices, GMP)驗證標章制度,使臺灣的食品加工品質管制推進另一個新階段。民國 80 年以後,臺灣的飲食衛生倍受重視,政府於是引進危害分析重要管制點(hazard analysis critical control point, HACCP)觀念,不但要食品加工業遵行,也涵蓋到餐飲業的輔導與實施。這種對一個食品加工的工作者,要求其對各種食物的危害分析(HA)及重點管制(CP)的安全衛生觀念,在餐飲國際化的今天確有其必要性。品質原來僅是表示物品的良好程度,但現在廣義的品質早已擴大到服務層次,現今品質已抽象到無形的感覺(feeling)或價值(value),加上餐飲團膳業為提升競爭力及經營規模,也必須設法大量生產以求降低成本,這種以效率至上的生產方式,無法避免會有不良率及缺點率,而導致被折讓或顧客抱怨處理等所產生損失,有時反而會增加品質成本(quality cost)。所以在生產過程中使用各種品質管制的方法,期能在兼顧生產效率及產品品質或服務品質的條件下,提供高品質產品或服務,以滿足購買者之

需求，勢將成一種趨勢。近年醫療與創新均強調價值導向，價值等於品質除以成本，品管是控制成本的重要關鍵之一，企業要想永續發展，應多利用品質管制管理系統來提升企業競爭力。

　　日本品管專家石川馨教授，在他所著的《日本的品質管理》序中提及這樣一段話：「就我三十多年來的經驗，任何企業如果全公司能從董事長開始，所有員工全員參加品質管制(QC)活動，則一定能生產更好更便宜的製品或服務，促進企業營業額增加，獲利也增加，這意味著企業的體質已改善成功。」總之品質管制是以最經濟有效的品管方法或制度，提供高品質、低成本的產品或服務給消費者，秉持品質第一，服務至上，以品質為中心的經營理念，提高經營效果，使企業更能立足品質競爭時代。其他食品相關產業如冷凍冷藏食品加工業、生鮮物流業和餐飲服務業亦不例外。

## 一、品質管制時代階段

　　QC 的發展約可分成六個階段，每一個階段大概延續 20 年之久，從 1900 年以前操作工的品管時代至今所提倡的全面品質管理(TQM)的時代已經超過一百年。

### 1. 操作工的品質管制時代（1900 年以前）

　　1900 年以前，工人自己生產產品，自己負責品質的管制，在這階段因為沒有生產效率觀念，工人只要把產品作好就好。小眾或個人工作室的藝術品創作，亦屬於這種品管模式。

### 2. 領班的品質管制時代（1901~1918 年）

　　1900 年以後，生產規模增加，為生產相同的產品，工廠內從事同類工作之一批工人由領班來監督，這個階段正好是泰勒(Frederick W. Taylor)提倡科學管理原則(Principles of Scientific Management)導入工業界，生產標準化問題極受重視，因此領班在監督生產效率的同時也需負責產品的品質。

### 3. 檢查員的品質管制時代（1919~1937年）

第一次世界大戰期間，生產速度快速增加，製造部門組織複雜，領班已無暇兼顧生產效率及品質管制工作，生產後的產品派由專門的檢查員，在貨品出廠前再做檢驗，而將不合格的產品淘汰，以保證品質。

### 4. 統計的品質管制時代（1937~1960年）

由於第二次世界大戰軍需品需求量大增，工廠規模擴大後，所需檢查人員增多大幅提高成本，故在1937年美國將統計方法如管制圖、抽樣檢驗、統計分析等導入品質管制作業中，以探求產品品質的變異性加以控制或預測產品的品質水準。這階段的品質管制，因只限於技術、製造、檢驗等較專業性，因此其他部門人員認為品質管制與他們無關。

### 5. 全面性品質管制時代（1961~1990年）

品質管制進入第四階段統計品管後，雖然已可免去全數檢查之麻煩，但至1960年代時，認為品質管制只讓生產技術人員來完全負責品質問題，仍無法預防顧客對品質不良的抱怨。於是美國奇異公司費根堡(Feigenbaum)博士首先倡導全面品質管制(total quality control, TQC)，他認為品質管制應由全公司的員工來負責，打破以往品質管制是製造或品管部門責任的觀念。這種美國式的全面品質管制，引進日本後加以發揚光大，至1968年日本把它定名為全公司品質管制(company-wide quality control, CWQC)，其涵義是管制應自產品設計開始至產品到達顧客手中滿意為止，在整個企業經營過程中的重要機能成形一個體系，並由公司全體人員來負擔品質管制之責任。

### 6. 全面品質經營時代（1990年以後）

現階段的品質管制，除提升到高階層管理員的層次外，更把品質管制的範圍擴及到協力廠商，對於可做為衛星工廠的公司予於協助輔導，彼此建立共存共榮關係，此種作法稱之全集團品質管制(group-wide quality control, GWQC)。為求達到預期的品質管制目標，要求協力廠商

供應符合要求的各項原材料、零件，以達生產價廉物美合乎消費者需要之產品。歐洲國際標準組織自 1987 年頒布 ISO－9000 系列國際標準以來，品質管制的第六階段將成 ISO－9000 系列的品質保證(quality assurance, QA)時代。尤其是現代對飲食安全衛生的重視，危害分析重要管制點(HACCP)的觀念與 ISO 系列，成為食品餐飲業品管的重要對策。

## 二、國際品質管制的發展

　　品質管制在國際正式被重視及採用，係自統計品質管制(statistical quality control, SQC)開始。這種品質管制可以說是包括企業管理與工程管制的管制方式。1924 年美國修華特博士(Dr. W. A. Shewhart)繪出第一張品質管制圖後，引起當時工業界的重視，並奠定以統計方法應用於製造管制的基礎。1935 年英國皮爾遜博士(Dr. E. S. Pearson)發表〈統計方法對於工業標準化與品質管制之應用〉被英國當局指定為國家規格(B. S 600)，廣被化學、藥品等工業應用。1937 年道奇(H. F. Dodge)與洛敏(H. G. Romig)的抽樣法，在美國生產工業中普及應用，乃迫使交貨廠商採用品質管制制度，以期減低因不合格而退貨之損失。美國採用這種管制方式，結果為第二次世界大戰生產軍需時，在品質、產量、經濟上均有偉大的成就。1946 年美國品質管制學會在紐約成立，並出版《Industrial Quality Control》，當時在各大學均開設此課程，而且各大工廠、銀行、航空、百貨公司也都設有品管部負責推行，迄今進展為全面品質管制(total quality control)的領域。日本在 1946 年首先接受盟軍占領當局的指導，在通信機器工廠實施品質管制。1948 年並組織日本科學技術聯盟，聘請美國品管專家戴明(W. E. Deming)及裘蘭(J. M. Juran)到日本講授及協助推動，又於 1962 年創辦《現場與 QC》雜誌，專供公司班長領班等基層人員閱讀。其鼓勵各工廠領班組成小組積極推動現場品質管制，此種動員工廠作業人員參與的品管小組，又稱品管圈(Quality Control Circle, QCC)，後來在日本發展至數十萬人參加活動，並受世界各國品質管制界極為重視。

　　1990 年後美國鑑於很多工業產品已失去國際競爭優勢，特地組團到日本考察 QC，隨後發表美國 QC 已落後日本之警告，並使 QC 很快發展到全面品質管理(total quality management)的世界趨勢。

## 三、我國品質管制的發展

　　我國的品質管制早在 1953 年（民國 42 年）由臺灣肥料公司新竹廠，開始試辦統計品質管制，為我國工業界實施品質管制的開端，距 1931 年美國 W. A. Shewhart 發表〈Economic Control of Quality of Manufact ured Products〉已遲 22 年。較 1946 年日本 NEC 首先應用品質管制於真空管之生產工程也遲近 7 年。民國 45 至 50 年間，由中國生產力中心每年選擇 2~3 家工廠，協助推行、示範並舉辦品管訓練班等，為我國品管的推廣時期。民國 51 年以後為品管發展時期；先由經濟部成立「產業產品品質管制審議委員會」，接著釐訂「推動國內工業實施品質管制辦法」，成立「中華民國品質管制學會」，設立品管團體獎及個人獎。56 年底首次邀請日本品管專家石川馨博士來臺演講，政府開始推行品管圈活動。58 年經濟部頒布「國產商品實施品質管制使用正字標記及申請分等檢驗聯繫辦法」，正式將推行品管工作作為政府經濟措施之一。59 年先峰企業管理發展中心成立，先後舉辦品管圈發表會及全國金獎品管圈選拔大會，並籌組「亞洲品管圈協會」，藉品管圈活動促進亞洲地區工業全面升級。民國 60 至 70 年代政府積極實施「國產商品品管等級及分級檢驗制度」很有成效，對臺灣經濟發展貢獻很大。79 年商品檢驗局鑒於國際標準組織制頒的 ISO－9000 系列，已被先進國家相繼採用，因此逐將 ISO－9000 系列轉訂為 CNS12680 並制訂「國際標準品質保證制度實施辦法」，自 80 年起開始實施，並接受國內廠商申請認可登錄。1983 年經濟部工業局導入美國良好作業規範(good manufacturing practices, GMP)認證後，近 20 年品質管制最熱門之話題應是 ISO-9000 系列，且重視 GHP 和 HACCP 之推行。食品 GMP 於 2015 年由推廣食品 GMP 逾 20 年的臺灣優良食品發展協會承接，採行 TQF(Taiwan Quality Food)與國際間對食品安全的規範制度，加強源頭管控與透明化。

## 第二節　品質與管制的意義

　　在討論什麼是品質管制之前，讓我們先來瞭解一下，品質和管制的意義。品質包括有形的產品品質及無形的產品品質兩大類，前者如實質的工業產品，食物飲料，餐廳裝潢等產品特性的品質，後者無形的產品品質如人員服務、清潔衛生、環境氣氛、心理舒適感覺等。餐飲業可視為製造業和買賣業的綜合，原料在廚房裡加工製造，而後在餐廳裡出售，因此其複雜性及特異性自然不需再贅言。又品質的維持得靠適時的管制，掌握管制的循環和步驟是品質管制的先決條件。

## 一、品　質

　　廣義的品質(quality)就是符合要求的標準，即是消費者能得到最滿意最適合的產品或服務，而不是雖為最高級最優良，但不符合經濟效益的東西。因此品質因消費對象不同，要求的標準各異。歐美將品質定義為「產品或服務能夠滿足既定需求的整體特質和特性」，其需求範圍可能隨著時間而改變，亦可能因使用者不同而有差異。日本則將品質定義成「為決定物品或服務是否達成使用之目的，而用來評價其固有特性或性能的全部」。

### 1. 產品品質(product quality)

　　品質(quality)是物品的良好程度，而各種物品的良好度均由數種不同的特有特性所組合；例如狹義的品質包括直接與物品有關之特性如外觀、形態、重量、性能、色、香、味及罐頭真空度等。廣義的品質同時包括成本、售價、不良率、互換性、售後服務等。品字雖係由三「口」集合而成，就是俗話所說有口皆碑的意思，但工業上所指產品的品質，即指工程及製造的綜合產品特性而言。因此「品質」二字的意義非僅指一項產品的優或劣，應包括製造程序之特性，換言之「品質」的意思並非生產最好的製品，而是指消費者所最滿意的製品，即生產者在現有技術條件下，所能生產最佳品質的產品以滿足消費者的要求。

　　品質的表示方法，盡可能以數量的表示為最佳，其數量值稱為品質特性值(value of quality characteristic)，均可用計量值(variables)如 g、cm、Be'、mg、%等描述值來表示品質。但品質特性如食品的色香味，無法用數值表示時，可用計數值(attributes)如單位批(Lot)內不良數或缺點數來表示品質。

## 2. 設計品質(quality of design)

　　設計品質又可稱為品質水準，即平均品質，是所開發製品中正常的製品所具備的特性。具有圖 1.1 中相當等於長方形 ABCD 區域內部之各點的特性值就是良品。又如以成本觀念來考慮，設計品質應解釋為價值與成本之比較如圖 1.2。例如使用最好的原料來生產製造，品質固然優越但成本很高，且消費者未必歡迎。但若降低標準使用粗劣原料來製造時，價格雖低但品質惡劣消費者亦不歡迎，在這些情況下生產者均不易獲得合理的利潤。所以考慮品質時不能忽略經濟上的因素，應考慮售價、美觀、性能三者之平衡，不能一味講求最佳品質。我們考慮品質的優良與否須同時考慮價格，否則品質優劣就無法做公平的比較，近年流行以消費者的價值導向來訂價的策略就是這種概念。因此如何決定設計品質的理想點是非常重要。如圖 1.2 若品質設計在 $Q_0$ 利潤最大，$Q_1$ 為薄利多銷的設計品質，$Q_2$ 則係在減少利潤製以高成本出高級品的設計品質。

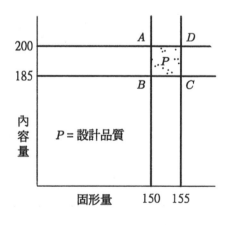

■ 圖 1.1　設計品質的目標

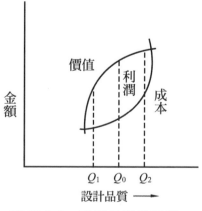

■ 圖 1.2　設計品質的選擇

### 3. 製造品質(quality of conformance)

製造品質是表示產品品質與設計規格的相符度，即偏離設計品質的程度。由於原料不均，操作不當或機械故障等原因而引起的不良品，均是偏離設計品質的因素。製造部門對於這些產品品質必須負起責任。因此製造品質必須考慮不良率的增減對費用所發生的關係如圖 1.3、1.4；製造總價的最低點是決定在不良率 $P_0$ 之點，若決定不良率為 0%導致管理費用急激增加，亦非品質最適合的點。

### 4. 市場品質(quality of market)

就一般工業產品而言，市場品質可以等於製造品質，即製造當時的品質也可相當於設計品質。但食品均有保存期限，產品的耐藏性(tolerance)更應優先考慮，雖然公司以設計品質為目標，但與實際所生產產品品質(quality of product)仍有差異，這是無法避免的。如果提高技術能力及工程能力則可將生產的產品品質越接近設計品質，但食品的市場品質通常會隨時間的延長而降低產品原有的品質水準。當然也有產品越久品質越高，如烈酒或陳年普洱茶。

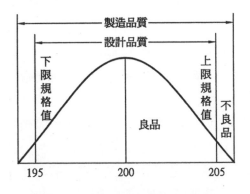

■ 圖 1.3　設計品質和製造品質

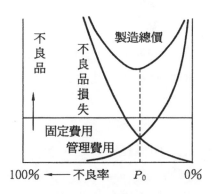

■ 圖 1.4　理想的不良率

又品質的良好判定，除其特性值均勻優良外，也應考慮價格，否則再高的品質水準也沒有意義。今就三種廠牌的鋼筆來說明：

甲牌：性能極為優異，非常高級美觀，價格為 1000 元。

乙牌：性能尚可，外型美觀實用，價格為 100 元。

丙牌：性能極差，常常會寫不出字來，價格為 20 元。

如果以上三種鋼筆要讓我們學生來挑選的話，相信絕大多數人都會選購乙牌。因此在設計品質之時，必先瞭解消費者的對象，而且在評論品質好壞時，絕不能把製品的性能和價格分開考慮。因為就價格及性能來衡量還是乙牌最適合消費者之要求。這個值得付出代價的「合宜」水準，是由市場來決定的。

### 5. 服務品質(quality of service)

顧客對服務品質的滿意度是以服務的實際認知與對服務的期望二者間比較而得。服務品質的十項構面包括：可靠性、反應性、勝任性、接近性、禮貌、溝通性、信用性、安全性、瞭解顧客及有形性。餐飲業之所以被歸類為服務業的一種，是因為其產品獨具特色，其產品包括有形產品和無形產品兩種。

(1) 有形的產品：也就是指看得到的產品，舉凡餐廳裝潢、座位、設備、菜單、制服、食物種類等都直接與消費者的喜好有關，影響餐飲經營的成敗。

(2) 無形的產品：也就是指一種感覺的產品，包括餐廳氣氛、風格、人員的服務、清潔衛生及心理的舒適感等，都間接影響消費者再次光臨的意願。

同時餐飲業又可視為製造業和買賣業的綜合，原料在廚房裡製造，而後在餐廳裡出售，因此其複雜及特異性自然不需贅言。服務品質與一般產品品質不同，其中最大的特性是服務品質「看不著、留不住、帶不走和變化多」，因此純粹服務業的品質管理也應不同於製造業的品質管理。日本學者杉本辰夫將服務品質歸納成下列五種：

a. 內部品質(internal quality)：看不到的品質，如食品衛生等。

b. 硬體品質(hardware quality)：看得見的品質如室內裝潢等。

c. 軟體品質(software quality)：看得見的軟體品質，如結帳正確與否。

d. 即時反應(time promptness)：服務時間與迅速性。

e. 心理品質(psychological quality)：服務人員的態度。

以上五種品質，若能確保一定的標準，符合顧客的需求，就能直接間接影響餐飲服務業的營運狀況。

## 二、管　制

管制(control)意指「確保某物於某範圍之中」或者「令某種事物限制於吾人所訂定之規律內」，也就是依照計畫或所訂標準，考核實施結果有無差異，如有差異即採取矯正措施之意。例如一般為達到生產目標及成本目標的作業程序，分別稱為生產「管制」與成本「管制」。因此為達到工業上品質目標程序，即稱為品質「管制」。

### 1. 管制的四步驟

管制一般皆有四個步驟，在品質管制中此四步驟即：

(1) 計畫(plan)：訂定品質目標、成品規格、驗收標準、作業標準、檢驗標準等。

(2) 執行(do)：將作業程序、機械維護、檢驗方法、記錄方法等教導操作員或品管人員，使計畫付諸實施。

(3) 核對(check)：對操作條件或品質特性加以測定，然後整理資料分析，將結果與標準比較，判定製造程序是否正常。

(4) 矯正行動(action)：對執行偏差之現象，應找出形成不正常原因，針對此原因提出改善對策，從根本上把問題解決。若不正常原因是出自原訂標準的不合理，這時需要修改使能再標準化。

上述四個步驟連成一個不斷改善的迴圈，稱為品質管制循環(QC cycle)。這循環的不斷滾動，表示品質、技術與管理的不斷進步，如圖1.5。

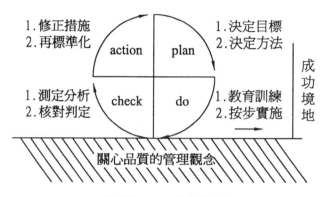

■ 圖 1.5　管制循環

　　管制目標的決定首先要確立標準，而標準之設立要以市場的需要為主，但仍須考慮生產技術、製造能力以及是否符合經濟原則。標準(standard)確立後對於生產出來的東西或過程應加計測(measurement)，並將所測得的結果與標準比較看看是否符合，經此判斷(decision)必要時再加矯正處理(corrective action)一直調整至與標準一致為止，與標準一致後並時時維持監視(watch)保持完美的狀態。如上所述標準、計測、判斷、矯正處理、監視為管制五要素，缺少一要素即不能達到其目的，其中尤其是標準與計測為基本。可由下列圖 1.6 表示出來。

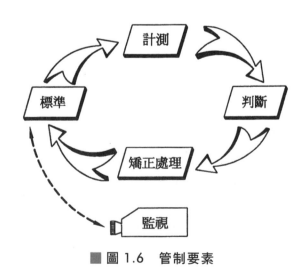

■ 圖 1.6　管制要素

由以上的說明，我們可以瞭解，管制(control)可包括「確立標準」與「保持品質」兩大意義，前者如確立原料標準、作業標準、成品標準（規格）等，後者則是控制品質的重要活動項目，即為達成品質目標所採取的一系列有系統的活動。故有很多專家認為管制應提升到管理(management)的層次。

### 2. 戴明管理循環

美國 W. E. Deming 提出著名的 PDCA 管理循環圖後，特別對製造業提出如下說明：

(1) 舊式製造業：依靠猜測進行生產，即對新產品以猜測的方式來設計，猜何者形式能暢銷，它的過程是：

$$\xrightarrow{\underset{設計}{1}} \quad \xrightarrow{\underset{生產}{2}} \quad \xrightarrow{\underset{試銷}{3}}$$

(2) 實施品質管制後，把上述舊式過程增加市場與消費者的調查研究，而增加第 4 個步驟市場調查，四者循環之圖形如圖 1.7。

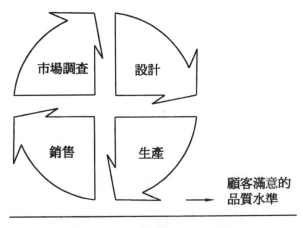

■ 圖 1.7　戴明管理循環圖

即設計產品時須先經過市場調查，在生產線上也要試驗，並在檢驗室檢驗，待產品檢驗合格然後上市，展開售後服務與市場調查，不

但調查使用者對產品的反應,而且也要調查非使用者不使用我們產品的原因。然後綜合消費者的意見,對產品進行再設計、再生產……,如此循環,不斷地尋求消費者滿意的品質與價格,以達成我們品質「管制」的最後境界。

### 3. 石川馨管理循環

日本品管圈(QCC)創始人,東京大學教授石川馨博士,根據其經驗及理念,提出另外一種極具實用價值之管理循環其概念說明如下:

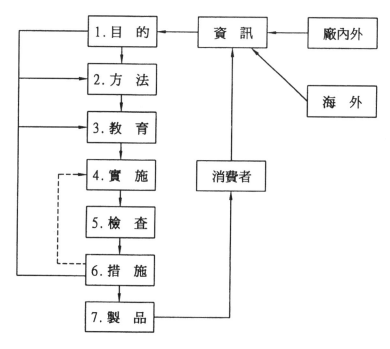

■ 圖 1.8　石川馨管理循環圖

(1) 考慮消費者的需要及公司本身技術水準制定品質標準（目的）。

(2) 依據品質標準,決定原料標準,作業標準,檢驗標準（方法）。

(3) 教育與訓練全體員工,尤其作業員,瞭解上述目的與方法。

(4) 確實實施各項作業標準。

(5) 檢查作業內容是否合乎標準。

(6) 發現有錯誤或異常現象,應立即採取適當的改善措施追蹤處理。

(7) 如果上述各階段順利達成,則產品品質必能滿足消費者之需求。

### 4. 馬文葛林行銷循環

馬文葛林(Melvyn Green)的行銷循環也是管制的一種,利用這個循環可使行銷達到預期目標,使企業經營更成功。所謂行銷是指「發掘顧客的需求和慾望並滿足之」,行銷的對象不僅限於實質的產品,其他如服務、活動、思想、地方、國家甚至人,都可透過行銷的活動來推薦給大家。

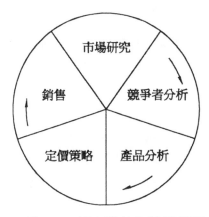

**■ 圖 1.9 馬文葛林行銷循環圖**

 第三節 品質管制定義

品質管制(quality control)簡稱 QC,原是美國為達到品質保證(quality assurance)的目的,所實施的一種方法或手段。引進日本後常用品質管理(quality management)這個名詞來替代,但在日本工業界仍用 QC 的英文字母來表示。品質管制有人認為就是產品檢驗,到 SQC 統計品管時代時又有人認為就是一種統計方法,其實這都是錯誤的,為徹底瞭解品質管制的定義,茲先將各品管學者,對品質管制的定義列舉如下:

# 一、統計品質管制(statistical quality control, SQC)

## 1. W. E. Deming 之定義

統計品質管制是在工業生產過程中，應用統計的原理及技術，以最經濟的方法，生產合乎市場需要的製品。

## 2. 朱蘭博士(Dr. Juran)的定義

品質管制是設定品質標準，為達到此標準所使用的一切方法。而統計品質管制，則是品質管制之中應用統計方法的部分。

## 3. 企業管理國際委員會的定義

統計品質管制是用數理統計學的品質管制方法，是應用統計學的原則及技巧，去管理產品的整個製程，以期達到最經濟的生產，製造出最實用而有銷路的產品。

## 4. 施政楷先生的定義

統計品質管制是以統計數理分析方法為基礎，應用到工業生產過程中，配合工程師的知識和經驗，以數理的分析和客觀的判斷，謀求操作穩定製品均勻減少損耗。它是工程師的一種新式武器，能於事前診斷，防止缺點之發生，又能客觀追查原因洞察本末。

## 5. 日本工業規格(JIS)的定義

品質管理是為符合顧客要求品質之產品，用一種很經濟的方法來生產的體系，唯近代採用統計的原理，因此又稱統計品質管制。

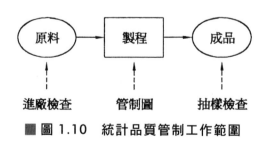

■圖 1.10　統計品質管制工作範圍

## 二、全面品質管制

### 1. 品管大師費根堡(A.V.Feigenbaum)定義

　　全面品質管制(total quality control, TQC)是把組織內各部門的品質發展、品質維持、品質改進的各項努力，綜合成為一種有效制度，使生產及服務皆能在最經濟水準，使顧客完全滿意。

### 2. 石川馨博士定義

　　品質管制是將消費者願意購買的最經濟最有用的產品，加以開發、設計、生產、販賣服務。為達到此一目的有關全公司之經營、製造、工廠設計、技術研究、計畫、調查、事務、材料、倉庫、販賣、營業、庶務、人事、勞力、管理等部門，也就是全公司內各部門之全體人員，大家協力合作，共同認識共同推行，使工作標準化，使所訂各種事項確實執行。故必須採用統計方法以及物理、化學、電氣、機械等固有技術。配合新的標準化、自動化、設備管理、操作研究(OR)、工業工程(IE)、相互評價法(MR)等各種手段加以靈活運用始能達成目的。

### 3. 鍾朝嵩先生定義

　　現在的工業生產都希望生產價廉物美，又有用途並為顧客所非常喜歡購買的產品，為要達成這種工業生產目的，所作的一切努力和活動，就是今日我們所謂的品質管制。

　　同前所述，全面品質管制是將一組織內部門的品質發展、品質維持及品質改進的各項努力綜合起來，使生產和服務皆在最經濟之條件下，讓顧客最滿意的一種有效制度。其層面涵蓋全公司內的所有部門及人員，由市場調查，產品設計，一直到售後服務等整個流程構成一個系統，我們稱之為「全面品質管制系統」，如圖 1.11 所示。

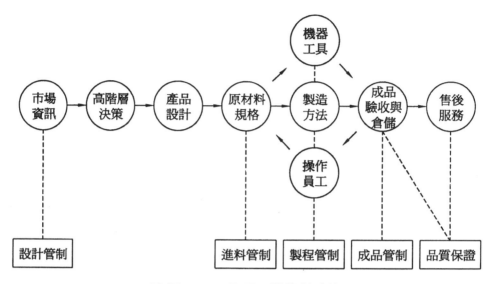

■ 圖 1.11　全面品質管制系統

## 三、全面品質管理(total quality management, TQM)

　　品質管理系統的意義，是指運用一套管理系統，針對所有影響品質成效的活動，給予整體的管制，進而達成顧客滿意，和對於組織內所有影響品質的單位，明定其管理的方法。而 TQM 依據美國國防部所下的定義，是一種理性的思考方式和一組指導原則，作為持續改進組織的基礎，它利用數學方法與人力資源，以改進產品與服務的品質及組織內的所有作業過程，以符合顧客現在及未來的需要。也就是說 TQM 是以規則的方法，來整合基本的管理技術，現有的改進努力，以及技術工具，集中全力於品質改進的工作上。

## 四、品質管制(QC)的綜合意義

　　品質管制雖然是近代的名詞，但其思想源自操作工的品管時代，在人類知道要把產品品質作好或把服務品質作好即開始。雖然已發展到 TQC 的時代，但也不是表示 SQC 的時代已經完全過去。因為 TQC 偏重

於企業的管理，而 SQC 則注重統計方法的應用及技巧。兩者必須相互應用，方能適應現代的工業潮流。以前僅作 SQC 而忽略 TQC 或將來僅喊 TQC 而沒有 SQC 之技術，同樣無法解決全部品質問題。

品質管制亦有人劃分為品質保證、製造管制及檢驗三大部分，其工作範圍包括如下：

1. 品質保證：如顧客抱怨或抗議的分析及處理、品質稽核、核對檢驗、市場品質之決定、檢驗精確度之評定、品質之行政報告等。

2. 製程管制：如製程能力研究、實驗之設計、抽樣計畫之設計、資料分析、統計方法之運用。

3. 檢驗：如接收檢驗、製程檢驗、成品檢驗、量規保養、試驗設備保養等。

品質管制自 1946 年經過引進日本後，發揚光大在 1968 年定名為全公司品質管制(company-wide quality control, CWQC)，TQC 應是企業公司內上自董事長以下至作業員全員都參加，且各人要自行負起推行品質管制之責任。雖然自己公司的 CWQC 做得很好，但因衛星公司的材料或零件出問題，造成中心公司的損失，故更把 QC 的觸角伸向協力廠商，針對所有可做為衛星工廠之廠商盡量協助與輔導。彼此間建立起共存共榮關係，此種品質管制叫做全集團品質管制(group-wide quality control, GWQC)。而現代的 QC 已涵蓋管理所有為達成公司品質目標之活動過程，把品質規劃、品質改善、品質管制綜合成為全面品質管理(TQM)。其發展過程如表 1.1。

總而言之，品質管制是設定品質規格所應用之各種方法。即設定適當的規格，使產品之性能夠滿足顧客要求，外觀能吸引顧客所努力的各種方法。其意義並非僅指統計學的研習或管制圖的繪製，是集合公司中全體人員的智慧與力量，上自董事長、總經理，下至領班、作業員都運用品質管制的想法和做法，通力合作全員經營公司朝向共同的目標努力，以促進企業內所有人、事、物品質的改進、全面提高各部門的管理

水準，以達成增進企業利益的目的。因此品質管制是公司高級主管所談的管理計畫或經營方法，是中級主管所談的管理技術，也是基層幹部及作業員所闡明的影響品質因素及簡單的統計理論。

**▶表 1.1　全面品質管理(TQM)的發展過程**

| 品質的發展過程 | 品質的觀念的演進 | 品質制度 |
|---|---|---|
| 交貨前檢驗 | 品質是檢查出來的 | 交貨前檢驗 |
| SQC | 品質是製造出來的（技術問題） | QC |
| QA 制度 | 品質是設計出來的 | QA |
| TQC | 品質是管理出來的（制度問題） | TQC、CWQC |
| 全面品質保證 | 品質是文化出來的（文化問題） | TQM |

 **第四節　品質管制重要格言與誤解**

## 一、品質管制格言

1. 品質管制是打開金庫的一把鑰匙。

2. 如不實施品質管制，則該企業將自通訊錄裡消失。

3. 品質管制的第一步是把握消費者購買何物。

4. 誤解品質管制之意義則將導致失敗，解釋正確則將成功。

5. 企業管理是一項資源，實施品質管制是開發資源的最好方法。

6. 推行品質管制首先要排除觀念上的阻力。

7. 品質管制的第一步要從提高經營者觀念的品質開始。

8. 品質管制是否具有成效，要從經營的觀點去評價。

9. 品質管制的一切成就，是全體員工融洽無間通力合作的果實。

10. 訂下目標向品質挑戰。

11. 本著無缺點的精神，第一次就把事情做好。

12. 檢驗人員不應站在工作者對面等缺點、找缺點；應站在工作者旁邊，協助防止缺點發生與消滅缺點。

13. 檢查 100 次不如設法對製程改善乙次。

14. 部屬的失敗就是自己的失敗。

15. 商場如戰場，品質打先鋒。

16. 把重點放在檢查的品質管制是舊的品質管制。

17. 品質是最好的推銷員。

18. 實施品質管制，應摒棄現場的迷信。

19. 品質是員工生活的保障，品質是發展事業的前途。

20. 單靠檢查不能做出好的品質。

21. 產品中混有不良品就如同富家中出了敗家子。

22. 技術人員假如不懂得統計，只能做半個技術人員。

23. 主管所需要的在於正確的判斷與決斷。

24. 企業活動的範疇是研究、開發、生產、市場推銷與財務控制。

25. 求才、育才、用才、留才為主管重要工作之一。

26. 工作是自己創造的，不是人家給的。

27. 經營者的觀念差距，遠超過管理差距及技術差距。

28. 品質的好壞決定公司的成敗存亡。

29. 品質管制是新的經營哲學，經營的思想革命。

30. 品質創造信譽，信譽保證品質。

31. 不賺錢的品質管制，不能稱為品質管制。

32. 品質管制之基礎，在於搜集正確之資料。

33. 品質管制之重點工作，為防止「不良品」之再度發生。

34. 尋找可疑原因之第一步工作，乃是把握住現場的實況。

35. 實施「全數檢查」乃是實施品質管制沒有成效之證據。

36. 確立標準是品質管制的第一步。

37. 品質管制可降低成本是鐵的事實。

38. 一百個直覺不如一個正確的數據。

39. 再三發生同樣的不良是品質管制不徹底的證明。

40. 管制圖是製程的警報器。

41. 推行標準化，步調齊一，品質劃一。

42. 百句空言不如一個行動。

43. 訂下目標，向品質、產量、成本挑戰。

44. 品質、交期、成本，缺一不可。

45. 想想看有沒有更好、更省、更快的方法。

46. 品質是製造出來的，而非檢驗出來的。

47. 錯誤的記錄，比沒有記錄危害更深。

48. 無缺點就是能力最高的表現。

49. 售後服務要迅速、確實與親切。

50. 市場反應的好壞是品質成敗的指標。

51. 人有無限潛力，通常只使用三分之一。

52. 提案制度使員工有機會在工作上表現智慧與創見。

53. 好的提案公司獲益，個人也獲益。

54. 提案件數的多少表示員工士氣的好壞。

55. 第一線工作人員，對操作情況知道得最為清楚。

56. 想要推動天下，先要發動自己。

57. 現場管理的重點包括品質、產量、成本、交期、士氣、安全缺一不可。

58. 細心、專心、耐心從開始就把工作做好。

59. 失敗主義者永無成功的一天。

60. 無缺點計畫「ZD」是在事先預防錯誤，而品管「QC」是在發現錯誤加以修正，最終目的均為獲得完全的產品。

61. 眼睛看到將來，力量用於現在。

62. 品質管制不是獨腳戲，需要全員支持與合作。

63. 目標＋要領＋實踐＝成功。

64. 遇到問題時要用特性要因圖分析。

65. 實行全員實力主義；不據學歷、不論年資、純依工作績效定優劣。

66. 凡事一一請示主管工作才能進行，不能算是一個有制度的工廠。

67. 消費者提供我們工作機會。

68. 設計合理的品質為品質管制的第一步。

69. 欲實行品質管制須組織合理化。

70. 所謂品質管制即分層負責，各自實行應實行者之謂。

71. 優良的品質建築在無缺點的信心上。

72. 不考慮成本無法決定品質。

73. 品質由設計及工程而定，品質非由檢查創造。

74. 公司在舉行全數檢查，即我們的產品有不良品之證明。

75. 所有的作業均有差異存在。

76. 品質管制始於管制圖，終至管制圖。

77. 作業標準及管制圖為一體之兩面。

78. 不知工程能力者，不能設計品質。

79. 不知工程能力者，不能實行品質管制。

80. 好的品質管制可自動管制成本。

81. 品質管制應由新製品之計畫至消費者止。

## 二、品質管制誤解

1. 品質管制由品質管制課去做即可。

2. 品質管制是很花費金錢的。

3. 品質管制與我無關。

4. 現在很賺錢，故不必用什麼品質管制。

5. 品質管制與事務部門無關。

6. 所謂品質管制即嚴格檢查產品。

7. 品質管制即為統計學。

8. 所謂品質管制即實行標準化。

9. 所謂品質管制即繪製管制圖。

10. 品質管理為研究高深學問。

11. 品質管制讓檢查課去做即可。

12. 品質管制讓工廠去做即可。

13. 品質管制有施工場所再做即可。

# 統計品管的
# 基礎

統計是指「物」的集合，如某一批產品或某一批事、物的集合。統計是以統計量或數據(data)為研究對象，例如原物料批的不良率或產品批的平均厚度等，都必須以統計量表示出來，僅說是「好」是「壞」或說「過薄」、「過厚」沒有明確的數字是沒有意義及價值的。在企業或工廠中與數據有關的事很多，尤其職位越高的人與數據接觸的機會越大，例如生產量、不良率、顧客或採購商所訂的產品規格，整個企業的銷售量及公司損失情形我們也非用數據不可，尤其研究品質管制更離不開數據。統計品質管制其「統計」二字的意義，就是要用統計方法來整理數據，從數據中找出結論，提供管理人員參考進而改善產品品質。統計學雖是複雜的學問，但在品管中只是分析工具的一種，況且許多運算已可透過軟體處理，因此本章僅介紹統計學的概念、運用及想法，不多作理論方面陳述，著重與品管有關的原理應用。

## 第一節　數　據

數據(data)的性質要成常態分配或二項分配才有意義。而且在收集資料時，數據的履歷或取得過程必須很清楚，這樣才能利用統計歸納合理的結論取得公信力。另外在測定數值時，也要考慮其誤差。

測定值＝真實值＋誤差：

測定誤差（人為、儀器、計算）

抽樣誤差（或然率）

## 一、數據的性質

在搜集的數據中，依性質不同可分成連續數據與間斷數據兩種：

## 1. 連續數據(continuous variable)

在一連續不斷的變數系列上，任何一部分都可加以細分以得到任何的值，或在任何兩值之間，均可得到無限多介於兩者之間大小不同的值，這類變數稱為連續數據或稱「計量值(variable)」。例如長度、時間、溫度、重量、厚度、百分率等均屬連續數據。以長度來說，可以是 30cm，可以為 29.3cm，也可以為 28.42cm，在某一範圍內任何的值均可出現。連續變數既然是連續不斷，那麼在連續數據之系列上的任何一個值應視為一段距離，而不是一個點。例如一條魚的體長為 15cm 是代表 14.9cm 至 15.1cm 之間的任何一個數值，亦即這二者之間的一段距離，而不是代表 15cm 這一個點，故連續數據如 15cm 只是一個近似數(approximate number)。

## 2. 間斷數據(discrete variable)

又名非連續數據，是一種只能取特定值，而不能取出任何值的變數。在同一變數下，任何二個不同變量間不能加以無窮細分，亦呈不連續性沒有小位數，故稱間斷數據或稱「計數值(attribute)」。例如東西分為好與壞、合格與不合格、或計算缺點數，我們只能用幾個、幾次、幾尾、幾點來表示。如在 200 個空罐中有 3 個不合格、不良率為 1.5%，雖亦有小位數但此種情形仍為 1、1.5、2……之間斷數據而非 1.1、1.2、1.3 等連續數據。正如家裡的孩子數可能為 1、2、3 或更多，但不可能為 1.2 人。雖然全國家庭平均每家孩子之平均數可能為 0.95 人，但只是理論上之觀念而已。因事實上沒有 0.1 或 0.5 個的孩子存在。故間斷數據如 20 個空罐、30 次事故、50 個汙點等，因此間斷數據是精確數(exact number)。

# 二、數據（品質）的變異

在工業製造上有一基本特性，就是產品與產品之間均有差異存在，這種差異稱之變異。如果我們來秤量每包裝 100g 的味精，即使很專心去做每包的重量也無法絕對一樣，尤其疏忽時其差異更大。如果說測定結

果是一樣，那多半是測定不夠精確或為假資料所致，不真實的數據是毫無用處的。像以上所述之計量值大都會形成以目標值(100g)為中心的常態分配。產品品質變異可分為正常的機遇原因與不正常的非機遇原因兩種：

## 1. 機遇原因－屬正常性的變化

在工業生產過程中，有許多微小無形的影響因素存在，而使產品間發生變異，其變異幅度不很顯著。主要是由原料、機械、人、加工方法在標準範圍內發生之變異，無法加以控制或避免，因此在生產過程中的正常變化，稱為隨機變異亦稱正常變異。

## 2. 非機遇原因－是突發性的變化

又稱為不正常原因變異，係因材料不同、機器差異、操作者不同或其他不標準因素所構成，此種非機遇的原因變異較為顯著。會引起大量不合格品質，因此需設法採取手段安定生產，使其在標準操作條件下進行生產。

工業上品質管制圖的管制界限，即以經濟原則來區分這兩種變異。把品質變化超出管制界限者認為屬於非機遇原因所引起。而把管制界限內之變異認為係由機遇原因所引起，視為正常而不採取措施。

 **第二節　群體與樣本**

在討論統計品管以前首先應瞭解群體與樣本之分別。群體(population)係指測定數的全部集合或所注意的某一類數。群體可分為有限群體及無限群體兩種；例如報驗某一批製品其數量可以數得清，這批製品是有限群體。反之某種食品原料或容器其數不清的是為無限群體。在製造工程中因可以無限延伸故可以當成無限群體。樣本(sample)是自群體中抽取一部分供為測定的群體代表。樣本對群體之關係乃為統計理論與統計應用上之關鍵，欲得具有代表性的樣本，應隨機抽樣以使群體中

每一個都有同等被抽取之機會。避免自某一角上或面上抽樣,隨機化的理由是將有心或無心不公平的取樣機會減少至最低。又樣本對群體的描述好壞,會受到「群體之特性」、「樣本之大小」與「機會」三個因素影響。總之樣本數越大越能描述群體,若有夠大的樣本能獲知該群體的一切,而太小的樣本便不能瞭解群體的真實情形。

群體也稱母體(universe),例如我們要知道某一季節原料魚之平均重量,我們得將所有每一條原料魚做精確的測定重量,然後求得平均數,這個平均重量自然代表母全體之事實而無疑義。但事實上人力、財力、時間都有限制,我們不可能對群體事實作全部的調查。因此只可抽查全體中的一部分樣本,以便推測母體的事實情形。也就是說為知道此種原料魚之平均重量,我們只能用合理的方法抽查其中一部分原料魚測定記錄其重量,然後計算其平均數與標準差。唯樣本只是群體的一小部分,以樣本之平均數及標準差視作群體之平均數及標準差雖然有其相當之可靠性,但我們不能斷定群體之平均數($\mu$)恰與樣本之平均數($\bar{x}$)相同,群體之標準差($\sigma$)與樣本之標準差(s)相同,我們僅能相信是平均數的近似值,在樣本越大、抽樣方法越好時,這個近似值對群體之代表性越大。

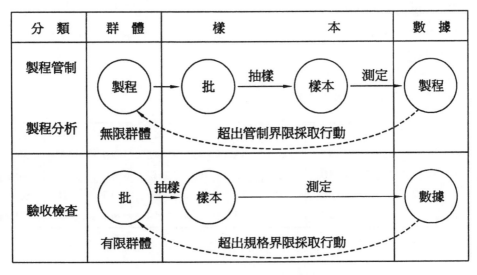

■ 圖 2.1　樣本與群體關係

## 第三節　次數分配

當我們從大量生產的產品中，搜集一大堆數據(data)資料時，我們很難從這些資料數據中，看出什麼意義來。這些未經整理的資料叫原始資料或稱原始數據。為瞭解這些數據之意義，我們必須根據某種方法將這些數據加以分類，然後進行劃記以得到一個次數分配(frequency distribution)表。由這個表我們可大致看出一個群體某一特性的趨勢，還可以更進一步利用直方圖或多邊圖，把這一次數分配表示出來，使人能夠一目瞭然。

### 一、次數分配表作法

即使在正常情況下生產，產品品質亦有變異。雖然其個別的變異我們無法預測，但在相同情況下所形成的分配趨勢是可以預料的，這種在大自然中最基本的定律稱為大數定律，是描述統計的最基礎工作。工業產品的品質特性值有時如 10.634m、0.36mg 等位數很多，尤其越精密之產品越容易發生，當然我們也可以採用其小數點後面的有效數，如 634 或 36 來簡化處理。以下如表 2.1 實例容易瞭解採用整數，以某一班某一科 55 名學生的成績作為原始數據，來說明次數分配表、直方圖、多邊圖的製作方法。

**表 2.1　五十五名學生成績**

| 54 | 35 | 58 | 57 | 50 | 71 | 62 | 47 | 43 | 68 | 47 |
|----|----|----|----|----|----|----|----|----|----|----|
| 63 | 41 | 55 | 49 | 63 | 43 | 42 | 45 | 29 | 49 | 53 |
| 54 | 21 | 37 | 40 | 53 | 38 | 57 | 52 | 60 | 54 | 49 |
| 54 | 40 | 31 | 26 | 47 | 72 | 67 | 50 | 79 | 33 | 57 |
| 48 | 36 | 69 | 50 | 66 | 64 | 56 | 44 | 48 | 58 | 50 |

**表 2.2　各行最大值與最小值**

| 行 | 1 | 2 | 3 | 4 | 5 | 6 | 7 | 8 | 9 | 10 | 11 |
|---|---|---|---|---|---|---|---|---|---|---|---|
| 最　大 | 63 | 41 | 69 | 57 | 66 | 72 | 67 | 52 | 79° | 68 | 57 |
| 最　小 | 48 | 21° | 31 | 26 | 47 | 38 | 42 | 44 | 29 | 33 | 47 |

## 1. 求全距(range)

製作次數分配表的第一步，便是先把原始數據中最大數($X_{max}$)與最小數($X_{min}$)找出來。為避免錯誤可先按行找出該行之最大最小值並列成表 2.2 再由表 2.2 中找出最大值 79 及最小值 21，然後求出二者的差數，這差數是為全距(R)可表示如下：

全距＝最大值－最小值＝79－21＝58

## 2. 決定組數(K)

通常數據數 50~250 個時，組數的設定以 6~20 為適宜。必要時亦可先假定組距來除全距，以試出一個較理想的組數。例如全距除以 6 則大約得 10 組(58÷6=9.67)，除以 5 則大約得 12 組(58÷5＝11.60)。

## 3. 求組距(class interval)

$$組距 = \frac{全距}{組數} = \frac{58}{12} = 4.83 \longrightarrow 5$$

組距表示每組寬度，其位數與測定值位數相等即可，故取 5 為組距方便計算。

## 4. 求組界(cell boundaries)

最小一組的下組界(lower limit)與上組界(upper limit)的求法：

$$下組界 = 最小值 - \frac{最小測定位數}{2} = 21 - \frac{1}{2} = 20.5$$

$$上組界 = 下組界 + 組距 = 20.5 + 5 = 25.5$$

其他各組的組界可根據此值加組距求出，且前組的上組界即為後組的下組界，結果如下所示。

| | | |
|---|---|---|
| 20.5~25.5 | 25.5~30.5 | 30.5~35.5 |
| 35.5~49.5 | 40.5~45.5 | 45.5~50.5 |
| 50.5~55.5 | 55.5~60.5 | 60.5~65.5 |
| 65.5~70.5 | 70.5~75.5 | 75.5~80.5 |

## 5. 求組中值(midpoint)

$$最小一組的組中值 = \frac{最小一組下組界 + 最小一組上組界}{2}$$

$$X = \frac{20.5 + 25.5}{2} = 23$$

其他各組組中值為 23 加組距的倍數，結果如下

23、28、33、38、43、48、53、58、63、68、73、78

## 6. 作次數分配表

將表 2.1 數據整理，並將各組次數計算出來，作成表 2.3 次數分配表，此表在品管的領域中，至少有以下四種用途：

(1) 次數分配對產品製造在觀念上可建立一種原則，即在生產製造的產品中常有若干數量的變異存在。

(2) 描繪次數分配後，容易觀察分配之形狀，瞭解製程狀況。

(3) 可以把握工程之能力，而實際應用在工程上的分析及管制。

(4) 次數分配求出後，分配之平均數及標準差容易算出，對於管制及研究工作非常實用。

**表 2.3　次數分配表**

| 組號 | 組　界 | 組中值<br>(X) | 劃　　　　記 | 次數<br>(f) | 累積次數<br>(cf) |
|---|---|---|---|---|---|
| 1 | 20.5~25.5 | 23 | \| | 1 | 1 |
| 2 | 25.5~30.5 | 28 | \|\| | 2 | 3 |
| 3 | 30.5~35.5 | 33 | \|\|\| | 3 | 6 |
| 4 | 35.5~40.5 | 38 | 卌 | 5 | 11 |
| 5 | 40.5~45.5 | 43 | 卌 \| | 6 | 17 |
| 6 | 45.5~50.5 | 48 | 卌 卌 \|\| | 12 | 29 |
| 7 | 50.5~55.5 | 53 | 卌 \|\|\|\| | 8 | 37 |
| 8 | 55.5~60.5 | 58 | 卌 \|\| | 7 | 44 |
| 9 | 60.5~65.5 | 63 | \|\|\|\| | 4 | 48 |
| 10 | 65.5~70.5 | 68 | \|\|\|\| | 4 | 52 |
| 11 | 70.5~75.5 | 73 | \|\| | 2 | 54 |
| 12 | 75.5~80.5 | 78 | \| | 1 | 55 |
| 合計 |  |  |  | 55 | 55 |

## 7. 多邊圖(frequency polygon)

利用表 2.3 次數分配表，作成如圖 2.2 所示；以橫軸($x$)代表變量（學生成績），以縱軸($y$)代表次數（人數），依據各組之組中值畫一點代表各該組次數，可得 12 點，然後以直線連接各點形成多邊形之曲線稱為多邊圖。

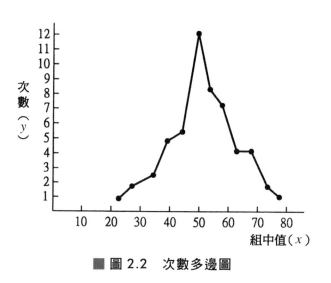

■ 圖 2.2　次數多邊圖

## 8. 直方圖(histogram)

　　多邊圖以組中值一點代表各組次數，直方圖則利用組界，以等距橫線代表組距寬度繪成圖 2.3 的直方圖。各組為長方形高低不一，但底邊相同，換言之長方形的高度代表次數，長方形的邊代表組距，所有長方形的總面積代表（總人數）N。

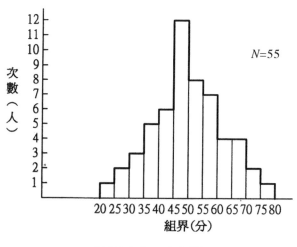

■ 圖 2.3　直方圖

## 二、直方圖的涵義

　　直方圓的目的在於瞭解製程的全貌；如整個分配形狀及規格之間的關係。故不必太拘泥大小凹凸變化，但應理解其代表的涵義。以下是各種直方圖的次數分配圖，各有其代表意涵。圖中 SL 表示規格界限，PL 表示產品界限，$N$ 是該圖資料的總數。

### 1. 理想的次數分配

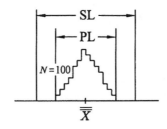

　　　　a. PL 充分在 SL 內，平均值也恰好在 SL 正中央，
　　　　尤其 SL 在平均值($\overline{\overline{X}}$)4 個標準差左右，此顯示
　　　　生產產品<u>在管制狀態下</u>。

### 2. 不理想但仍滿足規格的次數分配

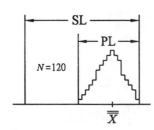

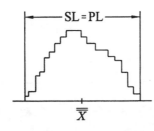

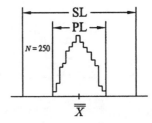

b. 平均值偏向規格上限，應設法降低平均值。

c. 雖 PL＝SL，但仍有提高製程能力之必要。

d. 製程能力比規格好得很多，可變更規格或製程。

### 3. 不合乎規格的次數分配

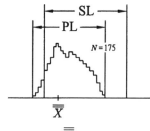

a. $\overline{\overline{X}}$ 偏向左邊

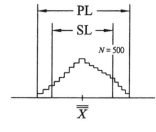

b. PL＞SL

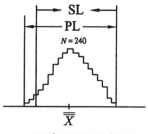

c. 只有下限並超出

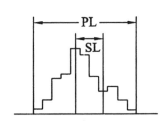

d. 工程能力太差

### 4. 次數分配的各種型態

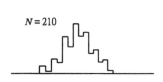

a. 缺齒型：測定或換算偏誤及分組不當所形成。

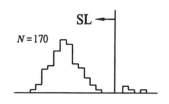

b. 離島型：工程中有異常原因。

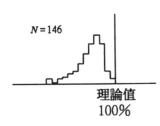

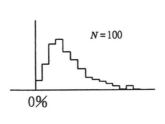

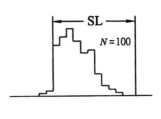

c. 向右偏斜型：成分達 100% 附近常發生這種現象。

d. 向左偏斜型：雜質近於 0 或不良率近於 0 時，常出現這種現象。

e. 絕壁型：工程能力不夠所形成，超出 SL 是測定或檢查錯誤所致。

## 三、次數分配數量表示法

在次數分配的直方圖及多邊圖中，我們可以看出，在相同條件下生產一批產品的品質特性，其數據雖有變異但如大量觀測，即可發現這些會形成特定的分配圖。雖然我們可以看出數據的集中及變異分配情形，但不容易進行數學的演算。因此發展出以數量來表示分配中心與分配變異的兩種特性。

### 1. 分配中心的表示法

所謂分配中心即一列數字的集中趨勢，又稱集中量數(measures of central tendency)，即是最具代表性的數值。在工業上常用算術平均數、中數、眾數來表示。

a. 算術平均數(mean)

為數據之總和( Σ =Sigma)除以數據總數，通常常以 $\bar{x}$ 表示（讀 "X-bar" ）

$$\bar{x} = \frac{x_1 + x_2 + x_3 + \ldots\ldots x_n}{n} = \frac{\sum\limits_{i=1}^{n} x_i}{n} = \frac{\Sigma x}{n}$$

例 1：試求 184.2、183.8、185.1、184.7、185.3 之平均數。

$$\bar{x} = \frac{184.2 + 183.8 + 185.1 + 184.7 + 185.3}{5} = \frac{923.1}{5} = 184.62$$

b. 中數(median)

　　將數據由小至大依次排列，位居中央之數稱為中數($M_e$)，如數據為偶數時，則中數為中間二數據之平均。以 $\tilde{x}$ 表示之。

例 2：試求 184.2、183.8、185.1、184.7、185.3 之中數。

　　　　依小至大排列 183.8、184.2、184.7、185.1、185.3

　　　　中數 $\tilde{x} = 184.7$

例 3：試求 184.2、183.8、185.1、184.7、185.3、184.9 之中數

　　　　依小至大排列 183.8、184.2、184.7、184.9、185.1、185.3

　　　　中央之兩組數據為 184.7、184.9

　　　　中數 $\tilde{x} = \dfrac{184.7 + 184.9}{2} = 184.8$

c. 眾數(mode)

　　一群數據中出現次數最多的一數稱為眾數。已分組之資料，其出現次數最多之組謂之眾數。未分組時，如 184.2、183.8、185.1、184.7、185.3、184.7，其中 184.7 出現最多次，故 $M_0 = 184.7$。唯數值資料較少，其次數出現較多之數值不一定為眾數，故必須根據分組資料計算較為可靠。

d. 平均數、中數、眾數之關係

　　在對稱分配的統計數列中，算術平均數、中數及眾數三者會相同。次數分配如有所偏斜，則眾數及算術平均數與中數分離。如次數分配的高峰偏左、長尾向右，則算術平均數向右、眾數向左，故 $M_0 < M_e < \bar{X}$。次數分配的高峰偏右、長尾向左，則算術平均數向左、眾數向右，故 $\bar{X} < M_e < M_0$。且次數分配之偏斜度越大則分離越遠。今以圖 2.4 表示如下：

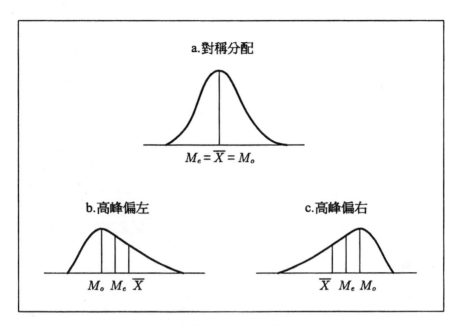

a.對稱分配

$M_e = \overline{X} = M_o$

b.高峰偏左

$M_o \quad M_e \quad \overline{X}$

c.高峰偏右

$\overline{X} \quad M_e \quad M_o$

■ 圖 2.4 偏 態

## 2. 分配變異的表示法

變異性即表示群體中各個體的差異情況，即所謂離中趨勢，又稱變異量數(measures of variation)，亦表示變異的大小有多少，一般以全距、平方和、變異數、標準差表示之。

a. 全距(range)

全距是指一組數據中最大值($X_{max}$)與最小值($X_{min}$)之差。常以 R 表示，是最簡單的變異量數表示法。全距的計算公式如下：

$$R = X_{max} - X_{min}$$

例如 8.3、8.6、8.7、8.8、8.1 的資料中，全距 R＝8.8－8.1＝0.7，因測定方法簡單，因此在管制圖上應用很多。

b. 偏差平方和(sum of squares of difference)

通常我們把各數據與平均值的差稱為離均差。各數據與平均值差的平方總和稱為偏差平方和，常以符號 S 表示。此項計算較為繁雜，但運算後較為簡潔。

$$S = (X_1 - \overline{X})^2 + (X_2 - \overline{X})^2 + (X_3 - \overline{X})^2 + \ldots\ldots + (X_n - \overline{X})^2$$
$$= \sum_{i=1}^{n}(X_i - \overline{X})^2 = \Sigma(X_i - \overline{X})^2 = \Sigma X_i^2 - \frac{(\Sigma X_i)^2}{n}$$

例如 8.3、8.6、8.7、8.8、8.1 的資料，用原繁雜公式計算時則平方和 $S$ 為

$$S = \Sigma(X_i - \overline{X})^2$$
$$= (8.3-8.5)^2 + (8.6-8.5)^2 + (8.7-8.5)^2 + (8.8-8.5)^2 + (8.1-8.5)^2$$
$$= (-0.2)^2 + (0.1)^2 + (0.2)^2 + (0.3)^2 + (-0.4)^2$$
$$= 0.04 + 0.01 + 0.04 + 0.09 + 0.16$$
$$= 0.34$$

若以相同數據資料，以公式計算時其答案一樣

$$S = \Sigma X_i^2 - \frac{(\Sigma X_i)^2}{n}$$
$$= (8.3)^2 + (8.6)^2 + (8.7)^2 + (8.8)^2 + (8.1)^2 - \frac{(42.5)^2}{5}$$
$$= 68.69 + 73.96 + 75.69 + 77.44 + 65.61 - \frac{1806.25}{5}$$
$$= 361.59 - 361.25$$
$$= 0.34$$

c. 變異數(sample variance)

偏差平方和 S 除以數據 n 即得變異數,常以符號 $s^2$ 表示,$s^2$ 的數值越大表示各數據對其平均值散佈越廣。其計算公式如下:

$$s^2 = \frac{S}{n} = \frac{\Sigma(X_i - \overline{X})^2}{n} = \frac{\Sigma X_i^2}{n} - (\frac{\Sigma X_i}{n})^2$$

如上例則 $s^2 = \frac{0.34}{5} = 0.068$

d. 標準差(standard deviation)

標準差為變異數 $s^2$ 之平方根,亦即偏差平方和 S 除以數據 n 再開平方所得。以符號 s 或 $\sigma$ (Sigma)表示,其計算公式如下:

$$s = \sqrt{s^2} = \sqrt{\frac{S}{n}} = \sqrt{\frac{\Sigma(X_i - \overline{X})^2}{n}} = \sqrt{\frac{\Sigma X_i^2}{n} - (\frac{\Sigma X_i}{n})^2}$$

如上例則 $s = \sigma = \sqrt{0.068} = 0.261$

## 3. 由次數分配表計算平均數與標準差的方法

經分組做成次數分配表之數據,可利用下列步驟,求出平均值及標準差:

(1) 編製如表 2.4 次數分配

(2) 設 $d_i = \frac{X_i - A}{h}$,求各組 d 值(式中 X 為各組組中值,A 為次數最多一組的組中值,h 為組距)

(3) 求 $f_i d_i$ 及 $\Sigma f_i d_i$

(4) 求 $f_i d_i^2$ 及 $\Sigma f_i d_i^2$

(5) 求 $\Sigma f_i$

**表 2.4** 求 $\overline{X}$、$\sigma$ 用次數分配表

| 組號 | 組　界 | 組中值 (x) | 劃　　記 | 次數 ($f_i$) | 累計次數 (cf) | $d_1 = \frac{x_1 - A}{h}$ | $f_i d_i$ | $f_i d_i^2$ |
|---|---|---|---|---|---|---|---|---|
| 1 | 20.5~25.5 | 23 | | | 1 | 1 | -5 | $-5$ | 25 |
| 2 | 25.5~30.5 | 28 | \|\| | 2 | 3 | -4 | $-8$ | 32 |
| 3 | 30.5~35.5 | 33 | \|\|\| | 3 | 6 | -3 | $-9$ | 27 |
| 4 | 35.5~40.5 | 38 | 卌 | 5 | 11 | -2 | $-10$ | 20 |
| 5 | 40.5~45.5 | 43 | 卌\| | 6 | 17 | -1 | $-6$ | 6 |
| 6 | 45.5~50.5 | 48(A) | 卌 卌 \|\| | 12 | 29 | 0 | 0 | 0 |
| 7 | 50.5~55.5 | 53 | 卌 \|\|\|\| | 8 | 37 | 1 | 8 | 8 |
| 8 | 55.5~60.5 | 58 | 卌 \|\| | 7 | 44 | 2 | 14 | 28 |
| 9 | 60.5~65.5 | 63 | \|\|\|\| | 4 | 48 | 3 | 12 | 36 |
| 10 | 65.5~70.5 | 68 | \|\|\|\| | 4 | 52 | 4 | 16 | 64 |
| 11 | 70.5~75.5 | 73 | \|\| | 2 | 54 | 5 | 10 | 50 |
| 12 | 75.5~80.5 | 78 | \| | 1 | 55 | 6 | 6 | 36 |
| 合計 | | $\Sigma x_i$ $= 606$ | | $\Sigma f_i$ $= 55$ | 55 | 註 h=5 | $\Sigma f_i d_i$ $= 28$ | $\Sigma f_i d_i^2$ $= 332$ |

(6) 求平均值 $\overline{x}$，標準差 $\sigma$

$$\overline{x} = A + \frac{\Sigma f_i d_i}{\Sigma f_i} \times h$$

$$\sigma = \sqrt{\frac{S}{n}} = \sqrt{\frac{\Sigma f_i d_i^2}{\Sigma f_i} - (\frac{\Sigma f_i d_i}{\Sigma f_i})^2} \times h$$

依表 2.4 代入公式則

$$\overline{x} = 48 + \frac{28}{55} \times 5$$
$$= 48 + 0.509 \times 5$$
$$= 48 + 2.545$$
$$= 50.545$$

$$\sigma = \sqrt{\frac{332}{55} - (\frac{28}{55})^2} \times 5$$
$$= \sqrt{6.036 - 0.259} \times 5$$
$$= \sqrt{5.777} \times 5$$
$$= 12.018$$

## 第四節 數據分布的形態

數據作成次數分配後，由直方圖可連成一條分配曲線，依數據的分布情形，通常可分常態分配、二項分配及卜氏分配等三種形態。

## 一、常態分配(normal distribution)

在前文曾以學生的成績繪成圖 2.3 的直方圖，如果我們以同樣的方法對大量的人進行身高的測定之後，將會發現身高特別高和特別矮的人只占少數，而大部分人的身高都是不太高或不太矮。很多自然現象和工業生產狀況如為計量值大都屬於此種分配。這種直方圖如將數據 N 增加，使漸漸接近無限大，同時縮小組距增加組數，使它越接近 0。則原直方圖之凹凸將之消失而成一平滑曲線，稱之為次數分配曲線。此種兩邊對稱呈鐘形次數分配曲線稱為常態分配曲線。次數分配畫成曲線成常態曲線者稱為常態分配。在品管所應用的很多統計方法都以常態分配為基礎，例如 $\overline{X}$-R，$\tilde{X}$-R 等管制圖均是。常態分配 $\mu \pm \sigma$ 範圍內的百分率，可以下式公式求出例如：

$$\int_{\mu-1}^{\mu+1} f(x)d(x) = 68.27\%$$

常態分配之平均值一定落在次數最多的地方,其分散寬度則用標準差來衡量。曲線與橫軸所圍成的面積即為全部次數或全部機率或稱或然率(probability)。各標準差所圍成面積表示發生機率。表 2.5 稱為常態分配機率表。由平均值($\mu$)到左右一個標準差($\sigma$),二個標準差及三個標準差的機率如圖 2.5 所示。

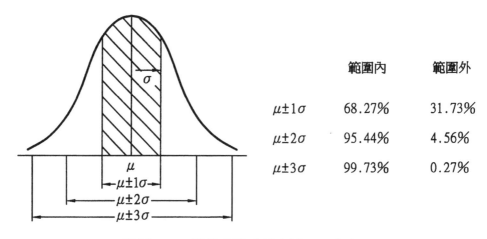

| | 範圍內 | 範圍外 |
|---|---|---|
| $\mu \pm 1\sigma$ | 68.27% | 31.73% |
| $\mu \pm 2\sigma$ | 95.44% | 4.56% |
| $\mu \pm 3\sigma$ | 99.73% | 0.27% |

■ 圖 2.5 常態分配或然率以百分率表示

平均值 $\mu$ 及標準差 $\sigma$ 表示群體分配的參數。如 $\mu$ 與 $\sigma$ 已知,那麼比任何一點 x 大的機率,可先計算 u 值後由表 2.5 查知。例如:某漁汛期原料中蝦之體長呈常態分配, $\mu = 75mm$ , $\sigma = 5mm$ 欲求任取一尾中蝦 (x),其體長大於 85mm 之機率,可依下列求出。

1. $u = Z = \dfrac{(x - \mu)}{\sigma} = \dfrac{85 - 75}{5} = 2.00$

2. 查表 2.5 得 2p = 0.0455,即 4.55%,故 $\varepsilon = 2.275\%$,即從此母群體中任取一尾中蝦,其體長大於 85mm 之機率 $\varepsilon$ 為 2.275%。

**表 2.5** 常態分配表

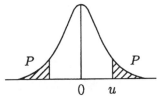

u→2P

| u | .00 | .01 | .02 | .03 | .04 | .05 | .06 | .07 | .08 | .09 |
|---|---|---|---|---|---|---|---|---|---|---|
| 0.0 | 1.0000 | 0.9920 | 0.9840 | 0.9761 | 0.9681 | 0.6601 | 0.8522 | 0.9442 | 0.9362 | 0.9283 |
| 0.1 | 0.9203 | 0.9124 | 0.9045 | 0.8966 | 0.8887 | 0.8808 | 0.8729 | 0.8650 | 0.8572 | 0.8493 |
| 0.2 | 0.8415 | 0.8337 | 0.8259 | 0.8181 | 0.8103 | 0.8026 | 0.7949 | 0.7872 | 0.7795 | 0.7718 |
| 0.3 | 0.7642 | 0.7566 | 0.7490 | 0.7414 | 0.7339 | 0.7263 | 0.7188 | 0.7114 | 0.7039 | 0.6965 |
| 0.4 | 0.6892 | 0.6818 | 0.6745 | 0.6672 | 0.6599 | 0.6527 | 0.6455 | 0.6384 | 0.6312 | 0.6241 |
| 0.5 | 0.6171 | 0.6101 | 0.6031 | 0.5961 | 0.5892 | 0.5823 | 0.5755 | 0.5687 | 0.5619 | 0.5552 |
| 0.6 | 0.5485 | 0.5419 | 0.5353 | 0.5287 | 0.5222 | 0.5157 | 0.5093 | 0.5029 | 0.4965 | 0.4902 |
| 0.7 | 0.4839 | 0.4777 | 0.4715 | 0.4654 | 0.4593 | 0.4533 | 0.4473 | 0.4413 | 0.4354 | 0.4295 |
| 0.8 | 0.4237 | 0.4179 | 0.4122 | 0.4065 | 0.4009 | 0.3953 | 0.3898 | 0.3843 | 0.3789 | 0.3735 |
| 0.9 | 0.3681 | 0.3628 | 0.3576 | 0.3524 | 0.3472 | 0.3421 | 0.3371 | 0.3320 | 0.3271 | 0.3222 |
| 1.0 | 0.3173 | 0.3125 | 0.3077 | 0.3030 | 0.2983 | 0.2937 | 0.2891 | 0.2846 | 0.2801 | 0.2757 |
| 1.1 | 0.2713 | 0.2670 | 0.2627 | 0.2585 | 0.2543 | 0.2501 | 0.2460 | 0.2420 | 0.2380 | 0.2340 |
| 1.2 | 0.2301 | 0.2263 | 0.2225 | 0.2187 | 0.2150 | 0.2113 | 0.2077 | 0.2041 | 0.2005 | 0.1971 |
| 1.3 | 0.1936 | 0.1902 | 0.1868 | 0.1835 | 0.1802 | 0.1770 | 0.1738 | 0.1707 | 0.1676 | 0.1645 |
| 1.4 | 0.1615 | 0.1585 | 0.1556 | 0.1527 | 0.1499 | 0.1471 | 0.1443 | 0.1416 | 0.1389 | 0.1362 |
| 1.5 | 0.1336 | 0.1310 | 0.1285 | 0.1260 | 0.1236 | 0.1211 | 0.1188 | 0.1164 | 0.1141 | 0.1118 |
| 1.6 | 0.1096 | 0.1074 | 0.1052 | 0.1031 | 0.1010 | 0.0989 | 0.0969 | 0.0949 | 0.0930 | 0.0910 |
| 1.7 | 0.0891 | 0.0873 | 0.0854 | 0.0836 | 0.0819 | 0.0801 | 0.0784 | 0.0767 | 0.0751 | 0.0735 |
| 1.8 | 0.0719 | 0.0703 | 0.0688 | 0.0672 | 0.0653 | 0.0643 | 0.0629 | 0.0615 | 0.0601 | 0.0588 |
| 1.9 | 0.0574 | 0.0561 | 0.0549 | 0.0536 | 0.0524 | 0.0512 | 0.0500 | 0.0488 | 0.0477 | 0.0466 |
| 2.0 | 0.0455 | 0.0444 | 0.0434 | 0.0424 | 0.0414 | 0.0404 | 0.0394 | 0.0385 | 0.0375 | 0.0366 |
| 2.1 | 0.0357 | 0.0349 | 0.0340 | 0.0332 | 0.0324 | 0.0316 | 0.0308 | 0.0300 | 0.0293 | 0.0285 |
| 2.2 | 0.0278 | 0.0271 | 0.0264 | 0.0257 | 0.0251 | 0.0244 | 0.0238 | 0.0232 | 0.0226 | 0.0220 |
| 2.3 | 0.0214 | 0.0209 | 0.0203 | 0.0198 | 0.0193 | 0.0188 | 0.0183 | 0.0178 | 0.0173 | 0.0168 |
| 2.4 | 0.0164 | 0.0160 | 0.0155 | 0.0151 | 0.0147 | 0.0143 | 0.0139 | 0.0135 | 0.0131 | 0.0128 |
| 2.5 | 0.0124 | 0.0121 | 0.0117 | 0.0114 | 0.0111 | 0.0108 | 0.0105 | 0.0102 | 0.00988 | 0.00960 |
| 2.6 | 0.00932 | 0.00905 | 0.00879 | 0.00854 | 0.00829 | 0.00805 | 0.00781 | 0.00759 | 0.00736 | 0.00715 |
| 2.7 | 0.00693 | 0.00673 | 0.00653 | 0.00633 | 0.00614 | 0.00596 | 0.00578 | 0.00561 | 0.00544 | 0.00527 |
| 2.8 | 0.00511 | 0.00495 | 0.00480 | 0.00465 | 0.00451 | 0.00437 | 0.00424 | 0.00410 | 0.00398 | 0.00385 |
| 2.9 | 0.00373 | 0.00361 | 0.00350 | 0.00339 | 0.00328 | 0.00318 | 0.00308 | 0.00298 | 0.00288 | 0.00279 |
| 3.0 | 0.00270 | 0.00261 | 0.00253 | 0.00244 | 0.00237 | 0.00229 | 0.00221 | 0.00214 | 0.00207 | 0.00200 |

從以上的例子，我們可以利用這個常態分配表，來瞭解在任何常態分配的群體中，群體平均值($\mu$)±其他$\sigma$，範圍內或範圍外的出現機率。在品管領域裡因$\mu \pm 3\sigma$範圍外的出現機率只有 0.27%，故凡在製程中發現其樣本出現，像這種或然率小於 1(p<0.01)時，都可判定該製程可能已不正常，應該及時追查原因及時矯正補救。

## 二、二項分配(binomial distribution)

如果我們有一個均勻的銅板，則投擲一次得正面的機率有$\frac{1}{2}$，得反面的機率也有$\frac{1}{2}$。所以我們可以寫成 p+q=$\frac{1}{2} + \frac{1}{2} = 1$，即投擲一個銅板時之機率可表示如下：

$$(p+q)^1 = (\frac{1}{2} + \frac{1}{2})^1 = \frac{1}{2} + \frac{1}{2}$$

當我們一次用 3 個銅板來投擲則有下列 8 種($2^3$)可能性如表 2.6 所示。

☛表 2.6　投擲三個銅板可能出現的所有機率

| 銅板編號 | 銅板正(H)反(T)可能性 | | | | | | | |
|---|---|---|---|---|---|---|---|---|
| 1 | H | H | H | H | T | T | T | T |
| 2 | H | H | T | T | H | H | T | T |
| 3 | H | T | H | T | H | T | H | T |

以上這種關係可用下列表示：

$$(p+q)^3 = p^3+3p^2q+3pq^2+q^3$$
$$= (\frac{1}{2})^3+3(\frac{1}{2})^2(\frac{1}{2})+3(\frac{1}{2})(\frac{1}{2})^2+(\frac{1}{2})^3$$
$$= \frac{1}{8}+\frac{3}{8}+\frac{3}{8}+\frac{1}{8}$$

這就是說我們若同時投擲 3 個銅板，得 3 個正的機會有 $\frac{1}{8}$、得 2 正、1 正的機會各有 $\frac{3}{8}$，得 0 個正（三反）的機會有 $\frac{1}{8}$，我們可用表 2.7 來表示機率。

**表 2.7** 投擲三個銅板的機率

| H（正） | f | P(%) |
|---|---|---|
| 3 | 1 | $\frac{1}{8}=0.125$ |
| 2 | 3 | $\frac{3}{8}=0.375$ |
| 1 | 3 | $\frac{3}{8}=0.375$ |
| 0 | 1 | $\frac{1}{8}=0.125$ |

從以上的說明推展，若要用 n 個銅板來投擲，則各 n–1、n–2、n–3……0 個正(H)的機率，可用下列二項分配公式來表示。

$$(p+q)^n = p^n + \frac{n}{1}p^{n-1}q^1 + \frac{n(n-1)}{1\times2}p^{n-2}q^2 + \frac{n(n-1)(n-2)}{1\times2\times3}p^{n-3}q^3 + \cdots q^n$$

在工業上我們若從一堆含有良品與不良品的產品中抽取樣品，其不良品之出現機率也是呈現二項分配。例如袋中有 10 個成品，其中 7 個是良品，3 個是不良品，若我們一次要抽取 5 個，則抽取成品中有 3 個良品 2 個不良品的機率可以下列求出。

不良品之機率 $p = \dfrac{3}{10}$

良品之機率 $q = 1 - \dfrac{3}{10} = \dfrac{7}{10}$

n=5　　　　　r=2

P＝機率

C＝階層

n＝樣本數

r＝樣本中不良品數

p＝不良率

q＝良率

$$P = c_r^n p^r q^{n-r} = \frac{n!}{r!(n-r)!} p^r q^{n-r}$$

$$= c_3^5 \left(\frac{3}{10}\right)^2 \left(\frac{7}{10}\right)^3$$

$$= \frac{5!}{2!3!} \left(\frac{3}{10}\right)^2 \left(\frac{7}{10}\right)^3$$

$$= \frac{5 \times 4 \times 3 \times 2 \times 1}{2 \times 1 \times 3 \times 2 \times 1} (0.3)^2 (0.7)^3$$

$$= 10 \times 0.09 \times 0.343 = 0.3087$$

表 2.8 二項機率表的例子就是用以上統計公式求出作成的。品管人員可在已知不良率及 n 樣本數中查出各種樣品中不良個數的機率。例如從不良率 p=0.2 之群體，抽取樣本 n=10，則其含不良品數(r)為 0、1、2、3……機率，可依表 2.9 查出為.1074、.2684、.3020、.2013……。

後面章節提到品管學中 p 與 np 管制圖就是根據二項分配而來。其形狀有時不對稱。不良率 p≤0.5 且 np≥5 時二項分配近似常態分配。當 p≤0.1 且 np=1~10 時近似卜氏分配。如圖 2.6 二項分配曲線。

**表 2.8** 二項機率表

| n | r | .05 | .10 | .15 | .20 | .25 | .30 | .35 | .40 | .45 | .50 |
|---|---|-----|-----|-----|-----|-----|-----|-----|-----|-----|-----|
| 8 | 0 | .6634 | .4305 | .2725 | .1678 | .1001 | .0576 | .0319 | .0168 | .0084 | .0039 |
|   | 1 | .2793 | .3826 | .3847 | .3355 | .2670 | .1977 | .1373 | .0896 | .0548 | .0312 |
|   | 2 | .0515 | .1488 | .2376 | .2936 | .3115 | .2965 | .2587 | .2090 | .1569 | .1094 |
|   | 3 | .0054 | .0331 | .0839 | .1468 | .2076 | .2541 | .2786 | .2787 | .2569 | .2188 |
|   | 4 | .0004 | .0046 | .0815 | .0459 | .0865 | .1361 | .1875 | .2322 | .2627 | .2734 |
|   | 5 | .0000 | .0004 | .0026 | .0092 | .0231 | .0467 | .0808 | .1239 | .1719 | .2188 |
|   | 6 | .0000 | .0000 | .0002 | .0011 | .0038 | .0100 | .0217 | .0413 | .0703 | .1094 |
|   | 7 | .0000 | .0000 | .0000 | .0001 | .0004 | .0012 | .0033 | .0079 | .0164 | .0312 |
|   | 8 | .0000 | .0000 | .0000 | .0000 | .0000 | .0001 | .0002 | .0007 | .0017 | .0039 |
| 9 | 0 | .6302 | .3874 | .2316 | .1342 | .0751 | .0404 | .0207 | .0101 | .0046 | .0020 |
|   | 1 | .2985 | .3874 | .3679 | .3020 | .2253 | .1556 | .1004 | .0605 | .0339 | .0176 |
|   | 2 | .0629 | .1722 | .2597 | .3020 | .3003 | .1668 | .2162 | .1612 | .1110 | .0703 |
|   | 3 | .0077 | .0446 | .1069 | .1762 | .2336 | .2668 | .2716 | .2503 | .2119 | .1641 |
|   | 4 | .0006 | .0074 | .0283 | .0661 | .1168 | .1715 | .2194 | .2508 | .2600 | .2461 |
|   | 5 | .0000 | .00008 | .0050 | .0165 | .0389 | .0735 | .1181 | .1672 | .2128 | .2461 |
|   | 6 | .0000 | .0001 | .0006 | .0028 | .0087 | .0210 | .0424 | .0743 | .1160 | .1641 |
|   | 7 | .0000 | .0000 | .0000 | .0003 | .0012 | .0039 | .0098 | .0212 | .0407 | .0703 |
|   | 8 | .0000 | .0000 | .0000 | .0000 | .0001 | .0004 | .0013 | .0035 | .0083 | .0716 |
|   | 9 | .0000 | .0000 | .0000 | .0000 | .0000 | .0000 | .0001 | .0003 | .0008 | .0020 |
| 10 | 0 | .5987 | .3487 | .1969 | .1074 | .0563 | .0282 | .0135 | .0060 | .0025 | .0010 |
|   | 1 | .3151 | .3874 | .3474 | .2684 | .1877 | .1211 | .0725 | .0403 | .0207 | .0098 |
|   | 2 | .0746 | .1937 | .2759 | .3020 | .2816 | .2335 | .1757 | .1209 | .0763 | .0439 |
|   | 3 | .0105 | .0574 | .1298 | .2013 | .2503 | .2668 | .2522 | .2150 | .1665 | .1172 |
|   | 4 | .0010 | .0112 | .0401 | .0881 | .1460 | .2001 | .2377 | .2508 | .2384 | .2051 |
|   | 5 | .0001. | .0015 | .0085 | .0264 | .0584 | .1029 | .1536 | .2007 | .2340 | .2461 |
|   | 6 | .0000 | .0001 | .0012 | .0055 | .0162 | .0368 | .0689 | .1115 | .1596 | .2051 |
|   | 7 | .0000 | .0000 | .0001 | .0008 | .0031 | .0090 | .0212 | .0425 | .0746 | .1172 |
|   | 8 | .0000 | .0000 | .0000 | .0001 | .0004 | .0014 | .0043 | .0106 | .0229 | .0439 |
|   | 9 | .0000 | .0000 | .0000 | .0000 | .0000 | .0001 | .0005 | .0016 | .0042 | .0098 |
|   | 10 | .0000 | .0000 | .0000 | .0000 | .0000 | .0000 | .0000 | .0001 | .0003 | .0010 |
| 11 | 0 | .5688 | .3138 | .1673 | .0859 | .0422 | .0198 | .0088 | .0036 | .0014 | .0005 |
|   | 1 | .3293 | .3835 | .3248 | .2362 | .1549 | .0932 | .0518 | .0266 | .0125 | .0054 |
|   | 2 | .0867 | .2131 | .2866 | .2953 | .2581 | .1998 | .1395 | .0887 | .0513 | .0269 |
|   | 3 | .0137 | .0710 | .1517 | .2215 | .2581 | .2568 | .2254 | .1774 | .1259 | .0806 |
|   | 4 | .0014 | .0158. | .0536 | .1107 | .1721 | .2201 | .2428 | .2365 | .2060 | .1611 |
|   | 5 | .0001 | .0025 | .0132 | .0388 | .0803 | .1321 | .1830 | .2207 | .2360 | .2256 |
|   | 6 | .0000 | .0003 | .0023 | .0097 | .0268 | .0566 | .0985 | .1471 | .1931 | .2256 |
|   | 7 | .0000 | .0000 | .0003 | .0017 | .0064 | .0173 | .0379 | .0701 | .1128 | .1611 |
|   | 8 | .0000 | .0000 | .0000 | .0002 | .0011 | .0037 | .0102 | .0234 | .0462 | .0806 |
|   | 9 | .0000 | .0000 | .0000 | .0000 | .0001 | .0005 | .0018 | .0052 | .0126 | .0269 |

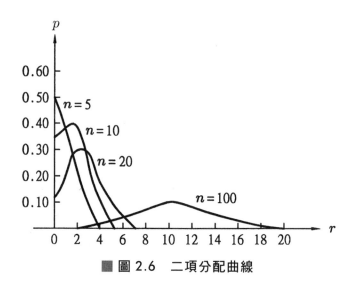

■ 圖 2.6 二項分配曲線

## 三、卜氏分配(Poisson distribution)

除上述常態分配及二項分配外，尚有卜氏分配。假設有無限群體之批量 N，批之不良率 p(p<0.10)，從此批中隨機抽取 n 個樣本，n×p=np<5 時，則含有 c 個不良品之機率 p，可依下列卜氏公式計算。

$$p = \frac{e^{-np}np^c}{C!}$$

式中 e 為自然對數，e=2.71828……

從一大批樣本中找出其缺點或群很大而不良率又很低時，不良品或缺點數出現的機率都呈卜氏分配。例如從一不良率為 0.02 的大群體中，抽樣 100 個樣本，則樣品中含有不良品 3 個的機率可依下式求出：

c=3

np $= 100 \times 0.02 = 2$

$$p = \frac{e^{-np}np^c}{c!} = \frac{(2.71828)^{-2}(2)^3}{3!} = \frac{\dfrac{1}{(2.71828)^2} \times 8}{6} = \frac{0.1353 \times 8}{6} = 0.1804$$

表 2.9　n=100，p=0.02 不良品為 0、1、2、3……機率及表 2.10 卜氏分配各項之和，就是用以上方法求得，以便品管人員利用各種類似此種卜氏表，在計數值抽樣計畫中找到允收機率。

👉 表 2.9　n=100，p=0.02 不良品為 0、1、2、3……機率表

| 不良品數 c | 0 | 1 | 2 | 3 | 4 | 5 | 6 |
|---|---|---|---|---|---|---|---|
| 機率 Pc | .135 | .271 | .271 | .180 | .090 | .36 | .012 |
| 累計機率和 | .135 | .406 | .677 | .857 | .947 | .983 | .995 |

其查表方法如下：

1. 設樣本數為 n，合格判定個數為 c，不良率為 p(不良率用小數表示)。

2. 樣本數 n 和不良率 p 相乘得 np（單位樣品中預計不良數）或用 c'（單位樣本中之理論缺點數）表示。

3. 查表 2.10 左邊 c 或 np 相當值(2.0)，然後往右邊與合格判定個數 c 欄為 3 相交之點即可查出發生 c 之允收機率為.857 或 85.7%。

當 p≤0.1 且 np=1～10 時，二項分配近似於卜氏分配。又當 c≥6 時，卜氏分配近似於常態分配。圖 2.7 是卜氏分配曲線。

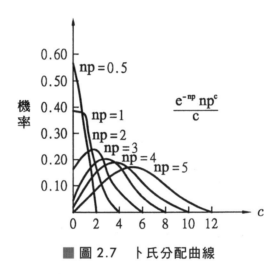

■ 圖 2.7　卜氏分配曲線

表 2.10 中數值係各種 np 之不同允收不良數 c 的累積機率，則當製程為 p 樣本數為 n 時樣本中出現之不良數件數會等於或小於 c 值的或然率。

**表 2.10** 卜氏分配各項之和

| np \ c | 0 | 1 | 2 | 3 | 4 | 5 | 6 | 7 | 8 |
|---|---|---|---|---|---|---|---|---|---|
| 0.02 | 980 | 1,000 | | | | | | | |
| 0.04 | 961 | 999 | 1,000 | | | | | | |
| 0.06 | 942 | 998 | 1,000 | | | | | | |
| 0.08 | 923 | 997 | 1,000 | | | | | | |
| 0.10 | 905 | 995 | 1,000 | | | | | | |
| 0.15 | 861 | 990 | 999 | 1,000 | | | | | |
| 0.20 | 819 | 982 | 999 | 1,000 | | | | | |
| 0.25 | 779 | 974 | 998 | 1,000 | | | | | |
| 0.30 | 741 | 963 | 996 | 1,000 | | | | | |
| 0.35 | 705 | 951 | 994 | 1,000 | | | | | |
| 0.40 | 670 | 938 | 992 | 999 | 1,000 | | | | |
| 0.45 | 628 | 925 | 989 | 999 | 1,000 | | | | |
| 0.50 | 607 | 910 | 986 | 998 | 1,000 | | | | |
| 0.55 | 577 | 894 | 982 | 998 | 1,000 | | | | |
| 0.60 | 549 | 878 | 977 | 997 | 1,000 | | | | |
| 0.65 | 522 | 861 | 972 | 996 | 999 | 1,000 | | | |
| 0.70 | 497 | 844 | 666 | 994 | 999 | 1,000 | | | |
| 0.75 | 472 | 827 | 959 | 993 | 999 | 1,000 | | | |
| 0.80 | 449 | 809 | 953 | 991 | 999 | 1,000 | | | |
| 0.85 | 427 | 791 | 945 | 989 | 998 | 1,000 | | | |
| 0.90 | 407 | 772 | 937 | 987 | 998 | 1,000 | | | |
| 0.95 | 387 | 754 | 929 | 984 | 997 | 1,000 | | | |
| 1.00 | 368 | 736 | 920 | 981 | 996 | 999 | 1,000 | | |
| 1.1 | 333 | 699 | 900 | 974 | 995 | 999 | 1,000 | | |
| 1.2 | 301 | 663 | 879 | 966 | 992 | 998 | 1,000 | | |
| 1.3 | 273 | 627 | 857 | 957 | 989 | 998 | 1,000 | | |
| 1.4 | 247 | 592 | 833 | 946 | 986 | 997 | 999 | 1,000 | |
| 1.5 | 223 | 558 | 809 | 934 | 981 | 996 | 999 | 1,000 | |
| 1.6 | 202 | 525 | 783 | 921 | 976 | 994 | 999 | 1,000 | |
| 1.7 | 183 | 493 | 757 | 907 | 970 | 992 | 998 | 1,000 | |
| 1.8 | 165 | 463 | 731 | 891 | 964 | 990 | 997 | 999 | 1,000 |
| 1.9 | 150 | 434 | 704 | 875 | 956 | 987 | 997 | 999 | 1,000 |
| 2.0 | 135 | 406 | 677 | 857 | 947 | 983 | 995 | 999 | 1,000 |

## 第五節　可靠度（精密度與準確度）

　　可靠度是指數據可以信任的程度，如果一切操作沒有錯誤則所測得之數據，足以代表樣本之真正狀態。由群體中抽取樣本經測定統計後我們可以由 $\bar{x}$ 和 $\mu$ 的偏差程度，來看準確度的好壞，我們也可以由各樣本($x_i$)的變異程度來判斷其精密度是否良好，當然如果其誤差越小，則可靠度越大。而所謂誤差，即指群體之真實值與測定值間的差值。一般誤差來源有取樣誤差，有測定誤差，也有計算及其他原因所發生的誤差。因此在檢討數據時，應先考慮是否具備精密度、準確度等可靠性。否則可測得的數據就沒有進一步去整理分析的價值。可靠度可分精密度可靠度及準確度可靠度，無論如何要使數據可靠，一定要加強抽樣及做好分析測定等管理。

## 一、精密度(precision)

　　如果我們使用一種測定方法，無數次的測定同一群體或用某一種抽樣方法，從同一批產品中作無數次的抽樣時，所獲得的數據一定有所差異。而其差異之範圍稱為精密度。換句話說所謂精密度亦即表示各測定值與測定值平均數的差異程度，精密度是表示資料本身之變異，與樣本有關而與群體無關；精密度常用標準差、變異數及全距等表示之。

## 二、準確度(accuracy)

　　準確度是指測定值之群體平均值與真實值的差異程度。也就是說表示變異程度之大小者稱為精密度，而表示偏差程度的大小者稱為準確度，偏差越小則其準確度越高。

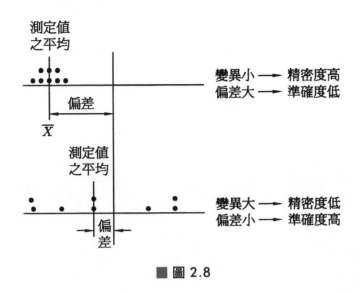

■ 圖 2.8

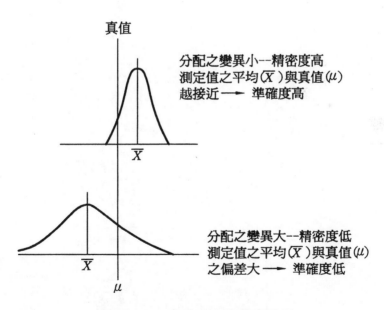

■ 圖 2.9　精密度與準確度說明

# 抽樣檢驗

03
Chapter

## 第一節　抽樣檢驗的意義及目的

　　抽樣檢驗(sample inspection)，係由產品中抽取少量樣本給以試驗或測定，並將其結果與標準即判定基準作比較，以判定該批產品是否合格的方式。抽樣檢驗法早在 1924 年修華特(Shewhart)博士發明管制圖開始，到 1930 年美國貝爾電話研究所的道奇(H. F. Dodge)和雷敏(H. G. Roming)成功地將機率理論應用於抽樣檢驗方面，並建立著名抽樣計畫表的良好基礎。

## 一、抽樣的要領

　　抽樣(sampling)係指從群體中，取出代表性樣本的方法。如果取樣不當，將造成好貨被拒收或壞貨被允收的錯誤機率變大，而造成買方或賣方的不當損失。因此如何才能抽取具有代表性的樣本是非常重要的課題。抽樣要領上要有隨機性，所謂隨機抽樣就是要避免刻意安排的不當抽樣方式，使群體中每一個產品都有被抽到的機會，換言之被抽中的機會相等。目前常用的隨機抽樣方法有如下兩種：

1. 號碼抽取法：先將群體各個產品分別由 1 至 N 個編號，另準備好不易區別之號籤置於密封袋內後，抽取所需之樣本編號即可。

2. 亂數表使用法：利用號碼球先抽出亂數表的行號及列號後，再依順序組合所需號碼的方法。所有亂數表中數字的構成是隨機而定，雖然有些是二個數字或三個、五個數字為一組，但均非代表其規律性。表 3.1 亂數表是用 0~9 的數字，隨機排成 40 縱行，100 個橫列。使用本表時先將產品的群體編號後，以號籤先抽列號，再抽行號，由兩者的交點數字開始，向右、依照 N 的大小（百位或千位數）編號抽樣即可。例如群體數 N＝500（百位數），樣本數 n=6 抽到列號為 30，行號為 14，則抽樣號碼依序為 389、278、465、477、311(811–500)、018 等六個樣本。

**表 3.1　JIS Z9031 隨機抽樣號碼表**

| # | | | | | | | | | | | | | | | | | | | | |
|---|---|---|---|---|---|---|---|---|---|---|---|---|---|---|---|---|---|---|---|---|
| 1 | 67 | 11 | 09 | 48 | 96 | 29 | 94 | 59 | 84 | 41 | 68 | 38 | 04 | 13 | 86 | 91 | 02 | 19 | 85 | 28 |
| 2 | 67 | 41 | 90 | 15 | 23 | 62 | 54 | 49 | 02 | 06 | 93 | 25 | 55 | 49 | 06 | 96 | 52 | 31 | 40 | 59 |
| 3 | 78 | 26 | 74 | 41 | 76 | 43 | 35 | 32 | 07 | 59 | 86 | 92 | 06 | 45 | 95 | 25 | 10 | 94 | 20 | 44 |
| 4 | 32 | 19 | 10 | 89 | 41 | 50 | 09 | 06 | 16 | 28 | 87 | 51 | 38 | 88 | 43 | 13 | 77 | 46 | 77 | 53 |
| 5 | 45 | 72 | 14 | 75 | 08 | 16 | 48 | 99 | 17 | 64 | 62 | 80 | 58 | 20 | 57 | 37 | 16 | 94 | 72 | 62 |
| 6 | 74 | 93 | 17 | 80 | 38 | 45 | 17 | 17 | 73 | 11 | 99 | 43 | 52 | 38 | 78 | 21 | 82 | 03 | 78 | 27 |
| 7 | 54 | 32 | 82 | 40 | 74 | 47 | 94 | 68 | 61 | 71 | 48 | 87 | 17 | 45 | 15 | 07 | 43 | 24 | 82 | 16 |
| 8 | 34 | 18 | 43 | 76 | 96 | 49 | 68 | 55 | 22 | 20 | 78 | 08 | 74 | 28 | 25 | 29 | 29 | 79 | 18 | 33 |
| 9 | 04 | 70 | 61 | 78 | 89 | 70 | 52 | 36 | 26 | 04 | 13 | 70 | 60 | 50 | 24 | 72 | 84 | 57 | 00 | 49 |
| 10 | 38 | 69 | 83 | 65 | 75 | 38 | 85 | 58 | 51 | 23 | 22 | 91 | 13 | 54 | 24 | 25 | 58 | 20 | 02 | 83 |
| 11 | 05 | 89 | 66 | 75 | 80 | 83 | 75 | 71 | 64 | 62 | 17 | 55 | 03 | 30 | 03 | 86 | 34 | 96 | 35 | 93 |
| 12 | 97 | 11 | 78 | 69 | 79 | 79 | 06 | 98 | 73 | 35 | 29 | 06 | 91 | 56 | 12 | 23 | 06 | 04 | 69 | 67 |
| 13 | 23 | 04 | 34 | 39 | 70 | 34 | 62 | 30 | 91 | 00 | 09 | 66 | 42 | 03 | 55 | 48 | 78 | 18 | 24 | 02 |
| 14 | 32 | 88 | 65 | 68 | 80 | 00 | 66 | 49 | 22 | 70 | 90 | 18 | 88 | 22 | 10 | 49 | 46 | 51 | 46 | 12 |
| 15 | 67 | 33 | 08 | 69 | 09 | 12 | 32 | 93 | 06 | 22 | 97 | 71 | 78 | 47 | 21 | 29 | 70 | 29 | 73 | 60 |
| 16 | 81 | 87 | 77 | 79 | 39 | 86 | 35 | 90 | 84 | 17 | 83 | 19 | 21 | 21 | 49 | 16 | 05 | 71 | 21 | 60 |
| 17 | 77 | 53 | 75 | 79 | 16 | 52 | 57 | 36 | 76 | 20 | 59 | 46 | 50 | 05 | 65 | 07 | 47 | 06 | 64 | 27 |
| 18 | 57 | 89 | 89 | 98 | 26 | 10 | 16 | 44 | 68 | 89 | 71 | 33 | 78 | 48 | 44 | 89 | 27 | 04 | 09 | 74 |
| 19 | 25 | 67 | 87 | 71 | 50 | 46 | 84 | 98 | 62 | 41 | 85 | 51 | 29 | 07 | 12 | 35 | 97 | 77 | 01 | 81 |
| 20 | 50 | 51 | 45 | 14 | 61 | 58 | 79 | 12 | 88 | 21 | 09 | 02 | 60 | 91 | 20 | 80 | 18 | 67 | 36 | 15 |
| 21 | 30 | 88 | 39 | 88 | 37 | 27 | 98 | 23 | 00 | 56 | 46 | 67 | 14 | 88 | 18 | 19 | 97 | 78 | 47 | 20 |
| 22 | 60 | 49 | 39 | 06 | 59 | 20 | 04 | 44 | 52 | 40 | 23 | 22 | 51 | 96 | 84 | 22 | 14 | 97 | 48 | 08 |
| 23 | 36 | 45 | 19 | 52 | 10 | 42 | 83 | 86 | 78 | 87 | 30 | 00 | 39 | 04 | 30 | 38 | 06 | 92 | 41 | 51 |
| 24 | 45 | 71 | 08 | 61 | 71 | 33 | 00 | 87 | 82 | 21 | 35 | 63 | 46 | 07 | 03 | 56 | 48 | 94 | 36 | 04 |
| 25 | 69 | 63 | 12 | 03 | 07 | 91 | 34 | 05 | 01 | 27 | 51 | 94 | 90 | 01 | 10 | 22 | 41 | 50 | 50 | 56 |
| 26 | 41 | 82 | 06 | 87 | 49 | 22 | 16 | 34 | 03 | 13 | 20 | 02 | 31 | 13 | 03 | 92 | 86 | 49 | 69 | 69 |
| 27 | 09 | 85 | 92 | 32 | 12 | 06 | 34 | 50 | 72 | 04 | 08 | 76 | 61 | 95 | 04 | 84 | 93 | 09 | 84 | 05 |
| 28 | 57 | 71 | 05 | 35 | 47 | 59 | 65 | 38 | 38 | 41 | 57 | 91 | 61 | 96 | 87 | 83 | 24 | 45 | 17 | 72 |
| 29 | 82 | 06 | 47 | 67 | 53 | 22 | 36 | 49 | 68 | 86 | 87 | 04 | 18 | 60 | 66 | 06 | 57 | 53 | 88 | 83 |
| 30 | 17 | 95 | 30 | 06 | 64 | 99 | **33** | **89** | **27** | **84** | **65** | **47** | **78** | **11** | **01** | **86** | 61 | 05 | 05 | 28 |
| 31 | 70 | 55 | 98 | 92 | 19 | 44 | 85 | 86 | 65 | 73 | 69 | 73 | 75 | 41 | 75 | 51 | 05 | 57 | 36 | 33 |
| 32 | 97 | 93 | 30 | 87 | 84 | 49 | 28 | 29 | 77 | 84 | 31 | 09 | 35 | 30 | 41 | 39 | 71 | 46 | 53 | 57 |
| | | | 49 | 69 | 17 | 12 | 22 | 20 | 41 | 50 | 45 | 63 | 52 | 14 | 46 | 20 | 70 | 72 | 30 | 57 |
| | | | | | 37 | 16 | 01 | 46 | 81 | 22 | 48 | 80 | 55 | 77 | 99 | 11 | 30 | 14 | 65 | 29 |
| | | | | | | | | | | | | | | | 17 | 38 | 22 | 80 | 15 | 93 |
| 85 | 90 | 67 | | | | | | | | | | | | | | | | | | |
| 86 | 89 | 70 | 69 | 73 | 60 | | | | | | | | | | | | | | | |
| 87 | 46 | 25 | 32 | 28 | 38 | 05 | 50 | 46 | 69 | 77 | 58 | 52 | | | | | | | | |
| 88 | 14 | 43 | 01 | 84 | 47 | 35 | 32 | 59 | 90 | 29 | 59 | 26 | 85 | 23 | 10 | 25 | 64 | 15 | 00 | 15 |
| 89 | 65 | 05 | 31 | 62 | 40 | 57 | 40 | 22 | 44 | 63 | 46 | 69 | 27 | 78 | 11 | 09 | 92 | 21 | 74 | 41 |
| 90 | 62 | 97 | 72 | 57 | 04 | 93 | 34 | 35 | 93 | 07 | 65 | 71 | 71 | 59 | 58 | 95 | 85 | 46 | 32 | 44 |
| 91 | 00 | 33 | 26 | 81 | 26 | 44 | 20 | 62 | 66 | 76 | 78 | 19 | 59 | 72 | 83 | 31 | 11 | 16 | 35 | 63 |
| 92 | 49 | 11 | 59 | 58 | 02 | 78 | 37 | 49 | 68 | 94 | 34 | 54 | 71 | 70 | 43 | 67 | 02 | 89 | 76 | 81 |
| 93 | 99 | 52 | 66 | 19 | 26 | 77 | 18 | 44 | 65 | 73 | 64 | 53 | 82 | 34 | 41 | 24 | 91 | 05 | 69 | 87 |
| 94 | 68 | 41 | 27 | 52 | 08 | 82 | 25 | 80 | 19 | 55 | 55 | 68 | 62 | 25 | 25 | 28 | 97 | 40 | 16 | 13 |
| 95 | 27 | 65 | 13 | 74 | 19 | 88 | 99 | 02 | 23 | 56 | 17 | 24 | 39 | 27 | 71 | 01 | 27 | 32 | 91 | 20 |
| 96 | 63 | 73 | 88 | 02 | 45 | 78 | 51 | 38 | 06 | 90 | 14 | 95 | 29 | 65 | 07 | 53 | 06 | 89 | 28 | 02 |
| 97 | 46 | 18 | 83 | 17 | 24 | 16 | 15 | 29 | 73 | 10 | 42 | 54 | 47 | 08 | 76 | 78 | 32 | 38 | 73 | 94 |
| 98 | 48 | 31 | 92 | 47 | 67 | 53 | 54 | 23 | 98 | 83 | 61 | 26 | 29 | 52 | 41 | 20 | 05 | 21 | 63 | 70 |
| 99 | 22 | 90 | 24 | 75 | 75 | 39 | 70 | 50 | 88 | 22 | 61 | 91 | 73 | 34 | 66 | 15 | 98 | 56 | 23 | 12 |
| 100 | 57 | 78 | 78 | 46 | 23 | 82 | 16 | 50 | 08 | 13 | 67 | 00 | 90 | 82 | 06 | 04 | 92 | 31 | 95 | 91 |

## 二、檢驗的種類

很多人常把品管、檢查及測定試驗混為一談。其實所謂檢驗(inspection)即依據檢查作業標準,測定原料、半製品及製品,並將測定之特性值與所定之標準值比較,以判斷「各個物品之良或不良」、「批之合格與不合格」,俾以決定對物或該批之處置措施者。品管檢驗的目的在品質保證(quality assurance, QA),與一般品管上所稱試驗測定,即僅指測定資料之意義完全不同。又檢驗之種類依個數、生產過程、檢查內容、判定方法等不同分述如下:

1. 依檢查個數分:全數檢驗(選別)、抽樣檢驗等。

2. 依生產過程分:進貨檢驗、製程檢驗、製品檢驗、出廠檢驗、交貨檢驗、存庫檢驗等。

3. 依檢查內容分:承諾檢驗、性能檢驗、保溫檢驗、危害成分(如組織胺)含量檢驗等。

4. 依判定方法分:計量檢驗、計數檢驗。

5. 依檢查場所分:集中檢驗、巡迴檢驗。

6. 依檢查後物品之完整與否分:破壞性檢驗、非破壞性檢驗。

## 三、全數檢驗的優劣點

全數檢驗與全數檢查意義相同。係指把所有產品、原料全部逐一加以檢查的方式,因為是全數的檢驗,故亦稱 100%的檢驗,相當於一種選別的工作。雖然抽樣檢驗具有經濟簡單等優點。但那並不表示抽樣檢驗,可以完全取代全數檢驗。尤其在下列五種情況時,仍以全數檢驗比較有利:

1. 產品之數量太少,失去抽樣檢驗之意義時。

2. 原料、產品檢驗簡單非破壞、易於實施,檢驗費用很低時。

3. 產品必須全部為良品時。

4. 產品價值遠高於檢驗費用時。

5. 不良品存在有致命顧慮或危及衛生安全時。

## 四、抽樣檢驗的優劣點

**優點：**

1. 必須進行破壞性檢驗時，只能採抽樣檢驗。

2. 抽樣檢驗可以節省人力、經費及時間。可以避免因生產量太大造成之生產線停工問題。

3. 不合格時是整批拒收，能迫使生產者提高品質。

4. 檢驗數量少，可保持更準確的檢驗結果。故比全數檢驗更具信賴度。

**缺點：**

1. 需承擔「壞批允收」及「好批拒收」之風險。

2. 對於群體之品質特性，無法完全瞭解。

3. 需花費更多的時間和精神在抽樣計畫的擬定上。

4. 被判定為合格之產品，仍難免有一部分不良品存在。

 **第二節** 抽樣檢驗的形式

## 一、單次抽樣檢驗(single sampling plan)

根據一次樣本檢查結果來決定合格或不合格之形式。例如樣本數 n=100，合格判定個數 Ac=2，不合格判定個數 Re=3，則單次抽樣計畫之檢驗步驟如圖 3.1。

■ 圖 3.1　單次抽驗法

## 二、雙次抽樣檢驗(double sampling plan)

根據一次抽驗結果判定為合格、不合格和保留三種情況。若被判定為保留時，追加第二次樣本再決定合格或不合格之形式。例如由批量中抽取 100 個第一樣本，發現之不良品為 2 個以下時，判定該批為合格。不良品為 5 個以上時判定為不合格。如不良品有 3 個或 4 個時再抽取第二樣本 200 個，合計 300 個樣本加以檢查，結果不良品個數的累計數在 4 個或 4 個以下時，判定該批為合格。5 個或 5 個以上時為不合格。如圖 3.2 所示。

👉 表 3.2　雙次抽驗法之形式

| | 樣本數 n | 累計樣本數 | 合格判定個數 Ac | 不合格判定個數 Re |
|---|---|---|---|---|
| 第一樣本 | 100 | 100 | 2 | 5 |
| 第二樣本 | 200 | 300 | 4 | 5 |

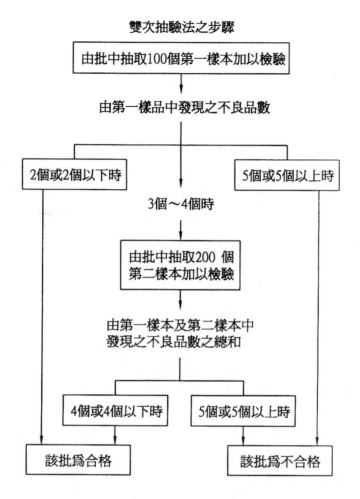

**雙次抽驗法之步驟**

由批中抽取100個第一樣本加以**檢驗**

由第一樣品中發現之不良品數

| 2個或2個以下時 | | 5個或5個以上時 |

3個～4個時

由批中抽取200 個
第二樣本加以**檢驗**

由第一樣本及第二樣本中
發現之不良品數之總和

| 4個或4個以下時 | 5個或5個以上時 |

| 該批為合格 | 該批為不合格 |

■ 圖 3.2　雙次抽樣法

## 三、規準型抽樣檢驗

　　兼顧買賣雙方利益、當送驗批之不良率低於允收不良率 $P_0$ 時，經抽驗後有 95% 之允收機會。當送驗批之不良率高於拒收不良率 $P_1$ 時，經抽驗後有 90% 之拒收機率。JISZ9002「計數規準型單次抽驗法」，JIS Z9003、9004「計量規準型單次抽驗法」均屬此型。

## 四、選別型抽驗檢驗

　　送驗批經抽樣檢驗後，如被判定為不合格，全批將不予退回。可使用全批加以全數剔選，並用良品補換其中不良品。Dodge 及 Romig 抽樣表格 JIS Z9006「計數選別型單次抽驗法」均屬此類。

## 五、調整型抽樣檢驗

　　隨賣方所提供貨品品質之好壞，買方可調整其抽樣檢驗之鬆緊程度，此種抽驗目的在於鼓勵生產好品質產品之業者。買方對連續好批採取減量檢驗以節省檢驗費用，對於連續壞批則採取嚴格檢驗，以減少壞批被誤判允收的機率。MIL-STD-105D「計數抽樣表」及 JIS Z9011「計數調整型單次抽樣檢驗」屬於此類。

## 六、連續生產型抽樣檢驗

　　開始時將製品按生產順序逐一檢驗，良品個數到達規定個數時，即認為製程已呈穩定。改用間隔抽驗，如抽驗中發現不良品時，再立即恢復逐個檢驗。DodgeCSP-1、2、3 抽樣表屬於此類。

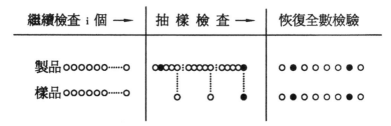

■ 圖 3.3　連續生產型抽樣檢驗

 **第三節　抽樣檢驗術語**

1. 合格判定個數：判定批為合格時，樣本內容許含有之最高不良品個數，以 Ac 或 C 表示之。

2. 不合格判定個數：判定批為不合格時，樣本內容所含之最少不良品個數，以 Re 表示之。

3. 允收水準 AQL：允收品質水準 AQL(acceptable quality level)是指一種不良率。此種不良率為買方認為滿意的品質水準。生產者只要其平均品質合乎此水準即為合格。因此 AQL 是作為判定合格批之最高不良率，有時用 $P_0$ 來表示。小於 AQL 之產品品質每批被拒收機率極小。

4. 拒收水準 LTPD：拒收品質水準 LTPD(lot tolerance percent defective) 也是一種不良率。買方認為品質惡劣應判不合格批之最低不良率，有時用 $P_1$ 來表示。高於 LTPD 之批均判定為不合格，在 OC 曲線中（圖 3.4）達到拒收水準的品質，每批被允收的機率甚少。

5. 生產者冒險率 PR：PR(producer's risk)是指生產者的品質極大部分是良品，已達到允收水準(AQL)原應判為合格，但因抽樣剛好抽到不良品，誤將此好的產品被拒收的機率。此種錯誤會使生產者蒙受損失，故稱為生產者冒險率。以 $\alpha$ 來表示，一般抽樣表的抽樣計畫 $\alpha$ ＝5%，在管制圖稱此種冒險率為第一種錯誤。

6. 消費者冒險率 CR：CR(consumer's risk)是指生產者的品質極大部分是不良品並已達拒收水準(LTPD)。消費者原應判為不合格之產品，因抽樣關係抽到良品，而誤判該批是良品之機率。此種錯誤使消費者蒙受損失，故稱為消費者冒險率，以 $\beta$ 來表示，一般抽樣計畫 $\beta$ ＝10%。在管制圖稱此種冒險率為第二種錯誤。

7. 分層抽樣(stratified sampling)：先將群體中依某特徵分成幾個類型或層次，再從每一層中隨機抽取子樣本，最後將子樣本集合構成總樣本。

8. 兩段抽樣(two-stage sampling)：把群體分成幾個部分（初次抽樣單位），在第一段中，取其中若干部分作為樣本（初次樣本），然後在第二段中，從每一個所取出之部分中，抽取幾個單位體或單位量（二次抽樣單位）作為樣本（二次樣本）。

　　例如，在一批 500 箱的罐頭中，隨機抽取 5 箱作為第一段樣本，然後再從 5 箱中各抽取 2 罐作為樣本，此即二段抽樣。

9. 多段抽樣(multi-stage sampling)：較二段抽樣之段數為多之抽樣。

10. 群集抽樣(cluster sampling)：把群體分成幾個部分（群集），然後在其中隨樣抽取若干部分，把選出之整個部分作為樣本。

 ## 第四節　作業特性曲線

## 一、OC 曲線的意義

　　作業特性曲線，是用來表示在某個抽樣計畫之下，各種不良率的送驗批，能被允收之機率。送驗批不良率為 0% 時，允收機率為 1。不良率為 100% 時，允收機率必為 0。抽樣計畫仍是從一批製品（群體）中，抽取少數的樣本加以檢驗分析，以其結果來判定該批製品為合格或不合格而允收或拒收。因此如果我們以橫軸表示批的不良率，縱軸表示群體可能被判斷合格的允收機率(Pa)時，便可畫出一條曲線來，這種曲線就叫作業特性曲線(operating characteristic curve)，簡稱為 OC 曲線。

　　假如現在有一批空罐數量為 5000 個，如果已知它的不良率是 1%，那整批的空罐內將有 5000×1%＝50 個不良品在內。如果我們抽驗 200 個的話，是否會檢出 2 個不良品？實際上我們可能會檢出的不良品數將是 0 或 1、2、3……直到 50，當然我們可以想像得到 0、1、2、3……個不良品的機會比較多，而得到 10、20 或更多不良罐的機會比較少。抽樣檢驗就是利用這種機率原理，由檢驗的結果來判定群體的好壞。

圖 3.4 為群體 N＝5000，樣本 n＝200，不良個數 c＝5 的單次抽樣計畫之 OC 曲線。

| p(%) | 0 | .5 | 1.0 | 1.5 | 2.0 | 2.5 | 3.0 | 3.5 | 4 | 4.5 | 5 | 6 | 7 |
|---|---|---|---|---|---|---|---|---|---|---|---|---|---|
| np | 0 | 1 | 2 | 3 | 4 | 5 | 6 | 7 | 8 | 9 | 10 | 11 | 12 |
| Pa(%) | 100 | 99.6 | 93.3 | 91.6 | 78.5 | 61.6 | 44.6 | 30.1 | 19.1 | 11.6 | 6.7 | 2.0 | 0.6 |

設送驗批之不良率 $p$=1.5%時，np=0.015×200=3，此時就有 91.6%的允收機率。但如果該送驗批之品質已壞到 5%時，因 np 已達 10 個，故在 c=5 的條件下，其被允收的機會只有 6.7%而已。

由圖 3.4 我們可以看出，不良率為 0 時允收機率為 100%，不良率為 1%時有 93.3%

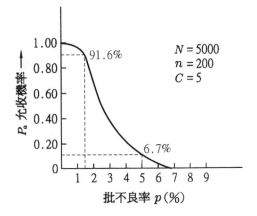

■ 圖 3.4　單次抽樣檢驗計畫 OC 曲線一例

允收，不良率 7%時則只有 0.6%之允收可能。換句話說允收機率隨不良率的升高而降低。由此可知任何抽樣計畫也都有好批拒收與壞批允收的可能性。當然若能作全數檢查時，因 OC 曲線形狀如方肩狀，傾斜度成直角 90 度，故能絕對區分好批或壞批。但事實上除非批量很小或檢查容易採全數檢驗外，否則是非靠抽樣檢查不可。

我們可以就不同的抽樣計畫，繪出不同的一條 OC 曲線。這條曲線可以告訴我們，應用該抽樣計畫下，當受驗批在各種不同不良率下，它們被允收的機率會有多少。這種曲線生產者希望他們的產品能夠盡量被允收，故曲線呈平肩形。而消費者則希望品質低於標準時，應盡量判為不合格，故 OC 曲線斜度大且肩部為尖峰狀。公允的 OC 曲線則採取中庸之道，它能夠保證在某一種品質水準之下有 95%之允收機率，或在品質水準低於某一程度時有 90%之拒收機率。

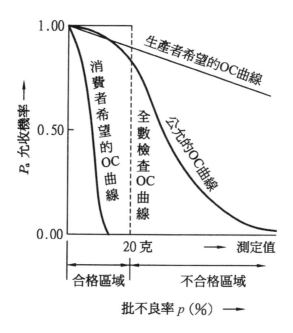

■ 圖 3.5　不同之 OC 曲線

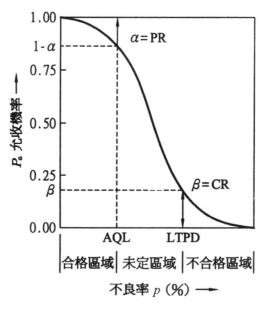

■ 圖 3.6　抽樣檢查之 OC 曲線

## 二、OC 曲線的一般特性

### 1. 群體、樣本相等的 OC 曲線

最理想之 OC 曲線是全數檢驗(N＝n)的垂直線，可以完全區分好批或壞批。生產者可被允收所有之良品批，消費者也可以拒收所有之不良批，故能同時滿足雙方之要求。

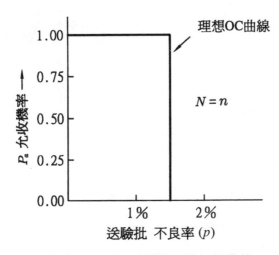

■ 圖 3.7　N＝n 之最理想 OC 曲線

### 2. 群體、樣本比值固定的 OC 曲線

群體數 N 和樣本數 n 比例不變($\frac{n}{N} = 0.1$)時，對送驗批的品質保證程度不同。例如圖 3.8 在 $\frac{n}{N} = 0.1$，c=0 的相同條件下，對送驗批不良率為 5%而言，N＝90 時，有 63%之允收機率，但當 N＝900 時，只有 2%之允收機率，OC 曲線的斜度越大，故判斷能力越高、靈敏度越好。

### 3. 樣本數固定的 OC 曲線

群體數 N 不同，樣本數 n 保持不變，可獲得很近似的品質保證。即 OC 曲線受群體大小的影響不大，以圖 3.9 中 OC 曲線為例，當 n=20 允

收數 c = 0 的相同情況下即使 N = 1000、200、100 有所不同，其 OC 曲線相當相似，故對品質保證的程度幾乎是一樣的。但通常為獲得較佳的 OC 曲線，最好採用樣本大小 10 倍以上的批量較為恰當。

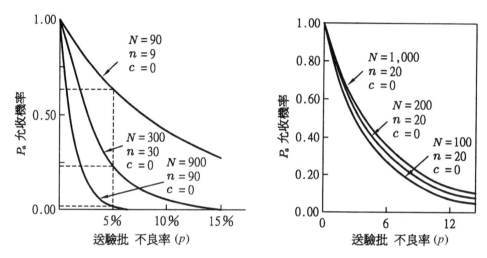

■ 圖 3.8　n/N 及 c 不變之 OC 曲線　■ 圖 3.9　n.c 不變 N 不同之 OC 曲線

### 4. 群體數固定的 OC 曲線

群體數 N 固定，當樣本 n 增加時 OC 曲線將更陡峭，而更接近垂直線，故抽樣計畫中 n 越大，對送驗批的品質好壞分辨能力越高，故允收壞批或拒收好批的機率較小。

### 5. 群體、樣本固定的 OC 曲線

當群體及樣本保持不變，允收數隨之漸減時，OC 曲線變得更為陡峭，故可使得分辨好壞批之能力更強。唯基於心理作用，易使賣方覺得標準太嚴而反感。圖 3.11 中虛線代表 N = 2000，n = 300，c = 2 之 OC 曲線，比 c = 0 之 OC 曲線更陡峭，但對雙方而言，都會覺得較有安全感。

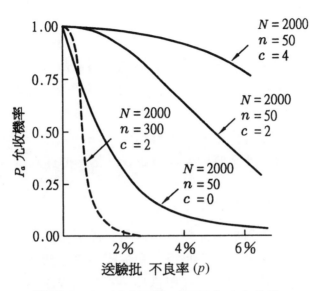

■ 圖 3.10　N.C 不變 n 不同之 OC 曲線

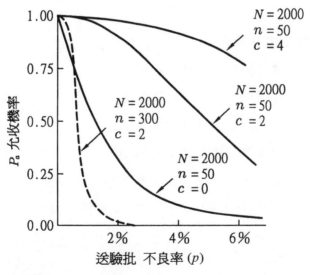

■ 圖 3.11　N 和 n 不變，c 不同之 OC 曲線

## 第五節　抽樣計畫

　　抽樣計畫是應用在大量工業產品無法使用全數檢查來分判送驗批之良與不良時，利用抽樣的少數產品，來判定群體送驗批是否已達允收水準。統計專家為使抽樣樣本能夠代表群體的真實性，考慮抽樣時之或然率及樣本的大小，設計出數種抽樣計畫表。品管人員在驗收時，可依產品的品質特性值選用計數值抽樣計畫表或計量值抽樣計畫表。

## 一、計數值抽樣計畫

　　這種抽樣計畫，對於產品只要區分為良品與不良品，因不需繁雜的檢驗程度，故能迅速瞭解其不良率。在抽樣時除需較多的樣本外，尤須注意隨機化。又品質的好壞，僅用良品、不良品或缺點數來表示，故每種產品只需制定一抽樣計畫即可。此種抽樣方法檢驗較為簡單，費用較低，廣用範圍較廣。

### 1. 常用計數值抽樣計畫表

(1) JIS Z9002 計數規準型一次抽樣檢驗表

(2) JIS Z9006 計數選別型一次抽樣檢驗表

(3) JIS Z9008 計數連續生產型抽樣檢驗表

(4) JIS Z9009 計數規準型逐次抽樣檢驗表

(5) MIL-STD-105A、B、C、D、E 調整型抽樣檢驗表

(6) Dodge-Romig 選別型 CSP－1，CSP－2 抽樣檢驗表

## 2. MIL-STD-105 計數值抽樣表應用

　　MIL-STD-105 系列抽樣表係經美、英、加三國軍方共同努力而成的第一個國際性品管標準，我國亦譯印列入 CNS-2779 作為國家標準，目前最新版是 1989 年的 MIL-STD-105E。表 3.3 是根據 AQL 與樣本代表英文字母作為抽樣計畫的指標。抽驗法依送驗批品質的好壞，可採用正常檢驗、嚴格檢驗及減量檢驗三種。另按批量與樣本大小關係分 I、II、III 三級檢驗水準；除無需太高判別力之檢驗採用 I 級及需要較高判別力採用 III 級外，一般都採用 II 級檢驗水準，另在 105D 表 1 內 S-1、S-2、S-3、S-4 四種特殊檢驗水準是在樣本數較小時，容許有較大抽樣冒險率時使用的。這種計數抽樣表 AQL 在 10 以下，可用不良率或百件缺點數表示。超過 10 以上則僅能用百件缺點數表示。其使用步驟如下：

　　例如：　已知進廠沙拉油的淨重為 18kg±0.2kg，希望不合前規定者不超過批量 N＝2000 的 1.0%。依 MIL-STD-105D 抽樣表，試擬正常檢驗單次抽樣計畫。

　　解：　(1)正常檢驗單次抽樣故使用 II－A（嚴重檢驗雙次抽樣計畫使用 III-B 餘類推）。

　　　　　(3)由表 I 查樣本代字。知批量 N＝2000 在（1201~3200）中與 II 級檢驗水準相交之處，其樣本之代字為 K。

　　　　　(3)查 MIL-STD-105D 表 II－A，樣本代字為 K 之列得 n＝125，再查樣本數 125 和 AQL＝1.0%相交之點，即得 Ac=3，Re=4。

　　即表示該批沙拉油若按上述抽樣計畫，檢驗 125 桶樣本中，若不合 18kg±0.2kg 規定者，在 3 桶以內可判定合格，若超過 4 桶以上則可判定為不合格。

**☞表 3.3　MIL-STD-105D 表 I 樣本之大小之代表字母**

| 批　　量 | 特殊檢驗水準 | | | | 一般檢驗水準 | | |
|---|---|---|---|---|---|---|---|
| | S－1 | S－2 | S－3 | S－4 | I | II | III |
| 2 至 8 | A | A | A | A | A | A | B |
| 9 至 15 | A | A | A | A | A | B | C |
| 16 至 25 | A | A | B | B | B | C | D |
| 26 至 50 | A | B | B | C | C | D | E |
| 51 至 90 | B | B | C | C | C | E | F |
| 91 至 150 | B | B | C | D | D | F | G |
| 151 至 280 | B | C | D | E | E | G | H |
| 281 至 500 | B | C | D | E | F | H | J |
| 501 至 1200 | C | C | E | F | G | J | K |
| 1201 至 3200 | C | D | E | G | H | K | L |
| 3201 至 10000 | C | D | F | G | I | L | M |
| 10001 至 35000 | C | D | F | H | K | M | N |
| 35001 至 150000 | D | E | G | J | L | N | P |
| 150001 至 500000 | D | E | G | J | M | P | Q |
| 500001 以上 | D | E | H | K | N | Q | R |

**☞表 3.4　MIL-STD-105D 表 II-A 正常檢驗單次抽樣計畫（主軸樣長）**

↓採用箭頭下第一個抽樣計劃　Ae＝允收數　　　↑採用箭頭上第一個抽樣計劃　Re＝拒收數

如樣本大小等於或超過批量時，則幫全數檢驗

**表 3.5　MIL-STD-105D 表 III-B 嚴重檢驗雙次抽樣計畫**

下表各 AQL 欄以「Ac Re ／ Ac Re」表示（「第一／第二」抽樣之允收數與拒收數），嚴格檢驗（AQL）。↓、↑ 表示採用箭頭方向之第一個抽樣計畫，† 表示採用相當之單次抽樣計劃。

| 樣本代字 | 樣本大小<br>(第一/第二) | 樣本累計<br>(第一/第二) | 0.010 | 0.015 | 0.025 | 0.040 | 0.065 | 0.10 | 0.15 | 0.25 | 0.40 | 0.65 | 1.0 | 1.5 | 2.5 | 4.0 | 6.5 | 10 | 15 | 25 | 40 | 65 | 100 | 150 | 250 | 400 | 650 | 1,000 |
|---|---|---|---|---|---|---|---|---|---|---|---|---|---|---|---|---|---|---|---|---|---|---|---|---|---|---|---|---|
| A | — | — | | | | | | | | | | | | | | | ↓ | | † | † | † | † | † | † | † | † | † |
| B | 2 / 2 | 2 / 4 | | | | | | | | | | | | | | | | | † | 0 2 / 1 2 | 0 3 / 3 4 | 1 4 / 4 5 | 2 5 / 5 7 | 3 7 / 7 11 | 6 10 / 12 15 | 9 14 / 16 23 | 15 20 / 24 34 | 23 29 / 52 53 |
| C | 3 / 3 | 3 / 6 | | | | | | | | | | | | | | | | † | 0 2 / 1 2 | 0 3 / 3 4 | 1 4 / 4 5 | 2 5 / 5 7 | 3 7 / 7 11 | 6 10 / 12 15 | 9 14 / 16 23 | 15 20 / 24 34 | 23 29 / 52 53 | ↑ |
| D | 5 / 5 | 5 / 10 | | | | | | | | | | | | | | | † | 0 2 / 1 2 | 0 3 / 3 4 | 1 4 / 4 5 | 2 5 / 5 7 | 3 7 / 7 11 | 6 10 / 12 15 | 9 14 / 16 23 | 15 20 / 24 34 | 23 29 / 52 53 | ↑ | |
| E | 8 / 8 | 8 / 16 | | | | | | | | | | | | | | † | 0 2 / 1 2 | 0 3 / 3 4 | 1 4 / 4 5 | 2 5 / 5 7 | 3 7 / 7 11 | 6 10 / 12 15 | 9 14 / 16 23 | 15 20 / 24 34 | 23 29 / 52 53 | ↑ | | |
| F | 13 / 13 | 13 / 26 | | | | | | | | | | | | | † | 0 2 / 1 2 | 0 3 / 3 4 | 1 4 / 4 5 | 2 5 / 5 7 | 3 7 / 7 11 | 6 10 / 12 15 | 9 14 / 16 23 | 15 20 / 24 34 | 23 29 / 52 53 | ↑ | | | |
| G | 20 / 20 | 20 / 40 | | | | | | | | | | | | † | 0 2 / 1 2 | 0 3 / 3 4 | 1 4 / 4 5 | 2 5 / 5 7 | 3 7 / 7 11 | 6 10 / 12 15 | 9 14 / 16 23 | 15 20 / 24 34 | 23 29 / 52 53 | ↑ | | | | |
| H | 32 / 32 | 32 / 64 | | | | | | | | | | | † | 0 2 / 1 2 | 0 3 / 3 4 | 1 4 / 4 5 | 2 5 / 5 7 | 3 7 / 7 11 | 6 10 / 12 15 | 9 14 / 16 23 | 15 20 / 24 34 | 23 29 / 52 53 | ↑ | | | | | |
| J | 50 / 50 | 50 / 100 | | | | | | | | | | † | 0 2 / 1 2 | 0 3 / 3 4 | 1 4 / 4 5 | 2 5 / 5 7 | 3 7 / 7 11 | 6 10 / 12 15 | 9 14 / 16 23 | 15 20 / 24 34 | 23 29 / 52 53 | ↑ | | | | | | |
| K | 80 / 80 | 80 / 160 | | | | | | | | | † | 0 2 / 1 2 | 0 3 / 3 4 | 1 4 / 4 5 | 2 5 / 5 7 | 3 7 / 7 11 | 6 10 / 12 15 | 9 14 / 16 23 | 15 20 / 24 34 | 23 29 / 52 53 | ↑ | | | | | | | |
| L | 125 / 125 | 125 / 250 | | | | | | | | † | 0 2 / 1 2 | 0 3 / 3 4 | 1 4 / 4 5 | 2 5 / 5 7 | 3 7 / 7 11 | 6 10 / 12 15 | 9 14 / 16 23 | 15 20 / 24 34 | 23 29 / 52 53 | ↑ | | | | | | | | |
| M | 200 / 200 | 200 / 400 | | | | | | | † | 0 2 / 1 2 | 0 3 / 3 4 | 1 4 / 4 5 | 2 5 / 5 7 | 3 7 / 7 11 | 6 10 / 12 15 | 9 14 / 16 23 | 15 20 / 24 34 | 23 29 / 52 53 | ↑ | | | | | | | | | |
| N | 315 / 315 | 315 / 630 | | | | | | † | 0 2 / 1 2 | 0 3 / 3 4 | 1 4 / 4 5 | 2 5 / 5 7 | 3 7 / 7 11 | 6 10 / 12 15 | 9 14 / 16 23 | 15 20 / 24 34 | 23 29 / 52 53 | ↑ | | | | | | | | | | |
| P | 500 / 500 | 500 / 1,000 | | | | | † | 0 2 / 1 2 | 0 3 / 3 4 | 1 4 / 4 5 | 2 5 / 5 7 | 3 7 / 7 11 | 6 10 / 12 15 | 9 14 / 16 23 | 15 20 / 24 34 | 23 29 / 52 53 | ↑ | | | | | | | | | | | |
| Q | 800 / 800 | 800 / 1,600 | | | | † | 0 2 / 1 2 | 0 3 / 3 4 | 1 4 / 4 5 | 2 5 / 5 7 | 3 7 / 7 11 | 6 10 / 12 15 | 9 14 / 16 23 | 15 20 / 24 34 | 23 29 / 52 53 | ↑ | | | | | | | | | | | | |
| R | 1,250 / 1,250 | 1,250 / 2,500 | | | † | 0 2 / 1 2 | 0 3 / 3 4 | 1 4 / 4 5 | 2 5 / 5 7 | 3 7 / 7 11 | 6 10 / 12 15 | 9 14 / 16 23 | 15 20 / 24 34 | 23 29 / 52 53 | ↑ | | | | | | | | | | | | | |
| S | 2,000 / 2,000 | 2,000 / 4,000 | | † | 0 2 / 1 2 | 0 3 / 3 4 | 1 4 / 4 5 | 2 5 / 5 7 | 3 7 / 7 11 | 6 10 / 12 15 | 9 14 / 16 23 | 15 20 / 24 34 | 23 29 / 52 53 | ↑ | | | | | | | | | | | | | | |

† 採用相當之單次抽樣計劃（或採用下面的雙次抽樣計劃亦可）

# 二、計量值抽樣計畫

　　這種抽樣計畫是測定產品樣本的品質特性，以判定送驗批是否已符合品質特性標準，因此對產品品質特性之情況瞭解較多。計量值抽樣檢驗計畫都是假定產品的品質特性值屬於常態分配，所需樣本數較少。又品質的好壞，都是用特性值表示，故每一品質特性需制訂一抽樣計畫。此種抽樣檢驗方法，檢驗程序及方法複雜，費用較高，故適用於破壞性檢驗或樣本貴重之產品較多。

## 1. 常用計量值抽樣計畫表

(1) JIS Z9003 計量規準型一次抽樣檢驗表（σ 已知）

(2) JIS Z9004 計量規準型一次抽樣檢驗表（σ 未知）

(3) JIS Z9010 計量規準型逐次抽樣檢驗表

(4) MIL－STD－414 計量調整型抽樣檢驗表

## 2. JIS Z9004 計量值抽樣計畫表應用

　　計量值抽樣表雖然檢查樣本數較少，判斷亦較正確，但因需用量測儀器及檢驗技術，一般僅適用於某一特性值。不如計數抽樣可一律列為是否為缺點計數，故應用機會比計數抽樣表為少。今就日本工業規格計量值抽驗法一例加以說明；本規準型一次抽樣檢驗表 JIS Z9004，乃假設批之特性值為常態分配，是用在標準差未知，但已訂有上限規格值及下限規格值的情況下，判定送驗批合格或不合格的計量值抽驗表。其使用步驟如下：

(1) 決定樣本的特性值 x 及其測定方法。

(2) 決定品質基準。

(3) 決定 $P_0$、$P_1$ 值。

(4) 查表 3.6 中 $P_0$ 欄中之 $P_1$ 值，在 $P_1$ 值該欄中找出最接近於既定之 $P_1$ 值，並讀出樣本數 n 與合格判定係數 k。選取樣本。

(6) 測定樣本計算樣本的平均值 $\overline{X}$，與不偏變異數平方根(unbiased mean square，Se)，並求出合格判定值。樣本特性值之不偏變異數之平方根。

$$Se = \sqrt{\frac{\sum\limits_{i=1}^{n}(x_i - \overline{x})^2}{n-1}} = \sqrt{\frac{\sum x_i^2 - n\overline{x}^2}{n-1}}$$

(7) 合格或不合格判定法

　　a. 已訂有上限規格值(Su)的情況：

　　　$\overline{x} + kSe \le Su$，判定為合格。

　　　$\overline{x} + kSe > Su$ 時，判定為不合格。

**例如：** 冷凍蝦仁包冰率，規格上限 Su 為 8%，希望產品包冰率超過 8%以上時，在 0.5%以內判定為合格，超過 4%以上時判定為不合格，若此種包冰率呈常態分配，$\alpha = 0.05$，$\beta = 0.10$，試求適當之抽樣計畫。

解：　$P_0 = 0.5\%$　$\alpha = 0.05$

$P_1 = 4\%$　$\beta = 0.10$

在表 3.6 中，$P_0 = 0.5\%$欄往下查最接近於 $P_1 = 4\%$的數值為 $P_1 = 3.8$、k=2.13、n=45。抽取樣本 45 個，計算 $\overline{X}$ 與 Se 並利用下式判定：

$\overline{x} + 2.13 \times Se \leq 8$ 時，該批判為合格。

$\overline{x} + 2.13 \times Se > 8$ 時，該批判為不合格。

　b. 已訂有下限規格值 $S_L$ 的情況：

$\overline{x} - KSe \geq S_L$ 時，判定為合格。

$\overline{x} - KSe < S_L$ 時，判定為不合格。

例如：　洋蔥直徑下限規格 $S_L$ 為 6.5cm，希望直徑未滿 6.5cm 之原料在 1%以下時，該批判為合格。若直徑未滿 6.5cm 之原料蔥超過 9%以上時，判為不合格($\alpha = 0.05$，$\beta = 0.10$)，則試求抽樣計畫。

解：　　(1)自表 3.6 之 $P_0 = 1\%$列查出 9%小而最接近於 9%之 $P_1$ 值 = 8.8%。

(2)自(1)查出之 $P_1$ 處求得 n = 24、k = 1.78。

(3)抽取樣本 24 個，計算 $\overline{X}$ 與 Se，並利用下式判定。

$\overline{X} - 1.78 \times Se \geq 6.5$ 時，合格

$\overline{X} - 1.78 \times Se < 6.5$ 時，不合格

**表 3.6 計量值規準型一次抽樣檢驗表（標準差未知）**

JIS Z9004 附表 $\alpha=0.05$，$\beta=0.10$

依據 $P_0(\%)$，$P_1(\%)$求出樣體數 $n$ 與合格判定係數 $k$

| n | 0.1 $p_1$ | 0.1 $k$ | 0.15 $p_1$ | 0.15 $k$ | 0.2 $p_1$ | 0.2 $k$ | 0.3 $p_1$ | 0.3 $k$ | 0.5 $p_1$ | 0.5 $k$ | 0.7 $p_1$ | 0.7 $k$ | 1.0 $p_1$ | 1.0 $k$ | 1.5 $p_1$ | 1.5 $k$ | 2.0 $p_1$ | 2.0 $k$ | 3.0 $p_1$ | 3.0 $k$ | 5.0 $p_1$ | 5.0 $k$ | 7.0 $p_1$ | 7.0 $k$ | 10 $p_1$ | 10 $k$ | 15 $p_1$ | 15 $k$ | $p_0$ / $\pi$ |
|---|---|---|---|---|---|---|---|---|---|---|---|---|---|---|---|---|---|---|---|---|---|---|---|---|---|---|---|---|---|
| 5 | 21.0 | 1.81 | 22.0 | 1.73 | 21.0 | 1.68 | 25.0 | 1.57 | 28.0 | 1.45 | 30.0 | 1.37 | 32.0 | 1.23 | 35.0 | 1.15 | 33.0 | 1.03 | | | | | | | | | | | 5 |
| 6 | 17.0 | 1.90 | 18.0 | 1.82 | 19.0 | 1.75 | 21.0 | 1.65 | 24.0 | 1.53 | 25.0 | 1.44 | 28.0 | 1.33 | 33.0 | 1.23 | 33.0 | 1.13 | | | | | | | | | | | 6 |
| 7 | 14.0 | 1.97 | 15.0 | 1.89 | 18.0 | 1.82 | 18.0 | 1.77 | 20.0 | 1.53 | 22.0 | 1.51 | 31.0 | 1.41 | 33.0 | 1.31 | 30.0 | 1.23 | 35.0 | 1.02 | | | | | | | | | 7 |
| 8 | 12.0 | 2.02 | 13.0 | 1.95 | 14.0 | 1.87 | 16.0 | 1.77 | 17.0 | 1.61 | 20.0 | 1.53 | 22.0 | 1.45 | 33.0 | 1.31 | 27.0 | 1.23 | 33.0 | 1.12 | 39.0 | 0.83 | | | | | | | 8 |
| 9 | 10.0 | 2.07 | 11.0 | 2.00 | 12.0 | 1.92 | 14.0 | 1.82 | 15.0 | 1.63 | 18.0 | 1.60 | 20.0 | 1.50 | 22.0 | 1.40 | 25.0 | 1.20 | 23.0 | 1.15 | 33.0 | 0.83 | 33.0 | 0.80 | | | | | 9 |
| 10 | 9.0 | 2.12 | 9.7 | 2.04 | 11.0 | 1.95 | 14.0 | 1.66 | 14.0 | 1.73 | 16.0 | 1.61 | 18.0 | 1.51 | 20.0 | 1.43 | 23.0 | 1.32 | 23.0 | 1.19 | 33.0 | 0.97 | 33.0 | 0.83 | | | | | 10 |
| 11 | 7.7 | 2.18 | 8.6 | 2.08 | 9.6 | 1.99 | 11.0 | 1.89 | 13.0 | 1.76 | 15.0 | 1.62 | 16.0 | 1.57 | 19.0 | 1.48 | 21.0 | 1.35 | 21.0 | 1.22 | 23.0 | 1.02 | 33.0 | 0.83 | 33.0 | 0.72 | | | 11 |
| 12 | 6.9 | 2.19 | 7.7 | 2.11 | 8.7 | 2.02 | 10.0 | 1.92 | 12.0 | 1.79 | 13.5 | 1.71 | 15.0 | 1.62 | 17.0 | 1.49 | 20.0 | 1.33 | 23.0 | 1.21 | 24.0 | 1.06 | 32.0 | 0.90 | 37.0 | 0.7 | | | 12 |
| 13 | 6.2 | 2.22 | 7.0 | 2.14 | 8.0 | 2.05 | 9.2 | 1.95 | 11.2 | 1.81 | 12.6 | 1.74 | 14.0 | 1.62 | 16.4 | 1.51 | 19.0 | 1.43 | 22.0 | 1.23 | 27.0 | 1.07 | 33.0 | 0.92 | 33.0 | 0.76 | | | 13 |
| 14 | 5.7 | 2.24 | 6.4 | 2.16 | 7.4 | 2.08 | 8.5 | 1.97 | 10.4 | 1.83 | 11.7 | 1.75 | 13.4 | 1.61 | 15.5 | 1.53 | 18.3 | 1.42 | 21.0 | 1.23 | 26.0 | 1.03 | 33.0 | 0.91 | 33.0 | 0.78 | | | 14 |
| 15 | 5.2 | 2.27 | 5.9 | 2.18 | 6.8 | 2.10 | 7.9 | 1.99 | 9.7 | 1.85 | 11.1 | 1.77 | 12.7 | 1.66 | 14.7 | 1.55 | 17.5 | 1.44 | 20.0 | 1.34 | 25.0 | 1.10 | 23.0 | 0.93 | 31.2 | 0.79 | | | 15 |
| 16 | 4.8 | 2.29 | 5.5 | 2.20 | 6.3 | 2.12 | 7.4 | 2.01 | 9.7 | 1.87 | 10.5 | 1.78 | 12.1 | 1.63 | 14.0 | 1.57 | 15.8 | 1.45 | 14.3 | 1.32 | 21.2 | 1.11 | 23.1 | 0.97 | 31.3 | 0.81 | | | 16 |
| 17 | 4.6 | 2.31 | 5.1 | 2.22 | 5.9 | 2.14 | 7.0 | 2.03 | 8.6 | 1.83 | 9.9 | 1.81 | 11.5 | 1.70 | 13.4 | 1.58 | 15.1 | 1.47 | 13.6 | 1.33 | 23.4 | 1.11 | 27.3 | 0.97 | 32.5 | 0.82 | | | 17 |
| 18 | 4.2 | 2.33 | 4.8 | 2.24 | 5.6 | 2.16 | 6.6 | 2.05 | 8.2 | 1.91 | 9.4 | 1.82 | 11.0 | 1.71 | 13.9 | 1.60 | 15.5 | 1.43 | 13.1 | 1.31 | 23.7 | 1.11 | 21.7 | 1.02 | 31.7 | 0.83 | 39.5 | 0.61 | 18 |
| 19 | 3.9 | 2.35 | 4.5 | 2.26 | 5.3 | 2.18 | 6.2 | 2.07 | 7.8 | 1.93 | 9.0 | 1.83 | 10.6 | 1.73 | 11.9 | 1.61 | 11.9 | 1.50 | 12.4 | 1.35 | 22.1 | 1.15 | 23.1 | 1.01 | 31.0 | 0.81 | 38.6 | 0.62 | 19 |
| 20 | 3.7 | 2.36 | 4.2 | 2.23 | 5.0 | 2.19 | 5.9 | 2.09 | 7.5 | 1.91 | 8.6 | 1.85 | 10.2 | 1.74 | 11.9 | 1.62 | 11.4 | 1.51 | 13.0 | 1.33 | 21.5 | 1.16 | 25.5 | 1.02 | 33.4 | 0.85 | 38.0 | 0.65 | 20 |

**表 3.6** 計量值規準型一次抽樣檢驗表（標準差未知）（續）

| n | 0.1 p₁ | 0.1 k | 0.15 p₁ | 0.15 k | 0.2 p₁ | 0.2 k | 0.3 p₁ | 0.3 k | 0.5 p₁ | 0.5 k | 0.7 p₁ | 0.7 k | 1.0 p₁ | 1.0 k | 1.5 p₁ | 1.5 k | 2.0 p₁ | 2.0 k | 3.0 p₁ | 3.0 k | 5.0 p₁ | 5.0 k | 7.0 p₁ | 7.0 k | 10 p₁ | 10 k | 15 p₁ | 15 k | π |
|---|---|---|---|---|---|---|---|---|---|---|---|---|---|---|---|---|---|---|---|---|---|---|---|---|---|---|---|---|---|
| 21 | 3.5 | 2.38 | 4.0 | 2.20 | 4.7 | 2.21 | 5.8 | 2.10 | 7.2 | 1.95 | 8.3 | 1.86 | 9.8 | 1.75 | 11.5 | 1.63 | 14.0 | 1.52 | 16.4 | 1.37 | 21.0 | 1.17 | 21.5 | 1.03 | 23.8 | 0.86 | 37.4 | 0.61 | 21 |
| 22 | 3.3 | 2.39 | 3.8 | 2.31 | 4.5 | 2.22 | 5.3 | 2.11 | 6.0 | 1.97 | 8.0 | 1.87 | 9.4 | 1.76 | 11.1 | 1.63 | 13.5 | 1.53 | 15.9 | 1.33 | 22.5 | 1.18 | 21.3 | 1.01 | 29.2 | 0.87 | 36.8 | 0.65 | 22 |
| 23 | 3.1 | 2.40 | 3.6 | 2.32 | 4.3 | 2.23 | 5.1 | 2.12 | 6.6 | 1.93 | 7.7 | 1.88 | 9.1 | 1.77 | 10.8 | 1.70 | 17.2 | 1.51 | 15.5 | 1.33 | 20.1 | 1.19 | 21.8 | 1.03 | 23.7 | 0.88 | 36.3 | 0.65 | 23 |
| 24 | 3.0 | 2.41 | 3.1 | 2.33 | 4.1 | 2.24 | 4.9 | 2.13 | 6.3 | 1.93 | 7.4 | 1.89 | 8.8 | 1.78 | 10.5 | 1.71 | 12.9 | 1.55 | 15.1 | 1.43 | 19.7 | 1.23 | 23.4 | 1.03 | 23.3 | 0.88 | 35.8 | 0.66 | 24 |
| 25 | 2.8 | 2.42 | 3.0 | 2.34 | 3.9 | 2.25 | 4.7 | 2.14 | 6.1 | 2.00 | 7.1 | 1.90 | 8.5 | 1.79 | 10.2 | 1.71 | 12.6 | 1.55 | 19.3 | 1.21 | 19.3 | 1.23 | 23.0 | 1.05 | 27.9 | 0.89 | 35.3 | 0.67 | 25 |
| 26 | 2.7 | 2.43 | 3.2 | 2.35 | 3.7 | 2.26 | 4.5 | 2.15 | 5.9 | 2.01 | 6.9 | 1.91 | 8.3 | 1.80 | 9.9 | 1.63 | 12.3 | 1.57 | 11.5 | 1.42 | 18.9 | 1.23 | 22.0 | 1.07 | 27.5 | 0.90 | 34.9 | 0.68 | 26 |
| 27 | 2.6 | 2.44 | 3.1 | 2.36 | 3.6 | 2.27 | 4.3 | 2.16 | 5.7 | 2.02 | 6.7 | 1.92 | 8.1 | 1.81 | 9.0 | 1.63 | 12.6 | 1.53 | 11.2 | 1.43 | 18.5 | 1.23 | 22.3 | 1.03 | 27.1 | 0.90 | 34.3 | 0.63 | 27 |
| 28 | 2.8 | 2.45 | 3.0 | 2.37 | 3.5 | 2.28 | 4.2 | 2.17 | 5.5 | 2.02 | 6.5 | 1.93 | 7.0 | 1.82 | 9.1 | 1.70 | 11.7 | 1.53 | 13.0 | 1.43 | 18.2 | 1.23 | 22.0 | 1.03 | 23.7 | 0.91 | 33.8 | 0.69 | 28 |
| 29 | 2.4 | 2.46 | 2.9 | 2.38 | 3.4 | 2.29 | 4.1 | 2.18 | 5.3 | 2.03 | 6.3 | 1.93 | 7.7 | 1.82 | 9.2 | 1.71 | 11.4 | 1.52 | 13.0 | 1.41 | 17.9 | 1.23 | 21.7 | 1.03 | 23.4 | 0.91 | 33.8 | 0.69 | 29 |
| 30 | 2.3 | 2.47 | 2.3 | 2.39 | 3.3 | 2.30 | 4.0 | 2.19 | 5.1 | 2.04 | 6.1 | 1.94 | 7.5 | 1.83 | 9.0 | 1.71 | 11.2 | 1.63 | 13.4 | 1.45 | 17.7 | 1.21 | 21.4 | 1.03 | 23.1 | 0.92 | 33.5 | 0.70 | 30 |
| 35 | 1.9 | 2.52 | 2.3 | 2.43 | 2.7 | 2.34 | 3.1 | 2.22 | 4.6 | 2.07 | 5.8 | 1.97 | 6.7 | 1.85 | 8.1 | 1.74 | 9.9 | 1.63 | 12.0 | 1.48 | 15.5 | 1.27 | 20.1 | 1.11 | 21.7 | 0.95 | 31.7 | 0.72 | 35 |
| 40 | 1.7 | 2.55 | 2.0 | 2.46 | 2.4 | 2.37 | 3.1 | 2.25 | 4.1 | 2.10 | 5.0 | 2.00 | 6.1 | 1.83 | 7.5 | 1.77 | 9.1 | 1.63 | 11.5 | 1.50 | 15.4 | 1.29 | 19.0 | 1.11 | 23.6 | 0.97 | 30.5 | 0.71 | 40 |
| 45 | 1.5 | 2.58 | 1.8 | 2.49 | 2.2 | 2.39 | 2.8 | 2.38 | 3.8 | 2.13 | 4.6 | 2.02 | 6.7 | 1.91 | 5.9 | 1.79 | 8.5 | 1.67 | 10.8 | 1.52 | 14.7 | 1.30 | 18.1 | 1.15 | 22.8 | 0.93 | 29.5 | 0.76 | 45 |
| 50 | 1.3 | 2.60 | 1.6 | 2.51 | 2.0 | 2.41 | 2.5 | 2.30 | 3.5 | 2.15 | 4.2 | 2.01 | 6.3 | 1.93 | 5.5 | 1.81 | 8.1 | 1.67 | 10.5 | 1.54 | 11.1 | 1.33 | 17.5 | 1.17 | 20.8 | 0.77 | 28.8 | 0.77 | 50 |
| 55 | 1.2 | 2.62 | 1.5 | 2.52 | 1.8 | 2.43 | 2.3 | 2.32 | 3.3 | 2.17 | 3.9 | 2.08 | 4.9 | 1.95 | 5.2 | 1.82 | 7.7 | 1.70 | 9.8 | 1.55 | 16.9 | 1.8 | 21.4 | 1.8 | 21.4 | 1.01 | 27.9 | 0.78 | 55 |
| 60 | 1.1 | 2.61 | 1.4 | 2.55 | 1.7 | 2.45 | 2.2 | 2.34 | 3.1 | 2.19 | 3.7 | 2.08 | 4.7 | 1.95 | 5.9 | 1.85 | 7.3 | 1.72 | 9.4 | 1.56 | 13.1 | 1.37 | 16.4 | 1.22 | 20.8 | 1.02 | 27.3 | 0.79 | 60 |
| 65 | 1.0 | 2.66 | 1.3 | 2.57 | 1.6 | 2.47 | 2.1 | 2.35 | 2.9 | 2.20 | 3.3 | 2.09 | 4.5 | 1.97 | 5.6 | 1.85 | 7.0 | 1.73 | 9.1 | 1.57 | 12.7 | 1.35 | 16.0 | 1.21 | 20.3 | 1.03 | 25.8 | 0.80 | 65 |
| 70 | 1.0 | 2.67 | 1.2 | 2.58 | 1.5 | 2.48 | 2.0 | 2.36 | 2.7 | 2.21 | 3.3 | 2.10 | 4.3 | 1.98 | 5.4 | 1.83 | 6.7 | 1.74 | 8.8 | 1.58 | 12.3 | 1.37 | 15.5 | 1.22 | 19.9 | 1.04 | 28.0 | 0.81 | 70 |
| 75 | 0.9 | 2.68 | 1.1 | 2.59 | 1.4 | 2.49 | 1.9 | 2.37 | 2.8 | 2.22 | 3.2 | 2.11 | 4.1 | 2.99 | 5.0 | 1.83 | 6.5 | 1.75 | 8.5 | 1.59 | 12.0 | 1.33 | 15.2 | 1.22 | 19.5 | 1.05 | 28.0 | 0.81 | 75 |
| 80 | 0.9 | 2.69 | 1.1 | 2.60 | 1.4 | 2.50 | 1.8 | 2.38 | 2.5 | 2.23 | 3.0 | 2.12 | 3.9 | 2.00 | 5.0 | 1.83 | 6.3 | 1.78 | 8.3 | 1.60 | 11.7 | 1.33 | 14.9 | 1.25 | 19.1 | 1.05 | 28.0 | 0.81 | 80 |
| 85 | 0.8 | 2.70 | 1.0 | 2.61 | 1.3 | 2.51 | 1.7 | 2.39 | 2.4 | 2.21 | 3.0 | 2.13 | 3.8 | 2.01 | 4.8 | 1.89 | 6.1 | 1.77 | 8.1 | 1.61 | 11.4 | 1.37 | 14.8 | 1.21 | 19.8 | 1.05 | 25.3 | 0.83 | 85 |
| 90 | 0.8 | 2.71 | 1.0 | 2.62 | 1.2 | 2.52 | 1.6 | 2.40 | 2.3 | 2.23 | 2.9 | 2.14 | 3.7 | 2.02 | 4.7 | 1.90 | 5.0 | 1.77 | 7.9 | 1.62 | 11.2 | 1.40 | 14.3 | 1.21 | 19.5 | 1.05 | 25.0 | 0.84 | 99 |
| 95 | 0.7 | 2.72 | 0.9 | 2.63 | 1.1 | 2.53 | 1.6 | 2.41 | 2.3 | 2.36 | 2.8 | 2.15 | 3.6 | 2.03 | 4.4 | 1.91 | 5.7 | 1.78 | 7.7 | 1.63 | 11.0 | 1.41 | 14.0 | 1.22 | 19.0 | 1.07 | 24.7 | 0.84 | 95 |
| 100 | 0.7 | 2.73 | 0.9 | 2.64 | 1.1 | 2.54 | 1.5 | 2.42 | 2.2 | 2.36 | 2.7 | 2.16 | 3.5 | 2.04 | 4.5 | 1.92 | 5.8 | 1.79 | 7.5 | 1.64 | 10.8 | 1.5 | 13.8 | 1.5 | 18.0 | 1.08 | 24.4 | 0.85 | 100 |

# 品質管制常用
# 工具

**04**
**Chapter**

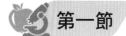

　　解決品質管制問題的常用工具，除品管七大手法(Q₇)外，包括腦力激盪法、官能檢查法、推移圖等其他圖表之應用等。管理階層應設法讓公司上下員工皆能熟悉解決品管問題的方法，尤其應注意其內涵及其重點，方可真正解決問題，1972 年日本提出新品管七工具(N₇)運用於全面品質管理 PDCA 循環的 P（計畫）階段，整理和分析數據資料來解決更複雜的問題，其實要解決問題利用腦力激盪術的會議方式，有時也會獲得意外的效果。

## 第一節　品管七大技法

　　統計品管最基本的工具是 Q₇，即所謂解決品管問題的七大技法。包括柏拉圖、要因分析圖、散佈圖、管制圖、直方圖、檢核表、層別法七項。本節除直方圖已在第二章陳述過，不另重複外，將其他六項與圖表應用法分別列舉應用如下參考。

## 一、柏拉圖(Pareto diagram)

　　柏拉圖又稱不良分析圖，也有人稱 ABC 不良分析圖。

　　在工廠中任何引起不良率、損失率、事故發生率的原因雖然很多。但其中主要項目僅有二三個而已。故只要找出這些巨大的影響原因，加強管理即可獲得很大的效果。這種由義大利 Pareto 經濟學家，應用於分析以期找出影響重要因子的圖稱為柏拉圖。在工廠常以 ABC 管制見稱。這是將不良品依照其發生原因別、發生狀況別、發生位置別，依其不良品發生率由不良率高者依序繪成次數分配圖，同時繪其次數累積曲線。以縱軸代表不良率、不良數或金額（以金額的為多），橫軸代表發生不良品的原因。此圖可以窺知總不良發生多少，重大不良是什麼？減少哪些不良可以減少不良到怎樣的程度？例如從全年退貨的罐頭中，統計其不良項目及損失金額如表 4.1。

**表 4.1** 不良罐頭損失金額表

| 不良項目 | 損失金額（萬元） | 累積損失金額 |
|---|---|---|
| A 超齡罐 | 38 | 38 |
| B 生鏽罐 | 22 | 60 |
| C 輕跳罐 | 15 | 75 |
| D 脫標罐 | 6 | 81 |
| E 膨罐 | 5 | 86 |
| F 汙穢罐 | 2 | 88 |
| G 凹罐 | 2 | 90 |
| H 雜牌罐 | 1 | 91 |
| I 其他 | 1 | 92 |

　　經作成圖 4.1 後，可以清楚發現全年退貨總損失金額 92 萬之中。A、B、C 三項便占去 81.5% 的損失金額，很明顯的可以推定這些退貨損失與業務部門有關，如果能檢討日後可避免勉強的推銷或託賣、降低中間商或零售的無謂囤積等措施，將可達成減少總金額的大部分損失目標。

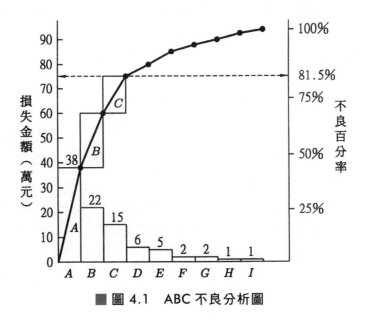

**圖 4.1　ABC 不良分析圖**

柏拉圖有時亦可利用來分析甲乙兩人作業時發生不良項目的不同所在。而後取其長去其短以提高同一水準的工作能力。

## 二、要因分析圖(cause and effects analysis chart)

要使品質穩定必須先使製程穩定，要使製程穩定，必須先瞭解品質特性，與其構成品質原因之各種因素的因果關係。日本石川馨博士發明把其因果關係，用魚骨方式有系統地列出來，稱之為魚骨圖(fishbone diagram)亦可稱要因分析圖。此圖把品質特性問題放在右邊有如魚頭，影響的要因放在左邊有如魚身，魚頭與魚身用主骨連接起來。各種主要原因用大骨連於主骨，各主要原因又可分為幾個較小原因，再用較小的骨連於大骨上。盡可能把細微的原因分至最末端的地方為主。繪製步驟在品質特性決定後，主持人可先畫出主骨及魚頭，並集合對該品質特性有經驗或技術人員 4~10 人，先後就其影響的要因發言並記入大小骨上（盡量利用腦力激盪術避免否定他人意見），至於所有要因裡何者影響最大，所占比率為何？再由大家診斷後在該要因上圈上紅圈即可瞭解。圖 4.2 特性要因圖是一種品質管制無法缺少之工具。在品管圈(Q.C.C.)活動小組實施時，常與柏拉圖配合應用，以期找出問題，找出原因，找出最大原因，加以分析解決問題。

## 三、檢核表(check list)

檢核表又稱查檢表、查核表或核對表。是次數分配的一種應用。對於檢查製造方法，查看什麼問題最多，調查產品的哪一部分不良為最嚴重等有很大的幫助。用這種表可以一面測定一面用簡單記號，求出次數分配的情形，而獲得種種的情報。對於檢查、管理、解析等工作都極方便。可以說是現場日常管理上，很有用處及效率的品管方法。許多餐廳或工廠的衛生檢核表即屬此類。

　　唯檢核表之應用需以簡單扼要為原則。故不宜填寫太多的字或說明。最好能以「○」或「×」做記號就可。又檢核表之設計亦應考慮採取措施問題，否則記錄表亦將流於形式而已。表 4.2 是一種檢查用的檢核表，此表是將欲達成之工作事項與目標全部列出來，以便逐項檢核，其主要功能在於避免疏忽與失誤、力求工作任務之圓滿達成。另一種為記錄用檢核表、適合於統計計數之用，我們可以看出發生次數的多寡，同時可更一進步繪成柏拉圖，分析不良原因的百分率。

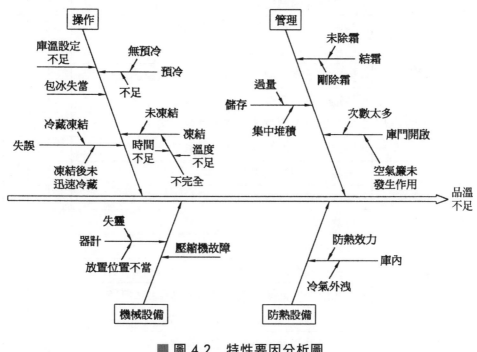

■ 圖 4.2　特性要因分析圖

👉**表 4.2** **公司一般檢查用檢核表**

| 不良要因檢核表編號 | | | | 編 號 | | | | |
|---|---|---|---|---|---|---|---|---|
| 主　　管 | | | 檢核人 | | | 日 期 | | |
| 符　　號 | ○：良好 | | △：普通 | | ×：較差 | | | |
| 說明： | | | | | | ○ | △ | × |
| | | | | | | | | |
| 分類 | | 檢　核　項　目 | | | | | | |
| 採購單位 | 採購管理 | 1.是否按採購制度之規定採購物料？ | | | | | | |
| | | 2.採購契約上是否包括詳細之品質要求？ | | | | | | |
| | | 3.對於協力廠商是否作定期的調查評核？ | | | | | | |
| | | 4.對於供應商，協力廠有無給予適當之輔導？ | | | | | | |
| 生產單位 | 現場作業 | 1.現場作業有無按施工說明之規定操作？ | | | | | | |
| | | 2.生產單位使用之工程資料是否正確？ | | | | | | |
| | | 3.現場操作人員有無作自主檢查？ | | | | | | |
| | 設備維護 | 1.機械有無日常保養？ | | | | | | |
| | | 2.機器設備有無按預防保養日程實施保養？ | | | | | | |
| | | 3.機器設備是否處於合用狀態？ | | | | | | |
| | 環境與安全 | 1.工廠環境是否清潔？ | | | | | | |
| | | 2.機器設備有無安全護罩，危險操作有無標示？ | | | | | | |
| | | 3.緊急照明、消防設備等是否在合用狀態下？ | | | | | | |
| | | 4.操作人員有無按規定使用安全防護之設備？ | | | | | | |
| 品管單位 | 教育訓練 | 1.員工教育訓練是否按計畫日程實施？ | | | | | | |
| | | 2.教育訓練是否準備有訓練教材？ | | | | | | |
| | | 3.教育訓練有無記錄並考核訓練成果？ | | | | | | |
| | 檢驗設備 | 1.有無足夠之量測和檢驗設備可供應用？ | | | | | | |
| | | 2.檢驗設備有無按訂定之校驗週期實施校驗？ | | | | | | |
| | | 3.主量規、儀錶是否送校驗機構校驗？ | | | | | | |
| | | 4.量具、儀器有無標示校驗情況？ | | | | | | |

　　圖 4.3 是為解決包裝容器碰傷問題的一種記錄用檢核圖表。首先將橢圓容器模型化後分成八等分再統計記載碰傷疵點之位置，即可發現疵點集中於何處，進而追查機械碰傷的原因，減少容器碰傷的現象。

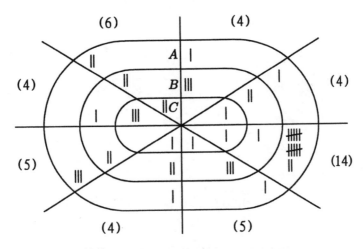

■ 圖 4.3　容器碰傷記錄用檢核圖

## 四、散佈圖(scatter diagram)

　　單獨一種數據資料，我們可以由次數分配來瞭解其分配大致情形。但欲瞭解成對的一組資料分布大概關係及情況，只好用散佈圖來觀察。例如食鹽濃度與味覺、溫度與不良率、照明與檢查錯誤、加工前後尺寸、材料成分與硬度等，即為成對數據資料。將此成對兩種數據，分別依 X 軸、Y 軸點入座標圖中，以觀察兩數據間之相關關係，這種圖叫做散佈圖也稱相關圖。其執行步驟如下：首先搜集成對數據 50~100 組，整理在數據表上，數據太少時容易發生判斷錯誤。另在方格紙上標出橫軸與縱軸刻度，以橫軸代表原因(x)之數據，其尺度越右者越大，以縱軸代表結果(y)之數據，其尺度越高者越大。逐次將所有資料點繪，其間凡遇兩點數據重複在同一點時畫上雙重圓◎記號。圖 4.4 就是材料成分與硬度的成對數據所作的散佈圖實例。因資料數據的排列在一直線附近，故可知

x，y 有相關性(dependent)。又因 x 值大而 y 值亦大故稱這種圖為正相關。
反之 x 值小而 y 值大時，散佈圖內一直線由左至右向下斜者稱為負相關。

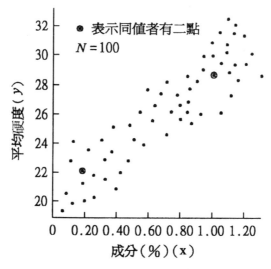

■ 圖 4.4　成分與硬度關係散佈圖

又散佈圖的看法可參考圖 4.5，(a)(g)圖中二組數據資料變化完全成
等比例，其各點之分布完全在一條斜直線上，謂強相關或完全相關。(b)(h)
圖中二組數據資料之變化近似成比例，且分布於散佈圖中斜直線之近兩
側。謂之中度相關。(c)(i)兩圖中二組數據資料之變化非常不成等比例，
且十分分散於散佈圖中斜直線之兩側，謂之弱相關或低度相關。圖
(d)(e)(f)二組數據資料之變化完全不成等比例，且在散佈圖中各點排列成
一與橫軸平行或縱軸平行或四方分散毫無直線跡象者，謂之無相關或零
相關。

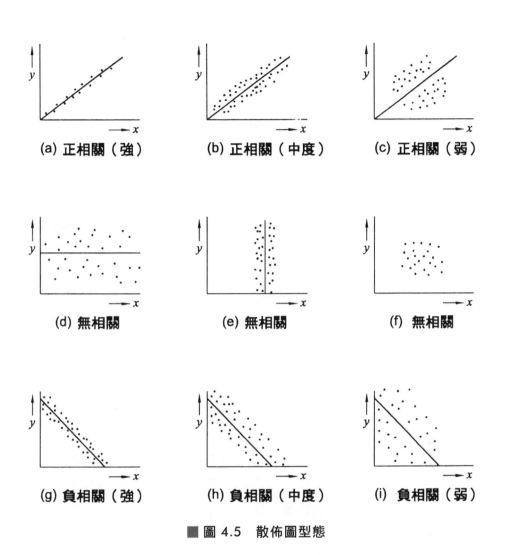

(a) 正相關（強）　(b) 正相關（中度）　(c) 正相關（弱）

(d) 無相關　(e) 無相關　(f) 無相關

(g) 負相關（強）　(h) 負相關（中度）　(i) 負相關（弱）

■ 圖 4.5　散佈圖型態

## 五、管制圖(control chart)

　　管制圖又稱品管圖，是一種品質的圖解紀錄。圖中包括一條中心線(center line, CL)和二條±3$\sigma$ 的管制界限(control limit)。中心線是代表產品之標準值，上下二線管制界限是允許產品的品質特性產生變異的範圍。在製造過程中，以抽查方式將樣本的統計量，點繪在管制圖上，藉以判斷產品品質的變異，是否在公差的允許範圍內。

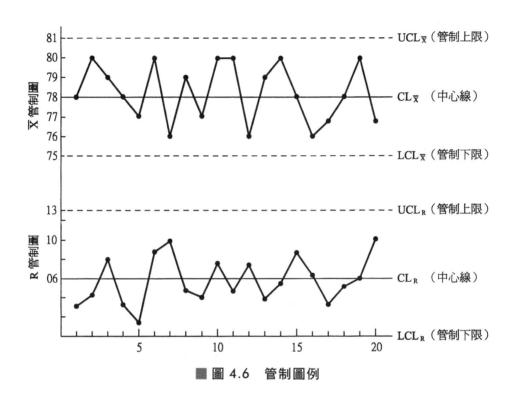

■ 圖 4.6 管制圖例

　　一旦產品之品質特性超過管制上下限時，我們應設法找出品質變異的原因，並設法尋求改善。管制圖在品質管制中可謂非常重要的工具之一，所以有人說品質管制是始於管制圖終於管制圖。在製程中對於重點之品質特性，使用管制圖來管制可以使該品質特性提早穩定。

　　圖 4.6 是一種平均值與全距管制圖($\overline{X}$-R chart)的例子，兩圖要同時觀察。$\overline{X}$管制圖及 R 管制圖，上面$\overline{X}$管制圖如果分布的點平均集中在中心線，則其產品的準確度越高，下面 R 管制圖則在觀察其變異的程度，變異大其點離中心越遠，精密度越低；若分布的點都接近中心線表示其製程的產品精密度高，管制圖除計量值$\overline{X}$-R chart 外，還有多種管制圖，請參考第五章管制圖。

## 六、層別法(stratification analysis)

直方圖是品管七大手法($Q_7$)之一，因在第二章已提及，不再占用篇幅陳述。但層別法也會利用分層直方圖來區別分析。在此我們將介紹如何利用層別來解決問題。影響產品品質的因素或使製程產生不良品的原因，有時很單純但有時可能相當複雜。不管原因簡單或複雜，如果無法把原因分析出來那麼就無法改善。影響品質的原因可能在原料、副料、機械設備，或操作人員的操作方法等，要找出原因出自何處就應該分開來搜集資料。為有效活用資料，而將所搜集的數據按各種基準分為幾個部分，然後研究各部分的分配，這種工作稱為資料的層別，每一部分資料稱為層。像這樣把錯綜複雜的原因分解為單純的原因，找出真正問題的所在，我們才有辦法對品質對製程加以改善。因此有人說：「分層以後才能分明」。在工廠裡搜集資料時可按下列基準層別：1.按原料、副料的來源或批別層別；2.按機械的號碼或廠牌別層別；3.按生產線層別；4.按操作人員或班別層別；5.按操作方法層別；6.按時間如日夜班別、週別、月別、季別等層別。

圖 4.7 就是利用資料層別發現問題的例子；例如某調理食品工廠使用 1 號、2 號兩臺剖魚機，分別處理 A、B 兩種原料魚。結果其產品品質特性：1 號機使用 A 原料很正常，唯 2 號機使用 B 原料者其產品品質特性偏低。偏低原因可能是由於機械的因素或原料不同所產生，這種情形稱為原料的影響與機械的影響發生交絡。為分析因素間交絡情形，將 A、B 兩種原料均由 1 號、2 號兩臺剖魚機加工，並分別畫出直方圖，結果可判明偏差係因 2 號剖魚機的影響所引起。

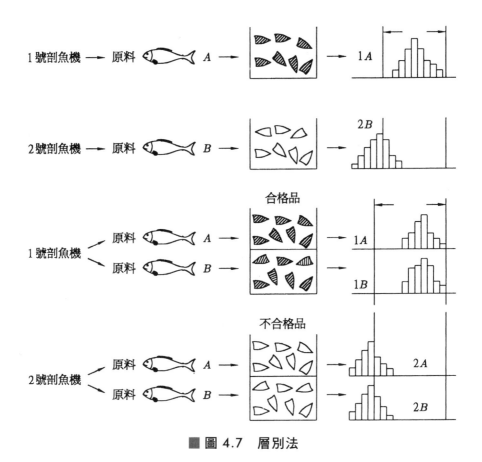

■ 圖 4.7　層別法

又如某產品在生產過程中，發現其精密度離開標準值的公差很多，經直方圖分析後超出規格甚多。如圖 4.8 再將此 100 個數據，按 A、B、C 三種機種別加以層別，發現 A 機種的產品低於下限很多，而 C 機種的產品超出規格上限很多，B 機種的產品完全在規格內。因此只要針對 A、C 兩機著手改善即可。

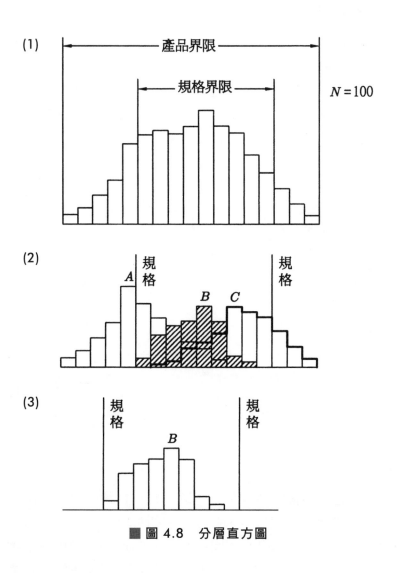

■ 圖 4.8 分層直方圖

# 七、圖表應用法

　　將數據或資訊用點、線、面、體來表示大概發展趨勢或變動,這種圖形稱之圖表。圖表的製作目的是方便人的視覺,使能更迅速地傳達更多的情報及更易瞭解情報的內容。常見的圖表流程圖、統計圖、甘特進度圖、推移圖、雷達圖等等。其中因推移圖及雷達圖在品管領域中常被利用,特別提出說明如下。

### 1. 推移圖

推移圖其實也是統計圖的一種,例如以縱軸代表不良率,橫軸代表時間,隨著生產過程時間的經過,把產品的不良率記錄在座標上,由於可以隨時提醒生產者加以改善,故使不良率不斷地減少下來,尤其利用在不同工班競賽原理時其效果更為顯著。

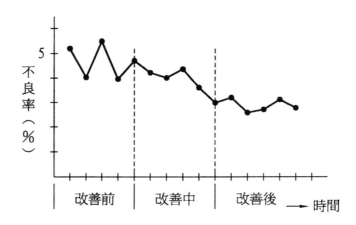

■ 圖 4.9　改善不良率推移圖

### 2. 雷達圖

雷達圖因圖形略像雷達故稱雷達圖,製作雷達圖時,先由中心點向外畫出數條直線代表分類項目,此放射線的長度來代表數量的大小,因也像蜘蛛網所以有人稱之蜘蛛網圖。圖 4.10 是 ab 兩地供應商全年供應量的比較雷達圖;而圖 4.11 則是最常用在品管圈成果發表時,對於改善前後無形成果的雷達圖。

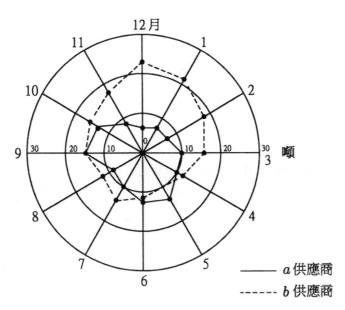

■ 圖 4.10　兩地供應量雷達圖

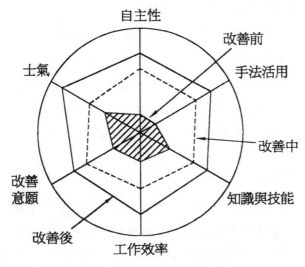

■ 圖 4.11　無形成果雷達圖

## 第二節　新品管七工具

　　一般所指 $Q_7$ 係指常用七種工具，也是品質管制最基本之工具。唯在 TQM 活動中，若欲從混雜的事務到改善計畫完成的時程，我們可以利用下述新品管七工具($N_7$)，和前述 $Q_7$ 互補應用，以期提高效果。

### 一、親和圖法(affinity diagram)

　　又稱 KJ 法是由日本川喜田二郎(Kawakita Jiro)博士所開發的。因是利用資料的親和性，做歸納整理出來所繪製的圖形，故稱親和圖法。本圖適用於狀況不明的情況，如新產品品管方針之建立，要打進未經驗過的新市場調查等。製作步驟先決定題目，再利用腦力激盪蒐集 20 個以上的想法或主意(idea)，作成語言資料卡，並將親近類似問題歸在一類，再歸納 5~10 類作公開討論使問題明朗化並作決策。

### 二、關連圖法(relation diagram)

　　針對複雜要因的問題，將幾個要因間的因果關係，用箭頭明確的表示出來，利用這種圖來找出解決問題的對策方法即為關連圖法。本圖法選用於品保方針的展開、TQC 的導入計畫等。製作步驟是決定題目、找尋原因要項並將原因群分別寫在卡片上，再展開成一次原因、二次原因而後用線來連絡主題因果關係等，最後訂出改善對策。

### 三、系統圖法(systematization diagram)

　　本法是為尋求達成目的最適手段的一種系統性的作法。利用樹狀圖的方法，分析為達成某一目的的最適手段並進一步往下探求解決的手段，在必須要更下層次的手段時，上層次的手段就變成下層次的目的，利用這個概念作成系統圖，問題的全觀就可浮現，而使問題的重點很明確。這種以樹狀做系統性的圖示稱為系統圖法。

本圖法常應用於設計品質的展開及尋求效率化策略等。製作步驟先確定目的或目標後，提出對策評價手段、展開手段或策略作成系統圖。

## 四、矩陣圖法(matrix diagram)

是一種多元性的思考，使問題點更明確的一種方法。其法是由問題的事象中找尋相對要素，並以行與列配置，以其交點表示各要素是否有相關連。由二元配置中，探索問題的所在及形態由交點著眼獲得問題解決的想法。本圖法可應用於製程不良原因的追求，品質評價體制之效率化等。製作步驟決定事件→選擇矩陣圖→決定排列因素→記入有否關連符號→尋找構想點。使用的矩陣圖依形態可分 L 型、T 型及 Y 型等，二元性思考時可選用 L 型。又如可依不良現象，不良原因及不良發生處多元思考、選用 T 型或 Y 型矩陣圖，由三者交點獲得著眼點，使問題得以解決。

## 五、矩陣數據解析法(matrix data analysis method)

也是利用矩陣圖的配置方式，使各因素之數據資料得以整理，這種分析方法是應用多變量分析技術來分析各因素的相關性，故又稱為主成分分析法，是新品管七大手法的唯一數據解析法，結果還是以圖來表示。本圖可應用於對複雜的要因相互交絡重疊的工程分析、觀感特性的分類體系化等。製作步驟是先以矩陣圖的配列，將已知的數據資料，計算行列間之相關係數，並作判斷，解析得知結果。此法主要是使幕僚或管理員對於多變量複雜問題提供解決方法。

## 六、箭線圖法(arrow diagram)

以計畫評核法(PERT)及要徑法(CPM)來表現計畫作業間之關係及日程計畫之網狀圖，由於箭線法將計畫實施上所需的作業按其從屬關係，以網絡表示出來，以擬定最適當的日程計畫，因此藉此圖來作進度管理很有效果。本圖對於日程計畫及推行管理、新產品開發的推定計畫及推行管理等適用。製作步驟：先列舉必要作業並書寫卡片，尋找作業卡間

的順序，作成箭線圖（網），估算各作業所需日數。本法是為了彌補甘特日程計畫圖不易掌握計畫全貌之缺點，配合計畫評核術，以網路箭頭線連絡推展而來的一種日程計畫網線圖。

# 七、PDPC 法(process decision program chart)

即過程決策計畫圖法，就是針對各種形態的問題，作事先考慮並預測可能發生的結果，就各別所達成的期望結果提出策略，使不會落空。由於 PDPC 法在預防重大事故之發生上常被應用，故亦可稱為重大事故預測法。本法常用於目標管理之計畫策定、體系中重大事故的預測及其對策的擬定等。例如有一種不能倒置的物品要運到低開發國家，為使收貨人能收到完整無缺的物品，就可用 PDPC 法將各種事先預測可能發生之事態，討論採取預防對策得以解決。製作步驟是開主題會議，列舉可能發生結果，並用箭頭連向期望狀態，決定工作優先順序及負責人，預估完成的時間。

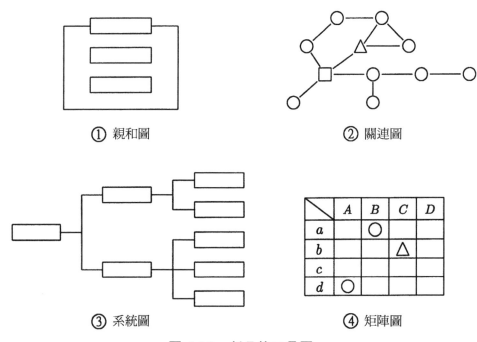

① 親和圖　　　　　　　　　　② 關連圖

③ 系統圖　　　　　　　　　　④ 矩陣圖

**圖 4.12　新品管工具圖**

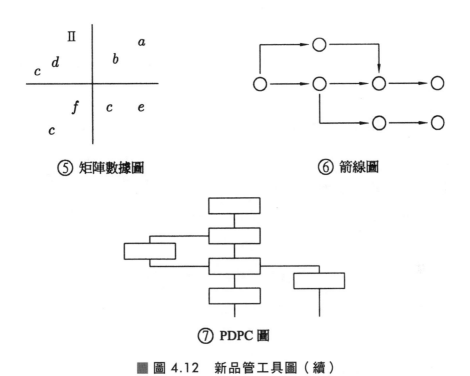

⑤ 矩陣數據圖　　　⑥ 箭線圖

⑦ PDPC 圖

■ 圖 4.12　新品管工具圖（續）

 第三節　腦力激盪術

## 一、腦力激盪的意義

腦力激盪術(Brain Storming, BS)與日本品管圈(Q.C.C.)的提案制度原理相似，都是藉著組（圈）的會議方式來發現或解決問題。在繪製特性要因圖時常利用本腦力激盪術來達成任務。本法是將幾個人集合在一起，對某一項問題提出意見或想法(idea)的一種會議方法。主要目的是活用團體來激起各種想法的連鎖反應，在自由而開放的氣氛下收集主意。

　　這種會議方法與傳統會議方法主要不同是不管 idea 是好是壞絕不加批評。這種會議方法是 1938 年美國奧斯朋博士(Dr. Alex F. Osborn)在他的「應用想像力」書中所提出的。

## 二、腦力激盪術的會議原則

1. 摒絕批評主義：對任何主意持有反對意見，必須保留至稍後的時期。會議中絕不加批評。

2. 歡迎異想天開的意見：應用「自由運轉」的方法，不須顧慮傳統的看法、廣泛地想、觀念越奇特越好。

3. 主意數量越多越好，不要顧慮意見內容的好壞。

4. 根據別人的 idea 聯想起另一個 idea。即利用一個靈感激發另外一個靈感的方法，把別人的主意加以修正轉變成一個更好的主意。

## 三、腦力激盪術的實施

1. 主席 1 人，記錄 1 人，參加人員 3~15 人，參加人員地位宜大致相等，才可暢所欲言。

2. 每次開會以討論一個問題為原則，題目確定後最好於開會 1~3 日前分發給各參加人員。

3. 會議桌宜排成 U 字形，桌上放以名牌、所發表之構想最好立即用特性要因圖記下來，但不要太早下結論。

4. 主席切忌炫耀卓越見解，以免參加人員羞於啟口。同時宜體會每個人均有創意、自己盡量不要發表意見，只要掌握最後結論即可。

5. 會中所有人創意經過評價後，應分別整理或易進行及不易進行之記錄，呈報上級判定。

# 品質管制圖

05
Chapter

## 第一節　管制圖的概念

　　管制圖常被稱為統計品管圖，它在管制製造過程上用抽查方式，將樣本的數據點繪至圖上，用以推測生產過程的品質特性之方法。與一般統計圖不同；例如從製程中依照一定順序抽取一定大小之樣本，經過測定或檢驗，然後計算所要數據（如溫度℃），將結果依次標記到座標圖中，再將相鄰兩點直接連結起來即成圖 5.1 統計圖，此圖無法斷定製程有無發生變化，因此在工業生產中對於品質管制沒有多大意義與價值。

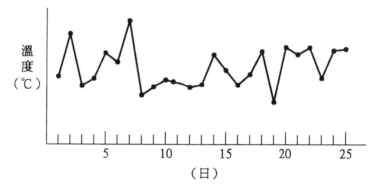

■ 圖 5.1　統計圖

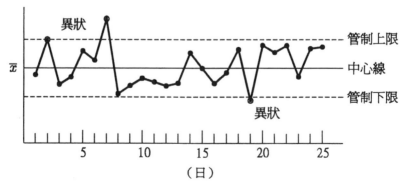

■ 圖 5.2　管制圖

　　但是若我們計算出管制界限(control limit)，並將之以實線及虛線畫入後，在上下界限虛線內之統計量均可認為製程穩定，反之超過管制界限者必有異狀存在，必須調查原因加以矯正，此即具有管制品質意義的品質管制圖（如圖 5.2）。

　　管制圖原係根據次數分配常態曲線旋轉九十度所成。在平均值($\mu_x$)上下加減三個標準差($3\sigma_x$)的地方，加二條界限，以區別產品變動的原因為機遇原因或非機遇原因。此二條界限即管制線一般以水平虛線表示之。管制界限上面的一條稱為管制上限(upper control limit, UCL)，下面的一條稱之為管制下限(lower control limit, LCL)，在二界限線的中央另有一條中心線(center line, CL)，表示分配中心用水平實線表示。以平均值加減三個標準差為管制界限，在前面常態分配一節中我們已經講過；即使工程很正常時有 99.73%之點會在管制界限內，但仍有 0.27%的點會落在界限之外。如果要所有正常的點 100%在界限內則管制界限會變得很寬，如此在工程發生不正常時也無法查出。因此三個標準差管制圖在工程未發生變化時，由於機率關係也會有極少數的點超出界限外，類似「此種工程未發生變化而檢視點落在界限之外而判斷工程已發生變化的第一種錯誤(producer's risk)」，或「工程已發生變化但由於機率關係，檢視點落在界限之內而判斷工程未發生變化的第二種錯誤(consumer's risk)」情形。為避免上述因第一種錯誤造成無故的追查，或因第二種錯誤造成工程變化而未及改正損失；美國修華特博士(Dr. Shewhart)研究結果發現：若以 $2\sigma$ 時第一錯誤機會增多，以 $4\sigma$ 第二錯誤機會增大，而以加減 $3\sigma$ 為管制界限時二者損失之和為最小。故有將這種管制圖稱為三個標準差管制圖或稱修華特管制圖(Shewhart control chart)。

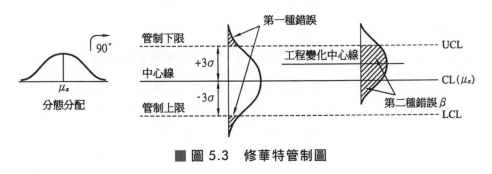

■ 圖 5.3　修華特管制圖

# 一、管制圖的用途

管制圖的用途大致可分下列四類，其中前二者才是管制圖的正確用途，後二者只能認為是普通圖表。管制圖在統計品質管制(S.Q.C)上之地位，可謂「品質管制始於管制圖，終在管制圖」，是品質管制中最具體的重點。

## 1. 製程管制用

管制圖最主要之用途為製程管制用。我們利用它來判斷製程是否穩定，可察覺製程有無產生非機遇原因的變異存在。也就是說利用它以便瞭解製程是否處在管制狀態(state of control)，即用來判斷「無標準的製程是否在管制狀態」或「有標準的製程是否在管制狀態」。使製程在有非機遇原因存在時，能立即找出原因採取對策。在無非機遇原因存在時，不要去理它讓該製程能正常地持續下去。這種作為製程的管理管制圖，也稱作管理用管制圖。

## 2. 製程解析用

管制圖利用於製程解析用途，最常見於管制圖的試用階段。例如我們利用所獲得之資料可以判定或變更規格，利用所獲得之資料可以判斷製程是否能符合規格要求，利用所獲得之資料決定是否變更製造方法、檢驗方法或允收方法。有時亦可利用所獲得資料來判斷製程或進貨的製品品質是否均勻等。因此從某一觀點看來，解析用管制圖可謂繪製管理用管制圖的準備階段。

## 3. 操作調整用

這種管制圖看起來就像管制用管制圖，但實際上是調整用管制圖。雖然也有上下二條界線，但對超過界限的點不認為是不正常原因，而加以追究或尋找對策，純粹以到何種程度時應調節的問題。例如遇有超限之點就調整一下切刀的位置，或扭鬆一下開關，甚至變更一下原料配合

比例即可。這種最常見的錯誤觀念是根本就沒有把調整與異常原因關聯劃分清楚。因此這種圖有時稱為調整圖或操作圖。

### 4. 一般圖表用

係指將資料圖表化的管制圖，圖表雖可具有界限線，但超出界限外時仍僅作觀望而不尋求發生異常之原因，亦不採取行動之管制圖。依命令繪製之機械式管制圖就是屬於這種，此種管制圖為形式上之管制圖故不能視為實質之管制圖故應稱為圖表。唯將資料圖表化為管制圖後之精神效果越大則越加活用；但不能因繪製此類管制圖表，即誤以為已實施品質管制。初學對管制圖一知半解的人常犯這種錯誤，若長期連續繪製此種管制圖時，必將引起厭惡感或引起管制圖無用論。故應盡速分析工程使其標準化，再檢討應記入管制圖上之特性，尋求異常原因採取行動之方法，確立責任與權限之標準化，力求使其變成管理用之管制圖實為其要務。

## 二、管制界限與規格公差

### 1. 管制界限與規格之訂定

訂定規格的方法可利用寫在物品上之規格或根據製程能力來訂定。有時則利用已製造出來的產品與規格比較後再決定要不要修正規格。規格若訂得太嚴格會增加額外的製造費用，反之訂得太寬鬆則毫無意義。

管制界限的訂定，一般人會以試量產(pilot plant)所獲得實驗結果的最高與最低的測定值，來作為製程的上下管制界限。但稍具統計觀念的人會不滿意此種訂定方法。他們會先將所得數據整理為次數分配，然後求其平均值及標準差，再依平均值的加減三個標準差($\mu_x \pm 3\sigma_x$)的值，分別作為該製程的上下管制限界，因為依常態分配當有 99.73% 之產品會落在這上下管制限界內。故可作為穩定的製程個別產品的管制界限，即製程的自然公差(natural tolerance)。像這種使用管制圖訂規格的方法，如果製

程穩定則可參考管制圖來擬定，所提的公差如果與製程的界限接近時，不是要放寬公差就是要改變製程，否則只好實施全數檢驗來剔除不良品。

## 2. 管制界限和規格的關係

　　在討論規格和管制界限的關係前，最好先對個別值和平均值有清晰的瞭解。圖 5.4 是一組空罐重量的數據做成個別測定值(X's)和樣組平均值($\overline{X}$'s)的劃記表，我們可看出平均值比個別值靠近中心很多。這是因為四個數值平均，極端值的影響就會減低的緣故，因為四個特別高的數值或四個特別低的數值在同一個樣組內的機會是非常低。

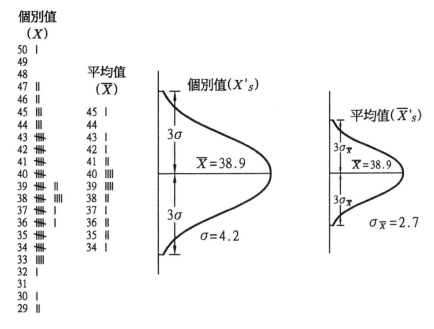

■ 圖 5.4　個別值或平均值的比較

　　計算個別測定值的平均和樣組平均值的平均結果是一樣的 $\overline{X}$=38.9。不過個別測定值的標準差($\sigma$)是 4.2，而樣組平均值的標準差($\sigma_{\overline{X}}$)卻是 2.7。如果有大量的個別測定值和樣組平均值我們可用圓滑多邊形來代表這兩種次數分配。兩個分配均勻接近於常態形狀。但個別測定值曲

線的底部寬度大於平均值曲線的底部。如果知道個別測定值的標準差($\sigma$)，就可求得平均值的標準差($\sigma_{\overline{x}}$)，其間有一定的關係存在，用公式表示是：

$$\sigma_{\overline{x}} = \frac{\sigma}{\sqrt{n}}$$

上式中 $\sigma_{\overline{x}}$＝樣組平均值($\overline{X}$'s)的群體標準差。

　　$\sigma$　＝個別測定值的群體標準差

　　$n$　＝樣組大小

　　由上式知如樣組大小為 5 時，$\sigma_{\overline{x}} = 0.45\sigma$，樣組大小為 4 時，$\sigma_{\overline{x}} = 0.50\sigma$。

　　管制界限是平均值的函數，因此如果把規格值作為管制界限，除非用三個標準差以下作為管制界限，否則必因所有的個別值均落在線內，而失去管制的意義。

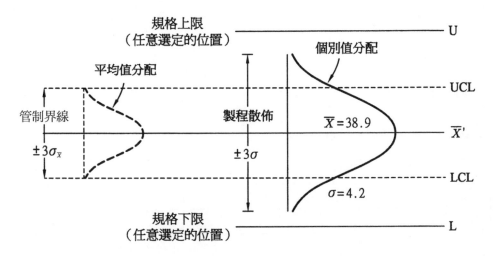

**■ 圖 5.5　管制界限、規格和分配間的關係**

圖 5.5 所顯示規格的位置是很恰當。和圖上其他任何項目都沒有關連。而管制界限、製程散佈、平均值分配和個別值分配則是互相關連的，因為 $\sigma_{\overline{X}} = \sigma / \sqrt{n}$ 的緣故。

### 3. 規格的公差

我們知道組合物品的重量等於原所使用物品重量之總和，但組合物品之公差並不等於組合物品公差之和。以油漬鮪魚罐為例：145.2 克的魚肉裝罐量加入 55.1 克的沙拉油可組成 200.3 克的內容量，但魚肉及沙拉油之公差，和組成油漬鮪肉內容量後的公差就有如下之關係：

$$\sigma_s = \sqrt{(\sigma_1)^2 + (\sigma_2)^2 + \cdots\cdots}$$

$\sigma_s =$ 獨立變數和的標準差

$\sigma_i =$ 獨立變數的標準差（$i = 1 \cdot 2 \cdot 3 \cdots\cdots$）

即任何獨立變數和的標準差是等於每一個獨立變數標準差平方和的開方。

舉一實例說明如下：

設油漬鮪魚罐裝時鮪魚肉及沙拉油之重量均在統計管制狀態。其平均值（$\mu_x$）與標準差（$\sigma_x$）分別如表 5.1。

📑**表 5.1** 鮪魚裝罐統計量

|  | $\mu_x$ | $\sigma_x$ |
|---|---|---|
| 鮪魚肉 | 145.2 | 0.51 |
| 沙拉油 | 55.1 | 0.22 |

**表 5.2** 鮪魚裝罐 $3\sigma$ 規格

|  | 規格 | 規格上限 | 規格下限 | 公差範圍 |
|---|---|---|---|---|
| 鮪魚肉 | 145.2±1.53 | 146.73 | 143.67 | 3.06 |
| 沙拉油 | 55.1±0.66 | 55.76 | 54.44 | 1.32 |
| 油漬鮪魚 | 200.3±1.67 | 201.97 | 198.63 | 3.34 |

如果把表 5.1 之統計量，上下限設在距離平均值 $3\sigma$ 的地方則其規格如表 5.2。由表看來很多人會以為油漬鮪魚的內容量，規格為 200.3 克±2.19 克(1.53+0.66)。但這樣訂出來的規格是錯誤的，因為這樣訂的規格沒有考慮到機率問題，如果任何一罐鮪肉是隨機被組合，則輕罐被組合的機率應該與重罐被組合的機會一樣多。又如果魚肉重量極大值的出現機會小，則魚肉與沙拉油同時碰到極大值的機會更小。因此組合以後之油漬鮪魚內容量（淨重）的標準差可依下式求得：

$$\sigma_{w3} = \sqrt{(\sigma_{w_1})^2 + (\sigma_{w_2})^2}$$

$\sigma_{w3}$＝內容量標準差

$\sigma_{w1}$＝鮪肉裝罐量標準差

$\sigma_{w2}$＝沙拉油注入量標準差

$$\sigma_{w3} = \sqrt{(0.51)^2 + (0.22)^2} = 0.5554$$

因此組合後鮪罐內容之規格，如果也設在距離平均值 $3\sigma$ 的地方時，則鮪二號罐($T_2$)油漬鮪罐內容量的規格為 200.3±1.67，如此求得的 $3\sigma$ (1.67)比各公差之和(2.19)要小，參看圖 5.6。

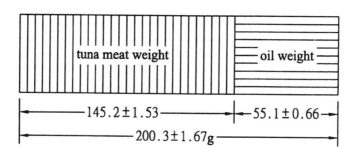

■ 圖 5.6 組合重量與獨立重量公差關係

## 第二節 管制圖的種類

　　管制圖可分成計量值管制圖及計數值管制圖兩大類。前者數據分布要以常態分配為基礎，管制目的以提高產品的精密度為主，如 $\overline{X}$-R，$\overline{X}$-S 管制圖皆是。後者的數據分布是以二項分配或卜氏分配為基礎，管制圖的管制目的在於降低產品不良率或缺點率，如 P 或 C 等管制圖。

### 一、計量值管制圖

　　常用計量值管制圖有下列五種：

1. 樣本平均數與全距管制圖：$\overline{X}$-R Chart

2. 樣本平均數與標準差管制圖：$\overline{X}$-S Chart

3. 樣本中位數與全距管制圖：$\widetilde{X}$-R Chart

4. 個別值與移動全距管制圖：X-$R_m$ Chart

5. 樣本最大值與最小值管制圖：L-S Chart

如下所示：

## 1. $\overline{X}$-R 管制圖

$\overline{X}$-R 管制圖是所有計量值管制圖中最常用的管制圖。如重量、溫度、成分、糖度之管制等。$\overline{X}$管制圖用來管制製程的平均值，可告訴我們品質水準何時發生變化。R 管制圖是用來管制製程的差異，可告訴我們品質均勻度何時發生顯著差異。因此看$\overline{X}$-R 管制圖時要先看全距 R 管制圖查品質均勻度有無差異後，再看$\overline{X}$管制圖找出是否品質水準有無變化原因。取樣時為考量經濟及易於計算，常用 4 或 5 個為一組，選取樣本數(n)之要領是盡量使樣組內的變異小，使樣組與樣組間的變異大，管制圖才易生效。當然要使樣組內的變異小，必須盡可能使樣本在相同的條件下製造，應用時通常根據過去資料，由計算公式導出管制界限，以作為繼續生產的管制。

### (1) $\overline{X}$-R 管制圖公式

根據日本規格協會用 100 個藍色籌碼作為一個有限群體，實驗研究的結果得到下列結論：

a. 各樣組的平均數的平均數 $\overline{\overline{X}}$ 和原群體的平均數 $\mu$ 非常接近，因此可用 $\overline{\overline{X}}$ 來推算群體的平均數 $\mu$。

b. 用 $d_2$ 除全距的平均數 $\overline{R}$，即 $\dfrac{\overline{R}}{d_2}$。所得結果，非常接近原群體的標準差，因此可用 $\sigma = \dfrac{\overline{R}}{d_2}$ 的公式來估計原群體的標準差。

c. 群體的分配標準差 $\sigma$ 為樣本平均數的分配標準差之 $\sqrt{n}$ 倍：

$$\sigma = \sigma\overline{x} \cdot \sqrt{n} \quad \therefore \sigma\overline{x} = \frac{\sigma}{\sqrt{n}}$$

$\overline{X}$-R Chart 之公式就是根據以上的推定而來。

$\overline{X}$ 管制圖中心線

$$CL_{\overline{x}} = \overline{\overline{X}} = \frac{\overline{x}_1 + \overline{x}_2 + \overline{x}_3 + \cdots\cdots + \overline{x}_k}{K} = \frac{\Sigma\overline{x}}{K} \quad\cdots\cdots\cdots\cdots\cdots\cdots\cdots\cdots\cdots\cdots\cdots\cdots \text{(1)}$$

$$(\ \overline{X} = x_1 + x_2 + x_3 + \cdots\cdots + x_n = \frac{\Sigma x}{n} \ \text{,} \ K \ \text{為樣組數})$$

$\overline{X}$ 管制圖管制上限

$$UCL_{\overline{x}} = \overline{\overline{x}} + A_2\overline{R} \quad\cdots\cdots\cdots\cdots\cdots\cdots\cdots\cdots\cdots\cdots\cdots\cdots\cdots\cdots\cdots \text{(2)}$$

$$\because UCL_{\overline{x}} = \overline{\overline{x}} + 3\sigma\overline{x} \quad (\sigma\overline{x} = \frac{\sigma}{\sqrt{n}})$$

$$= \overline{\overline{x}} + 3\frac{\sigma}{\sqrt{n}} \ (\sigma = \frac{\overline{R}}{d_2})$$

$$= \overline{\overline{x}} + 3\frac{\dfrac{\overline{R}}{d_2}}{\sqrt{n}}$$

$$= \overline{\overline{x}} + \frac{3}{d_2\sqrt{n}}\overline{R}$$

$$= \overline{\overline{x}} + A_2\overline{R} \quad (\text{設 } A_2 = \frac{3}{d_2\sqrt{n}})$$

$\overline{X}$ 管制圖管制下限

$$LCL_{\overline{x}} = \overline{\overline{x}} - A_2\overline{R} \quad\cdots\cdots\cdots\cdots\cdots\cdots\cdots\cdots\cdots\cdots\cdots\cdots\cdots\cdots \text{(3)}$$

$$\because LCL\overline{x} = \overline{\overline{x}} - 3\sigma\overline{x}$$

$$= \overline{\overline{x}} - 3\frac{\sigma}{\sqrt{n}}$$

$$= \overline{\overline{x}} - \frac{3}{d_2\sqrt{n}}\overline{R}$$

$$= \overline{\overline{x}} - A_2\overline{R}$$

R 管制圖中心線

$$CL_R = \overline{R} = \frac{R_1 + R_2 + R_3 + \ldots\ldots R_k}{K} = \frac{\Sigma R}{K} \quad\ldots\ldots\ldots\ldots\ldots\ldots\ldots\ldots\ldots\ldots\ldots \text{(4)}$$

R 管制圖管制上限

$$UCL_R = D_4 \overline{R} \quad\ldots\ldots\ldots\ldots\ldots\ldots\ldots\ldots\ldots\ldots\ldots\ldots\ldots\ldots\ldots\ldots\ldots\ldots \text{(5)}$$

$$\because \quad UCL_R = \overline{R} + 3\sigma_R \,(\sigma_R = d_3\sigma)$$

$$= \overline{R} + 3d_3\sigma \,(\sigma = \frac{\overline{R}}{d_2})$$

$$= \overline{R} + 3d_3 \frac{\overline{R}}{d_2}$$

$$= \overline{R} + \frac{3d_3}{d_2}\overline{R}$$

$$= (1 + \frac{3d_3}{d_2})\overline{R}$$

$$= D_4 \overline{R} \,(\text{設 } D_4 = 1 + \frac{3d_3}{d_2})$$

R 管制圖管制下限

$$LCL_R = D_3 \overline{R} \quad\ldots\ldots\ldots\ldots\ldots\ldots\ldots\ldots\ldots\ldots\ldots\ldots\ldots\ldots\ldots\ldots\ldots\ldots \text{(6)}$$

$$\therefore \quad UCL_R = \overline{R} - 3\sigma_R$$

$$= \overline{R} - 3d_3\sigma$$

$$= \overline{R} - 3d_3 \frac{\overline{R}}{d_2}$$

$$= \overline{R} - \frac{3d_3}{d_2}\overline{R}$$

$$= (1 - \frac{3d_3}{d_2})\overline{R}$$

$$= D_3\overline{R} \quad （設 D_3 = 1 - \frac{3d_3}{d_2}）$$

上式中 $A_2$、$D_3$、$D_4$ 係 $3\sigma$ 管制界限之係數，依樣本 n 而不同，n 在(6)式以下時 $D_3$ 都為零。可參考表 5.3 計算用係數表。

(2) $\overline{X}$-R 管制圖應用

假設從團膳調理工廠的編號 2 牛排切片機，定時抽取 5 片生鮮牛排，以管制牛排之重量，將所得數據填入可繪得如圖 5.7 之 $\overline{X}$-R 管制圖加以管制。

上述 $\overline{X}$-R 管制圖的繪製步驟為：將有關資料（製品名稱、品質特性、規格……等等）及測定值依照順序填入表內，然後分別算出每一組的 $\overline{X}$ 值及 R 值，再求 $\overline{\overline{X}}$ 及 $\overline{R}$ 值。$\overline{\overline{X}}$ 及 $\overline{R}$ 求出後，分別代入公式算出 $\overline{X}$ 管制圖與 R 管制圖之界限。最後將中心線、上下管制界限及每組的 $\overline{X}$ 值及 R 值分別點繪入即得。

## 2. $\overline{X}$-S 管制圖

平均值與標準差管制圖 $\overline{X}$-S 管制圖有時用 $\overline{X}$-$\sigma$ 管制圖來表示。其使用場合與 $\overline{X}$-R 管制圖大致相同，其不同點在於當樣組大小 n>10 時，用 R 來估計群體標準差已不準確，必須用 s 來估計。

唯標準差之計算比全距 R 複雜的多，在某種情況下可能失去控制之時效，故應用不如 $\overline{X}$-R 管制圖來得普遍。

(1) $\overline{X}$-S 管制圖公式

根據樣本數據如從常態分配之群體($\mu_x$、$\sigma_x^2$)中抽取，則其樣本標準差之平均數 $\overline{s} = C_2\sigma_x$，而樣本標準差之標準差 $\sigma_s = C_3\sigma_x$，式中 $C_2$、$C_3$ 為與 n 有關常數，當 $\mu_x$ 未知時用 $\overline{x}$ 估計 $\mu_x$，即 $\overline{\overline{x}} = \mu_x$。$\sigma_x$ 未知用 $\frac{\overline{s}}{C_2}$ 估計估計 $\sigma_x$，故以三個標準差為界限的 $\overline{X}$-S 管制圖的中心線及上下管制界限分別為：

| 製品名稱 | 牛排 | | 規格 | | 標準 | 管制圖 | |
|---|---|---|---|---|---|---|---|
| 品質特性 | 重量 | | 最大值 | | 210 | 上限 | 207 |
| 測量單位 | 公克 | | 中心值 | | 200 | 中心線 | 201 |
| | | | 最小值 | | 190 | 下限 | 195 |

| 製造部門 | 調理 | 機器號碼 NO2 | 工作者 領班張三 |
|---|---|---|---|
| 期限 | | 抽樣方法 每批抽五塊 | 測定者 李四 |
| | | 季 四 | 年 月 日 |

**主要數據表**

| 批號 | 1 | 2 | 3 | 4 | 5 | 6 | 7 | 8 | 9 | 10 | 11 | 12 | 13 | 14 | 15 | 16 | 17 | 18 | 19 | 20 | 21 | 22 | 23 | 24 | 25 |
|---|---|---|---|---|---|---|---|---|---|---|---|---|---|---|---|---|---|---|---|---|---|---|---|---|---|
| $X_1$ | 202 | 205 | 199 | 205 | 202 | 203 | 204 | 193 | 208 | 190 | 204 | 198 | 193 | 204 | 196 | 199 | 204 | 203 | 201 | 202 | 200 | 199 | 191 | 204 | 202 |
| $X_2$ | 198 | 206 | 200 | 201 | 190 | 204 | 199 | 195 | 208 | 192 | 206 | 204 | 201 | 203 | 210 | 199 | 205 | 198 | 200 | 202 | 210 | 210 | 200 | 204 | 207 |
| $X_3$ | 199 | 200 | 210 | 201 | 193 | 195 | 202 | 210 | 207 | 194 | 200 | 197 | 198 | 209 | 206 | 199 | 199 | 193 | 194 | 195 | 190 | 209 | 193 | 198 | 192 |
| $X_4$ | 204 | 203 | 211 | 204 | 194 | 208 | 196 | 202 | 207 | 200 | 194 | 203 | 199 | 206 | 208 | 190 | 200 | 204 | 198 | 208 | 204 | 199 | 194 | 201 | 204 |
| $X_5$ | 197 | 211 | 200 | 204 | 200 | 211 | 196 | 200 | 202 | 208 | 198 | 202 | 203 | 206 | 202 | 191 | 200 | 203 | 210 | 207 | 199 | 205 | 205 | 202 | 198 |
| $\sum X$ | 1,000 | 1,025 | 1,020 | 1,012 | 979 | 1,021 | 997 | 1,000 | 1,032 | 984 | 1,002 | 1,004 | 994 | 1,023 | 1,022 | 978 | 1,008 | 1,001 | 1,003 | 1,014 | 991 | 1,019 | 983 | 1,009 | 1,003 |
| $\bar{X}$ | 200 | 205 | 204 | 202.4 | 195.6 | 204.2 | 199.4 | 200 | 206.4 | 196.8 | 200.4 | 200.8 | 198.8 | 204.6 | 204.4 | 195.6 | 201.6 | 200.2 | 200.6 | 202.8 | 198.8 | 203.8 | 196.6 | 201.8 | 200.6 |
| $R$ | 7 | 11 | 12 | 4 | 12 | 16 | 8 | 17 | 6 | 18 | 12 | 7 | 10 | 8 | 14 | 9 | 6 | 11 | 16 | 13 | 14 | 11 | 14 | 6 | 15 |

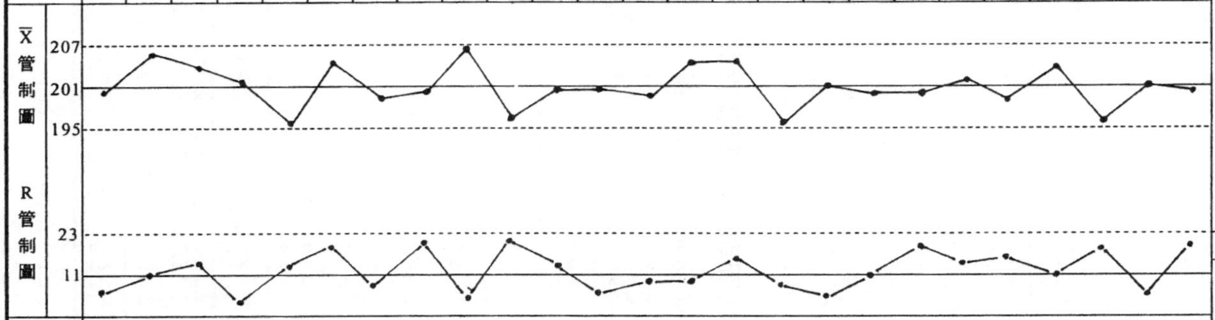

$\bar{X}$ 管制圖：207 … 201 … 195
$R$ 管制圖：23 … 11

原因追查及矯正措施

**計算**

$$\sum \bar{x} = 5025.2$$
$$\sum R = 277$$
$$\bar{\bar{x}} = \frac{\sum \bar{x}}{K} = \frac{5025.2}{25} = 201.008$$
$$\bar{R} = \frac{\sum R}{K} = \frac{277}{25} = 11.08$$
$$UCL_{\bar{x}} = \bar{\bar{x}} + A_2\bar{R} = 201.008 + 0.58(11.08) = 207.43 \to 207$$
$$LCL_{\bar{x}} = \bar{\bar{x}} - A_2\bar{R} = 201.008 - 0.58(11.08) = 194.58 \to 195$$
$$UCL_{\bar{x}} = D_4\bar{R} = (2.115)(11.08) = 23.43 \to 23$$
$$LCL_R = D_3\bar{R} = (0)(11.08) = 0$$

| n | 4 | 5 | 6 |
|---|---|---|---|
| $A_2$ | 0.73 | 0.58 | 0.48 |
| $m_3A$ | 0.80 | 0.69 | 0.55 |
| $A_3$ | 1.52 | 1.36 | 1.25 |
| $D_4$ | 2.28 | 2.11 | 2.00 |

圖 5.7 $\bar{X}$-R 管制圖

**表 5.3　計量值制圖常用之係數表**

| 每一樣本組內測定值之數目「n」 | $A$ | $A_1$ | $A_2$ | $d_2$ | $d_3$ | $d_m$ | $D_1$ | $D_2$ | $D_3$ | $D_4$ | $B_1$ | $B_2$ | $B_3$ | $B_4$ | $C_2$ | $C_4$ | $m_{A2}$ | $m_{A1}$ | $m_A$ | $D_3$ (使用 R) | $D_4$ (使用 R) | $E_1$ | $E_2$ | $\lambda$ |
|---|---|---|---|---|---|---|---|---|---|---|---|---|---|---|---|---|---|---|---|---|---|---|---|---|
| 2 | 2.12 | 3.76 | 1.88 | 1.128 | 0.853 | 0.954 | 0 | 3.69 | 0 | 3.27 | 0 | 1.84 | 0 | 3.27 | 0.5642 | 0.603 | 2.120 | 1.880 | 2.224 | 0 | 0.864 | 5.317 | 2.660 | 2.695 |
| 3 | 1.73 | 2.39 | 1.02 | 1.693 | 0.888 | 1.588 | 0 | 4.36 | 0 | 2.57 | 0 | 1.86 | 0 | 2.57 | 0.7236 | 0.463 | 2.007 | 1.187 | 1.265 | 0 | 2.744 | 4.146 | 1.772 | 1.826 |
| 4 | 1.50 | 1.88 | 0.73 | 2.059 | 0.880 | 1.978 | 0 | 4.70 | 0 | 2.28 | 0 | 1.81 | 0 | 2.27 | 0.7979 | 0.389 | 1.638 | 0.796 | 0.828 | 0 | 2.375 | 3.760 | 1.457 | 1.522 |
| 5 | 1.34 | 1.60 | 0.58 | 2.326 | 0.864 | 2.257 | 0 | 4.92 | 0 | 2.11 | 0 | 1.76 | 0 | 2.07 | 0.8407 | 0.341 | 1.605 | 0.691 | 0.712 | 0 | 2.179 | 3.568 | 1.290 | 1.363 |
| 6 | 1.22 | 1.41 | 0.48 | 2.534 | 0.848 | 2.472 | 0 | 5.08 | 0 | 2.00 | 0.03 | 1.71 | 0.03 | 1.97 | 0.8686 | 0.308 | 1.385 | 0.549 | 0.562 | 0 | 2.005 | 3.454 | 1.184 | 1.263 |
| 7 | 1.13 | 1.28 | 0.42 | 2.704 | 0.838 | 2.645 | 0.20 | 5.20 | 0.08 | 1.92 | 0.10 | 1.67 | 0.12 | 1.88 | 0.8882 | 0.282 | 1.372 | 0.509 | 0.520 | 0.078 | 1.967 | 3.378 | 1.109 | 1.194 |
| 8 | 1.06 | 1.17 | 0.37 | 2.847 | 0.820 | 2.791 | 0.39 | 5.31 | 0.14 | 1.86 | 0.17 | 1.64 | 0.19 | 1.81 | 0.9027 | 0.262 | 1.230 | 0.432 | 0.441 | 0.139 | 1.902 | 3.323 | 1.054 | 1.143 |
| 9 | 1.00 | 1.09 | 0.34 | 2.970 | 0.808 | 2.916 | 0.55 | 5.39 | 0.18 | 1.82 | 0.22 | 1.61 | 0.24 | 1.76 | 0.9139 | 0.246 | 1.223 | 0.412 | 0.419 | 0.187 | 1.850 | 3.283 | 1.010 | 1.104 |
| 10 | 0.95 | 1.03 | 0.31 | 3.078 | 0.797 | 3.024 | 0.69 | 5.47 | 0.22 | 1.78 | 0.26 | 1.58 | 0.28 | 1.72 | 0.9227 | 0.232 | 1.118 | 0.363 | 0.369 | 0.227 | 1.808 | 3.251 | 0.975 | 1.072 |
| 11 | 0.90 | 0.97 | 0.29 | 3.173 | | | 0.81 | 5.53 | 0.26 | 1.74 | 0.30 | 1.56 | 0.32 | 1.68 | 0.9300 | | | | | | | 3.226 | 0.945 | |
| 12 | 0.87 | 0.93 | 0.27 | 3.258 | | | 0.92 | 5.59 | 0.28 | 1.72 | 0.33 | 1.54 | 0.35 | 1.65 | 0.9359 | | | | | | | 3.205 | 0.921 | |
| 13 | 0.83 | 0.88 | 0.25 | 3.336 | | | 1.03 | 5.65 | 0.31 | 1.69 | 0.36 | 1.52 | 0.38 | 1.62 | 0.9410 | | | | | | | 3.188 | 0.899 | |
| 14 | 0.80 | 0.85 | 0.24 | 3.407 | | | 1.12 | 5.69 | 0.33 | 1.67 | 0.38 | 1.51 | 0.41 | 1.59 | 0.9453 | | | | | | | 3.174 | 0.881 | |
| 15 | 0.77 | 0.82 | 0.22 | 3.472 | | | 1.21 | 5.74 | 0.35 | 1.65 | 0.41 | 1.49 | 0.43 | 1.57 | 0.9490 | | | | | | | 3.161 | 0.864 | |
| 16 | 0.75 | 0.79 | 0.21 | 3.532 | | | 1.28 | 5.78 | 0.36 | 1.64 | 0.43 | 1.48 | 0.45 | 1.55 | 0.9523 | | | | | | | 3.150 | 0.849 | |
| 17 | 0.73 | 0.76 | 0.20 | 3.588 | | | 1.36 | 5.82 | 0.38 | 1.62 | 0.44 | 1.47 | 0.47 | 1.53 | 0.9551 | | | | | | | 3.141 | 0.836 | |
| 18 | 0.71 | 0.74 | 0.19 | 3.640 | | | 1.43 | 5.85 | 0.39 | 1.61 | 0.46 | 1.45 | 0.48 | 1.52 | 0.9576 | | | | | | | 3.133 | 0.824 | |
| 19 | 0.69 | 0.72 | 0.19 | 3.689 | | | 1.49 | 5.89 | 0.40 | 1.60 | 0.48 | 1.44 | 0.50 | 1.50 | 0.9599 | | | | | | | 3.125 | 0.813 | |
| 20 | 0.67 | 0.70 | 0.18 | 3.735 | | | 1.55 | 5.92 | 0.41 | 1.59 | 0.49 | 1.43 | 0.51 | 1.49 | 0.9619 | | | | | | | 3.119 | 0.803 | |
| 21 | 0.65 | 0.68 | | 3.778 | | | | | | | 0.50 | 1.42 | 0.52 | 1.48 | 0.9638 | | | | | | | 3.113 | 0.794 | |
| 22 | 0.64 | 0.66 | | 3.819 | | | | | | | 0.52 | 1.41 | 0.53 | 1.47 | 0.9655 | | | | | | | 3.107 | 0.786 | |
| 23 | 0.63 | 0.65 | | 3.858 | | | | | | | 0.53 | 1.41 | 0.54 | 1.46 | 0.9670 | | | | | | | 3.102 | 0.778 | |
| 24 | 0.61 | 0.63 | | 3.895 | | | | | | | 0.54 | 1.40 | 0.55 | 1.45 | 0.9684 | | | | | | | 3.098 | 0.770 | |
| 25 | 0.60 | 0.62 | | 3.931 | | | | | | | 0.55 | 1.39 | 0.56 | 1.44 | 0.9696 | | | | | | | 3.094 | 0.763 | |
| 30 | 0.55 | 0.56 | | 4.086 | | | | | | | 0.59 | 1.36 | 0.60 | 1.40 | 0.9748 | | | | | | | 3.078 | 0.734 | |
| 35 | 0.51 | 0.52 | | 4.213 | | | | | | | 0.62 | 1.33 | 0.63 | 1.37 | 0.9784 | | | | | | | 3.066 | 0.712 | |
| 40 | 0.47 | 0.48 | | 4.322 | | | | | | | 0.65 | 1.31 | 0.66 | 1.34 | 0.9811 | | | | | | | 3.058 | 0.694 | |
| 45 | 0.45 | 0.45 | | 4.415 | | | | | | | 0.67 | 1.30 | 0.68 | 1.32 | 0.9832 | | | | | | | 3.051 | 0.680 | |
| 50 | 0.42 | 0.43 | | 4.498 | | | | | | | 0.68 | 1.28 | 0.70 | 1.30 | 0.9849 | | | | | | | 3.046 | 0.667 | |
| 55 | 0.40 | 0.41 | | 4.572 | | | | | | | 0.70 | 1.27 | 0.71 | 1.29 | 0.9863 | | | | | | | 3.042 | 0.656 | |
| 60 | 0.39 | 0.39 | | 4.639 | | | | | | | 0.71 | 1.26 | 0.72 | 1.28 | 0.9874 | | | | | | | 3.038 | 0.647 | |
| 65 | 0.37 | 0.38 | | 4.699 | | | | | | | 0.72 | 1.25 | 0.73 | 1.27 | 0.9884 | | | | | | | 3.035 | 0.638 | |
| 70 | 0.36 | 0.36 | | 4.755 | | | | | | | 0.74 | 1.24 | 0.74 | 1.26 | 0.9892 | | | | | | | 3.033 | 0.631 | |
| 75 | 0.35 | 0.35 | | 4.806 | | | | | | | 0.75 | 1.23 | 0.75 | 1.25 | 0.9900 | | | | | | | 3.030 | 0.624 | |
| 80 | 0.34 | 0.34 | | 4.854 | | | | | | | 0.75 | 1.23 | 0.76 | 1.24 | 0.9906 | | | | | | | 3.028 | 0.618 | |
| 85 | 0.33 | 0.33 | | 4.898 | | | | | | | 0.76 | 1.22 | 0.77 | 1.23 | 0.9912 | | | | | | | 3.027 | 0.612 | |
| 90 | 0.32 | 0.32 | | 4.939 | | | | | | | 0.77 | 1.22 | 0.77 | 1.23 | 0.9916 | | | | | | | 3.025 | 0.607 | |
| 95 | 0.31 | 0.31 | | 4.978 | | | | | | | 0.77 | 1.21 | 0.78 | 1.22 | 0.9921 | | | | | | | 3.024 | 0.603 | |
| 100 | 0.30 | 0.30 | | 5.015 | | | | | | | 0.78 | 1.20 | 0.79 | 1.21 | 0.9925 | | | | | | | 3.023 | 0.598 | |

欄群說明：$A$、$A_1$、$A_2$ 為 $\bar{X}$ 管制圖；$d_2$、$d_3$、$d_m$、$D_1$、$D_2$、$D_3$、$D_4$ 為 R 管制圖（使用 $\bar{R}$ 或 $\bar{R}_m$）；$B_1$、$B_2$、$B_3$、$B_4$、$C_2$、$C_4$ 為 s 管制圖；$m_{A2}$、$m_{A1}$、$m_A$ 為 $\bar{X}$ 管制圖；$D_3$、$D_4$、$E_1$ 為 R 管制圖（使用 R）；$E_2$ 為 $\bar{X}$ 管制圖；$\lambda$ 為 1-s 管制圖。

$$CL_{\bar{x}} = \mu_{\bar{x}} = \mu_x = \bar{\bar{x}} \quad\text{................................................} (1)$$

$$UCL_{\bar{x}} = \mu_{\bar{x}} + 3\sigma_{\bar{x}} = \mu_x + 3\frac{\sigma_x}{\sqrt{n}} = \bar{\bar{x}} + 3\frac{\bar{s}}{C_2\sqrt{n}}$$

$$= \bar{\bar{x}} + A_1\bar{s} \quad (\text{式中}A_1 = \frac{3}{C_2\sqrt{n}}) \text{................} (7)$$

$$LCL_{\bar{x}} = \mu_{\bar{x}} - 3\sigma_{\bar{x}} = \mu_x - 3\frac{\sigma_x}{\sqrt{n}} = \bar{\bar{x}} - 3\frac{\bar{s}}{C_2\sqrt{n}}$$

$$= \bar{\bar{x}} - A_1\bar{s} \quad\text{................................................} (8)$$

$$CL_s = \mu_s = C_2\sigma_x = C_2(\frac{\bar{s}}{C_2}) = \bar{s} \quad\text{................................} (9)$$

$$UCL_s = \mu_s + 3\sigma_s = C_2\sigma_x + 3C_3\sigma_x = C_2(\frac{\bar{s}}{C_2}) + 3C_3(\frac{\bar{s}}{C_2})$$

$$= (1 + \frac{3C_3}{C_2})\bar{s} = B_4\bar{s} \quad\text{................................}(10)$$

$$[\text{式中} B_4 = (1 + \frac{3C_3}{C_2})]$$

$$LCL_s = \mu_s - 3\sigma_s = C_2\sigma_x - 3C_3\sigma_x = C_2(\frac{\bar{s}}{C_2}) - 3C_3(\frac{\bar{s}}{C_2})$$

$$= (1 - \frac{3C_3}{C_2})\bar{s} = B_3\bar{s} \quad\text{................................}(11)$$

$$[\text{式中} B_3 = (1 - \frac{3C_3}{C_2})]$$

　　上式中 $A_1$、$B_3$、$B_4$ 為與 n 大小有關之常數，其值不必每次計算可直接由表 5.3 查得。

(2) $\bar{X}$-S 管制圖之應用

　　有關這種樣本平均值與標準差管制圖之繪製及計算實例，請參考圖 5.8。

| 號 | 1 | 2 | 3 | 4 | 5 | 6 | 7 | 8 | 9 | 10 | 11 | 12 | 13 | 14 | 15 | 16 | 17 | 18 | 19 | 20 | 21 | 22 | 23 | 24 | 25 |
|---|---|---|---|---|---|---|---|---|---|---|---|---|---|---|---|---|---|---|---|---|---|---|---|---|---|
| $x_1$ | 100 | 97 | 96 | 100 | 96 | 100 | 97 | 98 | 100 | 99 | 101 | 100 | 99 | 103 | 103 | 96 | 100 | 100 | 102 | 100 | 102 | 105 | 100 | 97 | 103 |
| $x_2$ | 100 | 103 | 95 | 98 | 98 | 99 | 99 | 100 | 100 | 101 | 101 | 100 | 99 | 98 | 98 | 100 | 102 | 99 | 99 | 97 | 99 | 104 | 104 | 101 | 101 |
| $x_3$ | 99 | 103 | 99 | 99 | 100 | 102 | 99 | 96 | 100 | 101 | 100 | 99 | 99 | 97 | 101 | 103 | 99 | 100 | 102 | 100 | 101 | 101 | 102 | 101 | 101 |
| $x_4$ | 102 | 95 | 98 | 99 | 104 | 101 | 98 | 99 | 101 | 96 | 96 | 102 | 105 | 102 | 101 | 101 | 99 | 99 | 103 | 103 | 103 | 101 | 100 | 102 | 100 |
| $x_5$ | 101 | 99 | 99 | 102 | 100 | 104 | 102 | 101 | 103 | 98 | 99 | 101 | 100 | 100 | 100 | 103 | 99 | 101 | 103 | 103 | 100 | 100 | 94 | 101 | 101 |
| $\bar{x}$ | 100.4 | 99.6 | 97.4 | 99.6 | 99.6 | 101.2 | 99.2 | 98.8 | 100.6 | 99.0 | 99.2 | 100.4 | 100.4 | 100.2 | 100.6 | 100.6 | 99.8 | 99.8 | 101.2 | 100.4 | 101.0 | 102.2 | 101.0 | 100.6 | 101.2 |
| $s'$ | 1.03 | 3.22 | 1.63 | 1.36 | 2.67 | 1.73 | 1.73 | 1.73 | 1.36 | 1.91 | 1.73 | 1.03 | 2.35 | 2.33 | 1.87 | 2.59 | 1.17 | 0.75 | 1.48 | 2.07 | 1.42 | 1.95 | 3.37 | 1.87 | 0.99 |

製品名稱 罐肉　品質特性 重量　測量單位 g

| 規格 | | 標準 | | 管制圖 | $\bar{x}$圖 | $s'$圖 |
|---|---|---|---|---|---|---|
| 最大值 | | 最大值 105 | 上限 | | 103.06 | 3.80 |
| 最小值 | | | 中心線 | 100 | 100.16 | 1.81 |
| | | 最小值 95 | 下限 | | 97.26 | 0 |

製造部門 第一工場　機器號碼 NO 4　工作者 張得三

抽樣方法 每批抽五塊　測定者 李四娘

期限　年 月 日／年 月 日

$$\bar{\bar{x}} = \frac{\Sigma \bar{x}}{k} = \frac{2504}{25}$$
$$= 100.16 \quad (k:組數)$$
$$\bar{s} = \frac{\Sigma s}{k} = \frac{45.34}{25}$$
$$= 1.81$$

$\bar{x}-s$ 管制圖
$3\sigma$界限分別寫

$$UCL_{\bar{x}} = \bar{\bar{x}} + A_1\bar{s}$$
$$= 100.16 + (1.6)(1.81)$$
$$= 100.16 + 2.90$$
$$= 103.06$$

$$LCL_{\bar{x}} = \bar{\bar{x}} - A_1\bar{s}$$
$$= 100.16 - (1.6)(1.81)$$
$$= 100.16 - 2.90$$
$$= 97.26$$

$$UCL_{s'} = B_4\bar{s}$$
$$= (2.10)(1.81)$$
$$= 3.80$$

$$LCL_{s'} = B_3\bar{s}$$
$$= (0)(1.81)$$
$$= 0$$

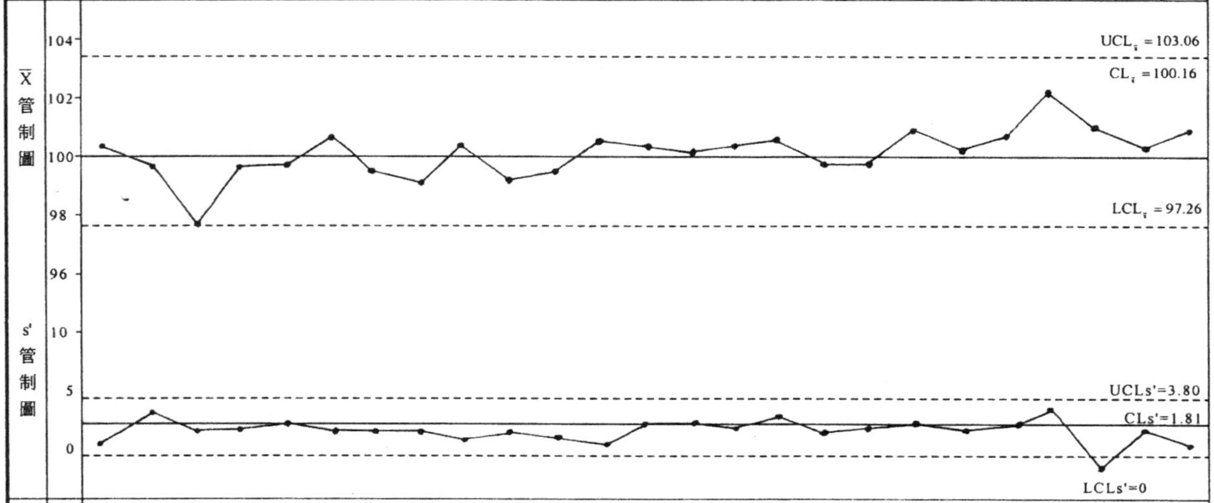

$\bar{x}$ 管制圖：$UCL_{\bar{x}}=103.06$，$CL_{\bar{x}}=100.16$，$LCL_{\bar{x}}=97.26$

$s'$ 管制圖：$UCL_{s'}=3.80$，$CL_{s'}=1.81$，$LCL_{s'}=0$

■ 圖 5.8 X̄-S 管制圖

### 3. X̃-R 管制圖

利用 X̃-R 管制圖來控制產品品質特性的場合與利用 $\overline{X}$-R 管制圖大致相同，所不同者為繪 $\overline{X}$ 管制圖時，需要計算每一樣本測定值的平均值，而繪 X̃ 管制圖只要求每一樣本測定值的中位數。求平均值比求中位數麻煩且費時，同時會受極端值影響，此時如以 X̃ 代替 $\overline{X}$ 反而比較正確。所以現場領班或作業員比較喜歡使用 X̃ 管制圖，而不願使用 $\overline{X}$ 管制圖。但當數據均勻時 $\overline{X}$ 管制圖比 X̃ 管制圖敏感，一般說來群體為常態時，X̃ 分配的寬度較 $\overline{X}$ 分配的寬度寬，故 X̃ 管制圖的敏感度較差，除非製程發生較大的變異否則不易由 X̃ 管制圖查覺缺點。

(1) X̃-R 管制圖公式

今自一常態群體即 $X\text{-}N(\mu_x \cdot \sigma_x^2)$，隨機抽取 n 件製品當樣本，則 X̃ 的分配為常態分配，分配的平均值($\mu_{\tilde{x}}$)仍舊為 $\mu_x$、分配的標準差($\sigma_{\tilde{x}}$) 為 $m_3 \dfrac{\sigma_x}{\sqrt{n}}$、當群體平均值($\mu_x$)未知時，以中位數平均值 $\overline{\tilde{X}}$ 估計 $\mu_x$，群體標準差($\sigma_x$)未知時，以 $\dfrac{\overline{R}}{d_2}$ 估計 $\sigma_x$，故以三個標準差為界限的 X̃-R 管制圖的中心線及上下管制界限變為

$$CL\tilde{x} = \mu_{\tilde{x}} = \mu_x = \overline{\tilde{X}} = \frac{\tilde{X}_1 + \tilde{X}_2 + \tilde{X}_3 + \cdots\cdots + \tilde{X}_k}{K} = \frac{\sum \tilde{X}}{K} \quad\dots\dots\dots\dots\dots(12)$$

$$UCL\tilde{x} = \mu_{\tilde{x}} + 3\sigma_{\tilde{x}} = \mu_x + 3m_3 \frac{\sigma_x}{\sqrt{n}} = \overline{\tilde{X}} + 3m_3 \frac{\dfrac{\overline{R}}{d_2}}{\sqrt{n}} \quad\dots\dots\dots\dots\dots\dots(13)$$

$$= \overline{\tilde{X}} + m_3 A_2 \overline{R} \quad (\text{式中} A_2 = \frac{3}{\sqrt{n} \cdot d_2})$$

$$LCL_{\tilde{x}} = \mu_{\tilde{x}} - 3\sigma_{\tilde{x}} = \mu_x + 3m_3 \frac{\sigma_x}{\sqrt{n}} = \overline{\tilde{X}} - 3m_3 \frac{\dfrac{\overline{R}}{d_2}}{\sqrt{n}} \quad\dots\dots\dots\dots\dots(14)$$

$$= \overline{\tilde{X}} - m_3 A_2 \overline{R}$$

$$CL_R = \overline{R} - \frac{\sum R}{K} \quad\dots\dots\dots\dots\dots\dots(4)$$

$$UCL_R = D_4\overline{R} \dots\dots\dots\dots\dots\dots\dots\dots\dots\dots\dots\dots (5)$$
$$LCL_R = D_3\overline{R} \dots\dots\dots\dots\dots\dots\dots\dots\dots\dots\dots\dots (6)$$

式中 $m_3A_2$、$D_4$、$D_3$ 為與 n 有關之常數，其值可直接由表 5.3 查得。

(2) $\tilde{X}$-R 管制圖之應用

　　設玉米段塊規格為 $100\pm5g$，依本標準目標值在正常作業情況下，每半小時隨機抽取 5 份，並將其測定值記入圖 5.9 測定值欄中，共 25 組。利用 $\tilde{X}$-R 管制圖公式，求得管制上限($UCL_{\bar{x}}$)為 103.39→103，管制下限($LCL_{\bar{x}}$)為 96.77→97，R 管制圖之管制上限($UCL_R$)為 10.15→10。故在日後生產線，隨機抽樣之測定值，只要不超過上述界限，即可表示生產製程均在管制狀態。

## 4. X-$R_m$ 管制圖

　　在工廠生產過程中，有時收取資料不易等原因，可使用個別值管制圖（X-$R_m$ 管制圖）。這些原因包括：

(1) 分析或測定產品某一品質特性麻煩又費時者，如捲封內部檢查。

(2) 產品貴重或作破壞性的試驗者，如需翌日開罐檢查。

(3) 產品品質非常均勻者，如大釜調味料的測定。

(4) 管制製造的條件如溫度壓力者，如鍋爐壓力測定。

　　此種 X-$R_m$ 管制圖不如 $\overline{X}$-R 管制圖來得敏感。因此如欲使 X-$R_m$ 管制圖敏感度提高可將該管制圖界線的寬度變窄，例如改用平均值±2 個標準差，雖然其缺點會增加第一種錯誤發生的機會，但 X-$R_m$ 管制圖可以避免對樣本測定值的平均值與規格界限產生誤解。

X-R$_m$ 管制圖的界限可以直接用來與規格界限比較，也就是說我們可以將規格界限直接繪到 X-R$_m$ 管制圖上以利比較。

(1) X-R$_m$ 管制圖之公式

假設群體的平均值($\mu_x$)則與標準差($\sigma_x$)皆未知，我們分別用 $\overline{X}$ 來估計 $\mu_x$，用 $\overline{R_m}$ 來估計 $\sigma_x$ 時，則 X-R$_m$ 管制圖之中線以及其三個 $\sigma_x$ 為界之上下管制限可由下列公式求出：

$$CLx = \mu_x = \overline{X} = \frac{\Sigma X}{K} \quad\text{.................................................(15)}$$

$$UCL_x = \mu_x + 3\sigma_x = \overline{X} + 3\frac{\overline{R_m}}{d_2} = \overline{X} + E_2\overline{R_m} \quad\text{..................................(16)}$$

$$LCL_x = \mu_x - 3\sigma_x = \overline{X} - 3\frac{\overline{R_m}}{d_2} = \overline{X} - E_2\overline{R_m} \quad\text{..................................(17)}$$

$$CL_{R_m} = \overline{R_m} = \frac{\Sigma R_m}{K-1} \quad\text{.........................................(18)}$$

$$UCL_{R_m} = D_4\overline{R_m} \quad\text{......................................................(19)}$$

$$LCL_{R_m} = D_3\overline{R_m} \quad\text{......................................................(20)}$$

（公式由來請參考前 $\overline{X}$-R 管制圖之公式）

至於移動全距(R$_m$)之求法，是先將 R 組之個別測定值 x$_i$，分為每二個為一組(n=2)或每三個為一組，然後求每一組之全距(R$_m$)。

(2) X-R$_m$ 管制圖之應用

這種 X-R$_m$ 管制圖通常應用於測定值不易取得的情況，例如中央廚房的蒸釜溫度，每次測量時只有一個數據 X 而已。為使所提供之菜肴能維持在一定之溫度，便可使用這種管制圖來管制。圖中 E$_2$、D$_4$、D$_3$ 可由計量值管制圖常用係數表查得。圖 5.10 中因 R$_m$ 圖中第 8 批號已超出管制界限外，故應有追查改善之措施。

**製品名稱**：生玉米塊　**品質特性**：每份重量　**測量單位**：g

| 規格 | | 標準 | 管制圖 | | |
|---|---|---|---|---|---|
| 最大值 | 105 | | 上限 | X̃圖 103.39 | R圖 10.15 |
| 平均值 | 100 | | 平均值 | 100.08 | 4.8 |
| 最小值 | 95 | | 下限 | 96.77 | 0 |

**製造部門**：第一工場　**機器號碼**：　**操作者**：張得三
**抽樣方法**：每批五份　**測定者**：李四娘　**期限**：年 月 日

| 批樣號 | 1 | 2 | 3 | 4 | 5 | 6 | 7 | 8 | 9 | 10 | 11 | 12 | 13 | 14 | 15 | 16 | 17 | 18 | 19 | 20 | 21 | 22 | 23 | 24 | 25 | 年月日/ |
|---|---|---|---|---|---|---|---|---|---|---|---|---|---|---|---|---|---|---|---|---|---|---|---|---|---|---|
| x1 | 100 | 97 | 96 | 100 | 96 | 100 | 97 | 98 | 100 | 99 | 101 | 100 | 99 | 103 | 103 | 96 | 100 | 100 | 100 | 102 | 102 | 105 | 100 | 97 | 103 | |
| x2 | 100 | 103 | 95 | 98 | 98 | 99 | 99 | 100 | 100 | 101 | 100 | 100 | 99 | 98 | 98 | 100 | 102 | 99 | 97 | 99 | 99 | 104 | 104 | 101 | 101 | |
| x3 | 99 | 103 | 99 | 99 | 100 | 102 | 100 | 96 | 99 | 101 | 99 | 99 | 99 | 97 | 99 | 103 | 99 | 100 | 100 | 101 | 99 | 101 | 102 | 102 | 101 | |
| x4 | 102 | 95 | 98 | 99 | 104 | 101 | 98 | 99 | 101 | 96 | 96 | 102 | 102 | 102 | 101 | 101 | 101 | 101 | 103 | 103 | 103 | 101 | 100 | 102 | 100 | |
| x5 | 101 | 100 | 99 | 102 | 100 | 104 | 102 | 101 | 103 | 98 | 100 | 101 | 105 | 101 | 102 | 103 | 99 | 100 | 102 | 100 | 100 | 101 | 94 | 102 | 100 | |
| X̃ | 100 | 100 | 98 | 99 | 100 | 101 | 99 | 99 | 100 | 99 | 99 | 100 | 99 | 101 | 101 | 101 | 100 | 100 | 100 | 101 | 100 | 101 | 100 | 101 | 101 | ΣX̃ 2502 |
| R | 3 | 8 | 4 | 4 | 8 | 5 | 5 | 5 | 4 | 5 | 5 | 3 | 6 | 5 | 5 | 7 | 3 | 2 | 4 | 6 | 4 | 5 | 5 | 4 | 3 | ΣR 120 |

$$\bar{\tilde{X}} = \frac{2502}{25} = 100.08$$

$$\bar{R} = \frac{120}{25} = 4.8$$

X̃-R管制圖3σ界限分別為

$$UCL_{\tilde{X}} = \bar{\tilde{X}} + m_3 A_2 \bar{R} = 100.08 + 0.69(4.8) = 103.39$$

$$LUL_{\tilde{X}} = \bar{\tilde{X}} - m_3 A_2 \bar{R} = 100.08 - 0.69(4.8) = 96.77$$

$$UCL_R = D_4 \bar{R} = (2.115)(4.8) = 10.15$$

$$LCL_R = D_3 \bar{R} = (0)(4.8) = 0$$

X̃管制圖：
UCL_X̃ = 103.06　CL_X̃ = 100.08　LCL_X̃ = 96.77

R管制圖：
UCL_R = 10.15　CL_R = 4.8　LCL_R = 0

**■圖 5.9　X̃-R 管制圖**

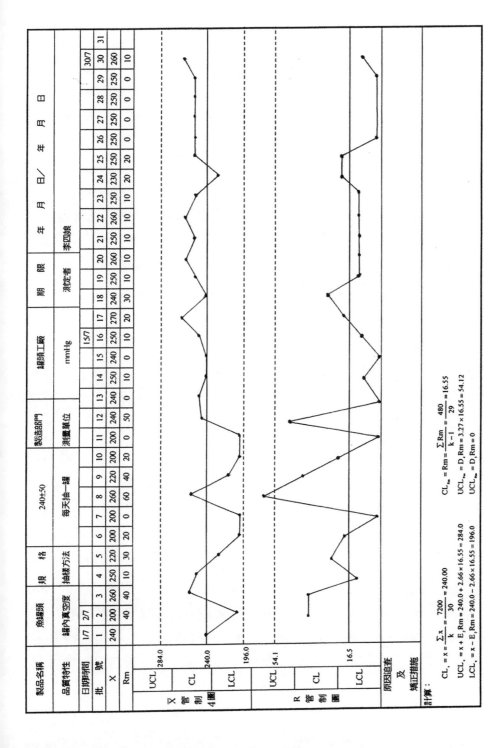

■ 圖 5.10 X-R$_m$ 管制圖

### 5. L-S 管制圖

　　L-S 管制圖，又稱最大值與最小值管制圖，就是把每一個樣本測定值內最大值與最小值，同時點入管制圖中。此種管制圖用來管制產品某一品質特性、該特性測定結果可以由數值表示其品質特性。在食品管制領域中，如原料、半成品之長度，罐頭捲封尺寸 TWC 等常用之。本管制圖亦有人稱為 MV 管制圖。

(1) L-S 管制圖之公式

　　設自一群體平均值($\mu_x$)與群體標準差($\sigma_x$)未知的常態分配群體，隨機抽取 n 件製品作為樣本並測定之，然後找出每一樣本測定值之最大值與最小值。即可求得最大值與最小值管制圖的中心線及以三個標準差為界限的上下管制界限，其公式如下：

$$CL_{L-s} = \frac{\overline{L} + \overline{S}}{2} \quad\dotfill(21)$$

$$\overline{R} = \overline{L} - \overline{S} \quad\dotfill(22)$$

$$(\overline{L} = \frac{L_i}{K} \qquad \overline{S} = \frac{S_i}{K})$$

$$UCL_{L-S} = (\frac{\overline{L} + \overline{S}}{2}) + A_9\overline{R} \quad\dotfill(23)$$

$$LCL_{L-S} = \frac{(\overline{L} + \overline{S})}{2} - A_9\overline{R} \quad\dotfill(24)$$

　　上式 $A_9$ 為與 n 大小有關之常數，其值可直接由表 5.3 查得。

(2) L-S 管制圖之應用

　　圖 5.11 假設蘆筍切斷長度標準為 100±9 mm，經在製程中抽取 25 批，每批抽測 5 支，求得 L、S 值逐行點入管制圖中。然後再依據 L-S Chart 公式可求得該圖中心線，管制上下限，作為日後管制製程之用。

| 製品名稱 | 蘆筍 | | | | | | | | | | | | | | | | | | | | | | | | | | |
|---|---|---|---|---|---|---|---|---|---|---|---|---|---|---|---|---|---|---|---|---|---|---|---|---|---|---|---|
| 品質特性 | 原料切斷長度 | | 規格 | | 標準 | | 管制圖 | | L-S | | 製造部門 | | 第一工場 | | 期限 | | 年月日/年月日 | | | | | | | | | | | |
| 測量單位 | mm | | 最大值 | | 109 | | 上限 | | 106.88 | | 機器號碼 NO1 | | | | 抽樣方法 | | | | | | | | | | | | | |
| | | | 最均值 | | 100 | | 平均值 | | 100.06 | | | | 張得三 | | | | | | | | | | | | | | | |
| | | | 最小值 | | 91 | | 下限 | | 93.24 | | 操作者 | | | | 測定者 | | | | | | | | | | | | | |
| | | | | | | | | | | | | | | 季四娘 | | 每批五支 | | | | | | | | | | | |

| 批號 | 1 | 2 | 3 | 4 | 5 | 6 | 7 | 8 | 9 | 10 | 11 | 12 | 13 | 14 | 15 | 16 | 17 | 18 | 19 | 20 | 21 | 22 | 23 | 24 | 25 | |
|---|---|---|---|---|---|---|---|---|---|---|---|---|---|---|---|---|---|---|---|---|---|---|---|---|---|---|
| 樣本測定值 x1 | 100 | 97 | 96 | 100 | 96 | 100 | 97 | 98 | 100 | 99 | 101 | 100 | 99 | 103 | 103 | 96 | 100 | 100 | 102 | 100 | 102 | 105 | 100 | 97 | 103 | |
| x2 | 100 | 103 | 95 | 98 | 98 | 99 | 99 | 100 | 100 | 101 | 100 | 100 | 99 | 98 | 98 | 100 | 102 | 99 | 99 | 97 | 99 | 104 | 104 | 101 | 101 | |
| x3 | 99 | 103 | 99 | 99 | 100 | 102 | 99 | 96 | 99 | 99 | 99 | 99 | 99 | 97 | 99 | 103 | 99 | 100 | 102 | 101 | 101 | 101 | 102 | 101 | 101 | |
| x4 | 102 | 95 | 98 | 99 | 104 | 101 | 102 | 99 | 101 | 96 | 96 | 102 | 100 | 102 | 101 | 101 | 101 | 101 | 103 | 102 | 103 | 100 | 100 | 102 | 100 | |
| x5 | 101 | 100 | 99 | 102 | 100 | 104 | 101 | 101 | 103 | 98 | 100 | 101 | 105 | 101 | 102 | 103 | 103 | 101 | 100 | 103 | 100 | 105 | 94 | 102 | 101 | |
| 最大值 L | 102 | 103 | 99 | 102 | 104 | 104 | 102 | 101 | 103 | 100 | 101 | 102 | 105 | 103 | 103 | 103 | 103 | 101 | 103 | 103 | 103 | 105 | 104 | 102 | 103 | Σ 12564 |
| 最小值 S | 99 | 95 | 95 | 98 | 96 | 99 | 97 | 96 | 99 | 96 | 96 | 99 | 99 | 97 | 98 | 96 | 99 | 99 | 99 | 97 | 97 | 100 | 94 | 97 | 100 | Σ 2439 |

$$\bar{L} = 102.562$$
$$\bar{S} = 97.56$$
$$\bar{R} = 102.56 - 97.56 = 5$$

L-S管制圖中心線以及三個標準差為管制界限之上、下個標準差為管制界限分別為

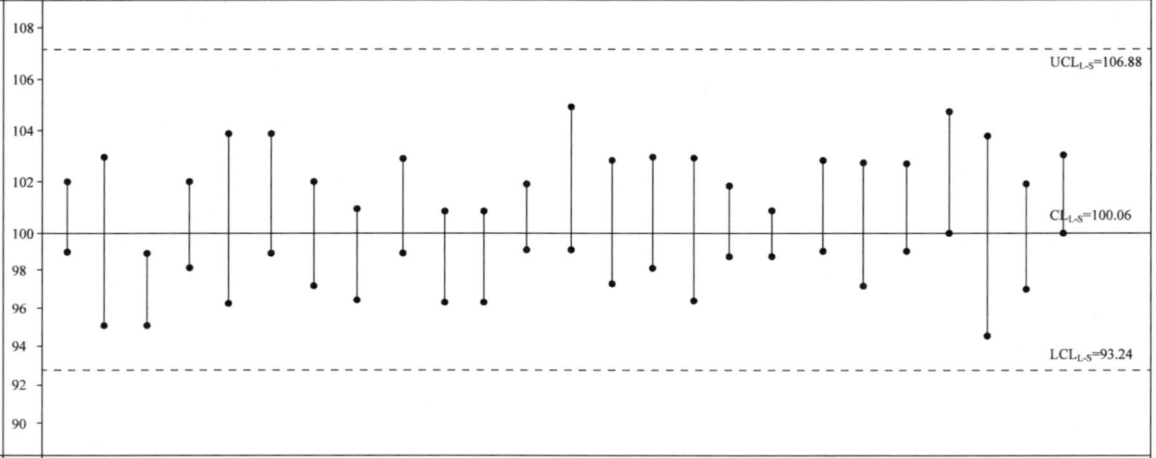

$$CL_{L\text{-}S} = \frac{\bar{L}+\bar{S}}{2} = \frac{102.56+97.56}{2} = 100.06$$

$$UCL_{L\text{-}S} = \frac{\bar{L}+\bar{S}}{2} + A_9\bar{R} = 100.06+(1.36)(5) = 100.06+6.82 = 106.88$$

$$LCL_{L\text{-}S} = \frac{\bar{L}+\bar{S}}{2} - A_9\bar{R} = 100.06-(1.36)(5) = 100.06-6.82 = 93.24$$

L-S 管制圖

$UCL_{L\text{-}S}=106.88$

$CL_{L\text{-}S}=100.06$

$LCL_{L\text{-}S}=93.24$

說明

圖 5.11　L-S 管制圖

## 二、計數值管制圖

計數值管制圖為要獲得相同的製程變化敏感度，繪製時需要的樣本比計量管制圖多。且工程一旦發生變化點超出管制界限的機率也較計量值管制圖小，也就是說判別力較弱，但繪製計數值管制圖所需之數據，僅由簡單之測定方法即可獲得，不像計量值管制圖所需之數據要經過較複雜的過程才可獲得，故所需費用較低。另外計數值管制圖的計算與繪圖亦較計量值管制圖少；因一張計數值管制圖可以涵括許多的品質特性，但一張計量值管制圖大都只適用於單一品質特性。另計數值管制圖之管制界限受樣本數大小 n 之影響甚大。如 n 太小管制界限變寬，在同一大小樣本內之變異亦大。如 n 太大則管制界限太狹，數據點將常超出界限之外以致不宜管制。故計數值管制圖需慎重考慮樣本大小。

各種常用計數值管制圖有下列四種：

不良率管制圖(P Chart)、不良數管制圖(np or d Chart)、缺點數管制圖(C Chart)、單位缺點數管制圖（U 管制圖）。

### 1. P 管制圖

P 管制圖可謂計數值管制圖的代表工具。在「無法直接測定特性的產品」，或「雖然可利用量規(gauge)測定其特性但僅分成良品與不良品之多少，而以不良率表示品質比較方便時」，均可使用此種 P 管制圖。例如原料不良率、貼標不良率、空罐不良率。有時在鼓勵工人從事較佳的工作方式以減少損失時，運用不良率管制圖可得到更佳的效果。至於樣本的大小以 $n=\dfrac{1}{p}\sim\dfrac{5}{p}$ 為適當，但最好每次之樣品中至少能有一個不良品包括在內。在決定良品與否不使用量規時，最好有一種檢驗用之標準樣本，以預防僅憑感覺決定之失誤。

(1) P 管制圖公式

$$不良率\ P = \frac{不良品數}{檢查個數} = \frac{d}{n} \quad\cdots\cdots\cdots\cdots\cdots\cdots\cdots\cdots\cdots(25)$$

(a)各組樣本數 n 相等時

$$CL_P = \overline{P} = \frac{\Sigma d}{\Sigma n} \quad \dots\dots\dots\dots\dots\dots\dots\dots\dots\dots\dots\dots(26)$$

$$UCL_P = \overline{P} + 3\sqrt{\frac{\overline{P}(1-\overline{P})}{n}} \quad \dots\dots\dots\dots\dots\dots\dots\dots\dots(27)$$

$$LCL_P = \overline{P} - 3\sqrt{\frac{\overline{P}(1-\overline{P})}{n}} \quad \dots\dots\dots\dots\dots\dots\dots\dots\dots(28)$$

（以百分率表示不良率時，上式 1-$\overline{P}$ 改為 100%-$\overline{P}$ 即可）

(b)各組樣本數 n 不相等時

$$CL_P = \overline{P} = \frac{\Sigma d}{\Sigma n} \quad \dots\dots\dots\dots\dots\dots\dots\dots\dots\dots\dots\dots(26)$$

$$UCL_P = \overline{P} + 3\sqrt{\frac{\overline{P}(1-\overline{P})}{n_i}} \quad \dots\dots\dots\dots\dots\dots\dots\dots\dots(29)$$

$$LCL_P = \overline{P} - 3\sqrt{\frac{\overline{P}(1-\overline{P})}{n_i}} \quad \dots\dots\dots\dots\dots\dots\dots\dots\dots(30)$$

(i=1、2、3……K)

(2) P 管制圖之應用

例一： 各組樣本數 n 相等時，使用表 5.4 統計不良率，並計算其管制上下限後，以 n 相等之圖 5.12 的 P 管制圖管制。

**表 5.4** 不良率統計表

| 批號 | 樣本數 | 不良品數 | 不良率 | 批號 | 樣本數 | 不良品數 | 不良率 |
|------|--------|----------|--------|------|--------|----------|--------|
| 1 | 240 | 22 | 0.092 | 16 | 240 | 5 | 0.021 |
| 2 | 240 | 8 | 0.033 | 17 | 240 | 10 | 0.042 |
| 3 | 240 | 14 | 0.058 | 18 | 240 | 10 | 0.042 |
| 4 | 240 | 10 | 0.042 | 19 | 240 | 6 | 0.025 |
| 5 | 240 | 11 | 0.046 | 20 | 240 | 7 | 0.029 |
| 6 | 240 | 11 | 0.046 | 21 | 240 | 6 | 0.025 |
| 7 | 240 | 10 | 0.042 | 22 | 240 | 10 | 0.042 |
| 8 | 240 | 18 | 0.075 | 23 | 240 | 9 | 0.038 |
| 9 | 240 | 13 | 0.054 | 24 | 240 | 13 | 0.054 |
| 10 | 240 | 16 | 0.066 | 25 | 240 | 4 | 0.017 |
| 11 | 240 | 18 | 0.075 | 26 | 240 | 6 | 0.025 |
| 12 | 240 | 12 | 0.050 | 27 | 240 | 4 | 0.017 |
| 13 | 240 | 10 | 0.042 | 28 | 240 | 7 | 0.029 |
| 14 | 240 | 12 | 0.050 | 29 | 240 | 5 | 0.021 |
| 15 | 240 | 8 | 0.033 | 30 | 240 | 3 | 0.013 |

中心線 $CL_p = \bar{P} = \dfrac{298}{240 \times 30} = \dfrac{298}{7200} = 0.041 = 4.1\%$

管制上限 $UCL_p = \bar{P} + 3\sqrt{\dfrac{\bar{P}(1-\bar{P})}{n}} = 0.041 + 3\sqrt{\dfrac{0.041(1-0.041)}{240}}$

$$= 0.041 + 3 \times 0.0128 = 0.0794 = 7.94\%$$

管制下限 $LCL_p = \bar{P} - 3\sqrt{\dfrac{\bar{P}(1-\bar{P})}{n}} = 0.0026\%$

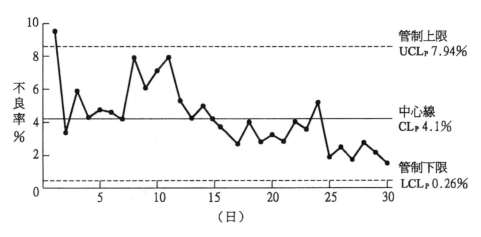

■ 圖 5.12　n 相等時 P 管制圖

例二：表 5.5 中數據每組的樣本數都不相等，今用樣本數 n 不相等
　　　之公式(29、30)計算，並繪製樣本數不相等之 P Chart 如下：

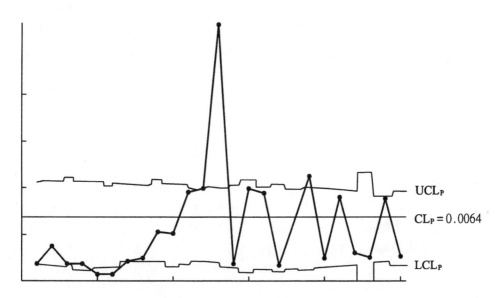

■ 圖 5.13　n 不相等時 P 管制圖

**⬤表 5.5** n 不相等統計表

| 日期 | 組號 | 樣本<br>n | 不良個數<br>nP | 不良率<br>P | $\sqrt[3]{\dfrac{\overline{P}(1-\overline{P})}{n_i}}$ | UCL<br>$\overline{P}+3\sqrt{\dfrac{\overline{P}(1-\overline{P})}{n_i}}$ | LCL<br>$\overline{P}-3\sqrt{\dfrac{\overline{P}(1-\overline{P})}{n_i}}$ |
|---|---|---|---|---|---|---|---|
| | 1 | 2228 | 4 | 0.0018 | 0.0051 | 0.0116 | 0.0014 |
| | 2 | 2087 | 9 | 0.0043 | 0.0053 | 0.0118 | 0.0012 |
| | 3 | 2088 | 3 | 0.0014 | 0.0053 | 0.0118 | 0.0012 |
| | 4 | 1746 | 2 | 0.0014 | 0.0058 | 0.0123 | 0.0007 |
| | 5 | 2076 | 1 | 0.0005 | 0.0053 | 0.0118 | 0.0012 |
| | 6 | 2164 | 1 | 0.0005 | 0.0052 | 0.0117 | 0.0013 |
| | 7 | 2855 | 5 | 0.0018 | 0.0045 | 0.0110 | 0.0020 |
| | 8 | 2560 | 5 | 0.0020 | 0.0048 | 0.0113 | 0.0017 |
| | 9 | 2545 | 14 | 0.0055 | 0.0048 | 0.0113 | 0.0017 |
| | 10 | 1874 | 1 | 0.0053 | 0.0048 | 0.0121 | 0.0009 |
| | 11 | 2329 | 24 | 0.0103 | 0.0056 | 0.0115 | 0.0015 |
| | 12 | 2744 | 30 | 0.0109 | 0.0050 | 0.0111 | 0.0019 |
| | 13 | 2619 | 77 | 0.0294 | 0.0046 | 0.0112 | 0.0018 |
| | 14 | 2211 | 5 | 0.0023 | 0.0047 | 0.0116 | 0.0014 |
| | 15 | 1746 | 19 | 0.0109 | 0.0051 | 0.0123 | 0.0007 |
| | 16 | 2628 | 28 | 0.0107 | 0.0058 | 0.0112 | 0.0018 |
| | 17 | 2366 | 5 | 0.0021 | 0.0047 | 0.0115 | 0.0015 |
| | 18 | 2954 | 23 | 0.0078 | 0.0050 | 0.0109 | 0.0021 |
| | 19 | 2586 | 32 | 0.0124 | 0.0044 | 0.0112 | 0.0018 |
| | 20 | 2790 | 8 | 0.0529 | 0.0047 | 0.0111 | 0.0019 |
| | 21 | 2963 | 30 | 0.0101 | 0.0046 | 0.0109 | 0.0021 |
| | 22 | 3100 | 13 | 0.0042 | 0.0043 | 0.0108 | 0.0022 |
| | 23 | 1359 | 4 | 0.0030 | 0.0065 | 0.0130 | 0.0000 |
| | 24 | 3940 | 39 | 0.0099 | 0.0038 | 0.0103 | 0.0027 |
| | 25 | 3138 | 11 | 0.0035 | 0.0043 | 0.0108 | 0.0022 |
| 計 | | 61701 | 393 | $CL_P = \overline{P} = \dfrac{\sum d}{\sum n} = 0.0064$ | | | |

### 2. np 管制圖

　　不良數管制圖（np 管制圖），因直接使用不良個數 d，故又稱 d 管制圖。是相當於每一組 n 相同時的 P 管制圖，這是因為 np 管制圖是當每組 n 相同時，將每一組樣本所含不良數依照一定順序點入圖中所成的管制圖。比較 np 管制圖和 P 管制圖使用時機：一般 P 管制圖所用之 n 要大於 50，np 管制圖則在 np 大於 4 的場合比較多。當每組 n 相等時可用 P 管制圖也可用 np 管制圖，但 np 管制圖更易瞭解，適合工人自行繪製。

(1) np 管制圖公式

$$CL_{nP} = \overline{np} \quad\dotfill(31)$$

$$UCL_{nP} = \overline{np} + 3\sqrt{\overline{np}(1-\overline{P})} \quad\dotfill(32)$$

$$LCL_{nP} = \overline{np} - 3\sqrt{\overline{np}(1-\overline{P})} \quad\dotfill(33)$$

(2) np 管制圖之應用

　　例：下列資料為 IQF 冷凍魚形態不良之抽查資料，根據這資料畫出 np 管制圖。

$$CL_{nP} = \overline{np} = \frac{68}{25} = 2.72$$

$$\overline{P} = \frac{68}{2500} = 0.027$$

$$UCL_{nP} = \overline{np} + 3\sqrt{\overline{np}(1-\overline{P})}$$
$$= 2.72 + 3\sqrt{2.72(1-0.0272)} = 7.62$$

$$LCL_{nP} = \overline{np} - 3\sqrt{\overline{np}(1-\overline{P})}$$
$$= 2.72 - 3\sqrt{2.72(1-0.0272)} = -2.160$$

**表 5.6** np 圖數據表

| 組號 | 樣本數 | 不良數 c | 組號 | 樣本數 | 不良數 d |
|------|--------|----------|------|--------|----------|
| 1 | 100 | 3 | 14 | 100 | 4 |
| 2 | 100 | 5 | 15 | 100 | 1 |
| 3 | 100 | 1 | 16 | 100 | 3 |
| 4 | 100 | 2 | 17 | 100 | 1 |
| 5 | 100 | 4 | 18 | 100 | 5 |
| 6 | 100 | 1 | 19 | 100 | 1 |
| 7 | 100 | 4 | 20 | 100 | 3 |
| 8 | 100 | 3 | 21 | 100 | 3 |
| 9 | 100 | 2 | 22 | 100 | 6 |
| 10 | 100 | 6 | 23 | 100 | 1 |
| 11 | 100 | 2 | 24 | 100 | 2 |
| 12 | 100 | 1 | 25 | 100 | 3 |
| 13 | 100 | 1 | 計 | 2500 | 68 |

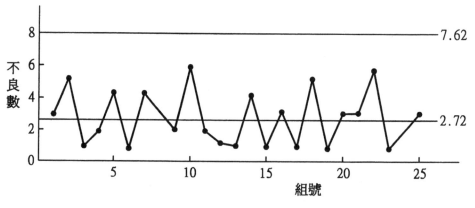

**圖 5.14** np 管制圖

### 3. C 管制圖

有些產品雖有缺點，但不致因為有少數的缺點，使該種產品成為廢品，只是缺點的多少影響其品質的高低；因而用缺點的數目，表示其品質，在這種場合，常使用缺點數管制圖。缺點數管制圖樣本，應取一定的長度、一定的面積、或一定數量的製品。換言之即單位數量內缺點發生之次數，例如一塊馬口鐵之汙點、肉燥罐頭的肉質等均可用 C 管制圖來管制。

(1) C 管制圖公式

$$CL_C = \overline{C} = \frac{\Sigma C}{K} \quad \text{......................................(34)}$$

$$UCL_C = \overline{C} + 3\sqrt{C} \quad \text{......................................(35)}$$

$$LCL_C = \overline{C} - 3\sqrt{C} \quad \text{......................................(36)}$$

(2) C 管制圖之應用

　　例：自鮪魚罐頭清理臺每隔半小時抽 5 盤牛肉，每盤依肉質、香味、色澤三項依表 5.7 肉質採點基準統計如表 5.8，求管制上下限及繪製 C 管制圖。

　　總缺點數 C 之求法如五盤樣本中肉質、香味、色澤三項計 15 項評分屬於 a~a'者合計有 12 項，屬於 b~b'者有 2 項，屬於 C 的有 1 項，屬於 D 為 0 時，依表 5.7 可求得其缺點數為 9。

$$a\text{~}a' \quad \text{......................................} 12 \times 0 = 0$$

$$b\text{~}b' \qquad 2 \times 2 = 4$$

$$C \qquad 1 \times 5 = 5$$

$$D \qquad 0 \times 10 = 0$$

缺點數 C = 0 + 4 + 5 + 0 = 9

📌表 5.7 肉質採點基準

| | 基　　準 | 採　　點 | 缺點數表示 |
|---|---|---|---|
| 肉質 | 肉富脂肪　軟硬適當 | a~a' | 0 |
| | 內含脂肪　軟硬尚適當 | b~b' | 2 |
| | 脂肪少　肉質硬 | C | 5 |
| | 肉質異常 | D | 10 |
| 香味 | 香味極佳 | a~a' | 0 |
| | 香味尚佳 | b~b' | 2 |
| | 香味尚可 | C | 5 |
| | 有異味 | D | 10 |
| 色澤 | 色澤極桂 | a~a' | 0 |
| | 色澤尚佳 | b~b' | 2 |
| | 色澤尚可 | C | 5 |
| | 混有異色 | D | 10 |

📌表 5.8 缺點數統計表

| K | 1 | 2 | 3 | 4 | 5 | 6 | 7 | 8 | 9 | 10 | 11 | 12 | 13 | 14 | 15 | 16 | 17 | 18 | 19 | 20 | 21 | 22 | 23 | 24 | 25 |
|---|---|---|---|---|---|---|---|---|---|---|---|---|---|---|---|---|---|---|---|---|---|---|---|---|---|
| C | 0 | 2 | 4 | 12 | 4 | 4 | 2 | 16 | 2 | 0 | 0 | 32 | 2 | 12 | 0 | 0 | 22 | 2 | 0 | 0 | 12 | 48 | 0 | 2 | 0 |

$$\overline{C} = \frac{\Sigma C}{K} = \frac{0+2+4+12+\ldots\ldots\ldots\ldots 0}{25} = \frac{178}{25} = 7.12$$

$$UCL_C = \overline{C} + 3\sqrt{\overline{C}} = 7.12 + 3\sqrt{7.12}$$

$$= 7.12 + 3 \times 2.67 = 7.12 + 8.01 = 15.13$$

$$LCL_C = \overline{C} - 3\sqrt{\overline{C}} = 7.12 - 3\sqrt{7.12}$$

$$\ldots\ldots\ldots\ldots = 7.12 - 3 \times 2.67 = 7.12 - 8.01 = (-0.89) \to 0$$

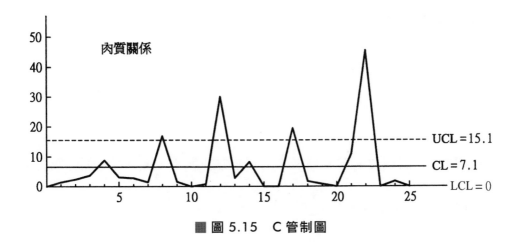

**■ 圖 5.15　C 管制圖**

　　由以上 C 管制圖，可以看出第 8、12、17、22 組均已超出管制上限，此種場合首先應判定原因，若該原因係屬可以避免的非機遇原因，即可將該部分刪去，重新修定中心線以及管制線，修正的管制界限如下：

$$CL_C = \bar{C} = \frac{\Sigma C}{K} = \frac{60}{21} = 2.86$$

$$UCL_C = \bar{C} + 3\sqrt{\bar{C}} = 2.86 + 3 \times 1.69 = 2.86 + 5.07 = 7.93$$

$$LCL_C = \bar{C} - 3\sqrt{\bar{C}} = 2.86 - 5.07 = (-2.21) \rightarrow 0$$

### 4. U 管制圖

　　單位缺點數管制圖(U Chart)是在樣本 n 不相同時使用的。樣本 n 相同時可以用 C 或 U 管制圖，但使用 C 圖比較容易懂，但在樣本 n 不同大時一定用 U 管制圖。至於檢驗單位為一件或多件構成都無所謂，只要分析使每一個樣本變成同樣大就可以。例如長度不等、面積不等、或樣本數不等的情況下，需計算每一單位的平均缺點數。

(1) U 管制圖公式

$$\text{缺點數平均值} = \overline{C} = \frac{\Sigma C}{K}$$

$$\text{標準差 } \sigma_C = \sqrt{C}$$

因為 U 管制圖要先求 n 個樣本的單位缺點數 U，故上列關係應改為：

$$\text{單位平均缺點數} = \overline{u} = \frac{\Sigma C}{\Sigma n}$$

$$\text{標準差 } \sigma_u = \sqrt{\frac{\overline{u}}{n}}$$

故 U 管制圖之管制中心及其三個標準差之公式為：

$$CL_u = \overline{u} = \frac{\Sigma C}{\Sigma n} \quad\text{.................................................................(37)}$$

$$UCL_u = \overline{u} + 3\frac{\sqrt{\overline{u}}}{n} \quad\text{.........................................................(38)}$$

$$LCL_u = \overline{u} - 3\frac{\sqrt{\overline{u}}}{n} \quad\text{.........................................................(39)}$$

(2) U 管制圖之應用

　　例：檢查瓷碗的碰傷缺點，所得的數據如表 5.9，試用 U 管制圖計算其管制界限。

$$n_1=120 \qquad C_1=382 \qquad U_1 = \frac{382}{120} = 3.18$$

$$n_2=120 \qquad C_2=241 \qquad U_2 = \frac{241}{120} = 2.01$$

$$\vdots \qquad\qquad \vdots \qquad\qquad \vdots$$

$$n_{20}=150 \qquad C_{20} = 302 \qquad U_{20} = \frac{302}{150} = 2.01$$

$$中心線\ CLu = \overline{u} = \frac{\Sigma C}{\Sigma n}$$

$$= \frac{382 + 241 + 264 + 485 + \ldots\ldots + 302}{120 + 120 + 120 + 150 + \ldots\ldots + 150} = 2.29$$

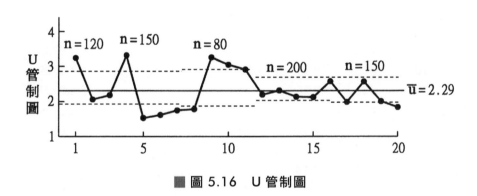

■ 圖 5.16　U 管制圖

　　圖 5.16 中，管制圖上限與下限係依據表 5.9　UCL、LCL 公式計算而來。

**☞表 5.9　瓷碗碰傷 U 管制圖運算數表**

| 批號 | 樣本數 n | 缺點數 C | 單位上缺點數 U | $\frac{1}{\sqrt{n}}$ | UCL $\bar{u}+3\sqrt{\bar{u}}\times\frac{1}{\sqrt{n}}$ | LCL $\bar{u}-3\sqrt{\bar{u}}\times\frac{1}{\sqrt{n}}$ |
|---|---|---|---|---|---|---|
| 1 | 120 | 382 | 3.18 | 0.09 | 2.6977 | 1.8823 |
| 2 | 120 | 241 | 2.01 | 0.09 | 2.6977 | 1.8823 |
| 3 | 120 | 264 | 2.20 | 0.09 | 2.6977 | 1.8823 |
| 4 | 150 | 485 | 3.23 | 0.08 | 2.6524 | 1.9276 |
| 5 | 150 | 243 | 1.62 | 0.08 | 2.6524 | 1.9276 |
| 6 | 150 | 264 | 1.76 | 0.08 | 2.6524 | 1.9276 |
| 7 | 150 | 272 | 1.81 | 0.08 | 2.6524 | 1.9276 |
| 8 | 80 | 147 | 1.83 | 0.11 | 2.7883 | 1.7917 |
| 9 | 80 | 248 | 3.10 | 0.11 | 2.7883 | 1.7917 |
| 10 | 80 | 221 | 2.76 | 0.11 | 2.7883 | 1.7917 |
| 11 | 80 | 212 | 2.65 | 0.11 | 2.7883 | 1.7917 |
| 12 | 200 | 456 | 2.28 | 0.07 | 2.6071 | 1.9729 |
| 13 | 200 | 461 | 2.31 | 0.07 | 2.6071 | 1.9729 |
| 14 | 200 | 448 | 2.24 | 0.07 | 2.6071 | 1.9729 |
| 15 | 200 | 451 | 2.26 | 0.07 | 2.6071 | 1.9729 |
| 16 | 200 | 484 | 2.42 | 0.07 | 2.6071 | 1.9729 |
| 17 | 150 | 321 | 2.14 | 0.08 | 2.6524 | 1.9276 |
| 18 | 150 | 366 | 2.44 | 0.08 | 2.6524 | 1.9276 |
| 19 | 150 | 325 | 2.16 | 0.08 | 2.6524 | 1.9276 |
| 20 | 150 | 302 | 2.01 | 0.08 | 2.6524 | 1.9276 |
| 計 | 2,880 | 6,592 | | | | |

## 第三節　管制圖的判定

　　當管制圖建立後，應用來管制時最重要的一件事，是要對管制圖所顯示的意義進行研判，以分辨工程變異的原因。因管制圖中之各點均表示隨機抽樣製程之品質特性，而且管制圖之上下管制界限，是根據常態或二項分配加減三個標準差來設定，因此在正常的製程下，絕大多數的點均在上下兩條管制界限內。若有偶爾落在管制界限外的數據點，就認為工程有非機遇之變異。或即使連續數點均在管制界限內就認為工程很正常穩定，同樣均有第一種錯誤或第二種錯誤的判斷可能性。下列就是正常管制圖及不正常管制圖的判定方法：

### 一、正常管制圖

　　正常管制圖的特性，如管制圖上之點集中在中心線附近且為隨機散佈，同時在管制界限附近之點甚少。一般即使「25 點中 0 點、35 點中 1 點以下、100 點中 2 點以下」跑出管制界限外者，亦可稱為管制狀態下的管制圖。

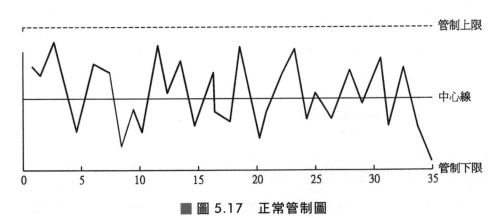

■ 圖 5.17　正常管制圖

## 二、不正常管制圖

### 1. 依分區判定

　　管制圖上所使用之管制界限，為 3 個標準差管制界限，故將管制圖以中心線為界之區域，各分為甲、乙、丙三等分時。甲區亦可稱為第三標準差區，乙區可稱第二標準差區，丙區可稱為第一標準差區。

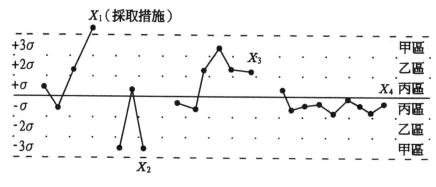

■ 圖 5.18　不正常管制圖(一)

　　$X_1$ 有單獨一點出現在甲區以外者，其發生機率為 0.27 的二分之一，故以 0.135% 之冒險率，判定工程為不正常。

　　$X_2$ 連續三點之中有二點落在甲區或甲區以外者，發生這種情形之機率為：

$$P = C_2^3 p^2 q = \frac{3!}{2!(3-2)!}(\frac{4.56\%}{2})^2(1-\frac{4.56\%}{2})$$

故以 0.15237% 之冒險率判定工程為不正常。

　　$X_3$ 連續五點之中有四點落在乙區或乙區以外者，在工程正常情況下發生這種情形之機率為：

$$P = C_4^5 p^4 q = \frac{5!}{4!(5-4)!}(\frac{31.73\%}{2})^4(1-\frac{31.73\%}{2}) = 0.2665\%$$

故以 0.2665% 之冒險率(p<0.01)，判定該工程為不正常。

X₄ 連續有八點落在丙區或丙區以外一側者，工程正常時發生這種情形的機率為：

$$P = (\frac{1}{2})^8 = 0.39063\%$$

故以 0.39063% 冒險率判定工程不正常。

### 2. 依升降連串判定

所謂「連串」即為連續的各點，往同一方向移動之意。

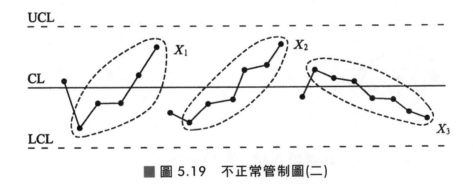

■ 圖 5.19　不正常管制圖(二)

X₁ 連續五點上升（或下降）……即應注意以後動態。

X₂ 連續六點上升（或下降）……應開始調查原因。

X₃ 連續七點上升（或下降）……必有不正常原因，應即採取措施，使其能在管制狀態之下。

## 三、管制圖異常的處理

　　設有一工廠對其製品的形態大小，以每小時抽取 5 個數據為一組，已使用 $\overline{X}$-R 管制圖對其製程加以管制。其 $\overline{X}$ 管制圖之上下限 $UCL_{\overline{X}}=103$，$CL_{\overline{X}}=101$，$LCL_{\overline{X}}=99$，R 管制圖之 $UCL_R=12$，$CL_R=5$，$LCL_R=0$，現以同樣方法收集數據，作成製程管制圖如下，請問該製程有無異常變化。

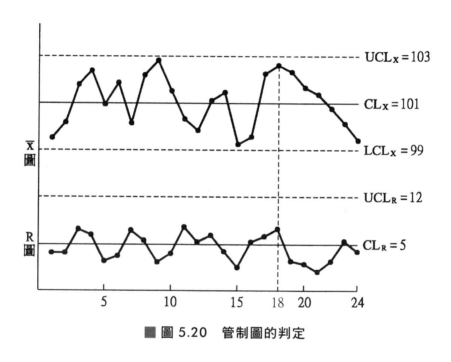

■ 圖 5.20　管制圖的判定

　　由圖 5.20 管制圖，可以看出在第 18 至 24 的點，雖然仍在管制界限內，但其平均值已有連續七點下降，故可判斷該製程之平均值已發生異常原因，因此必須立刻追查異常原因所在加以去除，使其能在管制狀態下。通常對於製程異常之處理程序，可循表 5.10 或表 5.11 方式完成追查改善。

**表 5.10 製程異常聯絡單**

年　　月　　日

| 管制項目 | | 單　　位 | | 操作者 | |
|---|---|---|---|---|---|
| 管制圖別 | | 機械號碼 | | 測定者 | |
| 異常現象<br>（品管員填寫） | | 原　　因<br>（班長或課長填寫） | | 處理情形（領班填寫） | | 複　　查 |
| | | | | 緊急矯正措施 | 根本措施 | |
| 時　　　分 | 時　　　分 | 時　　分 | 時　　分 | 品　管　員 |
| 品　管　員 | 品管課長 | 領　　班 | 生產課長 | 品管課長 |

**表 5.11　製程異常報告單**

年　　月　　日

| 工程名稱 | | 機械號碼 | |
|---|---|---|---|
| 品質特性 | | 操作者 | |
| 管制圖號 | | 測定者 | |
| 異常原因 | | | 時　　分 |
| | | | 發現人 |
| 原因 | | | 時　　分 |
| | | | 調查人 |
| 對象 | 應急措施 | | 時　　分 |
| | | | 負責人 |
| | 根本措施 | | 時　　分 |
| | | | 負責人 |
| 複查 | | | 時　　分 |
| | | | 負責人 |

# 全面品質管理

　　品質管制(QC)在民國 60~70 年代，政府大力推行全面品質管制制度(TQC)。當時很多政府機關看企業 TQC 作得很好，隨後政府行政服務也開始推行 TQC，以表示對服務品質的重視。民國 80 年代末期受到國際品質大師品管理念的影響，提倡用全面品質管理(total quality management, TQM)的人越來越多，其由來可參考圖 6.1。

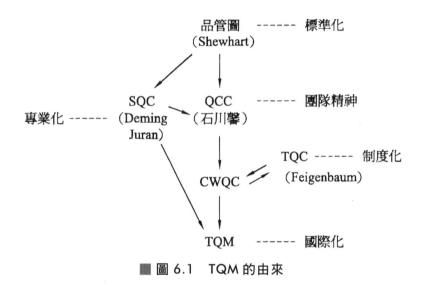

**■ 圖 6.1　TQM 的由來**

　　其實 QC 在日本本來就稱品質管理（ひんしつかんり），這我們可以從 1981 年石川馨博士所著《TQC とはか》─品質管理是什麼一書來說明，但就中文的字意來解釋，管理(management)要比管制(control)大得多。就以品質觀念而言，TQC 認為品質問題是制度問題，而 TQM 則認為品質問題是文化問題，兩者詮釋雖有不同，但實施內容大致相同。

　　企業便是一個系統，正如同一具機器或一個人體。要想使一個企業經營成功，企業組織內各部門人員之間必須密切協調地配合，同時也要和企業所在地之環境良好配合或因應，如政府之政策、同業之競爭等。這種企業內部各部門之間相互配合，及與其環境之配合的思想，稱為全面管理系統(total management system)或整體管理系統(integrated management system)。全面品質管制(total quality control)便是由這種全面管理系統思想所衍生出來的一種觀念。此種觀念的推行能否成效,首先要能使經營者認識企業品質管理的新趨向。

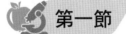

## 第一節　全面品質管理的管理理論

　　TQM 的管理哲學在於改善,其活動過程除要達成公司的品質目標外,尤其重視品質的規劃與品質的改善。其主要的機制包括重現顧客,持續改善及全員參與三大部分。

## 一、目標管理

　　目標管理(management by objectives, MBO)是杜拉克(P. F. Drucker)提出的科學管理制度,其主旨在運用參與管理的方式,激勵組織成員的智慧與潛能,以達成組織目標。換句話說是設立目標,作為計畫、組織、任用、指導及控制的指針。讓員工直接參與企業目標及工作計畫,並由員工自我控制、檢討、改進工作目標,是充分發揮自我管理的一種制度。其目的就是藉由員工的參與來激勵員工士氣,使企業目標能由員工的自我要求來完成,其實施步驟為計畫(Plan, P)、執行(Do, D)、追蹤(Check, C)、考核(Action, A)四個階段。推行目標管理時,目標應富有挑戰性,而且必須充分授權,建立評核制度,加強宣傳目標體系之觀念等。

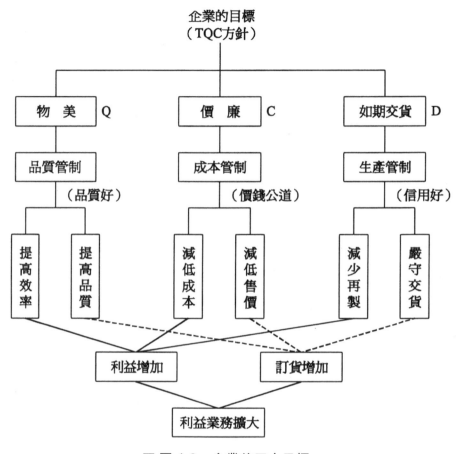

■ 圖 6.2　企業的三大目標

　　MBO 制度原理及步驟如下：

1. 制度—訂目標，定方針、安排進度並有效達成目標。

2. 原理—計畫與控制技術的一種，源於 Y 理論（主張用人性激發的管理），是指將個人目標與組織目標融合的觀點，由員工自訂目標，自行評核。

3. 步驟—設定目標、依計畫執行、階段評價、達成目標。

## 二、例外管理

例外管理(management by exception)乃主管者利用例外原則及分權授權辦法，將日常發生之例行工作，授權屬下部屬處理，主管僅集中注意力於重要例外之偶發事件，保留對例外事件處理之決定，監督或控制權，如此可簡化管理程序，使管理工作有效能和簡便並減輕主管管理工作之負擔。

即指主管人員授權部屬在權責範圍內，處理日常發生的例行工作，主管人員自己則著重於處理偶發或例外情況的問題。換言之，例外管理強調主管人員應將精力集中於例外事件，而非浪費精力於繁多的例行事件。實施例外管理可達成以下功能：

1. 擴大控制及指導範圍。

2. 節省主管時間和精力。

3. 主管有較多精力對重要和緊急問題，進行正確之決策分析。

4. 訓練部屬處理例行事務能力。

例外管理之步驟：

1. 主管者應用例外原則，精確評估各種業務。

2. 針對新近發生事件並蒐集過去資料，預測修正是否妥當。

3. 就實際情況與預訂目標加以比較，瞭解其差異之情況，追查原因進而採取補救行動。

4. 瞭解問題所在，進而研究對策採取管理行動完成預定目標。

# 三、計畫評核術(PERT)

計畫評核術全名為 program evaluation and review technique，簡稱為 PERT，這種為計畫、評估與查核的技術，對工程品質及進度的掌握和預算的控制頗有效果，也是計畫控制的基本工具。計畫評核術的目的在便利管理者控制計畫的進行，靈活運用人、物及設備，並隨時提供管理者正確的情報資料，是一項重要而成功的管制計畫手段或方法。PERT 的最大優點是在計畫功能上發揮最大的效力。由於利用網狀圖(network)，可以將有關的必要作業順序與作業單位間的相互依存性、關連性作一個完整的表達。

PERT 的作業程序：

1. 先將執行的計畫詳細劃分項目及細節。

2. 列舉項目及細節後，決定工作進行先後。

3. 將上項決定依序繪製網形圖。

4. 估計完成每一工作所需時間及費用，並求出不能延誤的工作路徑。如圖 6.3。

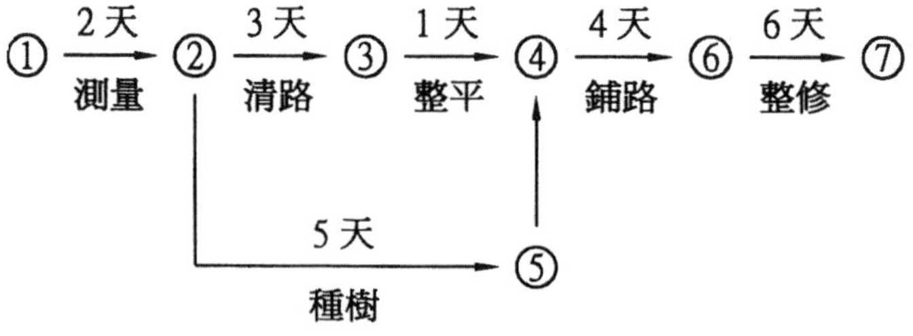

計畫要徑①→②→⑤→④→⑥→⑦＝2＋5＋4＋6＝17 天

■ 圖 6.3　PERT 網狀圖例

## 四、企業活力

　　「企業是人」一語描述極為傳神。企業的合理經營無法單就組織、制度、方法等層面之合理化與效率化來加以下結論。如何將企業中每人之行動指向於同一目標，團結每一份子致力於生產整體的力量尤其重要。金科玉律的原理原則，拿到企業裡面來實際應用，有時發現無法完全符合，但在國際競爭的時代又不能對新的管理方法視而不見。重要的

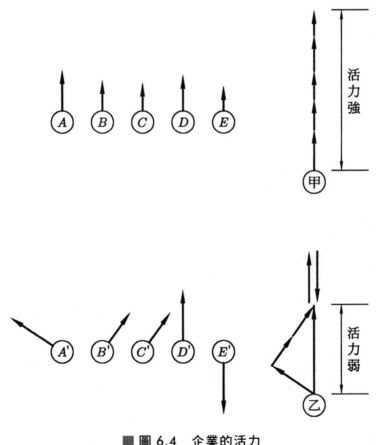

■ 圖 6.4　企業的活力

是應該如何去抓住確實有用的東西；例如有些公司之組織、制度、手續等雖不完備，但企業本身卻是十分強而有力。這類問題有時以人力資源 (human resource, HR)的理論來解釋，但是有些地方 HR 好像無法闡述令人信服。如圖 6.4 所示，A、B、C、D、E 為甲企業的員工，其個人能力雖劣於乙企業之員工 A'~E'，但其朝的方向卻是一致的。乙企業雖人才較佳但努力目標方向不一，其中甚至有如 E'在倒行逆施者。倘若如此就企業的整體力量而言，乙的企業必比甲的企業為差。由此可見如何將企業裡面的每一份子導向同一方向是企業管理上的首要之務。HR 僅是一種態度或想法而已，如果將 HR 當做一種方法或技術，不當的去問候部屬：「昨天釣了多少魚？」或「太太的近況可好？」有時反使員工懷疑上司向他討便宜或對他懷疑想休假，那就弄巧成拙吃力不討好。

## 五、人性需要次序

為協助企業追求提升生產力的目標，科學管理之父泰勒(Frederick W. Taylor)將每項工作分割成一項項可以重複執行的任務，1930 年代經營者承襲泰勒標準化作業模式的管理原則的確提高生產效率，但泰勒管理法缺乏人情味，因而繼起富有人情味的人際關係經營法。然而泰勒及人際關係管理方式，都是把提高生產力的全部原因，歸到員工身上；泰勒認為用馬錶計時，分配工作量嚴格管理員工，就可提高生產力，人際關係管理則認為使員工高興就可以提高生產力。事實上因為人類的生活水準不斷提高，人們對於工作與待遇的方法已有改變，不能以單純的待遇或人際關係來解決。馬斯洛(A. H. Maslow)認為需要才是激發行動的泉源，若已獲得滿足的需要，便沒有行為的驅動力，他對人們的需要分成如下層次：

### 1. 生理需要

為維持生命所必須，如食、衣、住、行等皆是。

## 2. 安全需要

使身體免於危險或侵害的需要，以及經濟上之安全需要。

## 3. 社會需要

人是社會的元素，天生具有彼此需要如友情、愛情、親情等需要皆是。

## 4. 被尊重的需要

一方面要自己感到自己的重要性，一方面獲得他人的認可，得到同事的尊重，尤其是長輩，主管的器重即所謂榮譽感。

## 5. 自我實現的需要

希望能充分發揮其個人潛能，以滿足自我實現，自我成就的需要。

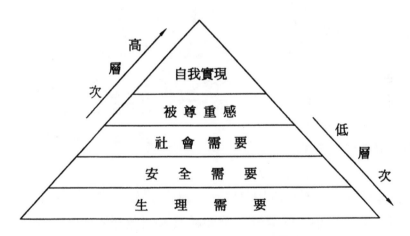

■ 圖 6.5　A. H. Maslow 之需要優先序

　　層次越低越好管理，例如最低層次只要改善其生理需求即可達成。但目前大部分的員工已滿足生理和安全方面的需求，事實上已經可把策動力轉移到社會需求或自我實現的成就感方面去。除非在工作中給予滿足這一類較高層次的需要機會，否則員工仍將受到抑制的狀態。因此要激勵員工努力應該引導他們面向成就感，管理者應該訂出企業的目標來激勵員工，使企業成就成為每個人的成就。於是以往所談科學管理的目的，在於人盡其才、才盡其用、物無浪費、力無虛耗、增進效率、降低成本、分層負責、勞資合作。但現代的企業管理趨向目標管理，其目的是達成企業的目標，藉員工的自我挑戰來完成目標。

## 六、單位本位主義如群盲摸象

　　向來企業的組織是以生產、財務、人事、銷售、採購等專門技能所組成，這是因為以科學的管理方法為始的管理理論，是以專業化、單純化為主軸的結果，這種做法雖然可以收到相當效果，但是單位之設立其目的是提高各部門之效率，則各單位凡事難免以自我為中心來思考，形成為人

■ 圖 6.6　群盲摸象

所詬病的本位主義。因此假如要以此種管理理論，來理解整體的經營時，勢將會有「群盲摸象」的危險。例如品質管制最初叫做統計品質管制，後來才被稱為全面品質管制。猶如類推成本管理也終於被稱為總成本 (total cost)。以推銷為業的人主張市場第一，HR 的專家則認為只要有良好的人力資源則可萬事如意。亦即企圖從鼻子或尾巴或腳跟來理解大象，結果因為沒有摸到整體的大象而誤認大象如電線桿或如牆壁等。這一種現象係由於未認清所有各部門的工作，其最後目的均指向於企業的

成本降低、利益增加以及提高效能，換句話說每單位的業務活動皆為達成同一目的的手段而已。因此欲以自己所屬的部門來解釋經營的主體顯然是一種錯覺，在全面品質管制實施以前，應反省以往經營管理方式，改變這種不強調「管理即是分析與綜合」之觀念才行。

## 第二節　全面品管的基本觀念及組織任務

　　日本的品質管理(QC)，根據石川馨博士的定義是用更經濟更有效的方法，開發、設計、生產消費者能滿意而購買之製品或服務的手段體系。因此 TQC 的組織和任務都是為著向消費者作品質保證(QA)的目標作努力。

### 一、TQC 的基本觀念

　　在討論全面品質管制實施以前，讓我們先來瞭解一下品質管制的基本觀念。在圖 6.7 TQC 的基本觀念中除可瞭解品質管制應有的想法及系統外，在實施時應有全員參與人性管理、目標一致、標準化、科學管理的基本理念。另外在圖 6.8 TQC 示意圖，我們可以看出品質保證(QA)才是品質管制的骨幹，換句話說所有的管制都是以品質保證為目的。全公司整體運作利用管制循環 PDCA 不斷循環改進。圖中虛線部分是品管圈(QCC)的活動範圍，其活動領域不包括所有的管理及技術階層。

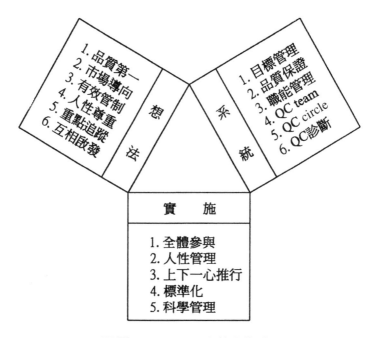

**■ 圖 6.7　TQC 的基本觀念**

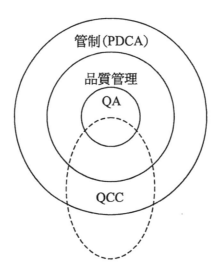

**■ 圖 6.8　TQC 示意圖**

## 二、TQC 實施方法

　　實施品質管制的方法，有管制圖法、統計解析法、抽查法及實驗計畫法等等四種，但不管何種方法均基於推測統計學及或然率原理，引用高深數學導出簡單公式及數值表以資應用。一般公司都依實際的需要情形而應用上列各種方法，但製造業仍以管制圖法應用最多而且效率較好；其實際應用是由品管課依照現有之操作條件收集資料，設計品質管制圖，由生產工廠依照設計在現場及時將品質特性值記錄在圖中，並隨時注意管制圖之變化，保持良好操作條件以維持品質，如有超出管制界限者，品管課應立即協助工廠追查不良原因俾作適當處理改善，以達品質管制之目的。瞭解實施品質管制方法後，進一步要瞭解實施品質管制的步驟，一般工業生產實施品質管制可劃分為四個階段：1.訂立標準，2.核對結果，3.矯正措施，4.改良計畫。公司產品種類多時，開始可先選擇重點實施然後再擴及全公司、其實施步驟如下：

1. 聯絡公司各有關部門，研究生產過程中操作條件影響品質的因素，並訂定各項操作的標準。

2. 根據上項情況擬定工作計畫，並設計管制圖。

3. 蒐集最近實際資料，整理後繪製管制圖，試求管制界限，探求目前品質水準。

4. 對實施部門品質管制人員，註解作業情形並開始準備工作。

5. 決定實施日期，實施期間隨時核對結果，如有超出管制界限之點，即需探求不良原因採取適當措施改正之。

## 三、TQC 的組織

要使管理能好好發揮作用，必須先要使組織健全。工廠無論採用直線式、職能式，直線及幕僚式或委員會組織混和型式，均應符合組織基本原則：即 1.統一指揮分層負責的垂直分工原則，2.按工作性質不同橫向分工的協調配合原則，3.責任明確分工合作的原則，4.監督者監督幅度適當的原則，5.能促成技術革新與成長的專業化原則，6.建立制度節省事事裁決之原則等。現代的公司組織者，董事長向董事會負責，屬下置廠長或經理負責實際廠務，並分設總務、生產、品管、儲運、營業及財務等各部門分別掌管所負職掌。組織系統上品管部門之地位，必須直接向管理階層負責而不隸屬於生產部門，與生產部門平行以收質與量的制衡作用。必要時另組成品質管制推行委員會或品質管制執行小組，對於品質管制之推動更有幫助。有關公司組織系統品質推行委員會等範例可參考圖 6.9 與圖 6.10。

品質管制推行委員會組織章程：

1. 本會為確保產品品質、降低品質成本、提高生產效率。

2. 增加產品銷路，促進員工工作情緒為宗旨。

3. 本會之任務為執行公司品質政策，達成公司品質目標協調統一品質業務，分配品質職責，推行品質管制業務等項目。

4. 本會置委員五至九人由主持人（總經理、廠長）就各部門人員選派之、並由主持人任主任委員。

5. 本會每月或每兩個月開會一次研討品管推行事宜，並由品質管制主辦人任執行祕書。

6. 本章程經總經理批准後實施。

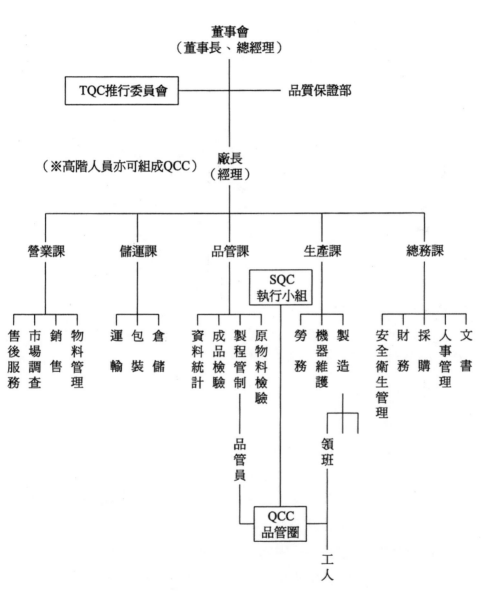

■ 圖 6.9　TQC 組織系統

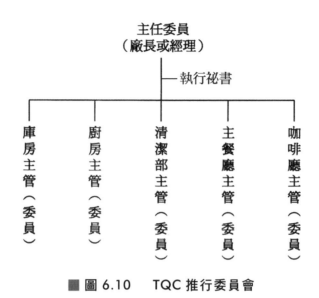

■ 圖 6.10　　TQC 推行委員會

## 四、TQC 人員任務

就 TQC 的各部門人員，對品質管制之責任，必須事先分別清楚。尤其 QC 人員對自己的任務及工作項目更應充分瞭解。

### 1. TQC 各部門之責任

(1) 設計人員負責設計公司要求之產品，但必須顧及施工及成本，擬定材料規格、半成品規格、成品規格、決定製造程序及工作方法。

(2) 製造人員負責按期生產合格產品，負責減少不良品及避免重複工作，追查不良品產生原因並採取矯正措施，利用品管資料改善工作方法，協助品管人員釐訂管制項目。

(3) 採購人員負責以最廉價格採購到合格物料，並按期交貨，瞭解各廠商供應物料之品質及技術水準，不合格品予以退貨或促其改善。

(4) 儲運人員負責產品於儲運期間，無損失產品品質之情形發生。

(5) 銷售人員負責調查搜集顧客對產品品質之意見，收集其他公司之品質情報，對顧客介紹公司產品品質。

**表 6.1　品質職責關係**

| | 總經理 | 品質委員會 | 品質管制部門 | 物料部門 | 製造部門 | 成品儲運部門 | 營業部門 | 人事部門 | 成本會計部門 | 祕書部門 | 產品設計部門 |
|---|---|---|---|---|---|---|---|---|---|---|---|
| 新設計品質管制 | | | | | | | | | | | |
| 1.決定顧客、市場所需品質 | | | 協助 | | | | 主辦 | | | | |
| 2.訂定公司品質水準 | 核定 | | 協助 | | 協助 | | 協助 | | | | 主辦 |
| 3.選定產品品質規格 | 核定 | | 協助 | 協助 | 協助 | | 協助 | | | | 主辦 |
| 進料品質管制 | | | | | | | | | | | |
| 1.釐訂原料分等標準 | 核定 | | 協助 | 協助 | | | | | | | 主辦 |
| 2.進廠原料品質校驗及分等 | | | 主辦 | 協助 | | | | | | | |
| 3.不合格物料處理 | | | 主辦 | 協助 | | | | | | | |

## 2. 品質管制人員之任務

(1) 確保出廠產品符合公司之品質水準，或顧客訂貨之品質要求。

(2) 降低產品之品質成本。

(3) 協助研究改進產品品質促進銷售。

(4) 協助改進工作效率以求增加產量。

## 3. 品質管制人員工作項目

(1) 釐訂公司之品質水準及品質政策。

(2) 訂定物料，半成品及成品之品質水準。

(3) 訂定各種標準及校驗方法。

(4) 儀器量規之校正與保養。

(5) 原料、物料、半成品及成品之校驗。

(6) 品質管制圖表之設計，繪製及分析。

(7) 協助改進產品品質。

(8) 準備品管報告及成效分析。

(9) 訓練品管人員。

(10)擬議及修訂品管實施方案。

 第三節　TQC 評核項目

在 TQC 制度內評核項目中，比較重要的項目。如設計管制、製程管制、產品校驗、設備維護、回饋矯正、顧客抱怨處理、教育訓練等。無論在初次評核或追蹤時均會被提出討論。

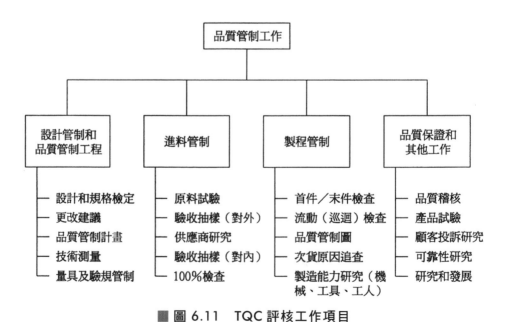

■ 圖 6.11　TQC 評核工作項目

## 一、流程管制

就設計、進料製程、儲運管制分述之：

### 1. 設計管制

這是管制產品的設計品質，首先根據市場調查和顧客需要，確定品質政策和設計考慮因素，於是作出初步設計，審查及核正後，則可籌劃製造程序和估計成本。最重要者是訂立品質標準及製定產品規格。但在開始正式生產以前，仍須覆查產品設計及製程設計，以避免發生任何品質的問題。產品必須經過試製階段，詳細檢查其效能品質及表面品質，試製結果滿意後方可正式大量生產。

### 2. 進料管制

正式生產的第一步是驗明所有原物料正確符合規格，可製出符合規格之產品，所以必須建立進料管制。所謂進料則包括一切外購或來自本廠其他部門的原物料，而進料管制則是根據既定規格及收貨標準，訂立及執行接收制度。目的是以最經濟的方法接收合乎品質要求的原物料，避免因原物料本身品質問題而造成生產障礙。實施進料管制時，抽樣檢查不失為一項有效的方法，若是外購則須對供應商的品質條件進行研究和管制。對於拒收之物料或製程中經判定為不良之物品，需與良品分別放置，不得混同。且需明確標示，同時填具不合格物品記錄表，報請上級處理。

### 3. 製程管制

正式生產開始後，每道製造程序必須加以管制，以期維持加工之穩定狀態。注意一切品質的變化情況，應該及早發現任何不符合品質規格情形，並立即予以糾正和改善，不應讓次級品製成後才進行處理。製程管制不僅管制原物料的應用，機械的操作和製造流程的管制行動，凡在製造中與「品質」、「產量」、「成本」有關之因素均需管制。管制時需注意三者之平衡，不宜過度強調單一因素，而使整個管理發生不平衡。只注意每日產量而忽略品質與成本，或只注重品質而忽略產量及成本均

不恰當。狹義的製程品質管制和產品製造並列進行及直接貢獻於生產。實施方法很多，視產品的品質要求和廠內條件而定，一般情況下可以從流動（巡迴）檢查及使用品質管制圖做起。又生產管制係就預定生產之產品種類、數量、規格、品質、價格、生產方式及生產進度等有關要件預做合理有效的計畫，以期生產合乎買方之品質及交貨期限。在意義上遠比製程管制為廣，更不能混為一談。

## 4. 包裝和裝運管制

　　良好的產品如包裝紙箱不合標準、捆紮不妥、包裝上面的標誌和識別與所裝的產品不相符或不清潔，均會引起嚴重的顧客抱怨。產品包裝前必須檢查紙箱規格及品質是否符合標準，裝箱後出貨前檢查外包裝標誌和內容量是否與內容產品相符合，有無貼標不當脫落現象，標示事項是否符合如 CNS 標示規則標準之規定。此外，同時對外包裝之運輸標誌(shipping mark)務必與貨主指定之標誌相符，應加以核對，並查核箱內之產品規格與數量與外包裝之標示是否相符合。已包裝好之貨品貯運裝卸作業如粗心不慎易致產品損傷，宜訂定包裝操作標準以管制包裝作業，裝運無論物料與成品以先進先出之原則發貨，運輸單據應保留一份整理存檔，做為倉儲部門管理庫存之憑證。

## 二、產品檢驗

　　產品規格基本上是由設計部製作，但不能單獨由設計部閉門造車。原因是設計部可能只根據產品的效能需要而設計，規格公差盡量要求嚴謹，但生產部則考慮經濟生產和容易生產而希望有較大的公差。這兩部門通常各有想法，而品管部則是最好的中間協調者，因為品管部最熟悉產品的實際品質水準及生產的實際製造能力，能夠建議最實際的可行的規格公差。光靠設計、生產及品管三個部門取得協議仍然不夠的，因為產品是否能賣出，顧客的要求怎樣亦須研究，也就是說營業部的意見也是不容忽視的。

　　各種產品要釐訂其規格、品質標準及製程，宜先考量國家標準、輸入國國家標準或輸入國的協會標準、顧客指定規格、公司品質政策生產設備等訂定之。品管單位對於製程管制及製程品質管制負有重大責任，所設計之產品於製造時能否配合做好品質管制有密切關係，故該設計須經品管單位核對認可已如前述。但經執行結果如發現不適用必須修改時，應會商研擬變更之。

　　產品檢驗是查看原料，再製品、成品，以探知其是否符合規定之品質標準，並不代表品質管制。品質檢驗只是鑑定產品合格或不合格，通常是發現有貨不合格時，才知道製程出現問題，然後採取矯正措施所以是一種事後的行動。

## 1. 產品檢驗的目的

(1) 防止採用不良之原料。

(2) 防止繼續加工或生產已成次級貨品的製品。

(3) 找出機械錯誤或人為疏忽的原因，以作為矯正的依據。

(4) 防止次等貨品送到顧客手裡。

## 2. 產品檢驗程序

(1) 對品質規格的認識。

(2) 檢驗品質。

(3) 將實際檢驗結果與規格比較。

(4) 判定合格與否。

(5) 處理被檢驗產品。

(6) 記錄及報告。

### 3. 產品檢驗的實施

#### (1) 原料檢查

正式生產開始,當以原物料之品質最為重要。此類檢查多以試驗物理或化學特性為主。通常由收貨檢驗部負責進行所需之檢查,以判定購入原料或物料合格與否。

#### (2) 加工或成品檢查

檢查方法及程度,需視施工方法及製品之特性及所需之條件而定。因此檢查方式很多,有需用全數檢查,而亦有只用抽樣檢查者。組織政策上則可以集中檢查、首件/末件檢查等。這些工作是產品檢驗部門的主要活動,負責檢查一切生產過程中的半成品及成品。維持品質標準,使生產能順利進行。

### 4. 產品檢驗與品質保證

產品品質的保證自從以前用全數檢查來保證,至今因製程已有改善,已進入抽樣檢驗或工程管理的階段。其演進之級數如表 6.2 的買賣雙方品質保證關係表。至於買賣雙方,應包括公司或上下游廠商之關係,即把下游也當成顧客,則品質保證的工作可以做得更落實,也可以符合源頭管理一開始就把事情做好的原則。

**☞表 6.2　買賣雙方品質保證關係表**

| 級數 | 賣　　方 | | 買　　方 | |
| --- | --- | --- | --- | --- |
| | 生產課 | 檢驗課 | 檢驗課 | 生產課 |
| 1 | ― | ― | ― | 全數檢查 |
| 2 | ― | ― | 全數檢查 | |
| 3 | ― | 全數檢查 | 全數檢查 | |
| 4 | ― | 全數檢查 | 取樣或核對檢查 | |
| 5 | 全數檢查 | 取樣檢查 | 取樣或核對檢查 | |
| 6 | 工程管理 | 取樣檢查 | 核對或無檢查 | |
| 7 | 工程管理 | 核對檢查 | 核對或無檢查 | |
| 8 | 工程管理 | 無檢查 | 無檢查 | |

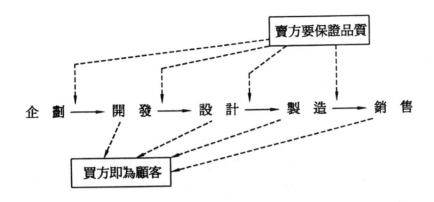

**■ 圖 6.12　源流管理與品質保證之關係**

## 三、設備維護及儀器校正

　　工業結構已由勞力密集、資本密集、技術密集至知識密集，近年工業 4.0 也已逐步導入食品製造業，生產設備走上智慧化，自動化機械已大量取代人工，在此情況下機器設備之保養維護更應重視。「事前的預防重於事後補救」，平日如不重視維護，不但機器易發生故障，使工作中停頓或時開時停，生產力降低、成本提高而且品質亦難保持均一水準，因此不容等閒視之，廠商如能實施預防保養，不但可延長機器設備壽命，減少修理費用，更能使生產順利、品質穩定。

### 1. 機器設備之維護

　　工廠應建立機器設備之維護制度並依據實施，其制度內容應訂定目的、負責單位、設備資料之建立（如機械設備卡、設備使用說明書或操作說明書），檢查標準保養方法，潤滑說明、檢查日程表、保養日程表及所需表格（如保養卡、檢查記錄等）。除加工機器外對廠房設施及加工機械以外之一般設備，亦要建立預防保養日程表，再依照日程表實施保養並保存記錄。另廠房之架構、牆壁、門窗、天花板以及排氣管、水管、輸送軌道、鐵架等附帶設備，均應定期油漆保養以減少腐蝕延長使

用期限。一般機器正常有一定年限，到某一年過後修理費貴且經常故障，不但使生產進度無法按進度進行，且品質不穩定不佳，因此工廠應訂定各種機器汰舊換新計畫，並照計畫更新。

## 2. 儀器量規之校正

使用的量規與儀器之準確度，如不精確會導致不合格品之產生。工廠須建立量規與儀器之校驗制度，品管部門訂定校驗手冊，規定各種量規及儀器之校驗地點、校驗方法及校驗頻率。工廠應具有一套主量規供廠內校驗之用，這些主量規應定期校驗。校驗可分廠內與廠外校驗，無法廠內校驗者應定期送驗。主要量規與儀器應予編號並標示補正係數，作精密測定受環境之影響須作補正時，對於各種因素畫出其修正係數曲線以修正其計量。製程管制所需的溫度計、壓力表、真空計等也必須包括在校驗之列，凡是受損或跌落之量規或儀器須送修或再校驗後始可使用。品管部門應按期將校驗記錄作分析，以決定校驗頻率是否訂得恰當，更可以瞭解其誤差發生原因，將發生原因統計有助於改善儀器的使用方法。依照規定頻率校驗顯示沒有改變的量規或儀器，可考慮酌量延長校驗週期。

# 四、品管回饋、矯正及稽核

在 QC 領域裡回饋(feedback)是指工作單或操作說明書，經品質管制管理委員會或廠長下達現場實施後，品管單位應隨時將現場資料加以統計分析，若發現有異常即應依政策性、協調性、技術性填具追查聯絡單回報上級，並將矯正措施傳回現場加以改善。

## 1. 回饋及矯正

在任何管制站發現變異；不合格物料或不合格品時，就該迅速採取回饋矯正措施。簡易解決之問題以口頭向有關領班或直接主管反應即可，但必要時應開發品質變異聯絡單送有關單位，以便查明發生原因及儘速採取改善措施並追蹤其效果。品管部門對於品質有直接、間接關係

者，應加分析及邏輯，常用分析法有趨勢分析法、Pareto 分析法及特要性要因分析法、Histo 分析法等。品管圖表每日、每月及年終定期統計比較分析，並提出改進意見送有關部門參考。

### 2. 品質稽核(quality audit)

　　品質稽核指系統化及獨立性的查驗，主要目的是在檢查並核對原來各項決定的 QC 活動是否與預先的計畫一致。有效的品質稽核分內部稽核及外部稽核，稽核的種類可分以下四種。

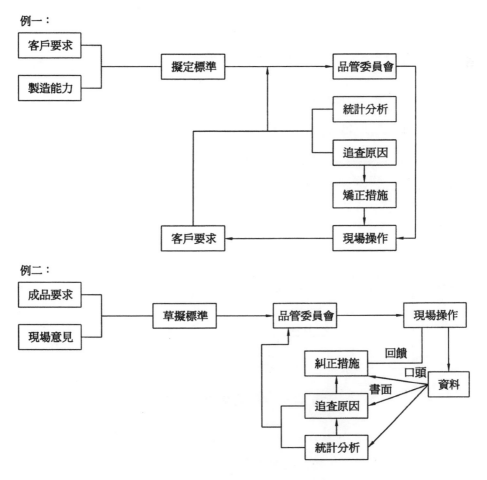

**■ 圖 6.13　品質管制作業回饋程序**

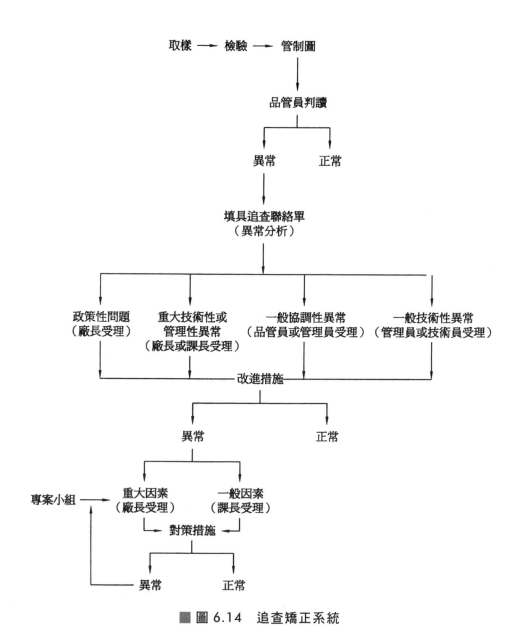

■ 圖 6.14 追查矯正系統

(1) 品管系統稽核(quality system audit)。

(2) 製程稽核(process quality audit)。

(3) 產品品質稽核(product quality audit)。

(4) 服務品質稽核(service quality audit)。

　　品管功能稽查是對品質管制方法之訂定及執行是否實際有效，從許多不同角度作總體的評核，從設計上、製造上及執行上將其缺失作綜合性之比較，而後將其有關資料回饋至原料及物料採購部門、製造、品質及儲運等有關各部門以供進行矯正措施，提高品質管制功能。例如出口出廠之產品依 CNS 隨機抽樣檢驗，同業廠商之產品比較檢查等，均需經品管及生產主管核章，並定期分析檢討向廠長或經理提出報告，使上級瞭解產品品質趨勢及缺失所在，做為改進及變更設計之依據。

　　又各項稽查之主要機能是確保品質與品質不良發生時的迅速反應，如僅有稽查，沒有反應有關部分並採取有效措施則功虧一簣浪費人力物力。工廠課長級以上人員應定期抽查品管功能，生產期間至少每月一次就進料、製程、成品及包裝等管制、機械維護、儀器校驗、有關產品設計資料、各種作業說明書製作及使用等加以抽查，以察知各品管檢查員是否負責，有否疏忽、偏差，同時亦達雙重核對之效果，使品管制度功能更合乎要求。

## 五、顧客抱怨處理

　　顧客抱怨處理是品質保證機能中，一種非常重要的角色。所謂顧客抱怨是指顧客對你公司所提供的產品品質、服務、價格、承諾等有所不滿或不理解，甚至提出使公司處於不利或尷尬的措辭或舉動者。即買方對於所提供的品質不符合於原期待時，所提出之更換、降價、解約等請求。一般引起顧客抱怨的原因很多，諸如設計錯誤、材料不佳、製造不良、包裝不良、交貨太慢等皆是。而且顧客抱怨可分為潛在抱怨和顯在抱怨。對於顯在抱怨較好處理，當接到顧客的顯在抱怨時，只要採取措

施，迅速地換掉不良品，大部分都可解除顧客的不滿。但潛在抱怨則較傷腦筋，因顧客不將不滿說出，尤其是對於低價格的物品，幾乎沒有任何的抱怨，只當是倒楣而已。例如喝到味道不對的盒裝牛奶，大部分顧客是不會向廠家反應，但卻對這家公司的產品沒有信心，以後就轉購其他公司產品，同時也會向其他想購買者提出「不要使用」的建議。根據調查，當顧客感到滿意，他會告訴 8 個人，當他不滿意，他會告訴 22 個人，這是個相當可怕的問題。一般廠家常常以為顧客沒有抱怨就是表示品質沒有問題，其實，對於沒有確實實施品質管制的企業，其潛在抱怨約為顯在抱怨的 10 倍以上，所以應定期對使用公司產品的顧客進行調查，並購買同業的產品來比較，將潛在的抱怨顯現。

## 1. 顧客抱怨處理必須注意事項

(1) 要瞭解客戶背景，應傾聽對方意圖，並尊重對方尋求破解方法。

(2) 嫌貨才是買貨人，顧客永遠是對的，故應重視抱怨事項，避免誤解。

(3) 對於抱怨事件，應按一定程序，有組織、有系統的計畫實施，期以消除異議及抱怨。

(4) 處理抱怨應爭取時效迅速處理，讓顧客留下良好印象。

(5) 收回抱怨成品，應仔細調查發生原因，並採取對策，必要時全部回收，換上完好的產品。

## 2. 顧客抱怨處理程序

顧客抱怨處理大致可分為：第一抱怨受理、第二提出對策、第三對抱怨的回答或理賠等三階段。宜訂定顧客抱怨處理辦法力求制度化，對於顧客抱怨案件之處理迅速確實，視情況必要時先以社交軟體、郵件或電話回答顧客，除表示道歉外如能將所採取之措施先告之，以爭取其信心。如屬處理費時之重大問題，應先予回答說明正在研究改善，待有結果再將詳情告之。如上抱怨處理應於記錄，並附電子郵件或書信之影本做為檔案以便查考。

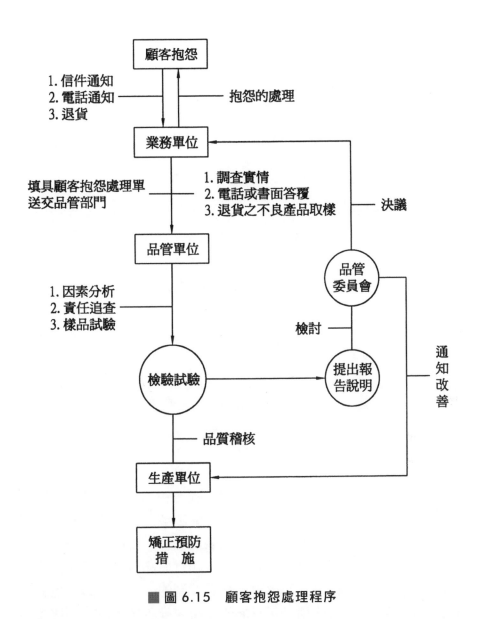

■ 圖 6.15　顧客抱怨處理程序

　　為減少顧客損失，同時維護公司信譽，顧客的抱怨應做如下處置。

(1) 迅速更換良品，並加倍補償。

(2) 依照契約支付賠償金。

(3) 設置保證期間，無償修護（工業產品）。

(4) 研擬防止再發生之對策。

　　抱怨之受理大部分由業務單位接納，並做初步分析以決定是否接受抱怨。不管是否接受應交品管單位，分析原因並採取措施，其處理程序如圖 6.15 所示。

## 六、TQC 教育訓練

　　人才是企業中最重要的資產，人的教育(education)與訓練(training)是企業最大的投資。教育訓練的對象上至企業首長，下至作業員均需接受 QC 教育訓練，以期改變觀念或提高技術本領。實施 QC 教育或訓練時應符合下列原則。

1. 高階經營管理幹部的 QC 教育應以灌輸 QC 正確觀念為主。

2. 一般管理及技術人員的 QC 訓練，最好以提升 QC 技術為優先。

3. 每一階層人員接受教育或訓練的內容深度，須依程度與需要分別擬定。

4. QC 教育訓練除增進全體員工的 QC 理念外，更要求確實之執行並進行追蹤考核，避免流於形式。

　　品質管制導入時，最重要的工作就是教育和訓練，訓練課程除品質管制生產管理及安全衛生之專業訓練外，能瞭解「品管人人有責」灌輸品管觀念更為重要。對於新進人員辦理職前訓練，現職人員視需要辦理在職訓練，使他們工作做得更為有效。又剛實施品質管制的新工廠或公司，有種種問題應該檢討，而已實施品質管制的公司或工廠，也必需繼續推進品管，因為品質管制日新月異的不斷在進步，所以一定要繼續實施品質管制教育。又教育訓練應該先評估企業品質管制的成熟度，才能使教育內容符合參加人員的需要。

**表 6.3** 企業品質管制成熟度評估

| 成熟度 | 觀念 |
|--------|------|
| 1.無知期(uncertainty) | 忽視品管重要性 |
| 2.覺醒期(awakening) | 認知品管或許有價值 |
| 3.啟蒙期(enlightenment) | 參加品質改進計畫 |
| 4.認知期(wisdom) | 認知自己在品管之地位 |
| 5.穩定期(certainty) | 認為品管是企業不可缺乏之部分 |

　　品質管制的實施可分導入及營運兩個階段，前者導入階段包括品管的普及開導和教育訓練，後者即是品管的施行及組織化的營運階段。此時若有一成功而有經驗者來擔任指導，則品質管制的成功機會很大。至於教育內容，經營者，一般技術員、品管技術員及一般作業員均有差異。以一般技術者的部課長為例，初級教育課程實施；品質管制概念管制圖法及統計方法等，20 小時左右的課程是必要的。一般作業員之教育，最好避免高深的內容，只要讓他們遵守標準、看懂管制圖並瞭解其重要性即可。教育訓練要訂立一套訓練計畫，計畫內容應包括教育目標、實施日期、受訓對象和人數，課程內容和時數、預算及講師等。至於廠外的教育訓練，如在各大學或食品工業研究所等研習機構有定期的衛生管理等訓練班。又如鍋爐操作或管理員、壓力容器操作員、安全衛生管理員、堆高機操作員、品質管理員等，中國生產力中心(CPC)或政府委辦單位，均有固定或巡迴訓練班，公司或工廠應多鼓勵員工參加。

**表 6.4 公司現職人員在職訓練一例**

| 課程名稱 | 食品品管實務研習會 |
|---|---|
| 課程內容 | 1. 食品品管之沿革及展望<br>2. 食品品管制度工廠硬體設計規劃<br>3. 食品品管制度工廠組織人事規劃<br>4. 食品品管制度衛生管理、製程管理、品質管制標準書規劃<br>5. 食品品管制度紀錄處理<br>6. 實例研討 |
| 課程效益 | 使食品廠能瞭解整個食品品管制度認證的運作過程，據以規劃自主管理，達到良好作業廠的目標 |
| 講師介紹 | 略 |
| 參加對象 | 食品廠負責人、廠長、生產、品管、研發和實驗室主管及有關人員 |
| 上課時間 | 2 月 15 日、16 日、17 日 |

## 第四節　品質保證

## 一、品質保證的意義

　　品質保證(quality assurance)簡稱 QA，是指企業保證製造出來之產品或提供之服務，具有能使顧客在購買或接受時能滿意，同時在使用時能獲得滿足感並產生信心。簡單說能使消費者買得安心又滿足的事，即使長期購買使用也能放心。

　　品質保證(QA)的責任在生產者，即生產者（賣方）向消費者（買方）保證其產品品質能讓其滿意之責任，亦包括協力企業之責任。在企業內部 QA 的責任在設計部門及生產部門與檢查部門無關。檢查部門是站在消費之立場，檢視品質與 QA 責任無關。釐清責任後 QA 才能作得紮實。

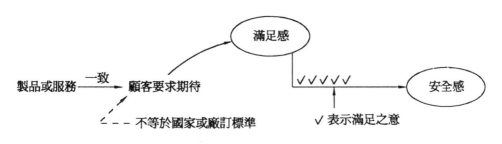

■ 圖 6.16　品質保證示意圖

## 二、品質保證的由來

　　品質保證是由美國貝爾(Bell)電話研究所最先採用，該公司並設立品質保證(QA)小組，向消費者保證產品，使消費者能夠安心購買，同時在使用時能產生信心和滿足感，並願長期使用。

　　品質保證在 ISO-8402 品質詞彙中的定義是「係指為提供適切之信心，以使一項產品或服務滿足所設定之品質要求，所需建立之各項必要的規劃性及系統性之措施」。又品質保證為求有效，常需要不斷評估影響設計或規格在應用上適切性之因素，同時亦包括生產、安裝及校驗作業等之驗證與稽查。使設定之要求能充分反應顧客之需要，否則品質保證仍欠完備。品質保證在組織中乃為一種管理工具，在簽約情況下，品質保證(QA)亦可能對供應商提供信心。其與品質管制的最大差別，前者是如何做好品質的活動，而後者則在於確保品質達到應有的水準。換句話說，品質管制較著重「過程的方法」，而品質保證則著重「結果的品質水準」。可見品質保證是設計部門與生產部門的共同責任。檢查部分只是站在消費者的立場來校驗品質，故不應該負品質保證之責任。

　　品質保證過程中，提出之「品質改進」理念的 Juran 認為「品質包含許多你所使用工具以外的東西，包括找出什麼是顧客所需要的？以及誰是顧客？經營者更應該重視如何設計滿足顧客需要的產品與服務？如何使用適當的技術生產這些產品與服務？」，即對經營者報告品質機能的進行狀態，比對消費者保證品質水準更為重要，而且需作適切的處理的

方式為主旨。其說法與貝爾的方式雖有差異，但最終目的在求確保消費者所要求的水準的目的則是相同的。鍾朝嵩先生認為品質保證的真義是保證製造出來的產品或提供的服務，具有能使顧客在購買或接受時能滿意，同時在使用時能獲得滿足感並產生安心。總而言之，品質保證是品質管制的骨幹，即保證消費者可放心購買可長久使用之品質，也是生產者與消費者間有關品質之一種約束或契約。

在 1949 年以前所指的品質保證均以實施檢查為重點的品保階段，1960 年後則以新產品開發為重點，做好自研究至產品到消費者手中為止，每一階段都做好品質。1970 年後進入產品責任(product liability, PL)的品保階段，廠商尤對產品是否會發生安全或產品責任問題更為重視。

很多人以為充分檢查即是實施品質保證。然自品質管制導入後，由提供管制圖探測工程情報開始，進一步實施市場調查、品質設計、原材料管理、製程管制、校驗以至信賴性、售後服務、不良批評處理（客訴處理）、QA 小組活動等一連串全企業之品質管制，而後始能保證品質之真正意義。

## 三、品質保證的體系

一個公司要保證自己產品的品質，必先建立一個完整的品質保證體系，並靈活運用才能使其發揮預期的效果。這個體系至少應包括企劃、設計、試作、量產、生產、出貨、銷售、服務、調查等十個階段。整個體系連成一個大的管制循環。在每個階段本身也是 PDCA 的小循環，而且必須經過所屬單位的評價並改善到無問題之後，才能進入下一個階段，所指下一個階段，應視同顧客，如此循環不已，才能確實做好品質保證之工作。

品質保證體系的營運要順暢，除需瞭解其目的及內容外，也要制定各種有關標準，而且有組織化的使各部門連貫起來。

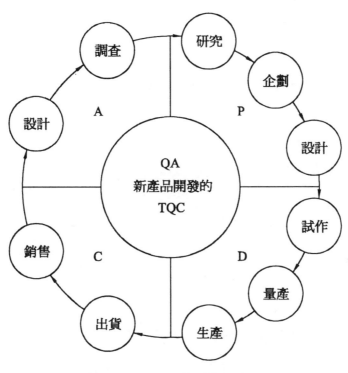

■ 圖 6.17　品質保證的體系

## 四、內部品質保證應具備之觀念

1. 生產後下一工程即是顧客，應貫徹下一工程保證的觀念。

2. 必須實施一開始就做好的源流管理。

3. 品質保證是品質管制的目標，品質管制是品質保證的手段。

4. 積極強調品質保證，並提升為品質活動(quality activities)。

　　下一工程是買方，上一工程是賣方，雙方品質保證的關係猶如生產者與消費者之品質保證，應有再提升級數的正確觀念。請參考本章第三節產品檢驗與品質保證之圖表。

## 五、品質保證的目的及注意事項

### 1. 目的

(1) 利用管制圖等各種方式,進行品質調查或稽核,以降低無法完全避免的不良率。

(2) 對已發生的極小不良率,採用最恰當的檢查方法,防止不良品的出廠。

(3) 萬一不良品出廠被消費者購得並抱怨時,應立即做好減少顧客損失及維護公司信譽的處理。

### 2. 注意事項

(1) 研究及制定消費者所滿意的品質標準。

(2) 對出廠產品品質的確實評價。

(3) 研究及改善產品的可靠性。

(4) 維持及提高平均出廠品質水準。

## 第五節　品質成本

　　品質成本(quality costs)是指為達到與維持某類品質水準而支出的一切成本,以及因不能達到該特定水準而支出的成本總和,即為維持產品或服務品質所做的品管活動的一切費用。這些成本除將於下列分別陳述之直接品質成本外,也包括屬於無形而且不容易測得的間接成本,如顧客抱怨及聲譽損失等無法計算的品質成本,因為瞭解這些間接成本的存在後,有助於鼓勵公司增加預防及鑑定成本,可以減少內部和外部的失敗成本,故有助於直接品質成本之管制。

## 一、品質成本的種類

### 1. 預防成本(prevention costs)

　　預防成本(P)係以防止發生不良品為目的之費用。其項目包括：品管計畫、檢驗設備之設計與發展、品管訓練、品管會議、品管資料取得與分析新產品試驗、協力廠商評價及輔導、品管圈活動，其他文書及差旅費等費用，此項成本約占全部品管成本的 5%。

### 2. 鑑定成本(appraisal costs)

　　鑑定成本(A)係評估產品品質以保持品質水準之費用。其項目包括：原料、成品檢驗、檢驗設備之維護折舊、消耗之物料與勞務等。此項成本約占全部品管成本之 25%。

### 3. 失敗成本(failure costs)

　　失敗成本(F)包括內部失敗成本及外界失敗成本。此成本均因產品品質不能達到廠訂規格所造成。內部失敗成本如廢品損失、重新加工、失敗分析、時間損耗、品質異常處理、重新檢驗等。外界失敗成本如：客戶抱怨處理、退貨損失、折讓損失、聲譽損失、其他賠償損失等。此項內外失敗成本約占全部品管成本之 70%。

## 二、品質成本應有概念

　　品質成本的精神是增加少量的預防成本，來減少其他品質成本，使多餘的品質成本轉為公司的利潤。這種事先預防的做法，較事後補救更為有效，也符合全面品質管制之概念。品質成本之所以被重視，是因生產者在不影響品質的前提下，不斷努力想降低生產總成本。因此品質成本的正確觀念是：如何使預防及鑑定成本加上改善後失敗成本的總和，小於原有的失敗成本。否則所花費的預防成本及鑑定成本就沒有意義。

P cost＋A cost＋$F_1$ cost＜F cost

　　※$F_1$表示改善後之失敗成本

## 三、品質成本的計算

1. 品質成本制度的建立，可分遊說期、執行期、管制期三個階段。品質成本制度建立後，隨著時間的經過品質成本逐漸下降。尤其在遊說期使公司上下產生共識後，更為明顯。最後進入管制期後，則維持穩定的獲利狀態。

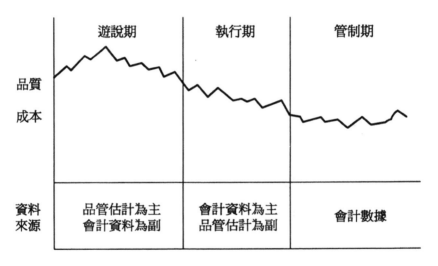

■ 圖 6.18　品質成本實施階段

## 2. 品質成本分析例

**表 6.5** 品質成本分析

單位：仟元

| 成本種類 | | I | II | III | IV | 年 |
|---|---|---|---|---|---|---|
| | | \<季品質成本\> | | | | |
| 預防成本 | 1.品質計畫 | 6 | 7 | 5 | 5 | 23 |
| | 2.教育訓練 | 4 | 5 | 4 | 4 | 17 |
| | 3.量具管制 | 2 | 6 | 3 | 5 | 16 |
| | 4.工具維護 | 2 | 1 | 1 | 1 | 5 |
| | 總預防成本 | 14 | 19 | 13 | 15 | 61 |
| 鑑定成本 | 1.製程 | 68 | 70 | 60 | 72 | 270 |
| | 2.成品 | 26 | 31 | 8 | 20 | 85 |
| | 3.材料 | 11 | 20 | 14 | 30 | 75 |
| | 4.供應商校驗 | 7 | 10 | 5 | 10 | 32 |
| | 5.其他 | 20 | 18 | 15 | 14 | 67 |
| | 總鑑定成本 | 132 | 149 | 102 | 146 | 529 |
| 失敗成本 | 1.重作 | 80 | 101 | 48 | 52 | 281 |
| | 2.報廢 | 52 | 32 | 30 | 36 | 150 |
| | 3.產量損失 | 20 | 20 | 20 | 24 | 84 |
| | 內部失敗成本合計 | 152 | 153 | 98 | 112 | 515 |
| | 1.抱怨和其他外界失敗成本 | 302 | 250 | 340 | 560 | 1,452 |
| | 2.折扣 | 341 | 126 | 292 | 730 | 1,489 |
| | 外部失敗成本合計 | 643 | 376 | 632 | 1,290 | 2,941 |
| | 總失敗成本 | 795 | 529 | 730 | 1,402 | 3,456 |
| 總　　　計 | | 941 | 697 | 845 | 1,563 | 4,046 |

### 3. 改善前後品質成本比較例

☞表 6.6　品質成本改善前後

| 項　目<br>改善前後<br>品質成本 | 占銷售額% | | 品質成本之構成 | |
|---|---|---|---|---|
| | 改善前 | 改善後 | 改善前 | 改善後 |
| F costs | 3.70% | 2.00% | 62% | 44% |
| A costs | 1.50% | 1.00% | 25% | 22% |
| P costs | 0.80% | 1.50% | 13% | 34% |
| 小　計 | 6.00% | 4.50% | 100% | 100% |

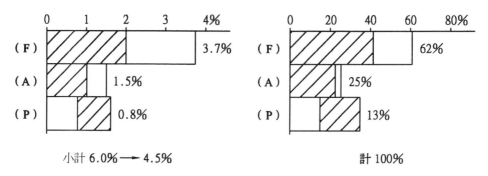

小計 6.0% ━ 4.5%　　　　　　　　計 100%

■ 圖 6.19　品質成本改善前後比較

07
Chapter

# 標準與規範

確立標準是品質管制的第一步，如果一個公司沒有建立原料驗收標準、作業標準、製品標準或服務標準，就無法作好品質管制。為提升食品企業競爭力及確保食品安全衛生，衛生福利部 103 年修正食品衛生安全管理法（以下簡稱食安法）建置食品安全衛生之三級品管機制，第一級品管由業者進行自主管理，第二級品管為第三方驗證機構驗證，第三級品管則是由政府進行稽查抽驗。其中有許多規範，例如優良作業規範(GMP)、食品良好衛生規範準則(GHP)、食品安全管制系統準則(HACCP)、追蹤追溯及強制檢驗項目、食品安全管理系統(ISO22000)、臺灣優良食品(TQF)等。

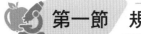

## 第一節　規格標準

標準(standards)與規格(specification)意義相當類似，因此很容易混雜在一起。雖然兩者都是在描述物或質的特性程度。但前者涵蓋之意義較廣，而且標準表示一個合格與否的水準，不及此一水準，則可判為不合格。例如學生成績以 60 分為標準，59 分就不合格。後者常用來表示顧客的要求水準，如產品大小、尺寸、重量、容量、性能等特性。規格代表物品的大小(size)或等級(grade)，任何工業製品的零件均可互換。任何物品的規格必須有公差(tolerance)，如果超出規格公差，則因已不符合標準而不能使用。

### 一、規格標準種類

1. 規格：原料規格、零件規格、半成品規格、製品規格、機械規格、儀器規格、副料規格、服務規格等。

2. 標準：設計標準、品質標準、作業標準、檢查標準、產品標準、服務儀容標準、廠訂標準、國家標準、國際標準等。

## 二、規格實例

在生產工廠中，最常提到的規格就是包裝規格，以下就外銷日本的白燒烤鰻成品，5kg 的包裝規格加以說明。

**表 7.1 白烤鰻包裝規格**

| 代號 | 包裝規格（尾數） | 包裝尾數 | 每尾平均重量（克） |
|---|---|---|---|
| XL | 50P | 48~52P | 98 ± 2g |
| SS | 45P | 44~46P | 110 ± 2g |
| S | 40P | 39~41P | 125 ± 2g |
| M | 35P | 34~36P | 140 ± 3g |
| L | 30P | 29~31P | 165 ± 3g |
| SS | 25P | 24~26P | 200 ± 3g |

## 三、廠訂標準實例

公司產品都是根據產品標準目標來生產，相當不同規格的產品也有不同標準。但產品的廠訂標準必須高於國家最低標準，否則就不符合規定。

**表 7.2　鮪魚罐頭廠訂標準**

| 罐型　種類<br>規格<br>項目 | 油漬鮪魚罐頭 | | | |
|---|---|---|---|---|
| | 小塊狀 | 公差 | 整塊狀 | 公差 |
| 內容量(g) | 185 | +9-0 | 200 | +10-0 |
| 固形量(g) | 150 | +7-0 | 155 | +7-0 |
| 真空度(mmHg) | ＞130 | ±20 | ＞130 | ±20 |
| 鹽　度(‰) | 1.5 | ±0.5 | 1.5 | ±0.5 |
| 罐內壁 | 不脫漆，不變黑 | | 〃 | |
| 色　澤 | 不變黑，且鮮明 | | 〃 | |
| 液　汁 | 不褐變，澄清 | | 〃 | |
| 缺　點 | 內臟、皮刺、血合肉除潔淨 | | 〃 | |
| 形　態 | 截切適當、碎肉含量40％以下 | | 截切適當具整塊肉1～4塊 | |
| 組　織 | 無蜂巢肉具彈性 | | 〃 | |
| 品　質 | 風味良好無不良異味及外來夾雜物 | | 〃 | |
| 填充物 | 植物油 | | 植物油 | |
| 備　註 | | | | |

# 第二節　國家標準

　　無論是國家標準(CNS)、日本農業規格(JAS)或是美國食品藥物局(FDA)所製定的標準，都是依據一個國家食品法的精義，就以下四大內涵，訂定其國家標準：

1. 保障健康(health safeguards)。

2. 保障衛生(sanitary safeguards)。

3. 保障經濟(economic safeguards)。

4. 規定標示說明(required lable statements)。

　　國家標準的範圍包括很廣，就產品別即包括所有工業產品的規格與標準，為統一測試或檢驗方法也訂有標準檢驗法、抽樣方法等等。

　　食品標準(food standards)為顧及消費者之利益，並促進誠實與公平交易起見，對於任何一種食品均訂有一合理的定義及其品類的標準。品類標準係規定該產品是什麼樣的一個東西，品質標準是指各規格最起碼的品質條件，而裝量標準則規定某一容器應裝多少內容量(net weight)及固形量(drain weight)，因國家標準所規定的，都僅是最低標準(minimum standard)，故雖然已符合良好食品之條件，但並不保證是一種高級之食品，即符合其標準條件之產品並不意味屬於高級貨。

　　另外農業標準(CAS)或美國農業部標準(U. S. Department of Agriculture, USDA)則與國家標準(CNS)有所不同；前者可為公司認證背書，公司產品可經官方分級，並標以農業部標準等級名稱及標記，例如美國牛肉可分成 prime、choice 和 select。又如蕃茄罐依 USDA 可分 A、B、C 三級，而 C 級標準即與 FDA 之最低品質標準相當。CAS 就是參考 USDA 的作法，可為公司認證，故凡經 CAS 認定合格者得以標示 CAS 之標記，臺灣冷凍豬肉有 CAS 標記者，是代表該產品品質比 CNS 的最低標準來得高，至於高多少可看標示優級、良級、普級與加嚴級四個等級，如 CAS 生鮮蛋品驗證之洗選分級雞蛋依雞蛋重量大小分為 SS、S、M、L、LL 等 5 級。

## 一、國家標準

　　CNS 的全名是中華民國國家標準(Chinese National Standard)，國家標準以編號不同有很多工業產品標準，有關各種的國家標準資料，可逕向經濟部商品檢驗標準局查詢；但有關食品衛生安全的國家標準，則可自衛生福利部的食藥署網站查詢。今列舉食品相關標準以供參考。

### 1. CNS 製品品質標準

◎食用大豆油 CNS 標準

(1) 適用範圍：本標準適用於油大豆製出之食用大豆油。

(2) 用語釋義：

　　a. 精製大豆油：粗原油經過脫膠、脫酸、脫色、脫臭等加工步驟，其油品品質與特性符合精製油標準者稱之，摻入任何其他油類製得者除外。

　　b. 大豆沙拉油：粗原油經過「精製油」製造過程；其油品品質與特性符合沙拉油標準者稱之，摻入任何其他油類製得者除外。

(3) 品質應符合表 7.3 之規定。

**表 7.3　食用大豆油 CNS 標準**

| 項目 ＼ 等級 | 精製大豆油 | 大豆沙拉油 |
|---|---|---|
| 一般性狀 | 透明澄清，風味良好 | |
| 顏色 | 具大豆油特有顏色 | 以諾威朋比色計試驗，應以不深於黃色 25 單位與紅色 2.5 單位之組合 |
| 水分及揮發物(%m/m) | 0.2 以下 | 0.1 以下 |
| 夾雜物(%m/m) | 0.05 以下 | |
| 比重(20℃/20℃) | 0.919~0.925 | |
| 折射率(Nd40℃) | 1.466~1.470 | |
| 碘價 | 124~139[1] | |
| 酸價(mg KOH/g Oil) | 0.6 以下 | 0.15 以下 |
| 皂化價(mg KOH/g Oil) | 189~195 | |
| 不皂化物(%) | 1.5 以下 | 1.0 以下 |
| 過氧化價(milliequivalents of active oxygen/kg Oil) | 10 以下 | |
| 冷卻試驗 | － | 經 5.5 小時仍澄清 |

**表 7.3** 食用大豆油 CNS 標準（續）

| 項目 \ 等級 | | 精製大豆油 | 大豆沙拉油 |
|---|---|---|---|
| 脂肪酸組成 (%) | C6:0 | ND | |
| | C8:0 | ND | |
| | C10:0 | ND | |
| | C12:0 | ND~0.1 | |
| | C14:0 | ND~0.2 | |
| | C16:0 | 8.0~13.5 | |
| | C16:1 | ND~0.2 | |
| | C17:0 | ND~0.1 | |
| | C17:1 | ND~0.1 | |
| | C18:0 | 2.0~5.4 | |
| | C18:1 | 17.0~30.0 | |
| | C18:2 | 48.0~59.0 | |
| | C18:3 | 4.5~11.0 | |
| | C20:0 | 0.1~0.6 | |
| | C20:1 | ND~0.5 | |
| | C20:2 | ND~0.1 | |
| | C22:0 | ND~0.7 | |
| | C22:1 | ND~0.3 | |
| | C22:2 | ND | |
| | C24:0 | ND~0.5 | |
| | C24:1 | ND | |

◎註(1)：經部分氫化之大豆沙拉油其碘價可為 100 至 122。

(4) 內容量：不低於標示量。

(5) 衛生要求：應符合本國有關衛生法令之規定。

(6) 包裝及標示：本品應為罐、瓶裝或桶裝，其包裝材料應符合行政院衛生福利部發布之「食品器具容器包裝衛生標準」；其瓶蓋及附貼或直接印於包裝外之標示，應完整無損，並符合我國有關衛生法令及 CNS 3192「包裝食品標示」之規定。

(7) 檢驗：本品之檢驗依 CNS 3639「食品油脂檢驗法－總則」。

### 2. 食品衛生標準

#### ◎冷凍食品類衛生標準

(1) 第一條：本標準依食品衛生管理法第十七條規定訂定之。

(2) 第二條：冷凍食品不得有腐敗、不良變色、異臭、異味、汙染或含有異物、寄生蟲。

(3) 第三條：冷凍食品之微生物及揮發性鹽基態氮限量：

**⬤表 7.4 冷凍食品之微生物及揮發性鹽基態氮限量**

| 項目 \ 類別 | 生菌數 (cfu/g) | 大腸桿菌群 (MPN/g) | 大腸桿菌 (MPN/g) | 揮發性鹽基態氮(mg/100g) |
|---|---|---|---|---|
| 冷凍鮮魚介類（但冷凍生食用魚介類除外） | 三百萬以下 | | 10 以下 | 25 以下（但板鰓類應在 50 以下） |
| 冷凍生食用魚介類 | 十萬以下 | 10 以下 | 陰性 | 15 以下 |
| 冷凍水果類 | 十萬以下 | | 10 以下 | |
| 冷凍蔬菜類 | 直接供食者：十萬以下 | | 10 以下 | |
| | 需加熱調理後始得供食者：三百萬以下 | | | |
| 其他不需加熱調理即可供食之冷凍食品類 | 十萬以下 | 10 以下 | 陰性 | |
| 其他需加熱調理始得供食之冷凍食品類 | 凍結前已加熱處理者：十萬以下 | 10 以下 | 陰性 | 15 以下 |
| | 凍結前未加熱處理者：三百萬以下 | | 50 以下 | |

(4) 第四條：本標準自發布日施行。

## 二、美國食品藥物管理局標準

美國食品藥物管理局簡稱 FDA（全名 Food and Drug Administration）對於販買之貨品訂有三種強制執行標準，包括產品品類標準、最低品質標準及裝量標準，並對違反這些規定者訂有罰則。表 7.5 列舉 FDA 魚類原料檢查標準一例參考。

**表 7.5　FDA 魚類鮮度檢查標準**

| 檢查項目 ＼ 分級 | | 第一級 | 第二級 | 第三級 |
|---|---|---|---|---|
| 官能判定 | 體表 | 具光澤無特殊氣味或僅有輕微腥味，魚體變曲不起皺紋。 | 漸有光澤，且強烈之腥味，魚體變曲時會起皺紋。 | 具腐敗臭。 |
| | 眼 | 鮮明。 | 混濁、有些下陷，周圍發紅。 | 混濁、下陷，發紅。 |
| | 鰓 | 鮮紅。 | 暗綠褐色、有腐敗臭。 | 暗綠褐色、有強腐敗臭。 |
| | 肉質 | 結實。 | 稍軟、腹腔周圍發紅，具微弱之腐敗臭。 | 變軟、具鮮明易辨之腐敗臭。 |
| | 內臟 | 堅實而鮮明。 | 變黑，並開始液化。 | 變黑、腐敗、液化。 |
| | 體腔 | 色鮮無魚骨突出現象。 | 魚骨與魚肉分離。 | 很紅、魚骨與體內壁分離。 |
| 化學分析 | Indol | $0 \sim 25\mu g/100g$ | $25 \sim 50\mu g/100g$ | $50\mu g/100g$ 以上 |

## 第三節　國際標準

國際標準 ISO 就是 International Organization for Standardization，第一個英文字母的縮寫。這個國際標準組織是在 1987 年 3 月所制定，總部設在瑞士由歐洲開始施行，現已廣泛地被世界各國採用其品質保證標準 (ISO-9000)，目前已有 110 個以上的會員國，我國在商品標準檢驗局主導下，於 1989 年引入此一制度，並於 1990 年將 ISO-9000 系列轉訂為 CNS 12680，並訂定國際標準品質保證制度實施辦法，並自 1991 年開始由經濟部核定實施。近年與食品安全的驗證系統 ISO22000，除食工所外也有許多民間國際驗證公司接收申請。

### 一、ISO-9000 組成架構

ISO-9000 系列包括有 ISO-9000、ISO-9001、ISO-9002、ISO-9003、ISO-9004 等五種標準代號。申請這些標準代號的，必須符合該標準條件，並獲得 60 分以上才算合格。ISO-9000 本身是品質管制與品質保證標準的選用指導綱要，屬於概括性。ISO-9001 至 ISO-9003 則適用於各種合約情形之下，以對外作「品質保證」為目的的三種品保模式。ISO-9004 則是用於內部作「品質管理」為目的的品質系統國際標準。前者 ISO-9001~ISO-9003 是屬於外部評鑑，後者 ISO-9004 則是屬於內部評鑑的指導綱要。

#### 1. ISO-9001

本標準是適合在供應商從設計、發展、生產、安裝與服務的各階段中，為符合特定要求所作的保證時使用，可謂是最完整的品質保證國際標準；其內容包括有管理責任、品質系統、設計管制、製程管制、檢驗測試、矯正措施、品質記錄、售後服務等 20 項品質系統之要求。

#### 2. ISO-9002

本標準是適合於供應商在生產與安裝期間，為符合特定要求所作的保證時使用。因不含設計、發展及服務部分之保證，故在其品質系統要

求中，沒有設計管制及售後服務兩項，其餘 18 項則與 ISO-9001 完全相同。

### 3. ISO-9003

本標準是適用於供應商僅在最終檢驗及測試時，為符合某種特定要求所作的保證時使用。此種品質保證模式因已不包括設計、生產及售後服務的品質系統要求，故考核項目僅包括 ISO-9001 或 ISO-9002 中的管理責任、品質系統、文件管制、產品鑑別、不合格品之管制、運搬、儲存、包裝與交貨、訓練、統計、技術等 12 項而已。

綜合以上 ISO-9001~9003 標準之基本精神，是奠基於採購者（買方）與供應商（賣方）之契約和合約的關係上，並以能達成買賣雙方之滿足，建立彼此信心為目的。

### 4. ISO-9004

本標準有別前三種的品質保證模式，是屬於公司內部對品質管理與品質系統要項的指導綱要，也可以說是品質管理的指南。任何公司或組織最關切，必然是其產品或服務的品質，為求有成，公司所提供之產品或服務，應具以下 6 個條件：

(1) 符合規定之要求、用途或目的。

(2) 滿足顧客之期望。

(3) 符合所採用之標準及規格。

(4) 符合社會上之法定。

(5) 方便取得，價格公道。

(6) 以可獲得利潤之成本提供。

ISO-9004 為達到以上標準之條件，對於組織目標，滿足公司顧客要求，風險成本與利潤，均在討論之範圍內。

ISO-9000 預期目標選用指導綱要，是由 ISO 8402 發展而來，其組成系列的架構可用圖 7.1 表示，而其適用狀況及要求項目如表 7.6 與表 7.7 所示。

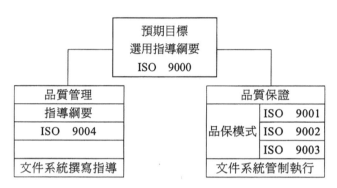

■ 圖 7.1　ISO-9000 系列組成架構

📑 表 7.6　ISO-9000 系列及其適用狀況

| 區分 | 編　　號 | 內　容　敘　述 | 性　　　質 |
|---|---|---|---|
| 指導綱要 | ISO-9000 | ISO-9000 系列的介紹，品質管理與品質保證標準—選用之指導綱要 | 適用於公司經營型態屬於哪一種標準(ISO　9001-3) |
| 合約保證模式 | ISO-9001 | 品質制度—設計、開發、生產、裝置與服務工作等之品質保證模式 | 適用於外部評鑑，告訴我們應該做什麼(what to do?) |
| | ISO-9002 | 品質制度—生產與裝置中之品質保證模式 | |
| | ISO-9003 | 品質制度—最終檢驗與測試中之品質保證模式 | |
| 內部管理模式 | ISO-9004 | 品質管理與品質制度要項—指導綱要 | 適用於內部評鑑告訴我們如何去做(how to do)？才能符合 ISO 9001~9003 之要求 |

**表 7.7** ISO-9000 品保模式之基本要求項目

| ISO-9000 品質系統要項 | 9001 | 9002 | 9003 |
|---|:---:|:---:|:---:|
| 1.管理階層之責任 | ○ | ○ | ○ |
| 2.品質系統 | ○ | ○ | ○ |
| 3.合約審查 | ○ | ○ | ○ |
| 4.設計管制 | ○ | | |
| 5.文件與資料管制 | ○ | ○ | ○ |
| 6.採購 | ○ | ○ | |
| 7.客戶供應品之管制 | ○ | ○ | ○ |
| 8.產品之識別與追溯性 | ○ | ○ | ○ |
| 9.製程管制 | ○ | ○ | |
| 10.檢驗與測試 | ○ | ○ | ○ |
| 11.檢驗、量測及試驗設備之管制 | ○ | ○ | ○ |
| 12.檢驗與測試狀況 | ○ | ○ | ○ |
| 13.不合格品之管制 | ○ | ○ | ○ |
| 14.矯正與預防措施 | ○ | ○ | ○ |
| 15.搬運、儲存、包裝、防護及交貨 | ○ | ○ | ○ |
| 16.品質記錄之管制 | ○ | ○ | ○ |
| 17.內部品質稽核 | ○ | ○ | ○ |
| 18.訓練 | ○ | ○ | ○ |
| 19.服務 | ○ | ○ | |
| 20.統計技術 | ○ | ○ | ○ |

符號說明：○需要管制之項目，×未管制之項目

## 二、ISO-9000 品質系統要求項目

### 1. 管理責任

(1) 建立和宣傳書面的品質政策。

(2) 建立品質目標。

(3) 規定品質責任和權限。

(4) 提供進行品質管理的資源。

(5) 指定管理代表。

(6) 進行管理審查。

### 2. 品質系統

(1) 將品質手冊、程序和支持性文件書面化。

(2) 實施品質規劃。

(3) 保證有效且實際徹底執行品質系統。

### 3. 合約審查

(1) 按顧客的要求建立合約審查的程序。

(2) 保證對合約作出正確的修正。

(3) 保存合約審查的紀錄。

### 4. 設計管制

(1) 計畫和建立設計和開發活動的專案管制。

(2) 規定設計的階段、界面活動、驗證資源和人員。

(3) 進行設計審查、驗證和驗收，以保證設計輸出滿足設計輸入要求。

(4) 管制設計輸出的發布和修改。

(5) 保存設計輸入、輸出、驗證和修改的紀錄。

### 5. 文件及資料管制

(1) 建立文件管制對受管制的文件和資料的核准、發布和修改。

(2) 撤銷過期文件。

(3) 保存一覽表或相當的文件。

(4) 標識所有受管文件的狀態。

(5) 使用者均應可以接觸受管文件。

### 6. 採購

(1) 建立評估分包商、經銷商和供應商的系統。

(2) 在採購文件中明確規定採購產品的要求。

(3) 管制採購文件的發布和修改。

(4) 規定來源檢驗安排。

(5) 當顧客要求時，允許顧客驗證供應商的品質。

### 7. 客戶供應品之管制

(1) 接收客戶提供的設備或材料之前進行檢驗。

(2) 提供足夠的儲存。

(3) 向客戶報告關於遺失、損壞或不適用情況。

### 8. 產品鑑別和追溯性

(1) 根據規範、圖樣等建立產品鑑別系統。

(2) 建立產品追溯方法，當顧客具體要求時，保證每個或每批產品都有紀錄。

### 9. 製程管制

(1) 建立書面化的程式。

(2) 提供合適的設備和環境。

(3) 保證符合規範和品質計畫。

(4) 監控和管制影響品質的產品和製程變異。

(5) 核准品質製程和設備。

(6) 提供驗收標準。

(7) 維修設備。

(8) 保存製程管制的紀錄。

## 10. 檢驗和測試

(1) 對進料、製程中和出廠進行檢驗和測試。

(2) 標識生產急需而緊急放行的物料。

(3) 保存檢驗和測試紀錄。

## 11. 檢驗、量測和測試設備管制

(1) 建立和保存校驗計畫。

(2) 保存量測設備一覽表。

(3) 建立所有檢驗、量測和測試設備的管制,包括夾具、定位器和測試軟體的校驗方法。

(4) 保證設備與公證的標準間有效的關係。

(5) 標示所有量測設備及其校驗狀態。

(6) 提供設備適當儲存和校驗環境。

(7) 保存校驗紀錄。

## 12. 檢驗和測試狀態

(1) 標識物料、製程中和產品的檢驗和測試狀態。

(2) 保存負責產品放行部門的檢驗和測試紀錄。

### 13. 不合格品的管制

(1) 標記和隔離不合格品。

(2) 審查和處理不合格品。

(3) 放行前按文件規定程序重新檢驗重製／修正後的產品。

### 14. 矯正和預防措施

(1) 調查不合格的實際和可能的因素。

(2) 執行矯正和預防措施。

(3) 追蹤所採取的矯正性和預防性措施。

(4) 更新受影響的文件和宣傳修改。

### 15. 運搬、儲存、包裝、保存和交貨

(1) 提供適當的物資運搬方法和設備。

(2) 管制儲存的核發與接收。

(3) 定期檢查庫存的情況。

(4) 為產品提供合適的和充分的包裝和保存。

(5) 合約要求時，應保證產品完好到達目的地。

### 16. 品質紀錄

(1) 建立標記和保存所有品質紀錄的方法，包括電腦資料庫和記憶體等。

(2) 保證紀錄資料清楚、便於存取。

(3) 提供適宜的環境儲存品質紀錄。

(4) 規定保存期限。

### 17. 內部品質稽核

(1) 建立程序和稽核計畫。

(2) 進行稽核。

(3) 保存稽核記錄。

(4) 對稽核發現的問題應採取矯正措施。

(5) 如有要求，要進行後續稽核。

(6) 在管理審查時對結果進行審查。

### 18. 訓練

(1) 依工作要求鑑定訓練需求（如需要時也包括資格檢定）。

(2) 制定和執行訓練計畫。

(3) 保存訓練紀錄。

### 19. 服務

(1) 建立程序並提供服務。

(2) 驗證服務是否滿足合約要求。

### 20. 統計技術

(1) 明確適當的統計技術。

(2) 把執行統計技術的指導書文件化。

(3) 運用統計技術去管制製程能力和產品特性。

## 第四節　臺灣優良食品驗證制度

　　1969 年美國 FDA 制定良好作業規範(good manufacturing practice)簡稱 GMP，最早在製藥界實施，後來各國繼美國之後將衛生管理之念，以 GMP 之方式導入食品工業中。我國政府是從民國 78 年 8 月開始在食品

工業實施認證制度。施行食品 GMP 制度，可防範在不衛生條件下，引起汙染或食品品質的劣化，並減少作業錯誤的發生及健全品質保證體系，以期確保食品安全衛生及穩定產品品質。因 2015 年食安風暴 GMP 由經濟部工業局正式移轉給臺灣優良食品發展協會，改為 TQF(Taiwan Quality Food)標章。GMP 和 TQF 的主要差別在於 GMP 主要對於製造商個別生產線認證，並輔導接軌 ISO22000 食品安全衛生認證；而 TQF 則落實訪查原物料供應商，並對全廠同類產品作全數的驗證，期望與美國 SQF 驗證制度合作，爭取「全球食品安全倡議(GFSI)」之認可。TQF 在引導食品工廠在製造、包裝、儲運等過程及有關人員、設備和衛生管理等作業，其基本精神和 GMP 是相同的。

## 一、臺灣優良食品管理技術規範通則

臺灣優良食品管理技術規範可分通則及專則兩類，通則適用於所有食品加工廠，驗證範圍次類別共 28 類（編號 1~27 類即編號 99 類），編號 99 號為一般食品，編號 1~27 類依產品特性需要另行訂定專則，作為各次類別產品驗證技術規範。在此僅就臺灣優良食品發展協會公布之 TQF-CR99-001 24/40 臺灣優良食品管理技術規範通則，陳述如下：

1. 目的

本規範為食品工廠在製造、包裝及儲運等過程中，有關人員、建築、設施、設備之設置以及衛生、製程及品質等管理均符合良好條件之專業指引，並藉適當運用危害分析重點管制(HACCP)系統之原則，以防範在不衛生條件、可能引 起汙染或品質劣化之環境下作業，並減少作業錯誤發生及建立健全的品保體系，以確保食品之安全衛生及穩定產品品質。

2. 適用範圍

2.1 本規範適用於所有從事產製供人類消費，並經適當包裝之食品製造工廠。

2.2 本規範提供作為訂定各類專業食品工廠良好作業規範專則之依據。

3. 專用名詞定義

3.1 食品：指供人飲食或咀嚼之物品及其原料。

3.2 食品工廠：指有辦理工廠登記並製造經適當包裝之食品業，其主要產品包含申請驗證之產品類別者。

3.3 原材料：指原料及包裝材料。

    3.3.1 原料：指成品可食部分之構成材料，包括主原料、副原料及食品添加物。

        3.3.1.1 主原料：指構成成品之主要材料。

        3.3.1.2 副原料：指主原料和食品添加物以外之構成成品的次要材料。

        3.3.1.3 食品添加物：指食品在製造、加工、調配、包裝、運送、貯存等過程中，用以著色、調味、防腐、漂白、乳化、加香味、安定品質、促進發酵、增加稠度（甚至凝固）、強化營養、防止氧化 或其他必要目的而添加或接觸於食品之單方或複方物質。

    3.3.2 包裝材料：包括內包裝及外包裝材料。

        3.3.2.1 內包裝材料：指與食品直接接觸之食品容器如瓶、罐、盒、袋 等，及直接包裹或覆蓋食品之包裝材料，如箔、膜、紙、蠟紙等，其材質應符合衛生法令規定。

        3.3.2.2 外包裝材料：指未與食品直接接觸之包裝材料，包括標籤、紙箱、捆包材料等。

3.4 產品：包括半成品、最終半成品及成品。

    3.4.1 半成品：指任何成品製造過程中所得之產品，此產品經隨後之製造過程，可製成成品者。

3.4.2 最終半成品：指經過完整的製造過程但未包裝標示完成之產品。

3.4.3 成品：指經過完整的製造過程並包裝標示完成之產品。

3.4.4 易腐敗即食性食品：指以常溫或冷藏流通，保存期間短，且不須再經任何方式之處理或僅經簡單加熱，即可直接供人食用之成品，如即食餐食、液態乳品、高水活性豆類加工食品、高水活性烘培食品、高水活性麵條、冷藏飲料、高水活性糖果、高水活性水產加工食品、高水活性肉類加工食品、冷藏調理食品等。

3.5 廠房：指用於食品之製造、包裝、貯存等或與其有關作業之全部或部分建築或設施。

3.5.1 製造作業場所：包括原材料處理、製造、加工調理、包裝及貯存等場所。

3.5.1.1 原料處理場：指從事原料之整理、準備、解凍、選別、清洗、修整、分切、剝皮、去殼、去內臟、殺菁或撒鹽等處理作業之場所。

3.5.1.2 加工調理場：指從事切割、磨碎、混合、調配、整形、成型、烹調及成分萃取、改進食品特性或保存性（如提油、澱粉分離、豆沙製造、乳化、凝固或發酵、殺菌、冷凍或乾燥等）等處理作業之場所。

3.5.1.3 包裝室：指從事成品包裝之場所，包括內包裝室及外包裝室。

3.5.1.3.1 內包裝室：指從事與產品內容物直接接觸之內包裝作業場所。

3.5.1.3.2 外包裝室：指從事未與產品內容物直接接觸之外包裝作業場所。

3.5.1.4 內包裝材料之準備室：指不必經任何清洗消毒程序即可直接使用之內包裝材料，進行拆除外包裝或成型等之作業場所。

3.5.1.5 緩衝室：指原材料或半成品未經過正常製造流程而直接進入管制作業區時，為避免管制作業區直接與外界相通，於入口處所設置之緩衝場所。

3.5.1.6 秤料室：指進行原料、副原料、食品添加物等秤量作業場所。

3.5.2 管制作業區：指清潔度要求較高，對人員與原材料之進出及防止病媒侵入等，須有嚴密管制之作業區域，包括清潔作業區及準清潔作業區。

3.5.2.1 清潔作業區：指內包裝室等清潔度要求最高之作業區域。

3.5.2.2 準清潔作業區：指加工調理場等清潔度要求次於清潔作業區之作業區域。

3.5.3 一般作業區：指原料倉庫、材料倉庫、外包裝室及成品倉庫等清潔度要求次於管制作業區之作業區域。

3.5.4 非食品處理區：品管（檢驗）室、辦公室、更衣及洗手消毒室、廁所等，非直接處理食品之區域。

3.6 清洗：指去除塵土、殘屑、汙物或其他可能汙染食品之不良物質之處理作業。

3.7 消毒：指以符合食品衛生之化學藥劑及（或）物理方法，有效殺滅有害微生物，但不影響食品品質或其安全之適當處理作業。

3.8 食品級清潔劑：指直接使用於清潔食品設備、器具、容器及包裝材料，且不得危害食品之安全及衛生之物質。

3.9 外來雜物：指在製程中除原料之外，混入或附著於原料、半成品、成品或內包裝材料之汙物或令人厭惡，甚至致使食品失去其衛生及安全性之物質。

3.10 病媒：指會直接或間接汙染食品或媒介病原體之小動物或昆蟲，如老鼠、蟑螂、蚊、蠅、臭蟲、蚤、蝨及蜘蛛等。

3.11 有害微生物：指造成食品腐敗、品質劣化或危害公共衛生之微生物。

3.12 防止病媒侵入設施：以適當且有形的隔離方式，防範病媒侵入之裝置，如陰井或適當孔徑之柵欄、紗網等。

3.13 衛生管理專責人員：指掌管廠內外環境及廠房設施衛生、人員衛生、製造及清洗等作業之人員。

3.14 食品器具：指直接接觸食品或食品添加物之器械、工具或器皿。

3.15 食品接觸面：指直接或間接與食品接觸的表面，包括器具及與食品接觸之設備表面。間接的食品接觸面，係指在正常作業情形下，由其流出之液體會與食品或食品直接接觸面接觸之表面。

3.16 適當的：指在符合良好衛生作業下，為完成預定目的或效果所必須的（措施等）。

3.17 應：係指必要條件。

3.18 宜：係指建議條件。

3.19 安全水分基準：指在預定之製造、貯存及運銷條件下，足以防止有害微生物生存之水分基準。一種食品之最高安全水分基準係以水活性(Aw)為依據。若有足夠數據證明在某一水活性下，不會助長有害微生物之生長，則此水活性可認為對該食品是安全的。

3.20 水活性：係食品中自由水之表示法，為該食品之水蒸汽壓除以在同溫度下純水飽和水蒸汽壓所得之商。

3.21 高水活性成品：指成品水活性在 0.85（含）以上者。

3.22 低水活性成品：指成品水活性低於 0.85 者。

3.23 批號：指表示「批」之特定文字、數字或符號等，可據以追溯每批之經歷資料者，而「批」則以批號所表示在某一特定時段或某一特定場所，所生產之特定數量之產品。

3.24 標示：指標示於食品、食品添加物或食品級清潔劑之容器、包裝或說明書上用以記載品名或說明之文字、圖畫或記號。

3.25 隔離：指場所與場所之間以有形之方式予以隔開者。

3.26 區隔：較隔離廣義，包括有形及無形之區隔方式。作業場所之區隔可以下列一種或一種以上之方式予以達成者，如場所區隔、時間區隔、控制空氣流向、採用密閉系統或其他有效方法。

3.27 食品安全管理制度：為一鑑別、評估及控制食品安全危害之制度，援引危害分析重要管制點原理，管理原料驗收、製造、包裝及儲運等全程之食品安全危害。

3.28 重要管制點：係指一個點、步驟、或程序，若施予控制，則可預防、去除或減低危害至可接受之程度。

3.29 管制界限：係指為防止、去除或降低重要管制點之危害至可接受的程度，所建立之物理、生物或化學之最高及（或）最低值。

3.30 變異：變異係指管制界限失控。

3.31 危害分析重要管制點計畫：為控制重要管制點之食品安全危害，所定需遵循之文件。

3.32 危害：係指食品中可能引起消費者不安全之生物、化學或物理性質。

3.33 危害分析：係指蒐集或評估危害的過程，以決定哪些危害為顯著食品安全危害及必須在危害分析重要管制點計畫書中說明。

3.34 監測：係指控制危害分析重要管制點之觀察或測試活動，以評估重要管制點是否在控制之下，並產生供查證之正確紀錄。

3.35 防制措施：係指可用以預防、去除或降低顯著危害所使用之物理性、化學性、生物性之任何活動。

3.36 驗效(validation)：即確認，係以科學與技術為根據，來判定危害分析重要管制點計畫，若正確執行時，是否能有效控制危害。

3.37 查證(verification)：係指除監測外之活動，包括驗效危害分析重要管制點計畫及決定危害分析重要管制點計畫是否被確實遵行，以確認其有效性。

4. 廠區環境

    4.1 食品工廠不得設置於易遭受汙染之區域，否則應有嚴格之食品汙染防治措施。

    4.2 廠區四周環境應容易隨時保持清潔，地面不得有嚴重積水、泥濘、汙穢 等有造成食品汙染之虞者，以避免成為汙染源。廠區之空地應鋪設混凝土、柏油或綠化等，以防塵土飛揚並美化環境。

    4.3 鄰近及廠內道路，應鋪設柏油等，以防灰塵造成汙染。

    4.4 廠區內不得有足以發生不良氣味、有害（毒）氣體、煤煙或其他有礙衛生之設施。

    4.5 廠區內禁止飼養禽、畜及其他寵物，惟警戒用犬除外，但應適當管理以避免汙染食品。

    4.6 廠區應有適當的排水系統，排水道應有適當斜度，排水系統應經常清理，保持暢通，不得有異味、嚴重積水、滲漏、淤泥、汙穢、破損或孳長病媒而造成食品汙染之虞者。

    4.7 廠區周界應有適當防範外來汙染源侵入之設計與構築。若有設置圍牆，其距離地面至少 30 公分以下部分應採用密閉性材料構築。

    4.8 廠區如有員工宿舍、附設之餐廳、休息室、辦公室或檢驗室，應與製造、調配、加工、貯存食品或食品添加物之場所完全隔離，且有良好之通風、採光；設置防止病媒侵入或有害微生物汙染之設施，經常保持清潔，並指派專人負責。

5. 廠房及設施

    5.1 廠房配置與空間

        5.1.1 廠房應依作業流程需要及衛生要求，有序而整齊的配置，以避免交叉汙染。

        5.1.2 廠房應具有足夠空間，以利設備安置、衛生設施、物料貯存及人員作息等，以確保食品之安全與衛生。食品器

具等應有清潔衛生之貯放場所。製造全素（純素）之作業場所應與葷食產品產製不共線，且器具不得共用；蛋素、奶素、奶蛋素及植物五辛素等素食作業場所應與葷食作業生產線、器具有效區隔。

5.1.3　製造作業場所內設備與設備間或設備與牆壁之間，應有適當之通道 或工作空間，其寬度應足以容許工作人員完成工作（包括清洗和消毒），且不致因衣服或身體之接觸而汙染食品、食品接觸面或內包裝材料。

5.1.4　檢驗室應有足夠空間，以安置試驗臺、儀器設備等，並進行物理、化學、官能及（或）微生物等試驗工作。微生物檢驗場所應與其他 檢驗場所隔離，如有設置病原菌操作場所應嚴格有效隔離。

5.2　廠房區隔

5.2.1　凡使用性質不同之場所（如原料倉庫、材料倉庫、原料處理場等）應個別設置或加以有效區隔。

5.2.2　凡清潔度區分不同（如清潔、準清潔及一般作業區）之場所，應加以有效隔離（如表 7.8）。

**表 7.8　食品工廠各作業場所之清潔度區分（註 1）**

| 廠房設施（原則上依製程順序排列） | 清潔度區分 |
| --- | --- |
| · 原料倉庫<br>· 材料倉庫<br>· 原料處理場<br>· 內包裝容器洗滌場（註 2）<br>· 空瓶（罐）整列場<br>· 殺菌處理場（採密閉設備及管路輸送者） | 一般作業區 |

**表 7.8　食品工廠各作業場所之清潔度區分（註1）（續）**

| 廠房設施（原則上依製程順序排列） | 清潔度區分 | |
|---|---|---|
| · 加工調理場<br>· 殺菌處理場（採開放式設備者）<br>· 內包裝材料之準備室<br>· 緩衝室<br>· 非易腐敗即食性成品之內包裝室 | 準清潔作業區 | 管制作業區 |
| · 易腐敗即食性成品之最終半成品之冷卻及貯存場所<br>· 易腐敗即食性成品之內包裝室 | 清潔作業區 | |
| · 外包裝室<br>· 成品倉庫 | 一般作業區 | |
| · 品管（檢驗）室<br>· 辦公室（註3）<br>· 更衣及洗手消毒室<br>· 廁所<br>· 其他 | 非食品處理區 | |
| 註：<br>1. 各作業場所清潔度區分得依實際條件提升，專則另有規定者，從其規定。<br>2. 內包裝容器洗滌場之出口處應設置於管制作業區內。<br>3. 辦公室不得設置於管制作業區內（但生產管理與品管場所不在此限，惟須有適當之管制措施）。 | | |

5.3　廠房結構：廠房之各項建築物應堅固耐用、易於維修、維持乾淨，並應為能防止食品、食品接觸面及內包裝材料遭受汙染（如病媒之侵入、棲息、繁殖等）之結構。

5.4　安全設施

　5.4.1　廠房內配電必須能防水。

　5.4.2　電源必須有接地線與漏電斷電系統。

　5.4.3　高濕度作業場所之插座及電源開關宜採用具防水功能者。

　5.4.4　不同電壓之插座必須明顯標示。

5.4.5 廠房應依消防法令規定安裝火警警報系統。

5.4.6 在適當且明顯之地點應設有急救器材和設備，惟必須加以嚴格管制，以防汙染食品。

5.5 地面與排水

5.5.1 地面應平坦不滑，並應保持清潔，不得有納垢、侵蝕、裂縫及積水等情形。管制作業區應使用非吸收性、不透水之材料鋪設。

5.5.2 製造作業場所於作業中有液體流至地面、作業環境經常潮濕或以水洗方式清洗作業之區域，其地面應有適當之排水斜度（應在 1/100 以上）及排水系統。

5.5.3 廢水應排至適當之廢水處理系統或經由其他適當方式予以處理。

5.5.4 作業場所之排水系統應完整暢通，不得有異味，排水溝出口處應有攔截固體廢棄物之設施。

5.5.5 排水溝應保持順暢，且溝內不得設置其他管路。排水溝之側面和底面接合處應有適當之弧度（曲率半徑應在 3 公分以上）。

5.5.6 排水出口應有防止病媒侵入之設施。

5.5.7 屋內排水溝之流向不得由低清潔區流向高清潔區，且應有防止逆流之設計。

5.6 屋頂及天花板

5.6.1 製造、包裝、貯存等場所之室內屋頂應易於清掃，以防止灰塵蓄積，避免結露、長黴或成片剝落等情形發生。管制作業區及其他食品暴露場所（原料處理場除外）屋頂若為易藏汙納垢之結構者，應加設平滑易清掃之天花板。若為鋼筋混凝土構築者，其室內屋頂應平坦無縫隙。

5.6.2 平頂式屋頂或天花板應使用白色或淺色防水材料構築，若噴塗油漆應使用可防黴、不易剝落且易清洗者。

5.6.3 蒸汽、水、電等配管不得設於食品暴露之直接上空，否則應有能防止塵埃及凝結水等掉落之裝置或措施，且配管外表應保持清潔，並應定期清掃或清潔。空調風管等宜設於天花板之上方。

5.6.4 樓梯或橫越生產線的跨道之設計構築，應避免引起附近食品及食品接觸面遭受汙染，並應有安全設施。

5.7 牆壁與門窗

5.7.1 管制作業區之壁面應採用非吸收性、平滑、易清洗、不透水之淺色材料構築（但密閉式發酵桶等，實際上可在室外工作之場所不在此限）。且其牆腳及柱腳應具有適當之弧度（曲率半徑應在 3 公分以上，如圖 7.2）以利清洗及避免藏汙納垢，惟乾燥之作業場所除外。

5.7.2 作業中需要打開之窗戶應裝設易拆卸清洗且具有防護食品汙染功能之不生鏽紗網，以防止病媒之侵入，且應保持清潔，但清潔作業區內在作業中不得打開窗戶。管制作業區之室內窗檯，檯面深度如有 2 公分以上者，其檯面與水平面之夾角應達 45°以上（如圖 7.3），未滿 2 公分者應以不透水材料填補內面死角。

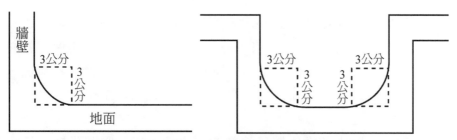

■ 圖 7.2 壁面牆腳及柱腳應具有適當之弧度

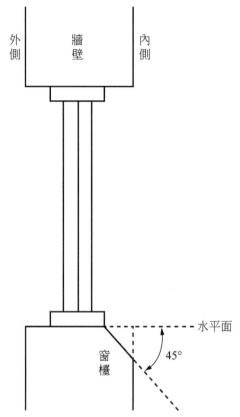

外側　牆壁　內側

水平面

窗檻　45°

■ 圖 7.3　室內窗檻檻面與水平面之夾角

5.7.3　管制作業區對外出入門戶應裝設能自動關閉之紗門（或空氣簾），及（或）清洗消毒鞋底之設備（需保持乾燥之作業場所得設置換鞋設施）。門扉應以平滑、易清洗、不透水之堅固材料製作，並經常保持關閉。

5.8　照明設施

5.8.1　廠內各處應裝設適當的採光及（或）照明設施，且照明設備應保持清潔，以避免汙染食品。照明設備以不安裝在食品加工線上有食品暴露之直接上空為原則，否則應有防止照明設備破裂或掉落而汙染食品之措施。

5.8.2 一般作業區域之作業面應保持 110 米燭光以上，管制作業區之作業面應保持 220 米燭光以上，檢查作業檯面則應保持 540 米燭光以上之光度，而所使用之光源應不致於改變食品之顏色。

5.9 通風設施

5.9.1 製造、包裝及貯存等場所應保持通風良好，通風系統應保持清潔。必要時應裝設有效之換氣設施，以防止室內溫度過高、蒸汽凝結或異味等發生，並保持室內空氣新鮮。易腐敗即食性成品或低溫運銷成品之清潔作業區應裝設空氣調節設備。

5.9.2 在有臭味及氣體（包括蒸汽及有毒氣體）或粉塵產生而有可能汙染食品之處，應有適當之排除、收集或控制裝置。

5.9.3 管制作業區之排氣口應裝設防止病媒侵入之設施，而進氣口應有空氣過濾設備。兩者並應易於拆卸清洗或換新。

5.9.4 廠房內之空氣調節、進排氣或使用風扇時，其空氣流向不得由低清潔區流向高清潔區，以防止食品、食品接觸面及內包裝材料可能遭受汙染。

5.10 供水設施

5.10.1 應能提供食品工廠各部所需之充足水量、適當壓力及水質之水。必要時，應有儲水設備及提供適當溫度之熱水。

5.10.2 蓄水池（塔、槽）應以無毒，不致汙染水質之材料構築，並應有防護汙染之措施，且每年應至少清理一次，保持清潔，並作成紀錄。

5.10.3 食品製造用水（含與食品直接接觸、清洗食品設備與用具之用水及冰塊）應符合行政院環境保護署「飲用水水質標準」；非使用自來水者，應設置淨水或消毒設備並每天應檢測 pH 值及餘氯。

5.10.4 不與食品接觸之非飲用水（如冷卻水、汙水或廢水等）之管路系統與食品製造用水之管路系統，應以顏色明顯區分，並以完全分離之管路輸送，不得有逆流或相互交接現象。

5.10.5 地下水源應與汙染源（化糞池、廢棄物堆置場等）保持十五公尺以上之距離、儲水設施應與汙染源（化糞池、廢棄物堆置場等）保持三公尺以上之距離，以防汙染。

## 5.11 洗手設施

5.11.1 應在適當且方便之地點（如在管制作業區入口處、廁所及加工調理場等），設置足夠數目之洗手及乾手設備。必要時應提供適當溫度之溫水或熱水及冷水並裝設可調節冷熱水之水龍頭。

5.11.2 在洗手設備應使用流動自來水，並備有液體清潔劑。必要時（如手部不經消毒有汙染食品之虞者）應設置手部消毒設備。

5.11.3 洗手臺應以不鏽鋼或磁材等不透水材料構築，其設計和構造應不易藏汙納垢且易於清洗消毒。

5.11.4 乾手設備應採用烘手器或擦手紙巾。如使用紙巾者，使用後之紙巾應丟入易保持清潔的垃圾桶內（最好使用腳踏開蓋式垃圾桶）。若採用烘手器，應定期清洗、消毒內部，避免汙染。

5.11.5 水龍頭應採用腳踏式、肘動式或電眼式等開關方式，以防止已清洗或消毒之手部再度遭受汙染。

5.11.6 洗手設施之排水，應具有防止逆流、病媒侵入及臭味產生之裝置。

5.11.7 應有簡明易懂的洗手方法標示，且應張貼或懸掛在洗手設施鄰近明顯之位置。

5.12 洗手消毒室

    5.12.1 管制作業區之入口處宜設置獨立隔間之洗手消毒室（易腐敗即食性成品工廠則必須設置）。

    5.12.2 室內除應具備 5.11 規定之設施外，並應有泡鞋池或同等功能之鞋底潔淨設備，惟需保持乾燥之作業場所得設置換鞋設施。若使用泡鞋池其池水應保持清潔，且液面應能覆蓋鞋面為原則，若使用氯化合物消毒劑，其游離餘氯濃度應經常保持在 200ppm 以上。

5.13 更衣室

    5.13.1 應設於管制作業區附近適當而方便之地點，並獨立隔間，男女更衣室應分開。室內應有適當的照明，且通風應良好。易腐敗即食性成品工廠之更衣室應與洗手消毒室相近。

    5.13.2 應有足夠大小之空間，以便員工更衣之用，並應備有可照全身之更衣鏡、潔塵設備及數量足夠之個人用衣物櫃及鞋櫃等。

5.14 倉庫

    5.14.1 應依原料、材料、半成品及成品等性質之不同，區隔貯存場所，並有足夠之空間，以供搬運。必要時應設有冷（凍）藏庫。

    5.14.2 原材料倉庫及成品倉庫應隔離或區隔，同一倉庫貯存性質不同物品時，亦應適當區隔。

    5.14.3 倉庫之構造應能使貯存保管中的原料、半成品、成品的品質劣化減低至最小程度，並有防止汙染之構造，且應以堅固的材料構築，其大小應足供作業之順暢進行並易於維持整潔，並應有防止病媒侵入之設施。

    5.14.4 倉庫內物品應分類貯放於棧板、貨架上，或採取其他有效措施，並保持整齊、清潔，貯存物品應距離牆壁、地面均在五公分以上，以維持良好通風。

5.14.5 貯存微生物易生長食品之冷（凍）藏庫，應裝設可正確指示庫內溫度之指示溫度計、溫度測定器或溫度自動記錄儀，並應裝設自動控制器或可警示溫度異常變動之自動警報器。

5.14.6 冷（凍）藏庫，應裝設可與監控部門連繫之警報器開關，以備作業人員因庫門故障或誤鎖時，得向外界連絡並取得協助。

5.14.7 倉庫應有溫度紀錄，必要時應記錄濕度。

5.15 廁所

5.15.1 應設於適當而方便之地點並防止汙染水源，其數量應足供員工使用。

5.15.2 應採用沖水式，並採不透水、易清洗、不積垢且其表面可供消毒之材料構築。

5.15.3 廁所內之洗手設施，應符合本規範 5.11 之規定，且宜設在出口鄰近。

5.15.4 廁所之外門應隨時保持關閉，且不得正面開向製造作業場所，但如有緩衝設施及有效控制空氣流向以防止汙染者不在此限。

5.15.5 廁所應排氣良好，避免有異味，並有適當之照明，門窗應設置不生鏽之紗門及紗窗。

5.15.6 應於明顯處標示「如廁後應洗手」之字樣。

6. 機器設備

6.1 設計

6.1.1 所有食品加工用機器設備之設計和構造應能防止危害食品衛生，易於清洗消毒（盡可能易於拆卸），並容易檢查。應有使用時可避免潤滑油、金屬碎屑、汙水或其他可能引起汙染之物質混入食品之構造。

6.1.2 食品接觸面應平滑、無凹陷或裂縫，以減少食品碎屑、汙垢及有機物之聚積，使微生物之生長減至最低程度。

6.1.3 設計應簡單，且為易排水、易於保持乾燥之構造。

6.1.4 貯存、運送及製造系統（包括重力、氣動、密閉及自動系統）之設計與製造，應使其能維持適當之衛生狀況。

6.1.5 在食品製造或處理區，不與食品接觸之設備與器具，其構造亦應能易於保持清潔狀態。

6.1.6 機器設備、用具及管路之表面處理（如電鍍、塗漆等）應確保不會汙染食品及食品接觸面。

6.2 材質

6.2.1 所有用於食品處理區及可能接觸食品之食品設備與器具，應由不會產生毒素、無臭味或異味、非吸收性、耐腐蝕且可承受重複清洗和消毒之材料製造，同時應避免使用會發生接觸腐蝕的不當材料。

6.2.2 食品接觸面原則上不可使用木質材料，除非其可證明不會成為汙染源者方可使用。

6.3 生產設備

6.3.1 生產設備之排列應有秩序，且有足夠之空間，使生產作業順暢進行，並避免引起交叉汙染，而各個設備之產能務須互相配合。

6.3.2 用於測定、控制或記錄之測量器或記錄儀，應能適當發揮其功能且須準確，並定期校正。

6.3.3 以機器導入食品或用於清潔食品接觸面或設備之壓縮空氣或其他氣體，應予適當處理，以防止造成間接汙染。

6.4 品管設備：食品工廠應具有足夠之檢驗設備，供例行之品管檢驗及判定原料、半成品及成品之衛生品質。必要時，可委託具公信力之研究或檢驗機構代為檢驗廠內無法檢測之項目。

7. 組織與人事

  7.1  組織與職掌

    7.1.1  食品工廠應具備並公布與食品安全活動相關之組織架構及其職掌，包括食品安全及品質專責人員及其督導與執行任務的權責。生產製造、品質管制、衛生管理、食品安全管理及其他各部門均應設置專責人員，以督導或執行所負之任務。

    7.1.2  生產製造專責人專門掌管原料處理、加工製造及成品包裝工作；品質管制專責人專門掌管原材料、加工中及成品品質規格標準之制定與抽樣、檢驗及品質之追蹤管理等工作；衛生管理專責人員，掌管廠內外環境及廠房設施衛生、人員衛生、製造及清洗等作業衛生及員工衛生教育訓練等事項；食品安全管制專責人員負責執行與維護基於 HACCP 原則及 TQF 系統規範與產品驗證範圍之食品安全管制計畫；勞工安全管理專責人則掌管食品工廠安全與防護等工作。

    7.1.3  應成立推行 TQF 制度之相關委員會，該委員會應由高階主管及各部門專責人員組成，至少三人，其中高階主管或其指定人員為必要之成員，負責 TQF 產品驗證之食品安全管制系統鑑別及查證危害分析重要管制點計畫，與制訂、執行及管理相關紀錄；並負責品質管理之規劃、審議、督導、考核全廠品質管理事宜，高階主管應督導食品安全的執行及維護，提供足夠人力與資源達成食品安全管理的目標，並確保持續提供有效的資源來滿足食品安全管理系統的運作、維護及改進。品質管制部門應獨立設置，並應有充分權限以執行品質管制任務，其負責人員應有停止生產或出貨之權限。

7.1.4 品質管制部門應設置食品檢驗人員，負責食品一般品質與衛生品質之檢驗分析工作。

7.1.5 應成立衛生管理組織（可併入推行 TQF 制度之相關委員會），由衛生管理專責人員及各部門負責人等組成，負責規劃、審議、督導、考核全廠衛生事宜。宜於工作場所明顯處，標明該人員之姓名。

7.1.6 生產製造負責人與品質管制負責人不得相互兼任，其他各部門人員均得視實際需要兼任。

7.2 人員與資格

7.2.1 生產製造、品質管制、衛生管理及安全管理之負責人，應僱用大專相關科系畢業或高中（職）以上畢業具備食品製造經驗四年以上之人員。

7.2.2 食品檢驗人員以僱用大專相關科系畢業為宜或經政府證照制度檢定合格之食品檢驗技術士者，如為高中（職）或大專非相關科系畢業人員應經政府認可之專業訓練（食品檢驗訓練班）合格並持有結業證明者。

7.2.3 各部門負責人員及技術助理，應於到廠後三年內參加政府單位或研究機構、企業管理訓練單位等接受專業職前或在職訓練並持有結業證明。

7.2.4 各類專門技術人員，應符合中央主管機關所定之相關法令規定。

7.2.5 推行 TQF 規範之相關委員會中至少一人為食品技師或食品相關科系（所）畢業人員，並經中央主管機關認可之訓練機構辦理之食品良好衛生規範及危害分析重要管制點相關訓練合格者。

7.3 教育與訓練

7.3.1 新進從業人員應接受適當之教育訓練，使其執行能力符合生產、衛生及品質管理之要求。在職從業人員應訂定

年度訓練計畫據以確實執行並作成紀錄。年度訓練計畫應包括廠內及廠外訓練課程，且其規劃應考量有效提升員工對臺灣優良食品驗證之管理與執行能力。

7.3.2　對從事食品製造及相關作業員工應定期舉辦（可在廠內）食品衛生及危害分析重點管制系統(HACCP)之有關訓練。

7.3.3　品質管制委員會負責食品安全管理制度之人員至少每三年應接受中央主管機關認可之機構辦理食品安全管制系統有關之專業訓練、研討、講習等課程或會議，或中央主管機關認可之課程，累計受訓時數十二小時以上。

7.3.4　各部門管理人員應忠於職責、以身作則，並隨時隨地督導及教育所屬員工確實遵照既定之作業程序或規定執行作業。

7.3.5　從業人員於從業期間應接受衛生主管機關或其認可之相關機構所辦之衛生講習或訓練，並取得證書或作成紀錄。

8. 衛生管理

8.1　衛生管理標準書之制定與執行

8.1.1　食品工廠應制定衛生管理標準書，以作為衛生管理及評核之依據，其內容應包括本章各節之規定，修訂時亦同。

8.1.2　應制定衛生檢查計畫，規定檢查項目及頻率，指派衛生管理專責人員針對衛生檢查計畫實施衛生檢查，以查證當日之衛生狀況，確實執行並作成紀錄。

8.1.3　應制定病媒防治措施，落實執行，並作成紀錄。

8.2　環境衛生管理

8.2.1　鄰近道路及廠內道路、庭院，應隨時保持清潔。廠區內地面應保持良好維修、無破損、不積水、不起塵埃。

8.2.2　廠區內草木要定期修剪，不必要之器材、物品禁止堆積，以防止病媒孳生。

8.2.3 廠房、廠房之固定物及其他設施應保持良好的衛生狀況，並作適當之維護，以保護食品免受汙染。

8.2.4 排水溝應隨時保持暢通，不得有淤泥蓄積，廢棄物需作妥善處理。

8.3 廠房設施衛生管理

8.3.1 廠房內各項設施應隨時保持清潔及良好維修，廠房屋頂、天花板及牆壁有破損時，應立即加以修補，且地面及排水設施不得有破損或積水。

8.3.2 原料處理場、加工調理場、廁所等，開工時應每天清洗（包括地面、水溝、牆壁等），必要時予以消毒。

8.3.3 作業中產生之蒸汽，不得讓其長時滯留廠內，應以有效設施導至室外。

8.3.4 燈具、配管等外表應保持清潔，並應定期清掃或清洗。

8.3.5 冷（凍）藏庫內應經常整理、整頓、定期除霜、保持清潔，並避免地面積水、壁面長黴等影響貯存食品衛生之情況發生。

8.3.6 製造作業場所及倉儲設施，應採取有效措施（如紗窗、紗網、空氣簾、柵欄或捕蟲燈等）防止或排除病媒。

8.3.7 廠房內不得發現有病媒或其出沒之痕跡，若發現時，應追查並杜絕其來源，但其撲滅方法以不致汙染食品、食品接觸面及內包裝材料為原則（盡量避免使用殺蟲劑等）。

8.3.8 管制作業區不得堆置非即將使用的原料、內包裝材料或其他不必要物品。

8.3.9 清掃、清洗和消毒用機具應有專用場所妥善保管。

8.3.10 製造作業場所內不得放置或貯存危害食品安全之物質。

8.3.11 若有蓄水池（塔），應定期清洗並每天（開工時）檢查加氯消毒情形，並定期監控避免加工用水水質遭受汙染。

使用非自來水者，應指定專人每日作有效餘氯量及酸鹼值之測定，每年至少應送請政府認可之檢驗機構檢驗一次，以確保其符合飲用水水質標準（鍋爐用水，冷凍、蒸發機等冷卻用水，或洗地、澆花、消防等用水除外）。

8.4 機器設備衛生管理

8.4.1 用於製造、包裝、儲運之設備及器具，應定期清洗、消毒。

8.4.2 機器設備若有排水時其設計應能適當收集，並導引至排水系統，以避免造成汙染。

8.4.3 設備與器具之清洗與消毒作業，應防止清潔劑或消毒劑汙染食品、食品接觸面及內包裝材料。

8.4.4 所有食品接觸面，包括設備與器具與食品接觸之表面，應盡可能時常予以消毒，消毒後要徹底清洗，以保護食品免遭受消毒劑之汙染。

8.4.5 收工後，使用過之設備與器具，皆應清洗乾淨，若經消毒過，在開始工作前應再予清洗（和乾燥食品接觸者除外）。

8.4.6 與食品接觸之設備及用具之清洗用水，應符合飲用水水質標準。

8.4.7 用於製造食品之機器設備或場所不得供做其他與食品製造無關之用途。

8.5 人員衛生管理

8.5.1 手部應保持清潔，工作前應用清潔劑洗淨。凡與食品直接接觸的工作人員不得蓄留指甲、塗指甲油及配戴飾物等。

8.5.2 若以雙手直接處理不再經加熱即可食用之食品時，應穿戴清潔並經消毒之不透水手套，或將手部徹底洗淨及消毒。戴手套前，雙手仍應清洗乾淨。

8.5.3 作業人員必須穿戴整潔之工作衣帽及髮網,以防頭髮、頭屑及外來雜物落入食品、食品接觸面或內包裝材料中,必要時應戴口罩。

8.5.4 工作中不得有抽煙、嚼檳榔或口香糖、飲食及其他可能汙染食品之行為。不得使汗水、唾液或塗抹於肌膚上之化粧品或藥物等汙染食品、食品接觸面或內包裝材料。

8.5.5 新進從業人員應先經衛生醫療機構健康檢查合格後,始得聘僱。僱用後雇主每年應主動辦理健康檢查乙次,其檢查項目應符合「食品良好衛生規範準則」之相關規定。

8.5.6 從業人員在 A 型肝炎、手部皮膚病、出疹、膿瘡、外傷、結核病或傷寒等疾病之傳染或帶菌期間,或有其他可能造成食品汙染之疾病者,應主動告知現場負責人,不得從事與食品直接接觸之工作。

8.5.7 應依洗手標示所示步驟,正確的洗手或(及)消毒。

8.5.8 個人衣物應貯存於更衣室,不得帶入食品處理或設備、用具洗滌之地區。

8.5.9 進入食品作業場所前(包括調換工作時)、如廁後(廁所應張貼「如廁後應洗手」之警語標示),或因吐痰、擤鼻涕導致可能使手部受汙染行為後,應依正確步驟清洗手部,必要時並予以消毒。

8.5.10 非現場工作人員之出入應適當管理。若要進入食品作業場所之必要時,應符合現場工作人員之衛生要求。

8.6 清潔及消毒等化學物質及用品之管理

8.6.1 用於清洗及消毒之藥劑,應證實在使用狀態下安全而適用。

8.6.2 食品製造作業場所內,除維護環境及衛生所必須使用之藥劑外,不得存放之。

8.6.3 清潔劑、消毒劑及危險藥劑應符合相關主管機關之規定，並予明確標明並表示其毒性、使用方法及緊急處理，存放於固定場所且上鎖，以免汙染食品，其存放與使用應由專人負責並記錄用量。

8.6.4 病媒防治使用之環境用藥，應符合環境用藥管理法及其相關法規之規定，並採取嚴格預防措施及限制，以防止汙染食品、食品接觸面或內包裝材料。且應由明瞭其對人體可能造成危害（包括萬一有殘留於食品時）的衛生管理負責人使用或其監督下進行保管及記錄用量。

8.7 廢棄物處理

8.7.1 廢棄物之處理應依廢棄物清理法及其相關法規之規定清除與處理，並依其特性酌予分類集存。易腐敗廢棄物至少應每天清除一次，清除後之容器應清洗消毒。

8.7.2 廢棄物放置場所不得有不良氣味或有害（毒）氣體溢出，應防病媒之孳生及防止食品、食品接觸面、水源及地面遭受汙染。

8.7.3 廢棄物不得堆放於食品作業場所內，場所外四周不得任意堆置廢棄物及容器，以防積存異物孳生病媒。

8.7.4 原料處理、加工調理、包裝、貯存等場所內，應在適當地點設有集存廢棄物之不透水、易清洗消毒（用畢即廢棄者不在此限）、可密蓋（封）之容器，並定時（至少每天一次）搬離廠房。反覆使用的容器在丟棄內容物後，應立即清洗消毒。若有大量廢棄物產生時，應以輸送設施隨時迅速送至廠房外集存處理，並盡速搬離廠外，以防病媒孳生及水源、地面等遭受汙染。處理廢棄物之機器設備應於停止運轉時立即清洗消毒。

8.7.5 凡有直接危害人體及食品安全衛生之虞之化學藥品、放射性物質、有害微生物、腐敗物等廢棄物，應設專用貯存設施。

8.7.6 應避免有害（毒）氣體、廢水、廢棄物、噪音等產生，否則應依相關法規適當處理，以避免造成公害。

9. 製程管理

9.1 製造作業標準書之制定與執行

9.1.1 食品工廠應制訂製造作業標準書，由生產部門主辦，同時須徵得品管及相關部門認可，以作為生產管理之依據，修正時亦同。

9.1.2 製造作業標準書應詳述配方、標準製造作業程序、製程管制標準（至少應含製造流程、管制對象、管制項目、管制標準值及注意事項等）及機器設備操作與維護標準。

9.1.3 應教育、訓練員工依照製造作業標準書執行作業，使能符合生產、衛生及品質管理之要求。

9.2 原料處理

9.2.1 食品工廠應建立原料驗收作業，不可使用在正常處理過程中未能將其微生物、有毒成分（例如樹薯中之氰成分）等去除至可接受水準之主原料或副原料。來自廠內、外之半成品或成品，當做原料使用時，其原料、製造環境、製造過程及品質管制等，仍應符合有關「食品工廠良好作業規範」所要求之衛生條件。

9.2.2 原料使用前應加以官能檢查，必要時加以選別，去除外來雜物或不合規格者。

9.2.3 生鮮原料，必要時應予清洗，其用水應符合飲用水水質標準。用水若再循環使用時，應適當消毒，必要時加以過濾，以免造成原料之二次汙染。

9.2.4 成品不再經加熱處理即可食用者，應嚴格防範微生物再汙染。

9.2.5 合格之原料與不合格者，應分別貯放，並作明確標識。

9.2.6 原料之保管應能使其免遭汙染、損壞,並減低品質劣化於最低程度,需溫、濕度管制者,應建立管制基準。冷凍者應保持在–18℃以下,冷藏者在7℃以下及凍結點以上。

9.2.7 原料使用應依先進先出之原則,並在有效日期內使用。冷凍原料解凍時應在能防止品質劣化之條件下進行。

9.3 製造作業

9.3.1 所有食品製造作業(包括包裝與貯存),應符合安全衛生原則,並應快速而盡可能減低微生物之可能生長及食品汙染之情況和管制下進行。

9.3.2 製造過程中需溫濕度、酸鹼值、水活性、壓力、流速、時間等管制者,應建立相關管制方法與基準,並確實記錄。以確保不致因機械故障、時間延滯、溫度變化及其他因素使食品腐敗或遭受汙染。

9.3.3 易孳生有害微生物(特別是食品中毒原因菌或食品中毒原因微生物)之食品,應在足以防止其劣化情況下存放。本項要求可由下列有效方法達成之:

9.3.3.1 冷藏食品中心溫度應保持在7℃以下、凍結點以上。

9.3.3.2 冷凍食品應保持適當的凍結狀態,成品中心溫度應保持在–18℃以下。

9.3.3.3 熱藏食品應保持在60℃以上。

9.3.3.4 酸性或酸化食品若在密閉容器中作室溫保存時,應適當的加熱以消滅中溫細菌。

9.3.4 作業過程中應以適當之方法,如殺菌、照射、低溫消毒、冷凍、冷藏、控制pH或水活性等,作為防止有害微生物孳生,並防止食品在製造及貯運過程中劣化。

9.3.5 加工或貯存過程中應採取有效方法,以防止原材料、半成品及成品遭受汙染。

9.3.6 用於輸送、裝載或貯存原料、半成品、成品之設備、容器及用具，其操作、使用與維護，應使製造或貯存中之食品不致受汙染。與原料或汙染物接觸過的設備、容器及用具，除非經徹底的清洗和消毒，否則不可用於處理食品成品。盛裝加工中食品之容器不可直接放在地上，以防濺水汙染或由器底外面汙染所引起之間接汙染。如由一般作業區進入管制作業區應有適當之清洗與消毒措施，以防止食品遭受汙染。

9.3.7 加工中與食品直接接觸之冰塊，其用水應符合飲用水水質標準，並在衛生條件下製成者。

9.3.8 應採取有效措施以防止金屬或其他外來雜物混入食品中。本項要求可以：篩網、捕集器、磁鐵、電子金屬檢查器或其他有效方法達成之。

9.3.9 需作殺菁處理者，應嚴格控制殺菁溫度（尤其是進出口部位之溫度）和時間並快速冷卻，迅速移至下一工程，同時定期清洗該設施，防止耐熱性細菌之生長與汙染，使其汙染降至最低限度。已殺菁食品在裝填前若需冷卻，其冷卻介質應符合安全、衛生之原則。

9.3.10 依賴控制水活性來防止有害微生物生長之食品，如即溶湯粉、堅果、半乾性食品及脫水食品等，應加工處理至安全水分基準並保持之。本項要求得以下列有效方法達成之：

　9.3.10.1 調整其水活性。

　9.3.10.2 控制成品中可溶性固形物與水之比例。

　9.3.10.3 使用防水包裝或其他方式，防止成品吸收水分，使水活性不致提高至不安全水準。

9.3.11 依賴控制 pH 來防止有害微生物生長之食品，如酸性或酸化食品等，應調節並維持在 pH4.6 以下。本項要求得以下列一種或一種以上有效方法達成之：

9.3.11.1 調整原料、半成品及成品之 pH。

9.3.11.2 控制加入低酸性食品中酸性或酸化食品之量。

9.3.12 內包裝材料應選用在正常儲運、銷售過程中可適當保護食品，不致於有害物質移入食品並符合衛生標準者。使用過者不得再用，但玻璃瓶、不鏽鋼容器、桶裝器具（如盛裝水或轉化糖漿等）不在此限，惟再使用前應以適當方式清洗，必要時應經有效殺菌處理。

9.3.13 食品添加物之使用應符合食藥署公告之「食品添加物使用範圍及限量暨規格標準」規定。秤量與投料應建立重複檢核制度，確實執行，並作成紀錄。

9.3.14 油炸用食用油之總極性化合物(total polar compounds)含量達百分之二十五以上時，不得再予使用，應全部更換新油。

## 10. 品質管制

### 10.1 品質管制標準書之制定與執行

10.1.1 食品工廠應制定品質管制標準書，由品管部門主辦，經生產部門認可後確實遵循，以確保生產之食品適合食用。其內容應包括本規範 10.2 至 10.6 之規定，以作為品質管制之依據，確保產品品質，修正時亦同。

10.1.2 各項產品應依製造過程中之重要管制因子制訂製程及品質管制工程圖（以下簡稱 QC 工程圖），其內容應包括工程名稱、管制項目、管制基準、抽樣頻率及檢驗方法等，確實執行，並作成紀錄。

10.1.3 檢驗方法應採用經公告之標準法，如係採用經修改過之簡便方法時，應定期與公告之標準法核對，並予記錄。若無公告之標準法，應由業者提供明確之產品規格、檢驗項目及國際公認之檢驗方法，以為佐證資料。

10.1.4 檢驗中可能產生之生物性與化學性之汙染源，應建立管制系統，並確實執行。

10.1.5 品管檢驗用藥品應能在有效狀況下使用，並加以管理。

10.1.6 製程上重要生產設備之計量器（如溫度計、壓力計、秤量器等）應訂定年度校正計畫，並依計畫校正與紀錄。標準計量器（標準件應能涵蓋使用之有效範圍）以及與食品安全衛生有密切關係之加熱殺菌設備所裝置之溫度計與壓力計，每年至少應委託具公信力之機構校正一次，確實執行並作成紀錄。

10.1.7 品質管制紀錄應以適當的統計方法處理。

10.1.8 食品工廠需備有各項相關之現行法規或標準等資料。

10.2 合約管理：食品工廠應建立並維持合約審查及其業務協調之各項書面程序。

10.2.1 合約審查：在接受每一份訂單時，應對要求條件加以審查，以確保要求事項已適切的明文規定，並有能力滿足所要求之事項。

10.2.2 合約修訂：在履行合約或訂單中，遇有修訂時，應將修訂後之紀錄正確的傳送到有關部門，並按照修訂後之內容執行作業。

10.3 原材料之品質管制

10.3.1 原材料之品質管制應詳定原料及包裝材料之品質規格（包括來源及風險危害項目）、檢驗項目、驗收標準、抽樣計畫（樣品容器應予適當標識）及檢驗方法等，並確實執行。

10.3.2 應建立供應商評鑑辦法，其內容應包括實施方法及頻率，確實執行，並記錄結果。可能時，應針對供應商進行實地評鑑作業。

10.3.3 每批原料（添加物）須經品管檢查合格後，方可進廠使用，並可追溯來源，建立原材料之源頭管理措施（包含

原材料供應商之產品品質及原產地保證書、原材料來源途徑說明書及原材料檢驗報告），建立 TQF 驗證產品之品質履歷（包含產品名稱、生產批號、製造工廠、產品有效日期、原料成分及原產地、原材料檢驗報告、成品檢驗報告、等資訊）。驗收不合格者，應明確標示，並適當處理。

10.3.4 原料有農藥、重金屬或其他毒素等汙染之虞時，應查證其安全性或含量符合相關法令之規定後方可使用。

10.3.5 包裝材料之進料驗收應包含來源、材質之適用及其使用與貯存方式等，以避免對產品造成汙染。內包裝材料應符合衛生標準，得由供應商定期提供安全衛生之檢驗報告，惟有改變供應商或規格時，應重新由供應商提供檢驗報告。

10.3.6 食品添加物應設專櫃貯放，由專人負責管理，注意領料正確及有效日期等，並以專冊登錄使用之種類、衛生單位合格字號、進貨量及使用量等。

10.3.7 對於委託加工者所提供之原材料，其貯存及維護應加以管制，如有遺失、損壞、或不適用時，均應作成紀錄，並通報委託加工者做適當之處理。接受委託代工之產品申請驗證時，食品工廠應可追溯原料來源，並查證委託代工產品組成分、純度等，且應檢附佐證資料以確保產品品質，如經查證屬虛偽者則取消該食品工廠生產線之驗證資格。

10.4 加工中之品質管制

10.4.1 應找出加工中之重要安全、衛生管制點，並訂定檢驗項目、檢驗標準、抽樣及檢驗方法等，確實執行並作成紀錄。

10.4.2 應建立矯正與再發防止措施，當加工中之品質管制結果，發現異常現象時，應迅速追查原因，加以矯正，並作成紀錄。

10.5 成品之品質管制

10.5.1 成品之品質管制，應詳訂成品之品質規格、檢驗項目、檢驗標準、抽樣及檢驗方法。

10.5.2 應訂定成品留樣保存計畫，每批成品應留樣保存至有效日期，惟易腐敗即食性成品，應保存至有效日期後一至二天。必要時，應做成品之保存性試驗，以檢測其保存性。

10.5.3 每批成品須經成品品質檢驗，不合格者，應加以適當處理。

10.5.4 成品不得含有毒或有害人體健康之物質或外來雜物，並應符合現行法定產品衛生標準。

10.5.5 產品包裝過程中應予適當處置、分類及包裝以避免遭受汙染。

10.6 檢驗狀況：原材料、半成品、最終半成品及成品等之檢驗狀況，應予以適當標示及處理。若生產業別符合食藥署公告「應訂定食品安全監測計畫與應辦理檢驗之食品業者、最低檢驗週期及其他相關事項」之原料、半成品或成品之檢驗，應符合該公告之要求。

10.7 不合格品之處理

10.7.1 食品工廠應建立不合格品管制辦法，據以執行，並作成紀錄。

10.7.2 不合格品應確實隔離，並查證無流入市面；已流入市面者，應回收並適當處理。協力廠商之品質管制：食品工廠應建立並維持與食品安全相關之各項委外服務（例如設備維護、儀器校正、消毒與病媒防治、物流運輸等協力廠商）之程序化文件。各文件須妥善存放，需要時可方便取得，並定期審查。

11. 倉儲與運輸管制

11.1 儲運作業與衛生管制

11.1.1 應建立倉儲與運輸管理辦法，其內容應包括貯存區域之劃分、貯存條件、入出庫管理、貯存管理等，據以執行，並作成紀錄。

11.1.2 儲運方式及環境應避免日光直射、雨淋、激烈的溫度或濕度變動、撞擊及積水等，以防止食品之成分、含量、品質及純度受到不良之影響，而能將食品品質劣化程度保持在最低限之情況下。

11.1.3 倉庫應經常予以整理、整頓、清掃及清潔，貯存物品不得直接放置地面。如需低溫儲運者，應有低溫儲運設備，並確保產品維持有效保溫狀態。

11.1.4 倉儲應有溫度（必要時濕度）紀錄，其貯存物品應定期查看，如有異狀應及早處理。包裝破壞或經長時間貯存品質有較大劣化之虞者，應重新檢查，確保食品未受汙染及品質未劣化至不可接受之程度。

11.1.5 倉儲過程中需管控溫濕度者，應建立管制方法與基準，並確實記錄。

11.1.6 倉庫出貨順序，宜遵行先進先出之原則；產品堆疊時，應保持穩固，並維持空氣流通。

11.1.7 有造成汙染原料、半成品或成品之虞的物品，應有防止交叉汙染之措施；未能有效防止交叉汙染者，不得與原料、半成品或成品一起儲運。

11.1.8 進貨用之容器、車輛應檢查，以免造成原料或廠區之汙染。出貨用之容器、車輛應於裝載前檢查其裝備，確保產品清潔衛生。運送過程中如需溫度管控者，應具備有效之保溫儲運設備，並作成紀錄。食品工廠應要求依其設定之產品保存溫度條件進行物流作業。低溫食品應於

攝氏 15 度以下場所迅速進行裝載及卸貨，並檢測及記錄其產品品溫。

11.1.9 產品出貨前應完成查核與生產該產品有關之所有紀錄文件，以確保資料之完整性包括所有管制界限是否符合，所採取矯正措施及產品處置適當性之確定等。此查核工作，應由經受訓且具經驗人員執行，簽名及註記日期。

11.2 倉儲及運輸紀錄：物品之倉儲應有存量紀錄，成品出廠應作成出貨紀錄，內容應包括批號、出貨時間、地點、對象、數量等，以便發現問題時，可迅速回收。

12. 標示

12.1 標示之項目及內容應符合「食品安全衛生管理法」；該法未規定者，適用其他中央主管機關相關法令規章之規定，外銷產品之標示應符合外銷國之法規要求。

12.2 包裝產品應以中文及通用符號顯著標示下列事項：（包括標示順序）

12.2.1 品名。

12.2.2 內容物名稱；其為二種以上混合物時，應分別標明。

12.2.3 重量、容量或數量。

12.2.4 食品添加物名稱。

12.2.5 製造廠商名稱（及）或負責廠商名稱、地址及消費者服務專線或製造工廠電話號碼。惟僅標示負責廠商者，不得標示驗證標誌。國內通過農產品生產驗證者，應標示可追溯來源；有中央農業主管公告之生產系統者，應標示生產系統。

12.2.6 原產地（國）。

12.2.7 營養標示。

12.2.8 含基因改造食品原料。

12.2.9 有效日期。經中央主管機關公告指定須標示製造日期、保存期限或保存條件者，應一併標示之。本項方法應採用印刷方式，不得以標籤貼示。

12.2.10 批號：以明碼或暗碼表示生產批號，據此可追溯該批產品之原始生產資料。

12.2.11 食用說明及調理方法：視需要標示。

12.2.12 其他經中央主管機關公告指定之標示事項。

12.3 成品宜標示商品條碼(Bar code)。

12.4 產品外包裝應標示有關批號，以利倉儲管理及成品回收作業。

12.5 過敏原資訊：應符合原產地（國）和販售區域對過敏原管理之標示原則。

13. 客訴處理與成品回收

13.1 應建立客訴處理制度，對顧客提出之書面或口頭抱怨與建議，品質管制負責人（必要時，應協調其他有關部門）應即追查原因，妥予改善，同時由公司派人向提出抱怨或建議之顧客說明原因（或道歉）與致意。

13.2 應建立成品回收及銷毀制度，包括回收等級、層面及時效等，每年至少進行演練一次。

13.3 顧客提出之書面或口頭抱怨與建議及回收之成品均應作成紀錄，並註明產品名稱、批號、數量、理由、處理日期及最終處置方式。該紀錄宜定期統計、檢討，並分送有關部門參考改進。

13.4 食品工廠應針對來自廠內外問題及客訴等資料，建立異常處理措施，以解決顯著及潛在可能發生之問題。

14. 紀錄處理

14.1 紀錄

14.1.1 衛生管理專責人員除記錄定期檢查結果外，應填報衛生管理日誌，內容包括當日執行的清洗消毒工作及人員之衛生狀況，並詳細記錄異常矯正及再發防止措施。

14.1.2 品管部門對原料、加工與成品品管及客訴處理與成品回收之結果應確實記錄、檢討，並詳細記錄異常矯正及再發防止措施。

14.1.3 生產部門應填報製造紀錄及製程管制紀錄，並詳細記錄異常矯正及再發防止措施。

14.1.4 食品工廠之各種管制紀錄應以中文為原則並確實記錄。

14.1.5 不可使用易於擦除之文具填寫紀錄，每項紀錄均應由執行人員及有關督導複核人員確實簽章，並註記日期，簽章以採用簽名方式為原則，如採用蓋章方式應有適當的管理辦法。紀錄內容如有修改，不得將原文完全塗銷以致無法辨識原文，且修改後應由修改人在修改文字附近簽章。

14.2 紀錄核對：所有製造和品管紀錄應分別由製造和品管部門審核，以確定所有作業均符合規定，如發現異常現象時，應立刻處理。

14.3 紀錄保存

14.3.1 食品工廠對本規範所規定有關之紀錄（包括出貨紀錄）至少應保存 5 年，需查閱時可方便取得。

15. 管理制度之建立與稽核

15.1 食品工廠應建立整體有效之食品 TQF 管理制度，對組織及推動制度之設計及管理應具有整體性與協調性。

15.2 管理制度之稽核

15.2.1 食品工廠應建立有效之內部稽核制度，以定期或不定期之方式，藉由各級管理階層實施查核食品安全管制系統（包含 HACCP 計畫），以發掘食品工廠潛在之問題並加以合理之解決、矯正與追蹤。

15.2.2 擔任內部稽核之人員，須經適當之訓練，並作成紀錄。

15.2.3 食品工廠應建立有效之內部稽核計畫，並詳訂稽核頻率（所有驗證範圍與驗證方案應每年至少完整稽核一次或分次完成），確實執行並作成紀錄。

15.3 文件管理制度

15.3.1 應依食品安全及品質管理政策，建立涵蓋所有申請驗證範圍系統要求與產品要求之管理制度及其程序文件。

15.3.2 文件之發行、修正及廢止，應建立相關作業程序且必須經負責人或其授權人簽署，核准實施並做成紀錄。

15.3.3 應確保員工使用有效版本之作業文件，且易於查詢，使用方便。修定時亦同。

15.4 追溯追蹤系統

15.4.1 食品工廠應依據食藥署公告之「食品及其相關產品追溯追蹤系統管理辦法」建立、實施並維持文件化之產品追溯追蹤系統，以批號或其他可連結之方式進行，且能辨識生產工廠名稱及其地址。該系統應能將產品由流通端追溯至原料來源供應商，以及將原料追蹤至生產之產品。該系統應能辨識及追溯與食品安全相關之協力廠商所提供之原物料或服務，以及能追蹤產品之購買客戶與運輸地點，並留存紀錄。

15.4.2 委託代工產品亦應符合本驗證方案之追溯追蹤系統要求。

15.5 緊急應變處理：食品工廠應針對可能發生的緊急事件建立相關作業流程及應變措施，並應定期進行演練。

15.6 改善及更新

15.6.1 食品工廠於作業期間應針對衛生管理發生之問題進行改善，並於衛生管理組織進行討論。在符合法規及本規範之條件下，必要時應改善及更新各項作業。

15.6.2 食品工廠於作業期間應針對製程管理、品質管制、管理制度、客訴、異常處理、成品回收、標示、供應商評鑑、內部稽核及食品安全制度之執行等，針對發生之問題進行改善，並於推行 TQF 制度之相關委員會進行討論。在符合法規及本規範之條件下，必要時應改善及更新各項

作業。發生重大或突發性食品安全事件，或是任何原因的成品下架、回收，應將臺灣優良食品發展協會以及驗證機構列入優先通報的單位。

16. 附則

16.1 本規範之內容與現行相關法令規定抵觸時，應依法令規定辦理。有關食品安全管制系統(HACCP)部分之實施以中央主管機關公告之項目和施行日期為準，在公告之前驗證廠商應先行建立制度。

16.2 本規範自核定日起實施，修正時亦同。

## 二、TQF 驗證方案

該驗證方案公告於 TQF 協會官方網站(http://www.tqf.org.tw/tw/)及 ICT 平臺（以下簡稱 TQF-ICT 平臺；http://testing.tqf.org.tw/tqfict/index.aspx），作為認證機構、驗證機構以及食品工廠認證、驗證過程之依據。

TQF 產品驗證類別範圍為針對人類食品(含食品原料及食品添加物)之生產、製造加工、儲運等作業過程要求，涵蓋食品安全基礎（方案第四章）、食品安全管理（方案第五章）以及食品品質管理（方案第六章）等規範。依產品特性亦可包括 1.易腐壞動物產品之加工、2.易腐壞植物產品之加工、3.易腐壞動物與植物產品（混合產品）之加工，以及 4.常溫穩定產品之加工等四大類；並依據產品原料及製程特性分為 28 類（方案第四章食品安全基礎規範），分別制定技術專則，臺灣優良食品驗證方案產品類別其分類：01.飲料、02.烘焙食品、03.食用油脂、04.乳品、05.粉狀嬰兒配方食品、06.醬油、07.食用冰品、08.麵條、09.糖果、10.即食餐食、11.味精、12.醃漬蔬果、13.黃豆加工食品、14.水產加工食品、15.冷凍食品、16.罐頭食品、17.調味醬類、18.肉類加工食品、19.冷藏調理食品、20.脫水食品、21.茶葉、22.麵粉、23.精製糖、24.澱粉糖類、25.酒類、26.機能性食品、27.食品添加物、99.其他食品。

　　臺灣優良食品驗證方案之驗證範圍係指食品工廠於其工廠登記之主要產品範圍內，所申請上述類別產品之生產場域。TQF 驗證規範過程要求與驗證作業流程如圖 7.4 所示。食品工廠可依據實際需求申請第一階食品安全驗證或第二階食品安全與品質驗證。其中申請第一階驗證，驗證範圍應涵蓋該驗證類別之所有產品（以下簡稱同類產品），驗證機構將確認該範圍符合本方案第四章及第五章之要求，並對同類產品進行後市場抽樣檢驗。通過第一階驗證之同類產品不得使用 TQF 驗證標章。申請第二階驗證，食品工廠通過第一階食品安全驗證後，得於同類產品中選擇欲標示 TQF 驗證標章之產品申請驗證（以下簡稱驗證產品），並應依實際品質之需求，建立驗證產品整合性品質管理計畫(IQP)。驗證機構將再確認該範圍符合本方案第六章之要求，並對驗證產品及同類產品進行現場與後市場抽樣檢驗。

## 三、TQF 制度現場稽核與追蹤管理

　　資料審查通過者，由驗證機構組成現場稽核小組，並於 20 個工作天內辦理驗證作業。驗證機構應選派具有資格之人員，必要時得聘任技術專家支援。現場稽核小組人員資格之制定應符合 TQF 協會對驗證稽核員之要求。現場稽核各項程序流程、產品檢驗與追蹤管理等，詳見 TQF 官網 http://www.tqf.org.tw。

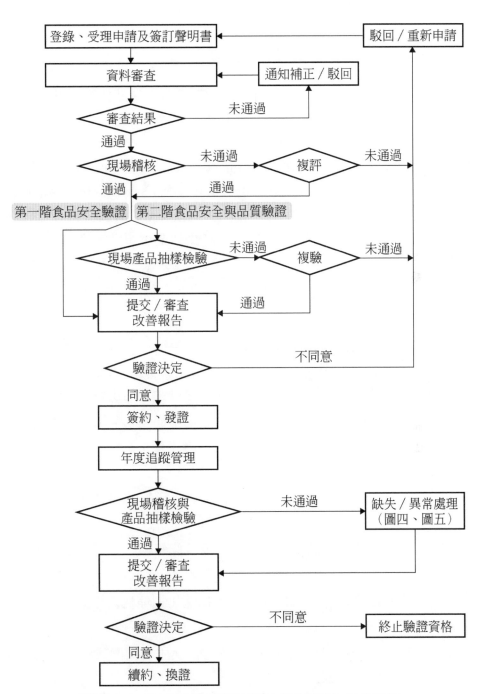

**■ 圖 7.4 TQF 驗證規範過程要求與驗證作業流程圖**

## 第五節　食品良好衛生規範

　　民國 103 年 11 月 07 日衛生福利部發布食品良好衛生規範(Good Hygienic Practice, GHP)準則。規範中總則和食品業者良好衛生一般規定，因其內容與第四節臺灣優良食品管理技術規範之通則大同小異，請參閱全國法規資料庫(file:///C:/Documents%20and%20Settings/Administrator/My%20Documents/Downloads/%E9%A3%9F%E5%93%81%E8%89%AF%E5%A5%BD%E8%A1%9B%E7%94%9F%E8%A6%8F%E7%AF%84%E6%BA%96%E5%89%87.pdf)不再贅述，將食品業類類別節述如下，另為保留原來法條之完整性，章、條、款、目等編號不另更改。

### 第二章　食品製造業

第 9 條　食品製造業製程管理及品質管制，應符合附表三製程管理及品質管制基準之規定。

第 10 條　食品製造業之檢驗及量測管制，應符合下列規定：

　　一、 設有檢驗場所者，應具有足夠空間及檢驗設備，供進行品質管制及衛生管理相關之檢驗工作；必要時，得委託具公信力之研究或檢驗機構代為檢驗。

　　二、 設有微生物檢驗場所者，應以有形方式與其他檢驗場所適當隔離。

　　三、 測定、控制或記錄之測量器或記錄儀，應定期校正其準確性。

　　四、 應就檢驗中可能產生之生物性、物理性及化學性汙染源，建立有效管制措施。

　　五、 檢驗採用簡便方法時，應定期與主管機關或法令規定之檢驗方法核對，並予記錄。

第 11 條　食品製造業應對成品回收之處理，訂定回收及處理計畫，並據以執行。

第 12 條　食品製造業依本準則規定所建立之相關紀錄、文件及電子檔案或資料庫至少應保存 5 年。

## 第三章　食品工廠

第 13 條　食品工廠應依第四條至前條規定，訂定相關標準作業程序及保存相關處理紀錄。

第 14 條　食品作業場所之配置及空間，應符合下列規定：

一、作業性質不同之場所，應個別設置或有效區隔，並保持整潔。

二、具有足夠空間，供作業設備與食品器具、容器、包裝之放置、衛生設施之設置及原材料之貯存。

第 15 條　食品製程管理及品質管制，應符合下列規定：

一、製程之原材料、半成品及成品之檢驗狀況，應適當標示及處理。

二、成品有效日期之訂定，應有合理依據；必要時，應為保存性試驗。

三、成品應留樣保存至有效日期。

四、製程管理及品質管制，應作成紀錄。

## 第四章　食品物流業

第 16 條　食品物流業應訂定物流管制標準作業程序，其內容應包括第七條及下列規定：

一、不同原材料、半成品及成品作業場所，應分別設置或予以適當區隔，並有足夠之空間，以供搬運。

二、物品應分類貯放於棧板、貨架上或採取其他有效措施，不得直接放置地面，並保持整潔。

三、作業應遵行先進先出之原則，並確實記錄。

四、作業過程中需管制溫度或濕度者，應建立管制方法及基準，並確實記錄。

五、貯存過程中，應定期檢查，並確實記錄；有異狀時，應立即處理，確保原材料、半成品及成品之品質及衛生。

六、低溫食品之品溫在裝載及卸貨前，應檢測及記錄。

七、低溫食品之理貨及裝卸，應於攝氏十五度以下場所迅速進行。

八、應依食品製造業者設定之產品保存溫度條件進行物流作業。

## 第五章　食品販賣業

第 17 條　食品販賣業應符合下列規定：

一、販賣、貯存食品或食品添加物之設施及場所，應保持清潔，並設置有效防止病媒侵入之設施。

二、食品或食品添加物應分別妥善保存、整齊堆放，避免汙染及腐敗。

三、食品之熱藏，溫度應保持在攝氏六十度以上。

四、倉庫內物品應分類貯放於棧板、貨架或採取其他有效措施，不得直接放置地面，並保持良好通風。

五、應有管理衛生人員，於現場負責食品衛生管理工作。

六、販賣貯存作業，應遵行先進先出之原則。

七、販賣貯存作業需管制溫度、濕度者，應建立相關管制方法及基準，並據以執行。

八、 販賣貯存作業中應定期檢查產品之標示或貯存狀態，有異狀時，應立即處理，確保食品或食品添加物之品質及衛生。

九、 有汙染原材料、半成品或成品之虞之物品或包裝材料，應有防止交叉汙染之措施；其未能防止交叉汙染者，不得與原材料、半成品或成品一起貯存。

十、 販賣場所之光線應達到二百米燭光以上，使用之光源，不得改變食品之顏色。食品販賣業屬量販店業者，應依第四條至第八條規定，訂定相關標準作業程序及保存相關處理紀錄。

第 18 條 食品販賣業有販賣、貯存冷凍或冷藏食品者，除依前條規定外，並應符合下列規定：

一、 販賣業者不得改變製造業者原來設定之食品保存溫度。

二、 冷凍食品應有完整密封之基本包裝；冷凍（藏）食品不得使用金屬材料釘封或橡皮圈等物固定；包裝破裂時，不得販售。

三、 冷凍食品應與冷藏食品分開貯存及販賣。

四、 冷凍（藏）食品貯存或陳列於冷凍（藏）櫃內時，不得超越最大裝載線。

第 19 條 食品販賣業有販賣、貯存烘焙食品者，除依第十七條規定外，並應符合下列規定：

一、 未包裝之烘焙食品販賣時，應使用清潔之器具裝貯，分類陳列，並應有防止汙染之措施及設備，且備有清潔之夾子及盛物籃（盤）供顧客選購使用。

二、 以奶油、布丁、果凍、水果或易變質、腐敗之餡料等裝飾或充餡之蛋糕、派等，應貯放於攝氏七度以下之冷藏櫃內。

第 20 條 食品販賣業有販賣禽畜水產食品者，除依第十七條規定外，並應符合下列規定：

一、禽畜水產食品之陳列檯面，應採不易透水及耐腐蝕之材質，且應符合食品器具容器包裝衛生標準之規定。

二、販售場所應有適當洗滌及排水設施。

三、工作檯面、砧板或刀具，應保持平整清潔；供應生食鮮魚或不經加熱即可食用之魚、肉製品，應另備專用刀具、砧板。

四、使用絞肉機及切片機等機具，應保持清潔，並避免汙染。

五、生鮮水產食品應使用水槽，以流動自來水處理，並避免汙染販售之成品。

六、禽畜水產食品之貯存、陳列、販賣，應以適當之溫度及時間管制。

七、販賣冷凍（藏）之禽畜水產食品，應具有冷凍（藏）之櫃（箱）或設施。

八、禽畜水產食品以冰藏方式貯存、陳列、販賣者，使用之冰塊應符合飲用水水質標準。

第 21 條 攤販、小型販賣店兼售食品者，直轄市、縣（市）主管機關得視實際情形，適用本準則規定。

## 第六章　餐飲業

第 22 條 餐飲業作業場所應符合下列規定：

一、洗滌場所應有充足之流動自來水，並具有洗滌、沖洗及有效殺菌三項功能之餐具洗滌殺菌設施；水龍頭高度應高於水槽滿水位高度，防水逆流汙染；無充足之流動自來水者，應提供用畢即行丟棄之餐具。

二、廚房之截油設施，應經常清理乾淨。

三、油煙應有適當之處理措施，避免油煙汙染。

四、廚房應有維持適當空氣壓力及室溫之措施。

五、餐飲業未設座者,其販賣櫃臺應與調理、加工及操作場所有效區隔。

第 23 條　餐飲業應使用下列方法之一,施行殺菌:

一、煮沸殺菌:毛巾、抹布等,以攝氏一百度之沸水煮沸五分鐘以上,餐具等,一分鐘以上。

二、蒸汽殺菌:毛巾、抹布等,以攝氏一百度之蒸汽,加熱時間十分鐘以上,餐具等,二分鐘以上。

三、熱水殺菌:餐具等,以攝氏八十度以上之熱水,加熱時間二分鐘以上。

四、氯液殺菌:餐具等,以氯液總有效氯百萬分之二百以下,浸入溶液中時間二分鐘以上。

五、乾熱殺菌:餐具等,以溫度攝氏一百一十度以上之乾熱,加熱時間三十分鐘以上。

六、其他經中央衛生福利主管機關認可之有效殺菌方法。

第 24 條　餐飲業烹調從業人員持有烹調技術證及烘焙業持有烘焙食品技術士證之比率,應符合食品業者專門職業或技術證照人員設置及管理辦法之規定。前項持有烹調技術士證者,應加入執業所在地直轄市、縣(市)之餐飲相關公會或工會,並由直轄市、縣(市)主管機關委託其認可之公會或工會發給廚師證書。前項公會或工會辦理廚師證書發證事宜,應接受直轄市、縣(市)主管機關督導;不遵從督導或違反委託相關約定者,直轄市、縣(市)主管機關得終止其委託。廚師證書有效期間為四年,期滿得申請展延,每次展延四年。申請展延者,應在證書有效期間內接受各級主管機關或其認可之公會、工會、高級中等以上學校或其他餐飲相關機構辦理之衛生講習,每年至少八小時。第一項規定,自本準則發布之日起一年後施行。

第 25 條　經營中式餐飲之餐飲業，於本準則發布之日起一年內，其烹調
　　　　　從業人員之中餐烹調技術士證持證比率規定如下：

一、觀光旅館之餐廳：百分之八十。

二、承攬學校餐飲之餐飲業：百分之七十。

三、供應學校餐盒之餐盒業：百分之七十。

四、承攬筵席之餐廳：百分之七十。

五、外燴飲食業：百分之七十。

六、中央廚房式之餐飲業：百分之六十。

七、伙食包作業：百分之六十。

八、自助餐飲業：百分之五十。

第 26 條　餐飲業之衛生管理，應符合下列規定：

一、製備過程中所使用設備及器具，其操作及維護，應避免汙
　　染食品；必要時，應以顏色區分不同用途之設備及器具。

二、使用之竹製、木製筷子或其他免洗餐具，應用畢即行丟
　　棄；共桌分食之場所，應提供分食專用之匙、筷、叉及刀
　　等餐具。

三、提供之餐具，應維持乾淨清潔，不應有脂肪、澱粉、蛋白
　　質、洗潔劑之殘留；必要時，應進行病原性微生物之檢測。

四、製備流程應避免交叉汙染。

五、製備之菜餚，其貯存及供應應維持適當之溫度；貯放食品
　　及餐具時，應有防塵、防蟲等衛生設施。

六、外購即食菜餚應確保衛生安全。

七、食品製備使用之機具及器具等，應保持清潔。

八、供應生冷食品者，應於專屬作業區調理、加工及操作。

九、生鮮水產品養殖處所，應與調理處所有效區隔。

十、 製備時段內，廚房之進貨作業及人員進出，應有適當之管制。

第 27 條　外燴業者應符合下列規定：

一、 烹調場所及供應之食物，應避免直接日曬、雨淋或接觸汙染源，並應有遮蔽、冷凍（藏）設備或設施。

二、 烹調器具及餐具應保持乾淨。

三、 烹調食物時，應符合新鮮、清潔、迅速、加熱及冷藏之原則，並應避免交叉汙染。

四、 辦理二百人以上餐飲時，應於辦理三日前自行或經餐飲業所屬公會或工會，向直轄市、縣（市）衛生局（所）報請備查；其備查內容應包括委辦者、承辦者、辦理地點、參加人數及菜單。

第 28 條　伙食包作業者應符合第二十四條及第二十六條規定；其於包作伙食前，應自行或經餐飲業所屬公會或工會向衛生局（所）報請備查，其備查內容應包括委包者、承包者、包作場所及供應人數。

## 第七章　食品添加物業

第 29 條　食品添加物之進貨及貯存管理，應符合下列規定：

一、 建立食品添加物或原料進貨之驗收作業及追溯、追蹤制度，記錄進貨來源、內容物成分、數量等資料。

二、 依原材料、半成品或成品，貯存於不同場所，必要時，貯存於冷凍（藏）庫，並與其他非供食品用途之原料或物品以有形方式予以隔離。

三、 倉儲管理，應依先進先出原則。

第 30 條　食品添加物之作業場所，應符合下列規定：

一、生產食品添加物兼生產化工原料或化學品之製造區域或製程步驟,應予以區隔。

二、製程中使用溶劑、粉劑致有害物質外洩或產生塵爆等危害之虞時,應設防止設施或設備。

第 31 條　食品添加物製程之設備、器具、容器及包裝,應符合下列規定:

一、易於清洗、消毒及檢查。

二、符合食品器具容器包裝衛生標準之規定。

三、防止潤滑油、金屬碎屑、汙水或其他可能造成汙染之物質混入食品添加物。

第 32 條　食品添加物之製程及品質管理,應符合下列規定:

一、建立製程及品質管制程序,並應完整記錄。

二、成品應符合食品添加物使用範圍及限量暨規格標準,並完整包裝及標示。每批成品之銷售流向,應予記錄。

## 第八章　低酸性及酸化罐頭食品製造業

第 33 條　低酸性及酸化罐頭食品製造業生產及加工之管理,應符合附表四生產與加工管理基準之規定。

第 34 條　低酸性及酸化罐頭食品製造業之殺菌設備與方法,應符合附表五殺菌設備與方法管理基準之規定。

第 35 條　低酸性及酸化罐頭食品製造業之人員,應符合下列規定:

一、製造罐頭食品之工廠,應置專司殺菌技術管理人員、殺菌操作人員、密封檢查人員及密封操作人員。

二、前款殺菌技術管理人員與低酸性金屬罐之殺菌操作、密封檢查及密封操作人員,應經中央衛生福利主管機關認定之機構訓練合格,並領有證書;其餘人員,應有訓練證明。

第 36 條　低酸性及酸化罐頭食品製造業容器密封之管制，應符合附表六容器密封管制基準之規定。

## 第九章　真空包裝即食食品製造業

第 37 條　所稱真空包裝即食食品，指脫氣密封於密閉容器內，拆封後無須經任何烹調步驟，即可食用之產品。製造常溫貯存及販賣之真空包裝即食食品，應符合下列規定：

一、具下列任一條件者之真空包裝即食食品，得於常溫貯存及販售：

（一）水活性在零點八五以下。

（二）氫離子濃度指數（以下稱 pH 值）在九點零以上。

（三）經商業滅菌。

（四）天然酸性食品（pH 值小於四點六者）。

（五）發酵食品（指微生物於發酵過程產酸，致最終產品 pH 值小於四點六或鹽濃度大於百分之十者；所稱鹽濃度，指鹽類質量佔全部溶液質量之百分比）。

（六）碳酸飲料。

（七）其他於常溫可抑制肉毒桿菌生長之條件。

二、前款第一目、第二目、第四目及第五目之產品，應依標示貯存及販賣，且業者須留存經中央衛生福利主管機關認證實驗室之相關檢測報告備查；第三目之產品，應符合第八章之規定。

第 38 條　製造冷藏貯存及販賣之真空包裝即食食品，應符合下列規定：

一、水活性大於零點八五，且須冷藏之真空包裝即食食品，其貯存、運輸及販賣過程，均應於攝氏七度以下進行。

二、冷藏真空包裝即食食品之保存期限：產品未具下列任一條件者，保存期限應在十日以內，且業者應留存經中央衛生福利主管機關認證實驗室之相關檢測報告或證明文件備查：

（一）添加亞硝酸鹽或硝酸鹽。

（二）水活性在零點九四以下。

（三）pH 值小於四點六。

（四）鹽濃度大於百分之三點五之煙燻及發酵產品。

（五）其他具有可抑制肉毒桿菌之條件。

第 39 條 製造冷凍貯存及販賣之真空包裝即食食品，其貯存、運輸及販賣過程，均應於攝氏零下十八度下進行。

## 第十章 塑膠類食品器具、食品容器或包裝製造業

第 40 條 產品之開發及設計，應符合下列規定：

一、設定產品最終使用環境及條件。

二、依前款設定，選用適宜之原料。

三、開發及設計資料，應留存備查。

第 41 條 原料及產品之貯存，應符合下列規定：

一、塑膠原料應有專屬或能與其他區域區隔之貯存空間。

二、貯存空間應避免交叉汙染。

三、塑膠原料之進出，均應有完整之紀錄；其內容應包括日期及數量。

四、業者應保存塑膠原料供應商提供之衛生安全資料。

第 42 條 製造場所，應符合下列規定：

一、動線規劃，應避免交叉汙染。

二、混料區、加工作業區或包裝作業區，應以有形之方式予以隔離，並防止粉塵及油氣汙染。

三、加工、包裝及輸送，其設備及過程，應保持清潔。

第 43 條　生產製造，應符合下列規定：

一、依塑膠原料供應者所提供之加工建議條件製造，並逐日記錄；建議條件變更者，亦同。

二、自製造至包裝階段，應避免與地面接觸；必要時應使用適當器具盛接。

三、印刷作業，應避免油墨移轉或附著於食品接觸面。油墨有浸入、溶出等接觸食品之虞，應使用食品添加物使用範圍及限量暨規格標準准用之著色劑。

第 44 條　塑膠類食品器具、食品容器或包裝之衛生管理，應符合下列規定：

一、傳遞、包裝或運送之場所，應以有形之方式予以隔離，避免遭受其他物質或微生物之汙染。

二、成品包裝時，應進行品質管制。

三、成品之標示、檢驗、下架、回收及回收後之處置與記錄，應符合本法及其相關法規之規定。

第 45 條　塑膠類食品器具、食品容器或包裝製造業，依本準則規定所建立之紀錄，至少應保存至該批成品有效日期後三年以上。

## 附表三、食品製造業者製程管理及品質管制基準

1. 使用之原材料，應符合本法及其相關法令之規定，並有可追溯來源之相關資料或紀錄。

2. 原材料進貨時，應經驗收程序，驗收不合格者，應明確標示，並適當處理，免遭誤用。

3. 原材料之暫存，應避免製程中之半成品或成品產生汙染；需溫濕度管制者，應建立管制方法及基準，並作成紀錄。冷凍原料解凍時，應防止品質劣化。

4. 原材料使用，應依先進先出之原則，並在保存期限內使用。

5. 原料有農藥、重金屬或其他毒素等汙染之虞時，應確認其安全性或含量符合本法及相關法令規定。

6. 食品添加物應設專櫃貯放，由專人負責管理，並以專冊登錄使用之種類、食品添加物許可字號、進貨量、使用量及存量。

7. 品製程之規劃，應符合衛生安全原則。

8. 食品在製程中所使用之設備、器具及容器，其操作、使用與維　護，應符合衛生安全原則。

9. 食品在製造作業過程中不得與地面直接接觸。

10. 食品在製程中，應採取有效措施，防止金屬或其他雜物混入食品中。

11. 食品在製程中，非使用自來水者，應指定專人每日作有效餘　氯量及酸鹼值之測定，並作成紀錄。

12. 食品在製程中，需管制溫度、濕度、酸鹼值、水活性、壓力　、流速或時間等事項者，應建立相關管制方法及基準，並作成紀錄。

13. 食品添加物之使用，應符合食品添加物使用範圍及限量暨規格標準之規定；秤量及投料應建立重複檢核程序，並作成紀錄。

14. 食品之包裝，應避免產品於貯運及銷售過程中變質或汙染。

15. 不得回收使用之器具、容器及包裝，應禁止重複使用；得回收使用之器具、容器及包裝，應以適當方式清潔、消毒；必要時，應經有效殺菌處理。

16. 每批成品應確認其品保後，始得出貨；確認不合格者，應訂定適當處理程序。

17. 製程與品質管制如有異常現象時，應建立矯正與防止再發生之措施，並作成紀錄。

18. 成品為包裝食品者，其成分應確實標示。

19. 每批成品銷售，應有相關文件或紀錄。

## 第六節　危害分析重要管制點

　　危害分析重要管制點的全文為 Hazard Analysis Critical Control Points（簡稱 HACCP），也有人譯為危害分析重點管制。係基於事先預防而非事後補救的原則，以確保食品安全。HACCP 原由美國國家太空總署用於太空食物的加工管制，1971 年美國國家食品安全會議上提出 HACCP 並被應用於罐頭食品 GMP，1992 年美國食品微生物基準諮詢協會採用 HACCP 在食品生產上的七大原則，1997 年世界衛生組織(WTO) 頒布 HACCP 體系及其應用準則指南，國際開始廣泛採用。HACCP 是預防性的品質管制系統，建立在 GHP 基礎上除注重源頭管理，要求在食品生產上達到基本的食品衛生，更在所有環節建立完善的標準與監控方式，並採取糾正措施，能有效的發揮預防、消除或降低各種食品加工中可能發生之生物性、化學性或物理性危害。

## 一、HACCP 的意義

　　HACCP（發音 Hassip）係由美國太空總署(NASA)陸軍部 Natick 研究中心及 Pillsbury 食品公司共同發展出來的一種食品衛生安全的管制辦法，是一個管制預防系統，其目的乃為使食品之生產達到無缺點的境界。故 HACCP 對食品生產的全部過程：產品設計→原料採購→產品製程→

機械、器具之洗淨消毒→作業人員的衛生及健康→成品→包裝→貯存→
銷售等作有系統的分析，決定哪些過程必須嚴格管削，才不會生產出不
安全、不衛生或觸犯法令之產品，而且可以在萬一生產出不良食品時，
知道應如何有效的回收(recall)，以減少可能引起之嚴重後果。

HACCP之組成包括如下兩大部分的意義：

## 1. 危害分析(hazard analysis, HA)

在食品製造過程，最初僅就食品微生物等產生危害的的可能性加以
檢討，然後設法防止其危害之發生，如為可能產生而又不能排除之危害
因素，則設定其容許限量，以進行監視的措施。

後來美國通用公司(General Mills)將重要危害應用於餐飲業上，並定
義為一種急迫性的健康危害或顧客的不滿。例如「食物冷卻」會造成問
題，那就把焦點集中在「冷卻」這個步驟上，如果「外來夾雜會進入食
品」，就把焦點集中在「外來夾雜進入食品」的原因和如何預防上。結
果該公司將這套食品安全管制系統與營運結合後，不但改善食品品質，
而且因餐廳滿意度提高，也提高用餐的來客率。

又有很多事項應在危害分析時提出，如食材、製程、配送及使用目
的等因素，這些危害項目包括食品是否具有可能產生生物性、化學性或
物理性等危害因子，以及處理食品時的衛生習慣是否會引起食品的危
害。進行危害分析時，可在製備流程圖中的每一個步驟上，找出一系列
的問題以判別製備流程中，可能存在的汙染微生物生長及其所產生的代
謝物。

## 2. 重要管制點(critical control point, CCP)

根據上述危害分析為基礎來決定重要的管制點，並訂定檢查頻率，
適當的抽樣計畫、試驗方法，以及成品的各種有害因素的容許標準（自
行訂定之標準），作為管制、監視的衛生管理方式。

重要管制點 CCP 可以是一種以加熱方式來殺死細菌的步驟，或是以適當的冷藏或熱藏的方法，來預防、減緩細菌孳生的關鍵管制步驟。其意義與管制點(CP)不同，前者 CCP 是指管制食品製備過程的一個點、步驟或程序，以預防、排除或降低食品安全上的危害到可以接受的程度。而管制點(CP)則是指造成生物性、物理性或化學性的危險因子的任何一個點，有別於 CCP 是因為 CCP 有下一個步驟或程序可以預防危害。

## 二、HACCP 常用術語

1. 主要缺點(major defect)：偏離管制標準，而可能造成危害。

2. 交互汙染(cross contamination)：有害微生物透過器具或人手由一個食品傳到另一個食品。

3. 風險(risk)：發生食品危害的可能性。

4. 潛在性危害食品(potentially hazardous food)：是指牛乳、雞蛋、魚、肉、貝類等，有利於中毒細菌大量孳生之食品。

5. 危害(hazard)：可能造成食品危險的生物性、化學性或物理性的因素。

6. 監控(monitor)：有計畫的持續觀察或計測、以評估該管制是否在控制之中，並確實記錄結果以供未來確認。

7. 危險溫度帶(danger zone)：指 4~60℃的溫度範圍，是大部分細菌繁殖生長的最佳環境。

8. 食品安全管制系統(HACCPs)：實施食品安全管制計畫的結果。

9. 生物性危害(biological hazard)：食品中的病原菌、植物毒與魚毒所帶來的危險。

10. 管制點(control point)：食物生物性、物理性或化學性的危害因子，可被控制的任何點、步驟或程序。

## 三、HACCP 的分析範圍

### 1. 原料的危險度分析(the hazards of the raw materials)

例如黴菌毒素(mycotoxins)、病原菌(pathogens)、殺蟲劑(pesticides)、除草劑(herbicides)、重金屬(heavy metals)、汙穢物及攙雜物之汙染可能。

### 2. 加工時之危險度分析(the hazards during processing)

例如加工方法、設備及環境汙染、品管樞紐之確認及控制、食品添加物(food additives)、意外添加物之汙染可能。

### 3. 消費者誤用之危險度分析

例如食品於貯運、銷售以及消費者食用時因不小心而發生的意外可能。均應作有效的防患工作。

總之管制重點的分析項目,就應包括人員與環境衛生、食物的交互汙染,以及標準衛生的作業程序。餐飲業尤需注意潛在危害食品(PHF)的加熱、冷卻、復熱、保存等溫度及時間的管制。

**☞表 7.9 危害分析工作表**

| 原料／加工步驟 | 潛在之安全危害 | 該潛在危害顯著影響產品安全?(Yes/No) | 判定為顯著危害之理由 | 顯著危害之防治措施 | 本步驟是一重要管制點?(Yes/No) |
|---|---|---|---|---|---|
| | 物理性 | | | | |
| | 化學性 | | | | |
| | 生物性 | | | | |
| | 物理性 | | | | |
| | 化學性 | | | | |
| | 生物性 | | | | |

**表 7.10 CCP 計畫格式**

| 重要管制點 | 顯著之安全危害 | 每一個防治措施之管制界限 | 監 控 | | | | 矯正措施 | 記錄 | 確認 |
|---|---|---|---|---|---|---|---|---|---|
| | | | 目標 | 方法 | 頻率 | 負責人 | | | |
| | 物理性 | | | | | | | | |
| | 化學性 | | | | | | | | |
| | 生物性 | | | | | | | | |
| | 物理性 | | | | | | | | |
| | 化學性 | | | | | | | | |
| | 生物性 | | | | | | | | |

## 四、HACCP 制度之實施步驟

### 1. 實施內容

(1) 公司組織及各單位任務、職掌之明確化。

(2) QC 工程圖之建立。

(3) 檢驗方法及方式之確立。

(4) 原物料檢驗。

(5) 在製品管制。

(6) 成品管制。

(7) 產品包裝、標示及記錄。

(8) 產品貯存。

(9) 衛生檢查。

(10) 紀錄保存：

　　a. 供應商產品保證書。

　　b. 生產紀錄。

　　c. 溫、濕度表。

d. 產品檢查報告。

e. 衛生檢查報告。

f. 農藥殘留檢查報告。

g. 產品運銷報告。

h. 不良品處置報告。

i. 其他。

(11)產品回收計畫。

(12)定期對 HACCP 做查核及檢討。

## 2. 計畫的建立程序

成立訂定 HACCP 計畫之工作小組

↓

描述產品及其流通方式

↓

確定產品之消費對象

↓

建立製造流程圖

↓

現場確認製造流程

↓

進行危害分析

| 1.鑑定出製程中可能發生危害之步驟 | | |
| 2.列出該步驟之所有危害 | | |
| 3.列出控制危害之防患措施 | | |
| 1.步驟 | 2.可能之危害 | 3.防患措施 |

↓

運用 CCP 決定樹等方法判定是否為 CCP 或其類別

↓

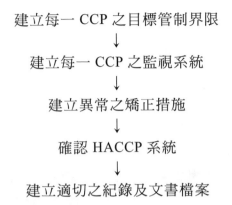

建立每一 CCP 之目標管制界限
↓
建立每一 CCP 之監視系統
↓
建立異常之矯正措施
↓
確認 HACCP 系統
↓
建立適切之紀錄及文書檔案

### 3. 食品安全系統的執行步驟

(1) 危害分析潛在性不安全的食品材料及程序。

(2) 決定食品製備、保存、供應流程的重要管制點。

(3) 建立重要管制點的管制界限及檢驗方法。

(4) 隨時監控各重要管制點，在管制狀態確保食品安全。

(5) 建立矯正及再防止措施，以備失去管制時遵循。

(6) 建立有效的記錄保存制度作成檔案備查。

(7) 建立稽查制度確保 HACCPs 的有效運作。

### 4. HACCPs 的評核（確認）程序

(1) 排定適當的確認檢查時間表。

(2) 檢視 HACCP 的計畫內容。

(3) 檢視 CCP 的管制記錄。

(4) 檢視失去管制時的矯正措施。

(5) 現場觀察作業過程中，各 CCP 的管制狀態。

(6) 隨機抽樣並作檢查分析。

(7) 檢視各 CCP 管制界限，以確認可以有效控制危害。

(8) 檢視所有檔案書面記錄，包括食材驗收、顧客抱怨等有無缺失。

(9) 檢視 HACCPs 的修正計畫。

## 五、食品危險度分析與管制

　　食品危險度分類可依如下三大通性：1.食品中含有易腐之成分；2.食品製造過程中，並不含具有能有效破壞有害微生物之加工階段；3.食品於運銷消費時，可能因微生物之生長，進而很可能發生危害之食品。然後依組合及應用來分類食品，此即是消費者冒險(consumer's risk)。若某食品具有上述三大危險通性，則其危險度分類為「＋＋＋」。若無某一危險通性則用「0」符號，例如「0＋＋」為不含易腐成分，「＋0＋」表示食品曾殺菌加工，「000」為無運送或貯存風險存在。食品若具三大危險通性，則歸類為潛在性危害食品 PHF。一般水活性$(A_w)$在 0.85 以下的食品，因微生物不易生長危險度低不屬於潛在性危害食品。

### 1. 潛在性危害食品

　　潛在性危害食品一般指食品和餐飲店常供應的食物，包括乳品、蛋類、肉、魚貝類、生芽菜類、熱處理後蔬菜類、米飯及馬鈴薯等，這些食物具有利於細菌大量孳生，並危害消費者健康的特性，同時對消費者，都可能具有以下四種潛在性的危險。

(1) 生物性危害：細菌感染、細菌毒素、屍體毒、真菌毒素、寄生蟲等。

(2) 化學性危害：有毒金屬、殺蟲劑、除草劑、清潔劑、防腐劑、食品添加物等。

(3) 動植物危害：河豚毒、貝毒、熱帶魚毒、植物毒等天然毒素及過敏性毒等。

(4) 物理性危害：玻璃、金屬屑、指甲、木片、塑膠等外來夾雜物。

## 2. 單成分製品(single product)危害分析

　　以冷凍蔬菜為例，冷凍蔬菜在前處理加工階段，其管制重點是設備的衛生條件及水質。在檢查階段除設備衛生外人員衛生是其管制之重點。在冷凍時設備及人員衛生，以及冷凍速率是必要的管制樞紐。若用氣冷式個別快速凍結法(IQF)時，則氣流之衛生亦是需要考慮之管制因素。

　　蔬菜在冷凍前的殺菁(blanching)，雖也是一加工階段，但並不一定要具有殺菌作用。又清洗的水質及設備衛生所以重要，是因會汙染到食品。又如節切、切片等作業，因切割食物而流出之組織液，是很好的微生物培養基。而且因大量增加食品表面，能供微生物生長和增加汙染機會，很容易造成前階段之管制失效。同樣的冷凍作業的延誤，不當的操作或設備機能不佳等因素，亦會使原應合格的產品，變成不合規格的結果。故設備衛生和時間、溫度之控制，是防止食品再汙染之重要樞紐。另外除微生物危害管制外，其他尚有三種重要管制因素：

(1) 加工成分中殘留之除草劑和殺蟲劑之管制。

(2) 成分之檢收規格必須建立，許多蔬菜採收後，必須立即冷卻以免影響品質。

(3) 成品之檢驗與分析，其主要目的在於瞭解品質，發現缺點，以管制之改進。

## 3. 多成分製品(multi-component products)危害分析

　　若將上述冷凍蔬菜進一步附加加工(add-on process)成冷凍蔬菜沙拉醬或裹麵包粉(breading)等，加工而成之多成分製品時，因其成分包括有成分之危險度分類：第一類易腐敗的牛乳，及第二類因葡萄球菌能生長的乳酪和第三類的牛油及調味料，故加工時至少較前述冷凍蔬菜要增加如下管制重點：

(1) 設備和作業之衛生是成分混合製醬時之管制關鍵。

(2) 添加沙拉醬時之設備衛生及時間與溫度的控制。

(3) 添加沙拉醬後至冷凍時之間隔時間亦是管制關鍵。

(4) 不同成分相互或連續使用同一設備，造成相互汙染(cross contamination)之危害。

## 4. 多成分綜合加工品(multicomponent multiproducts)危害分析

以海產冷凍調理餐(marine frozen prepared dinners)為例，因海鮮食品會受腸炎弧菌(*Vibrio parahaemolylicus*)汙染，故需注意煮過之水產食品，再被該菌汙染。又麵糊(batter mix)是良好的微生物培養基，其配製應注意若有使用蛋的品質，應防沙門氏菌(*Salmonella*)汙染。總之類似這種多成分多加工方法的綜合加工品，雖然在管制原則上與前述單一成分的冷凍蔬菜並無差異，但其加工之管制和管理要複雜及困難很多。

## 5. PHF 重要管制點

食品安全管制系統是將食品的貯存、製備及供應當作一個連續性的程序。首先必須熟悉哪些潛在性危害食品(potentially hazardous foods, PHF)與食品中毒有關，接著才能把焦點放在重點項目，並把問題和措施集中在引發食品中毒的主要因素上，如此就可以很快判別潛在問題。通常初學者常把所有管制點(CP)都列為重要管制點(CCP)，在食品製備流程中找出 CCP 時，應選擇危害可能被預防、排除或降低的監控點，這些在加工系統、食譜及製程中，都應該成為檢查點隨時得被掌控。

(1) 海產品：魚介類肉因水份含量較高，又沒有畜肉脂肪層，極易腐敗分解產生屍毒(ptomaine)，加上原有天然魚貝毒、汙染腸炎弧菌等致病細菌及胃黏膜蛔蟲等寄生蟲，食品安全顧慮比其他食品的中毒風險來得大。因此海產類食物除必須作上述危害分析外，尤需重視鮮度保持。如果是生魚片或生蠔等，則其危害管制點(CCP)，應著重在器具汙染及操作者個人衛生上，否則若製備至供餐時間過長，大腸菌及腸炎弧菌的中毒風險很大。生蠔用生檸檬汁及吃生魚片沾薑末或醋，均

有一定的殺菌效果，但日本芥末(wasabi)經研究證實殺菌效果不高；烈酒因含 40%以上之酒精，所以有同時喝酒與吃生魚片的人，中毒的風險就比較低。

要消滅魚貝類上的寄生蟲，可用−20℃的凍結室保持 7 天，或利用−35℃的 IQF 15 小時處理。但魚貝類經凍結後，肉質均比生鮮者遜色，故非不得已還是不要冷凍較好。

又海產類的保存溫度及期限均應列為重要管制點，雖然生鮮原料0℃的可食保存期限為二週，但高品質的保存期限仍以一週為宜。另外海產類進貨驗收也應列為重要管制點，除非是活魚輸送供應，否則原料中心溫度應管制在 5℃以下。又如養殖魚介類的殘留抗生素及成長激素等或蝦類非法使用保存劑亞硫酸鈉、硼砂的殘留問題，均應列入管制項目，必要時仍以重要管制點(CCP)嚴格控制。

(2) 禽畜產品：狹窄的家畜飼養場，使得沙門氏菌到處散播，估計約有60%的雞隻會遭受沙門氏菌的汙染。大型禽畜加工廠以機器處理屠體，也難免有腸道糞便中的大腸桿菌汙染屠體，雖然經過處理清洗，也不能除去表面所有細菌。就禽類中的沙門氏細菌而言，必須加熱至中心溫度達 74℃以上，才可確定沙門氏菌被殺死。健康牛肉本無菌，故吃五、六分熟的牛排也無妨。但一般絞碎肉在絞碎過程中微生物容易混入絞肉中，除非都能加熱到 68℃以上，否則就有面臨出血性大腸桿菌等的中毒風險。

為防止禽畜之疾病或增加產肉產蛋及泌乳量，飼料中有時會加入抗生素或生長激素等，造成許多雞肉、豬肉、牛肉等藥物殘留的問題。必要時均可列為重要管制點定時抽查檢驗。又地區性的狂牛病毒，因不易使用熱處理分解，應絕對避免使用。為此我們可以要求供應商提供產地證明及出廠檢驗報告以防食品危害。

鮮乳為避免李斯特菌等病原菌的汙染，在牧場或食品加工廠出廠前，已用低溫殺菌法或高溫瞬間殺菌法消毒過，但因鮮乳屬於典型的潛在性危害食品(PHF)極易腐敗，其冷藏的溫度及時間，均應以 CCP嚴控之。

雞蛋常有沙門氏菌汙染的情形，生食亦應有顧忌。帶殼水煮蛋除非能即用空氣冷卻乾燥表面，否則也應比照鮮蛋視為潛在性危害食品。

(3) 農產品：蔬菜水果雖然被採收，但其新陳代謝作用並未停止。例如採後的水果仍繼續追熟中，蘆筍、竹筍纖維逐漸老化，故可用加熱殺菁(blanching)使酵素不活性化來保持嫩度。我們常用 5℃左右的溫度來延長蔬果保存的期間，但不同於細胞已死的魚、肉類，如果冷藏冷凍溫度低於食品凍結點−1∼−2℃時，植物細胞會被冰晶破壞，即使復溫仍易腐敗。生鮮的蔬果不屬於潛在性危害食品，一旦加熱調理後仍應以 PHF 管制之。

所有的農產品都有農藥殘留的問題，也有經土壤或人為因素汙染病原菌的可能。WTO 開放後很多農產品從國外進口，有些第三世界國家他們使用何種農藥？是否仍直接使用動物排泄物作肥料使用？我們都無法瞭解。因此無論如何在製備、切割、加熱之前，充分清洗是絕對必要的。如此將可降低 A 型肝炎病毒、產氣莢膜菌、志賀氏桿菌、大腸桿菌、仙人掌桿菌等中毒的可能性。

# 六、產業 HACCP 實例

## 1. 食品罐頭危害分析重點管制

罐頭食品是加工末段經熱處理之食品，一般針對低酸性罐頭食品(low-acid canned foods)。由於低酸性罐頭食品中有礙衛生之微生物，為具有耐熱性及高毒性的肉毒桿菌(*Clostridium botulinum*)，因此微生物管制關鍵點就應放在會造成肉毒桿菌存活於罐頭食品之加工因素上。唯品質管制關鍵點除要管制安全價值(safety values)外，也應考慮官能價值(organoleptic values)及營養品質(nutritional values)。故一家食品工廠從原、副料的成分、混合、裝罐、封罐、殺菌及冷卻，最後送至庫房貼標籤及裝箱等加工程序，均須先能確認其品質管制之關鍵點。如此能使加工者較易達成產製不含有礙衛生食品之責任。

(1) 成分(ingredient)

　　　　成分配方與原始的設計相比較，是否有所更改？是否使用了不同種類之澱粉？若答案是肯定時，則要問是否原用之加工方法依然合適和有效？若不知答案時，則應盡速設法尋得答案。

(2) 混合(mixing)

　　　　各成分依配方置於混合器混合，則要問成分是否混合適當？是否有任何的團塊，漏加或多加之現象？是否黏稠度會影響品質？若會影響品質，則要考慮什麼是其黏稠度？如何去測？用何種儀器測？及於何種溫度去測？其黏稠度是否能調節？若能，則如何去調節？於何情況時要調節？其黏稠度是否記錄？及於何加工階段測定與記錄？其黏稠度的最高和最低界限值是多少？

(3) 裝罐(filling)

　　　　裝罐後，加罐蓋及作二重捲封，是否曾檢查容器有無缺點？抽樣率是多少？如何處理有缺點之容器？保存的是何種記錄？罐頭捲封檢查之步驟如何？是否作視覺檢查？檢查之頻繁度？誰做這些檢查？檢查人員是否有適當的管制員和是否受過訓練？記錄是否保持？是否只檢查？還是當依「良好衛生作業規範」(GHP)要求提出改正建議？

(4) 殺菌(retorting)

　　　　封罐後，即在連續式殺菌釜殺菌。殺菌釜裝設是否適當？是否有水銀溫度計？其是否裝置適宜？曾校正否？及是否易判讀？是否裝有合適的記錄儀？殺菌釜之管線是否正確？凝結水排除是否正常？洩汽栓是否裝置適當、是否通暢及大小是否合宜？殺菌時是否有合宜之排氣作業及排氣要點是否揭示？殺菌釜操作是否適當？轉動速度是否正確？多久檢查一次速度及如何檢查？速度檢查結果是否記錄？

　　　　殺菌條件是否合用？是誰設計的？何時設計的？原設計該殺菌條件時，是否全部之必要因素均已考慮？這些因素是否依然存在及不變？什麼是其殺菌時間與溫度？是否記錄殺菌時間與溫度？及多久記錄一次？殺菌時間與殺菌溫度是否揭示？及其是否真的合用？殺

菌釜操作人員是否有適當的管理員？這些記錄廠長是否查閱？何時和多久查閱一次？產製記錄是否保存？記錄是否合適和可靠？更改殺菌條件應做些什麼？若產品外銷美國，所有的這些觀察的記錄都應依「美國食品藥物管理局規定」(FDA regulations)要求低酸性罐頭食品廠所訂定。

(5) 冷卻(cooling)

殺菌後罐頭最好即刻冷卻。「規定」建議罐頭冷卻用水應經消毒處理。冷卻水是否曾經消毒？消毒後殘留之殺菌劑(germicidal agent)濃度是多少？是否每天均如此做？其處理結果是否記錄？該殺菌劑是否有效及是否准予使用？

(6) 搬運(handling)

冷卻後罐頭即送至倉庫貼標籤及裝箱。「規定」亦建議對罐頭的搬運要小心。在運輸中如何搬運罐頭？罐頭搬運設備的情況如何？罐頭受損傷之可能是多少？是否有記錄可查？罐頭搬運設備是如何做清洗和維護的工作？凹缺罐是因如何搬運所造成的？

(7) 記錄(recording)

若已提出許多適當的問題和做必要的觀察和研究，則現在應將之做成完整的記錄。該記錄必須註明要定期再做觀察和研討，若發現缺點，應將之記下，並記錄補正之方法。

☞表 7.11  蔬果類低酸性罐頭食品 HACCP

| 製程 | 危害分析 | 管制點 | 重要性 | 預防措施 | 監視步驟 |
|---|---|---|---|---|---|
| 原料 | 腐爛、病蟲害、夾雜物、農藥殘留、重金屬汙染。 | 進　貨 | A | 1. 品質不良者應剔除。<br>2. 品質標準之訂定。<br>3. 供應商之輔導考核。 | 1. 進貨品質驗收。<br>2. 微生物、農藥殘留、重金屬檢驗。 |
| 空罐 | 捲封不良,雜物汙染。 | 進　貨 | A | 1. 不良空罐之檢除。<br>2. 品質標準之訂定。<br>3. 供應商輔導考核。 | 1. 進貨品質驗收。<br>2. 重金屬檢驗。 |
| 冷藏 | 貯存不當腐敗。 | 冷藏庫溫濕度及貯存時間。 | B | 維持在適當的溫濕度,先進先出。 | 檢查冷藏庫之溫濕度及原料是否腐敗。 |
| 水洗 | 水質汙染,殘氯不足。 | 水源、水槽 | A | 水源之清淨及添加氯氣。 | 檢查水質及微生物,測定用水殘氯。 |
| 選別 | 不良品及夾雜物去除不完全。 | 選別作業 | B | 輸送量應適當不可太多、太快。 | 檢查選別之不良率。 |
| 殺菁 | 殺菁條件不足,殺菁機不潔。 | 殺菁溫度與時間,殺菁機。 | A | 按規定之溫度與時間殺菁。殺菁機應注意清洗,並經常補充熱水及排水。 | 1. 按時測定殺菁溫度與時間。<br>2. 按時檢查殺菁機及其用水之清潔。 |
| 調理 | 調理時間過久變敗,作業員衛生習慣不良。 | 調理作業方式及時間,作業員手部衛生。 | A | 按標準作業並控制時間,對作業員實施教育訓練。 | 查核調理作業時間,檢查手部衛生,有無傷口、戒指等。 |

**表 7.11** 蔬果類低酸性罐頭食品 HACCP（續）

| 製程 | 危害分析 | 管制點 | 重要性 | 預防措施 | 監視步驟 |
|------|---------|--------|--------|----------|----------|
| 裝罐 | 裝罐不足或超量。 | 裝罐量 | A | 依照規定裝量，且應符合殺菌設計要求。 | 定時抽驗裝罐量。 |
| 注液 | 填充液不足或不潔。 | 內容量及液汁清潔。 | A | 依照規定內容量，且應符合殺菌設計要求。 | 定時抽驗內容量。 |
| 脫氣 | 脫氣條件不當。脫氣箱不潔。 | 脫氣溫度與時間。脫氣箱之清潔。 | A | 依照脫氣之規定溫度與時間操作。脫氣作業終了，應即清洗及保養。 | 定時測定脫氣中心溫度。定時檢查（及開車前）其清潔狀況。 |
| 封蓋 | 捲封不良、漏損日印不清晰或錯誤。 | 捲封作業、壓印機之日印。 | A | 依捲封作業標準操作，壓印機做日常保養。 | 定時檢查罐外觀及捲封內部拆解檢查其釣疊率、皺紋度，檢查日印。 |
| 殺菌 | 殺菌不完全或操作錯誤。 | 殺菌機及其操作方法。 | A | 1. 依殺菌操作規範及管理辦法實施。 2. 操作及管理之教育訓練。 | 1. 殺菌溫度和時間之檢查。 2. 溫度計、壓力計實施定期校驗。 |
| 冷卻 | 冷卻不當 | 冷卻時間及溫度，冷卻水殘氯量。 | A | 應快速冷卻至38℃以下，冷卻用水添加氯氣。 | 檢查冷卻品溫及用水殘氯量。 |
| 成品貯存 | 倉儲溫度不常，鼠類破壞汙染 | 倉儲溫度、濕度及清潔。 | B | 1. 調節適當之溫度、濕度。 2. 定期殺滅鼠類及實施防治措施。 | 定期檢查溫、濕度及倉庫衛生清潔狀況。 |
| 運銷 | 運輸碰撞受損，品質劣變。 | 運輸搬運作業。 | B | 1. 對運輸人員之教育。 2. 訂定搬運操作標準。 3. 訂定回收辦法。 | 實施成品出廠檢查及各業務人員赴經銷點不定期抽查成品包裝狀況。 |

## 2. 冷凍食品危害分析重點管制

由於冷凍食品沒有末段的殺菌處理，故在加工過程中，尤須注意微生物的問題；任何會發生微生物汙染或增殖的地方，均應建立其品質管制關鍵點(critical control points)，而且各管制關鍵點應該是相互密切關連的。若其中某管制關鍵點失去管制時，則將增加次管制關鍵點負擔，甚至連帶的使其失去管制。又冷凍食品在到達消費者手中後，可能由消費者所造成之危險程度，也要比罐頭食品或脫水食品來得重要，故更不可忽視。冷凍食品加工品質管制關鍵點項目：

(1) 環境衛生與其維護：包括水質管制、昆蟲等之控制、灰塵、空氣、凝結水及外來攙雜物(foreign materials)等汙染之防止、廢水及廢物之處理等。

(2) 加工設備及用具之衛生：其會使食品受到微生物及其他攙雜物之汙染。

(3) 作業人員之衛生：包括衣物、裝飾物，及作業習性等。

(4) 加工成分及成品之微生物數目管制。

(5) 通常溫度控制是必要的，因溫度與微生物生長有密切關係。

(6) 時間與溫度相同，亦是管制的重要因素。通常無論加工成分是冷藏或凍藏都有其容許之最長貯藏時間；加工時食品之調理時間亦需有限制，冷凍時通常也要絕對控制食品之冷凍速率。

在此雖未直接討論其他的危害因素，如有毒之化學藥品以及由金屬、玻璃、木材、橡皮及塑膠等之攙雜物等，但在完整之 HACCP 檢查時這些所有可能之因素均應考慮和分析。

## 3. 食物製備流程危害分析重點管制

有關食物製備流程的 HACCP，我們已在潛在性危害食品(PHF)重要管制點裡，詳細陳述過。在此僅就食物製備流程中，各重要管制點(CCP)的管制標準提供如下。

(1) 驗收：生鮮魚貝或畜肉除應備有供應商提供符合標準的證明文件外，驗收時應依規格抽驗檢查，其中溫度的管制很重要，冷藏品驗收溫度必須在 4℃ 以下，冷凍品驗收溫度，必須在−18℃ 以下。

(2) 加熱：加熱是食物最重要的 CCP 之一，目前餐廳常用食品加工廠供應的冷藏品或冷凍品，直接加熱供餐，故加熱過程及食物中心溫度必須嚴守標準；雞腿、雞肉必須加熱至 74℃ 以上，雞肉必須加熱至 68℃ 以上，牛肉一旦攪碎或碎肉時，也必須加熱至 68℃ 以上。

(3) 熱存：食物必須放置在 60℃ 以上的容器保存，以防細菌孳生。貯存時間依食物本身特性而異，一般含油較高的食物也會因脂肪氧化而變質。

(4) 冷卻：冷卻的目的除可增加食物的口感及保持美麗的顏色外，在於迅速降低溫度，原則上當然越快越好，以避免通過危險溫度帶的時間過長。唯食物體積各異，美國新規定方案，食物冷卻應在 2 小時內先由 60℃ 降溫至 21℃ 以下，接著在 4 小時內由 21℃ 降溫至 4℃ 以下。

(5) 冷存與復熱：食物如果不直接供餐，就必須冷藏在 4℃ 以下。需要熱食時應在 2 小時內，將食品復熱至 74℃ 以上。

(6) 供餐：監控器具及工作人員的衛生，應符合標準衛生操作規範(SOP)。其他可參考本書第十章第四節餐飲服務品質管制。

# 品管圈

08
Chapter

## 第一節　品管圈的意義

### 一、品管圈的由來

　　第二次世界大戰後，美軍鑒於日製通信器材不良，乃從美國引進品管到日本，日本並接受戴明(W. E. Deming)和裘蘭(J. M. Juran)等美國品管權威人士的指導。至 1959 年（昭和 34 年）日本進入所謂 QC 推動時代，為有效推動品管，東京大學石川馨博士倡導以現場領班為中心的品管活動。1962 年日科技連創刊「現場與 QC」季刊，提高第一線基層主管的品管意識和品管常識，因各大企業反應良好，1963 年改雙月刊，1964 年改為月刊，品管圈於是誕生。至 1965 年這種日本式品管（全體員工實施的品管圈）活動，引起全世界品管人士的注意。

　　1962 年美國馬丁公司為縮短潘興飛彈的交貨日期，要求員工第一次便要把工作做好的無缺點(ZD)運動。日本電氣株式會社(NEC)，於 1965年引進 ZD，同時將 ZD 與品管圈活動連成一體，而展開集體改善的思考方式，由於積極的活動普遍化，使得品管圈與 ZD 差距越來越少。到 1979年在日科技連登記有案的品管圈計達 10 萬個圈，參加人員將近 100 萬人。

　　臺灣推行品管圈係在 1967 年（民國 56 年），由鍾朝嵩教授、臺灣日光燈公司等相繼引入，進而輔導、推廣於全國各企業。1969 年中華企業管理發展中心開辦品管圈活動講習班，次年成立「品管圈活動推廣委員會」，1971 年先峰企管中心舉辦「品管圈發表會」，品管圈活動逐漸被重視；自此包括臺灣松下、臺灣塑膠、臺灣必治妥、統一企業等均經輔導或自行推動，效果頗佳。

### 二、品管圈的意義與目的

　　品管圈(quality control circle)簡稱 QCC，是以公司或廠內的領班或主管為核心，將工作性質相似的工作人員組織起來，從事品質管制的活動。圈員 6~12 人，在圈長（領班）領導下，配合上級方針，直接利用現場之

知識和技術改善工作。因為是企業各部門現場；第一線之工作性質相近之作業人員，以自主自發的精神及方法，去尋找問題，解決問題。以及自我啟發交換工作技術和知識，透過敬業和合作，達成提高產品品質、降低不良率、提高產品產量、降低製造成本之全員經營目標。故與傳統由上而下(top-down)的管理方式有所差異。

綜合品管圈之定義，是指在企業各部門現場，第一線之工作性質相近之作業人員，以自主自發的精神及方法，推行現場改善而組成的小團體活動。其活動的目的有：

## 1. 加強問題及改善意識

品管圈活動後，圈員可產生現場的問題及改善的意識，使原來自認為沒有問題的現場產生有問題的觀念，進而共同發掘問題，改善解決問題。

## 2. 提高領導及管理能力

品管圈的定期開會，可使圈員瞭解各種品管手法及腦力激盪術，尤其圈長可藉機磨練領導統御及管理之能力，並可使現場工作人員自動地負起推行品質管制之責任。

## 3. 提高現場工作人員的士氣

透過品管圈活動，可改善工作環境，更因改善成果受到上級肯定產生成就感，因此可提高工作人員的士氣。又改善後可提高品質、降低不良率、增加生產量，故使工作變得更輕鬆愉快並有成就感。

## 4. 落實品質保證的工作

品管圈的活動可讓圈員瞭解顧客所需要的品質，要達到其要求，必須找出品質問題點，然後作一連串的改善活動，故能使工作人員具有品質意識，使工作中所發生的錯誤減至最小，落實品質保證的工作。

## 第二節　QCC 的組織及推行步驟

### 一、QCC 的組織

　　品管圈活動要有效推行，必須要組織化的推行才有可能成功。基本上最起碼得設一個品管圈(QCC)委員會，作為 QCC 總部，並視為 TQC 活動的一環。委員會下可成立推行小組、提案改善小組、標準化小組、教育訓練小組，同時使它運轉起來，若這些小組能運作良好充分發揮其機能，那麼基層工作人員就會熱心的實施 QCC 活動，QCC 活動也才會有效展開。

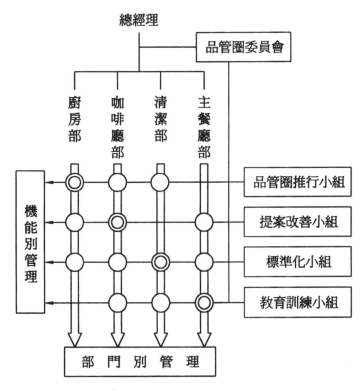

■ 圖 8.1　QCC 委員會組織

QCC 活動是達成經營管理成功的重要一環，高層主管應將它納為自己的管理方針，使它屬於公司組織系統中的正式體系，並積極地親自領導推動，同時 QCC 總部要有整體的計畫，及全心推動的服務熱忱，才會真正有效發揮力量，才能和諧步調在確定的方向運作前進。QCC 活動是以民主方式透過各委員會組織，發揮橫向整合的力量，以各種機能別的小組將各正式部門連貫起來，加強機能別的管理的組織，其目的在加強 QCC 活動的順利推行。

品管圈本來就是自動自發的在自己工作現場，進行 QCC 活動，因此一般最常見的編組，有在組長底下的班長為圈長編組的品管圈，有在班長底下再細分編組成數個的品管圈，班長為各圈的指導員。

組長為圈長、班長為圈員編組品管圈；各班長為中心編組副圈，而副圈內又可分組數個迷你圈如圖 8.2。

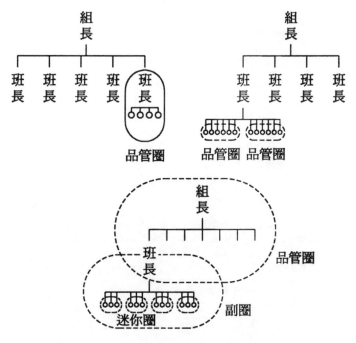

■ 圖 8.2　常見品管圈的層級（鍾朝嵩）

## 二、QCC 的推行步驟

從 QCC 編組登記到最後成果發表會，最主要應把握問題點的發掘。也就是活動主題的選擇，主題選得好，則 QCC 活動推行較易而且成果也容易達成。主題的選定可參考本章第五節如何發覺問題及改善問題。大家確定主題後就要正式開會，擬定活動計畫，並依計畫實施並隨時查檢進度，以達活動主題之目標。

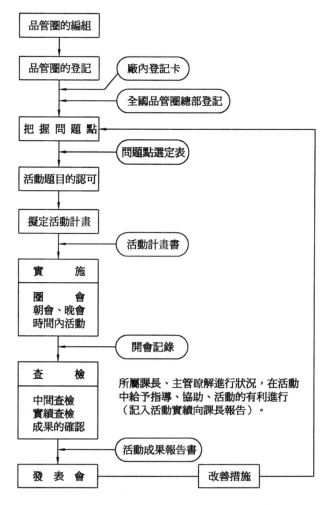

**■ 圖 8.3　QCC 活動推行步驟（鍾朝嵩）**

 **第三節　品管圈活動**

## 一、品管圈活動要領

### 1. 尊重員工人格

公司員工在任何組織中工作，並非僅以金錢來滿足，實際上尚有很多心理因素的需要，所以在品管圈活動中，充分尊重人格，使員工充分的用自己的腦筋去思考問題，用自己的意志去研究去發言，如此當可期望其發揮自主性，而不致有被動、消極、徒具形式之缺點。

### 2. 全員參加開發腦力資源

讓同一工作現場的人員都要參加活動，尤其需要分擔一份工作，如主席、記錄、收集數據、對策試行、成果報告等，如此才會對於自己份內的工作產生信心，同時充分發揮各人的內在潛能，貢獻其心智。

### 3. 全員發言相互啟發

讓所有圈員都能把自己的看法或意見表達出來，才能真正做到集思廣義的目的。問題才能迎刃而解。透過全員發言，可促進圈員的感情和諧，尤其透過廠內外的交流機會，相互啟發，也可從別人的建議中獲得成長。

### 4. 自動自發改善企業體質

要使員工能自我啟發，必須有適當的開端以及持續刺激的工作環境，故預先考慮組織氣候(organization climate)是否合宜也很重要，組織氣候指「在一特定環境之中每個人直接或間接的對這環境的察覺(perception)」，即單位或部門的群體氣氛，包括人際關係、領導風格和心理相融的程度等。從工作者主觀觀點所看到或經驗到的工作環境的品質。如果在推行品管圈活動之前，沒有創造良好的工作環境，滿足員工的心理需要，進而打開互相學習之氣氛，則較難達到真正自我啟發之境。反之由於工作人員都能自動自發地從事改善活動，則整個企業充滿蓬勃朝氣，企業體質於是獲得改善。

## 二、品管圈活動方法

### 1. 獲得決策單位主管的同意與支持

　　QCC 活動之前應先將有關品管圈之資料，呈給決策單位同意和支持，最好請 QCC 專家來公司開講座，以便決策單位容易進入情況，並鼓勵相關人員參加 QCC 發表會。

### 2. 員工教育訓練

　　QCC 要推行得順利，員工的教育訓練不可少，教育訓練方法可聘請專家來公司講授，當然公司自訂訓練計畫，作短期訓練是有必要的或者推派代表參加廠外訓練班和 QCC 成果發表會皆可。

### 3. 組織先頭圈

　　在公司中尋找比較熱忱的部門先組織一個圈，作為帶頭示範，QCC 活動時，除請各部門派代表觀摩學習外，並邀請高層單位主管蒞臨鼓勵。

### 4. 判定活動辦法實施

　　先頭圈活動並成果發表後，經各部門檢討缺失便可擬訂 QCC 活動章程及辦法，其內容包括編組準則、獎勵、比賽辦法、會議時間等之公布實施。

## 三、品管圈活動計畫

| 活動程序 | 說　　明 | 評　　價 |
|---|---|---|
| 1. 圈的成立<br>　(1) 所屬單位<br>　(2) 成立日期<br>　(3) 工作範圍<br>　(4) 圈長<br>　(5) 主管或指導員 | (1)成立的圈名<br>(2)圈員人數 3~15 人 | A. B. C. D. E |

| 活動程序 | 說　　明 | 評　　價 |
|---|---|---|
| 2. 明示工作目標<br>　　(1) 提出目標之理由<br>　　(2) 目標項目<br>　　(3) 活動方式 | (1)現況分析<br>(2)目標達成之預測<br>(3)計畫時程及工作分配 | A. B. C. D. E |
| 3. 依工作目標找出問題<br>　　(1) 按資料說明欄<br>　　(2) ABC 分析圖<br>　　　（柏拉圖分析） | (1)改善前數據收集<br>(2)用 ABC 分析圖找出 A 項<br>(3)明示資料來源<br><br>金額（縱軸）　項目（橫軸）<br>a b c | A. B. C. D. E |
| 4. 用特性要因圖找出原因 | (1)用特性要因圖找出問題所在<br>(2)善用全員腦力激盪術<br>(3)尋求是否完整<br><br>a | A. B. C. D. E |

| 活動程序 | 說　　明 | 評　　價 |
|---|---|---|
| 5. 從 4 項中找出要因最大項目再作 A. B. C 分析圖 | (1) 調查原因當中，哪一項影響最大，按 4 項再作 A. B. C 分析圖提出對策 | A. B. C. D. E |
| 6. 提出對策實施 | (1) 對策之目的<br>(2) 推行之方法 | A. B. C. D. E |
| 7. 提出效果比較 | (1) 改善後數據收集<br>(2) 提出具體數字或金額<br>(3) 目標達成率 | A. B. C. D. E |
|  | ★有形成果 |  |

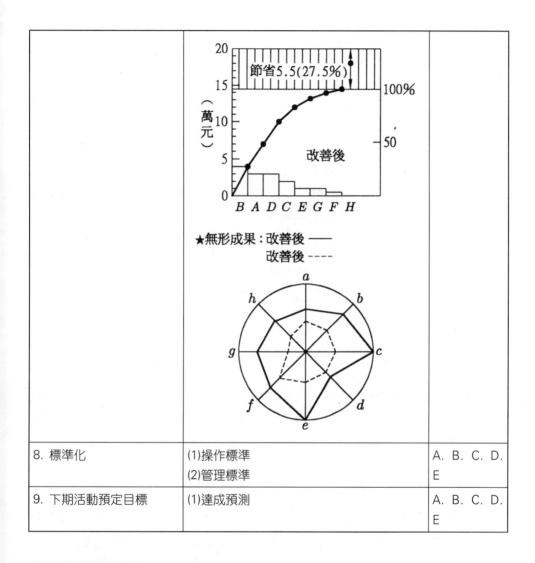

| 8. 標準化 | (1)操作標準<br>(2)管理標準 | A. B. C. D. E |
| 9. 下期活動預定目標 | (1)達成預測 | A. B. C. D. E |

 第四節　提案制度

　　由於品管圈活動要求每一個基層工作人員，主動提出工作心得及技術改進意見和管理上的各種瓶頸問題，因此由員工所提出的提案件數和採用率，即可看出品管圈活動是否熱烈。換句話說，品管圈活動熱烈時，提案件數便會顯著增加，而且提案品質也會隨著提高。目前很多公司以

每人每月 1 件為目標，如能達到每人每月 5 件以上，品管圈活動便算是很成功。

又品管圈活動與提案改善制度的關連性，各公司所採取的獎勵辦法不同，但一般認為在實施初期，兩者可以獨立發展，而且為鼓勵活動的推行，開始時可以普遍獎勵，等全公司普遍化後，再把提案制度與品管圈分開處理。也有公司把 QCC 和提案兩個制度合併計算，其計算基礎是把品管圈活動完全側重在無形效果，所得分數權數為 95%，提案制度以有形來計算，其經濟效益基礎不到 5%。

在全員參與經營的方式中，簡單可行耗費最少的，莫過於員工的提案制度。有良好的提案制度，即可開發員工的腦力資源，多做創造性的思考、激發員工潛在能力及改善工作環境的意願，形成一種全員經營公司的積極態度。提案制度的實施要領如下：

## 一、實施前的準備

提案制度的實施，要有宣傳與共識時期，事先利用海報、公告、照片、手冊等媒體宣導，必要時可請專家到公司來演講，說明一些成功的實例，獲得員工的共識。

## 二、成立提案制度的組織

首先要成立一個提案制度推行委員會，並由重要主管幹部來擔任委員，總經理為主任委員，強調高層的支持及重視。同時也要組織一審查小組來負責審查；各種提案是否採用及獎勵分級的大小。在組織裡最好有一提案事務單位，如小型公司則可派一管理人員兼辦。

## 三、建立提案制度辦事細則

這個辦事細則應包括提案表格的設計、提案審查基準及計算方法、提案事務處理程序以及提案審查的程序等，都要把它訂出來。然後配合

實施前的宣導準備和已確定的人事組織，就可以從沒有到有，實際推動提案制度。

## 四、向員工買構想應避免下列毛病

1. 上級不關心，實施率又低，久而久之員工失去積極提案之興趣。

2. 提案審查時間太長，一拖二、三個月，導致員工缺乏信心。

3. 有些主管看到別人有好提案就很嫉妒，不報上去或故意拉低分數，影響員工提案興趣。

4. 審查基準或規則不明確，明明某提案人力減少 2 個人，可得 5,000 元，但公司認為人本來就該減少，就少發獎金，造成員工不滿。

5. 提案程序複雜，提案表又很難填，本來員工就會因教育程度不同、有的不敢去拿表，如果再加上填寫困難或沒有講解，終會無疾而終。

## 五、重視實質的獎勵

假如依提案評分基準，得到 90 分以上可以獲得 5,000 元，初步審查如此，就發給 5,000 元。另外還訂定提案成效獎金；例如實施三個月後，該提案確能使不良率一個月節省 100,000 元，即可再花當月份所降低之 30%，即 30,000 元的一次成效獎金。

## 六、相信有可觀的效益

提案制度對於勞資、顧客都有利，做如此想時，對於提案制度的看法、作法即會不同。其實實施提案制度後，可以獲得節省費用的經濟效果，其他如銷售額成長、服務效率的提高、安全保養方面的改善等，雖然很難換算成金錢，但帶給公司員工無形之利益，也是不爭之事實。另外提案制度可訓練員工的思考能力，而且可加強員工經營參與的意識。

## 第五節　發掘問題及改善問題

### 一、發掘問題

發掘問題的方法有很多種，例如最常用的腦力激盪法（BS 法）、情報整理的卡片法（KJ 法）以及成對聯想法、舉偶法、願望列舉法等等，但本節僅敘述六何檢討法（即 5W1H）來幫助成員發掘問題。

### 二、改善問題

提案制度實施後，員工從發掘問題到正式提案，如果公司實施的很成功，必定會有很多的提案。在這些提案中，必有屬於重要的，亦有次要的，有易於解決的，亦有不易解決的，有符合上司方針的，亦有較不符合的。因此必須透過提案審查小組或品管圈來選擇較為重要、易行、符合上司方針的活動主題，決定目標，使問題的解決更具績效。以下改善問題選定表（表 8.1）可供確定活動主題的參考。

**表 8.1　5W1H 問題發掘法**

| 區　分 | 5W1H | 意　　義 | 對　　策 |
|---|---|---|---|
| 1. 對象 | What | 「做什麼」？有必要嗎？ | 排除工作中之不必要部分 |
| 2. 目的 | Why | 「為什麼」？此作業有必要嗎？ | |
| 3. 場所 | Where | 「在哪裡作業」？不在那裡不行嗎？ | 可能的話組合在一起或將順序變更 |
| 4. 時間 | When | 「什麼時候」做呢？有必要在那個時候做嗎？ | |
| 5. 人員 | Who | 「誰」在做呢？其他的人做可以嗎？ | |
| 6. 方法 | How | 「如何」做呢？沒有任何其他更經濟有效的辦法嗎？ | 工作簡化 |

**表 8.2　不合理問題發掘法**

| 區　分 | 5W1H | 意　　　義 | 對　　　策 |
|---|---|---|---|
| 人員 | 浪費 | 人員是否按工作量而配置？<br>等待的時間是否過多？<br>是否人得其位，位得其人？<br>調動是否適當？<br>工作方法是否可再簡化？<br>計畫、程序的安排是否得當？ | |
| | 效率低 | 有無部分人連休息時間都沒有，另一部分人則無事做的情形？<br>熟練者與不熟練者配置是否適宜？<br>有無太忙、太空閒的情形？<br>教育指導上是否有效？ | |
| | 不合理 | 有無工作量多，配置人員過少情形？<br>有無應使用機械器具，而竟使用人力操作情事？<br>有無操作姿勢不當而易於疲勞的現象？ | |
| 設備 | 浪費 | 是否可再提高機器生產能力？<br>機器、工具是否有效利用？<br>是否設備配置不當而造成浪費的現象？<br>有無閒置的設備？ | |
| | 效率低 | 各組設備的生產能力是否平衡？<br>設備有無過度或浪費使用情形？ | |

☛表 8.2  不合理問題發掘法（續）

| 區　分 | 5W1H | 意　　　　義 | 對　　　策 |
|---|---|---|---|
| | 不合理 | 是否因提高生產能力而縮短機械壽命？<br>修理是否完善？<br>有無以精度差的機械做精度高的加工情形？ | |
| 材料 | 浪費 | 有無成品良率過低情形？<br>有無將尚可使用物品拋棄的情形？<br>有無使用便宜材料即可達成卻使用昂貴的材料的現象？<br>防蝕性是否妥當？<br>有無浪費間接材料？<br>是否浪費電力？<br>根據設計有無浪費的地方？ | |
| | 效率低 | 材料、零件等之品質是否平均？<br>有無材質不均的情形？<br>成品是否效率低？ | |
| | 不合理 | 強度上是否安全？<br>購入品、外包品是否有不合適者？<br>依照設計是否過分？ | |

☞表 8.3　改善問題選定表

| 問　題　點 | 活　動　要　點 |
|---|---|
| 品質之維持與提高 | 降低工程不良<br>維持製程之穩定<br>減少品質異常<br>減少疏忽、錯誤<br>減少抱怨<br>提高品質<br>減少不規則的變動<br>提高品質工程能力<br>遵守作業指導書<br>防止再發生<br>使用管制圖進行工程管理<br>管理點的明確化<br>提高可靠性<br>減少初期不良<br>標準化的推行<br>保持管理的安定<br>變異的減少 |
| 降低成本 | 費用的減少<br>材料、零件的節約<br>單位用量的減少<br>縮短作業時間<br>充分利用時間<br>減少人員<br>減少重加工<br>提高成品良率<br>提高設備之運轉率 |

**☞表 8.3** 改善問題選定表（續）

| 問　　題　　點 | 活　　動　　要　　點 |
|---|---|
| 增加生產量 | 嚴守交貨期<br>增加生產量<br>減少庫存量<br>充實庫存管理<br>改善布置<br>提高效率<br>提高生產力<br>縮短作業時間<br>做好進度管理<br>夾具、工具的改善<br>提高設備運轉率 |
| 提高士氣 | 美化環境<br>提高出勤率<br>適當的布置<br>提高品質意識<br>愉快的推行品管圈活動<br>改善提案的活躍<br>造成愉快的工作場所<br>促成團隊精神<br>提高每一工作同仁的能力<br>確立工作現場的規律<br>確保個人的安全<br>確保工作場所的安全<br>減少災害事故<br>環境的整理<br>充實安全的管理<br>整理、整頓 |

## 第六節　品管圈成果報告

### 一、烤鰻廠衛生圈實例

#### 1. 圈的介紹

圈名：○○衛生圈　　圈長：吳○○

圈員：許○○、周○○香、莊○○、陳○○、陳○○、李○○、
　　　李○○

輔導員：簡○○

#### 2. 提案項目及活動主題選定理由

(1) 提案項目及評價

| 提案項目 | 提案人 | 評　　價 |
|---|---|---|
| 減少成品生菌數之汙染 | 周○○ | B |
| 降低廠內蒼蠅出現率 | 陳○○ | C |
| 改進作業員個人衛生習慣 | 周○○ | C |
| 降低成品生菌數 3,000 以下，大腸菌群零汙染 | 許○○ | A |
| 降低包裝室環境落菌數 | 李○○ | C |

(2) 選題理由

　　a. 就公司政策性、員工參與度及達成性等問題點檢討後得分較高。

　　b. 輸出國日本冷凍協會，希望臺灣之烤鰻成品衛生指標能再提高。

　　c. 可提高公司產品衛生聲譽，減少公司貿易糾紛並降低品質失敗成
　　　本。

### 3. 活動目標

　　達成公司烤鰻成品衛生指標；生菌數在 3,000 CFU/g 以下，大腸菌群為陰性。

### 4. 活動計畫及實施

(1) 活動期間：民國 100 年 8 月 1 日至民國 100 年 12 月 30 日。

(2) 活動計畫進度管制表。

**☞表 8.4　活動計畫進度表**

| 活動項目 ＼ 活動期間 | 八月 | 九月 | 十月 | 十一月 | 十二月 | 負責單位（人） |
|---|---|---|---|---|---|---|
| 徵求提案及圈名 | - - - | | | | | 總經理 |
| 主題選定及圈之組成 | - - | | | | | 提案評審委員會 |
| 活動前之教育訓練 | | - - - | | | | 顧問、廠長、課長 |
| 資料收集場分析 | | ━━━ | | | | 顧問、課長、圈員 |
| 改善對策 | | - - ━━━ - - | | | | 全體圈員 |
| 效果確認 | | | ━━━ - - - | | | 總經理、顧問 |
| 標準化 | | | | ━━━ ... | | 廠長、課長 |
| 資料整理 | | | | ━━━ - - - | | 品管課長 |
| 成長發表 | | | | | ━━━ | 圈長、圈員 |

　━━ 預定計畫　- - - 實際進度

### 5. 活動前教育內容

　　品管圈活動要旨，在於現場作業員之共同參與解決問題，因圈員學歷懸殊唯恐對衛生指標及 QCC 觀念缺乏，特舉辦本活動前之教育講習（課程表略），其內容包括如下：

(1) 何謂品管圈(QCC)？其活動目的為何？

(2) 本活動主題之由來及其目標。

(3) 大腸菌群(coli form)和大腸菌(*E. coli*)有何不同？

(4) 何謂生菌數(APC)？其意義為何？

(5) 何謂食品衛生指標？一般食品汙染管道有哪些？

(6) 要因分析圖及柏拉圖之意識及交互使用法。

### 6. 現場現況要因分析

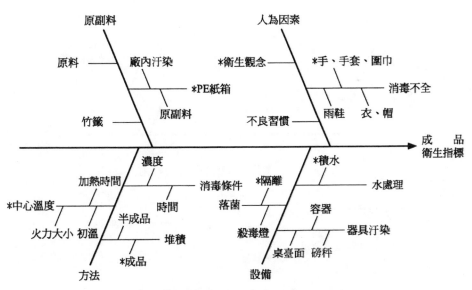

*記號表示共同認定之問題點，應設法改善解決

■ 圖 8.4　要因分析圖

### 7. 現場分析問題點的試驗項目

(1) 不同有效氯對鰻魚肉中大腸菌群的影響。

(2) 洗手的方法對手上大腸菌群殘存的關係。

(3) 不同濃度有效氯對手、手套、圍兜上大腸菌群的影響。

(4) 烤鰻加工正常流程生菌數之菌相研究。

(5) 烤鰻中心溫度對衛生指標細菌之影響。

(6) 凍結冷凍對成品中衛生指標菌之消長。

### 8. 品管圈的改善對策

由數次的現場要因分析小小組會議及製程試驗結果，完成以下共識的改善對策。

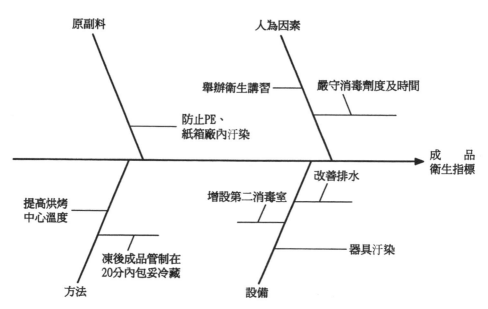

■ 圖 8.5　要因分析後的改善對策

## 9. 改善後效果確認

### (1) 烤鰻成品衛生指標改善前後之比較

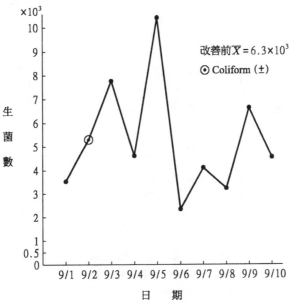

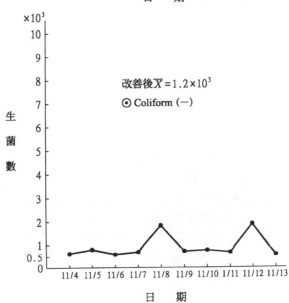

(2) 烤鰻製程衛生指標不良次數柏拉圖

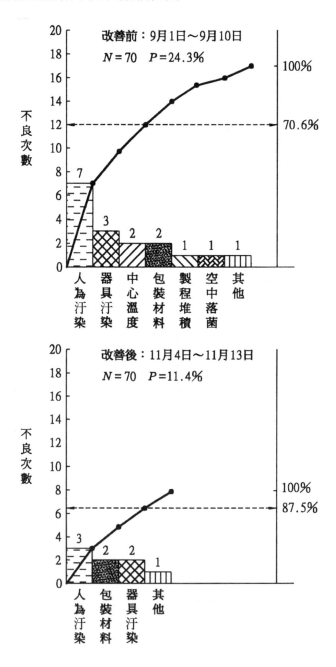

(3) 改善後成品衛生指標（生菌數）的推定

根據十一月四日～十一月十三日成品測得之 APC 求得

$$\overline{X} = 1,234 \ , \ \overline{R}_m = 860 \ , \ \sigma = 762.5$$

因本活動目標定 APC 在 3,000 以下

故　$U_u = \dfrac{|3,000 - 1,234|}{762.5} = \dfrac{1766}{762.5} = 2.3$

由常態分配表(U → P)查得

$U_u = 2.3$ 以上之比率為 0.0107 約為 1.07%

因此可以推定該工程正常時 APC 超過 3,000 以上者，不過 1% 而已。

## 10. 標準化

(1) 管制原料處理水有效氯濃度在 20 ppm 以上。

(2) 從原料鰻冰鎮至配片烘烤，應管制在 2 小時以內。

(3) 烘烤後半成品之中心溫度應管制在 73℃以上。

(4) 烘烤機兩旁溫度較低，故較厚之鰻片應排在中間，避免溫差加大。

(5) 包裝室作業員應嚴守良好衛生作業習慣。

(6) 嚴守規定之消毒劑之安全濃度與消毒時間。

(7) 內包裝用材料（PE 等）使用前應以紫外線照射 12 小時以上。

(8) 包裝室內空中落菌數應管制在 20 個菌落以下。

(9) 包裝室作業臺使用 2 小時後應重新消毒以防汙染擴大。

(10)包裝後之急速凍結成品應管制在 20 分鐘內移至凍結冷藏室。

## 11. 下期活動項目及預定目標

改善作業員衛生習慣，使烤鰻製程衛生指標不良次數由 P = 11.4% 降至 6% 以下，以期再提高衛生品質。

# 二、冷凍〇〇廠全品圈實例

圈　　名：全品圈　　　　期　　間：100. 9.~101. 9
所屬單位：生產課　　　　成果次數：第一次
圈　　長：李〇〇　　　　課　　長：林〇〇　　　　輔導員：簡〇〇

## 1. 組成人員及主要工作

本圈由生產課 12 名圈員所組成，主要工作為負責冷凍蝦仁製造。

## 2. 提出之目標及其理由

為提高冷凍蝦仁品質、降低不良、增進全體利益，全體圈員利用討論會作要因分析及消除錯誤原因(error cause removal, ECR)提案「可能的錯誤原因」、「建議的行動」與「可以處置的方法」加以研討改善，決定將本期不良率降至 4% 以下作為活動目標。

## 3. 工程分析

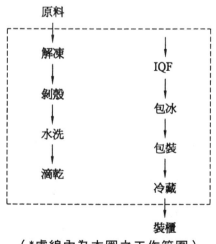

（*虛線內為本圈之工作範圍）

## 4. 不良項目分析

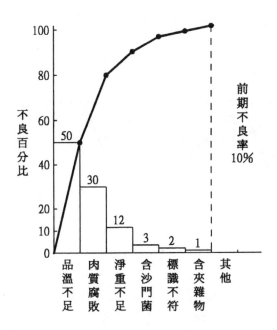

## 5. 特性要因分析

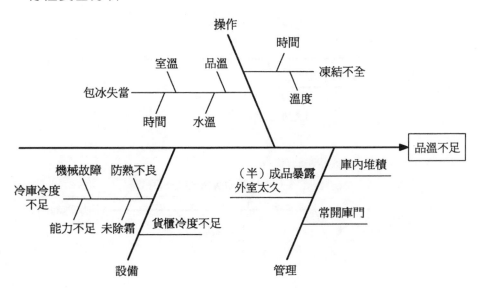

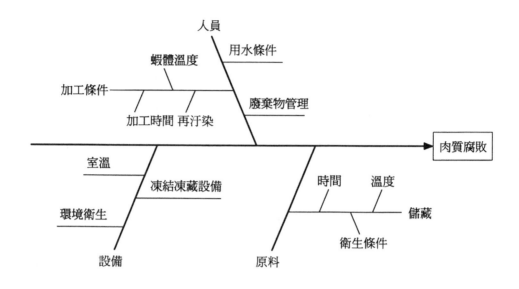

## 6. 改善項目及對策

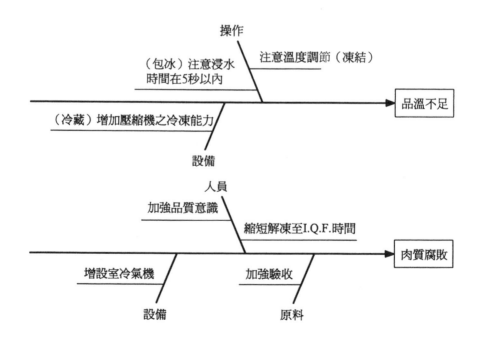

## 7. 改善前後不良變動比較

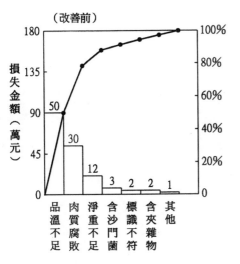

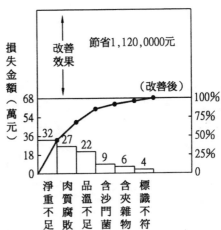

## 8. 效果

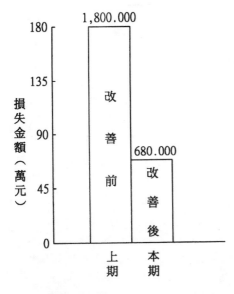

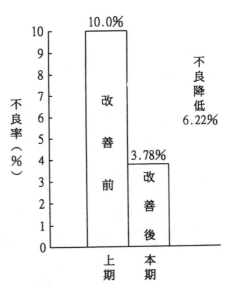

## 9. 下期努力目標

擬再降低冷凍蝦仁製品之不良率至 3% 以下。

# 食品品質管制
# 實際作業

## 09 Chapter

本章為食品品管實際操作作業，學前應具有食品加工及統計品質管制(SQC)之基礎，是品管知識的綜合應用，屬於分析及評鑑的領域。

食品公司全面品質管制(TQC)的評核項目，包括市場調查，研究開發、品質設計、原料管制、製程管制、環境衛生及安全、設備及檢驗儀器、成品管制、銷售服務、品質成本、教育訓練等項，綜合以上評核結果再依得分分級。

## 第一節　單元品質管制基本資料作法

在食品加工界所謂之單元是指產品之加工項目，如鮮乳加工包裝、冷凍水餃製造、茶類飲料包裝、魚類罐頭製造等均為一個單元，如果原料或加工性質差異較大時，有時更細分為鮪魚罐頭製造、蝦仁罐頭製造以分別品質管制的不同處。

單元品質管制的基本資料，至少應包括單元作業流程圖，單元品質管制計畫及單元流程管制方法等。內容請參考第十章品質管制實例。

### 一、單元作業流程圖

在食品加工領域裡，單元作業流程圖與一般產品製造程序圖，沒有什麼太大差異，只是單元作業流程圖必須強調在製程中，均設有管制站來管制那些會影響品質的重點(CP)，只要很清楚地標明各管制站的管制項目，作業流程圖本身並不需拘泥一定的模式。

### 二、單元品質管制計畫綱要

為要確實掌握管制項目的有效性，利用單元品質管制計畫綱要，來作補充的說明，所以一個單元品質管制計畫綱要，至少應包括有管制站、管制項目、管制表、管制單位、抽樣的地點、抽樣的頻率、抽樣的數量，

檢驗的方法、檢驗的標準等。檢驗方法如目視法、秤量法、官能檢查法、化學分析法、CNS 法、AOAC 法等，檢驗標準可依公司自訂標準、客戶要求標準、本國國家標準或輸出國國家標準等。

## 三、單元作業管制方法

單元作業管制方法亦稱單元製程管制方法，這些管制方法都是根據前項單元品質管制計畫綱要的內容，加以說明實際的管制要領與方法。例如管制項目是魚類鮮度，那麼鮮度檢驗標準為何？鮮度好壞要分幾等級，哪個等級才算不及格？是多少百分率超過才算不合格？抽樣方法為何？是否根據某種抽樣計畫表。還有是用官能檢驗法或其他理化檢驗法？都得說明清楚。又如要管制食品原料的處理情形，不管是用自動處理機或用人工來做，均應兼顧效率及品質，此時可用 P 管制圖來管制處理後的不良率或用 C 管制圖來管制處理後的缺點數，當然完全沒有缺點或完全沒有不良率是最好，但就企業經營而言，僅要求品質而不去考慮成本的作法，已失去真正做品質管制的意義。

## 第二節　原料驗收、處理、調理管制

原料、副料、處理、調理的定義不再贅述。這裡所舉的例子都是在公司所應用的實際操作。

## 一、原料驗收管制

驗收原料均希望能在省時省力的前提下，獲得正確的判定。如果判定錯誤驗收一些不良原料，那麼公司即使有一流的技術也無法作出一流的食品，可見驗收原料是公司品質管制的重要一環。今特以生蛋為例說明如下：

## 1. 抽樣計畫

**☞表 9.1　生蛋抽樣計畫表**

| 原料個數(N) | 抽樣數(n) | 允收個數(Ac) | 拒收個數(Re) |
|---|---|---|---|
| 300 以下 | 7 | 0 | 1 |
| 301~500 | 10 | 0 | 1 |
| 501~800 | 15 | 1 | 2 |
| 801~1300 | 22 | 1 | 2 |
| 1301~3200 | 30 | 1 | 2 |
| 3201~8000 | 45 | 2 | 3 |
| 8000 以上 | 60 | 2 | 3 |

## 2. 以鮮度為主體的判定標準

(1) 特級鮮蛋的比重為 1.078~1.049，故在 1.05 的食鹽水中應為沉至底部。

(2) 乙級鮮蛋的比重為 1.05~1.02，故在 1.05 的食鹽水中應為浮沉水中。

(3) 丙級壞蛋的比重為 1.02 以下，故在 1.05 的食鹽水中應為浮在水上。
　（1 公升水＋70 公克鹽＝比重為 1.05 食鹽水）

## 3. 判定及措施

　　鮮度乙級以下之鮮蛋不是良品，如果乙級出現的個數已超過不合格個數(Re)時，則應特別注意隨時準備將有缺點之半成品廢棄。如果已有丙級之腐敗蛋出現，即使其出現個數仍在合格判定個數(Ac)以內，除非能作嚴格區別外，最好還是拒收比較好。

# 二、副料驗收管制

　　在罐頭工廠所使用之空罐，為主要的副料，因空罐品質的好壞，直接影響成品罐頭的衛生安全性，如果空罐本身的密封性不佳，則將造成

整批成品罐頭的腐敗,故就罐頭工廠而言,空罐的驗收極為重要,今就以空罐驗收為例說明如下:

## 1. 空罐抽樣計畫

依據 MIL-SID-105E 抽樣表採 II 水準,正常單次抽樣檢驗。

(1) 允收水準、AQL:主要缺點 0.15%

次要缺點 1%

(2) 批量 N:例如每件空罐 144 罐 × 1,000 件 = 144,000 罐

(3) 樣本數:n = 500 罐

(4) 主要缺點允收數 Ac 2 罐　　　　次要缺點允收數 Ac 10 罐

主要缺點拒收數 Re 3 罐　　　　次要缺點允收數 Re 11 罐

## 2. 檢驗內容

(1) 依中華民國國家標準(CNS)規定。

(2) 主要缺點(第一類不良罐):

　　a. 脫鉤。

　　b. 滑罐。

　　c. 罐身自接縫處銲錫不良。

　　d. 罐筒或罐蓋鐵皮破裂及砂孔。

(3) 次要缺點(第二類不良罐):

　　a. 輕度壓傷。

　　b. 捲封不良(圓形捲封、切罐、吐舌)經耐壓試驗未漏氣者。

　　c. 輕度鏽罐。

　　d. 印刷不良。

　　e. 其他。

### 3. 正常、減量與嚴格檢驗關係

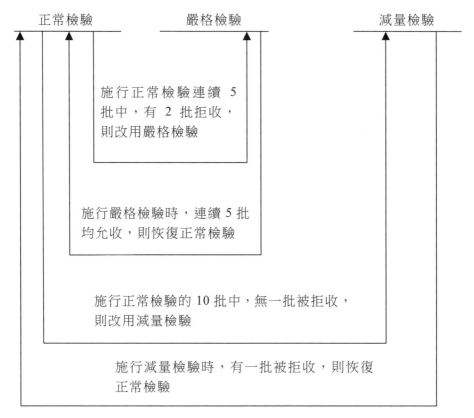

正常檢驗　　　　　　　嚴格檢驗　　　　　　　減量檢驗

施行正常檢驗連續 5 批中，有 2 批拒收，則改用嚴格檢驗

施行嚴格檢驗時，連續 5 批均允收，則恢復正常檢驗

施行正常檢驗的 10 批中，無一批被拒收，則改用減量檢驗

施行減量檢驗時，有一批被拒收，則恢復正常檢驗

■ 圖 9.1　減量與嚴重檢驗關係圖

## 三、原料處理製程管制

原料處理以小番茄去蒂清洗為例加以說明，設全自動小番茄處理機，在正常處理工程中，於一定時間隨機抽樣 20 個為一組並把處理不良的個數(np)或(pn)，分別記錄如下 25 組之處理狀態。

**表 9.2** 小番茄處理工程測定例

| 批　　號 | 1 | 2 | 3 | 4 | 5 | 6 | 7 | 8 | 9 | 10 | 11 | 12 | 13 | 14 | 15 | 16 | 17 | 18 | 19 | 20 | 21 | 22 | 23 | 24 | 25 |
|---|---|---|---|---|---|---|---|---|---|---|---|---|---|---|---|---|---|---|---|---|---|---|---|---|---|
| 樣本數 n | 20 | " | " | " | " | " | " | " | " | 20 | " | " | " | " | " | " | " | " | " | 20 | " | " | " | " | " |
| 不良個數 Pn | 1 | 3 | 0 | 1 | 0 | 2 | 1 | 0 | 1 | 1 | 0 | 3 | 0 | 1 | 1 | 3 | 0 | 1 | 1 | 0 | 0 | 2 | 0 | 2 | 0 |

把以上之資料用 Pn 管制圖表示時，則中心線及管制上下限可由下式求得，圖 9.2 即為其處理工程之 Pn(np) chart。

$$\overline{P} = \frac{\Sigma pn}{\Sigma n} = \frac{24}{500} = 0.048$$

$$CL = \overline{Pn} = \frac{\Sigma pn}{K} = \frac{24}{25} = 0.96$$

$$UCL = \overline{Pn} + 3\sqrt{\overline{Pn}(1-\overline{p})} = 0.96 + 3\sqrt{0.96 \times 0.95}$$
$$= 0.96 + 3\sqrt{0.9120} = 0.96 + 2.87 \doteqdot 3.8$$

$$LCL = \overline{Pn} - 3\sqrt{\overline{Pn}(1-\overline{p})} = 0.96 - 2.87 \doteqdot (-1.9) \quad\text{.....................負數不考慮}$$

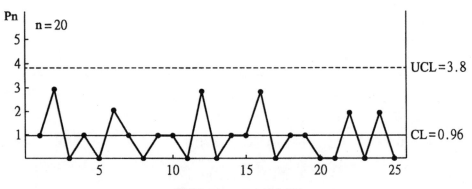

**圖 9.2　Pn 管制圖**

　　根據此法求得之試用 Pn 管制圖，即可應用於以後之同樣處理工程來管制，只要工程進行中，根據抽樣頻率、隨機抽樣 20 個檢查其處理情形，如果並未超出管制上限(UCL=3.8)，即表示該工程仍在管制狀態中。

## 四、加工調理製程管制

　　調理工程的管制以鮪魚罐頭工廠清理(cleaning)已煮熟的鮪魚肉(loin)為例作說明。

### 1. 取樣

　　取樣地點清理工作臺、取樣間隔時間為 30 分鐘抽乙次，每次抽取 5 盤來檢查。

### 2. 採點標準

　　採點方式分別依血合肉（包括血線）、豆腐肉（包括蜂巢肉、打傷肉）及夾雜物三項，每盤檢查 3 項五盤合計 15 項，分別採點。

| 標　　準 | 採　　點 | 缺點數表示 |
|---|---|---|
| 無 | a | 0 |
| 不易發現 | b | 2 |
| 稍有 | c | 5 |
| 甚多 | d | 10 |

(1) 採點統計例

　　a. $13 \times 0 = 0$（15 項中採點 a 者為 13 項）

　　b. $1 \times 2 = 2$（15 項中採點 b 者為 1 項）

　　c. $1 \times 5 = 5$（15 項中採點 c 者為 1 項）

　　d. $0 \times 10 = 0$

　　缺點數 $C = 0 + 2 + 5 + 0 = 7$

(2) 管制線求法

$$\overline{C} = \frac{\Sigma C}{K} \qquad UCL_c = \overline{C} + \sqrt{\overline{C}} \qquad LCL_c = \overline{C} - \sqrt{\overline{C}}$$

依實際清理工程 25 組求得　　$UCL_c = 9.0$　　$\overline{C} = 4$

註：毛線或毛髮等雖然與魚皮魚骨刺同為夾雜物，但前者屬予外來夾雜，是屬限制因子。一旦成品檢驗發現均判定不合格，故凡外來夾雜採點均應判為 d，以便使其缺點數超出上限。

## 第三節　經濟生產量、經濟購買量評估管制

在全面品質管理領域裡，幾乎所有公司業務均會直接或間接影響品質，例如平日不重視機械保修，一旦機械發生故障使工作停頓，生產力就降低，生產成本也提高，而且產品品質也難保持均一水準。

## 一、經營成本之評估管制

### 1. 損益平衡點之判定法

設一西餐廳年營業額為 1,000 萬元，其中固定費占 300 萬元、變動費占 600 萬元，利益 100 萬元，則可利用圖 9.3 求出該損益平衡點如下：

先在橫軸 10（銷售量 1,000 萬元或 1 萬單位）處，以虛線延伸至上方，然後通過虛線縱軸 F（300 萬元）處，劃一線 A-F 線表示固定費。再通過 V(300 + 600 = 900)點劃一條延長線與 A 點相接，則∠VAF 區內表示變動費：正如營業額 500 萬元時變動費為 300 萬元，營業額達到 1,200 萬元時變動費上升至 720 萬元，隨營業額之不同其比例各異，但 A-F 以下固定費卻是不變的。此 A-V 線表示固定費與變動費之合計即為費用，正如圖 9.3 所示營業額 1,000 萬元時費用為 900 萬元，1,200 萬元時費用增至 1,020 萬元，營業額降至 500 萬元時費用仍需 600 萬元。今已假定

營業額為 1,000 萬元,故可在縱軸虛線上取營業額 1,000 萬元之 S 點,並與原點 0 連成一條 0~S 之營業額線,此時與 A-V 線之交點即稱為損益平衡點。即表示營業額超過此 750 萬元(或 7,500 單位)以上時可獲利益,營業額在此 750 萬元以下時將會損失,換句話說在損益平衡點以下無法維持正常營運。

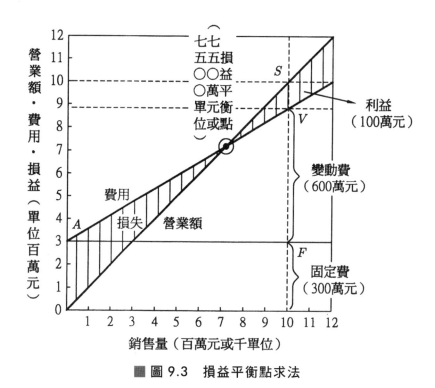

■ 圖 9.3　損益平衡點求法

## 2. 目標利益管制法

　　正如圖 9.4 所示,在目標利益 200 萬元處,劃一條 M-N 線與原 A-V 線平行,此時可在營業額線上獲得交點為 1,250 萬元,即表示若欲從原來年利益 100 萬元(營業額 1,000 萬元),提升至利益 200 萬元時,其營業額則非達到 1,250 萬元不可。其實市場因素僅能使營業額增加至 1,100 萬元時,其利益僅能獲得 140 萬元,比目標利益尚差 60 萬元,因

此除非能突破 1,250 萬元之營業額，否則就得設法把費用管制在 900 萬元（營業額 1,100 萬元目標利益 200 萬元）以下，才能達成預定利益 200 萬元之目標。

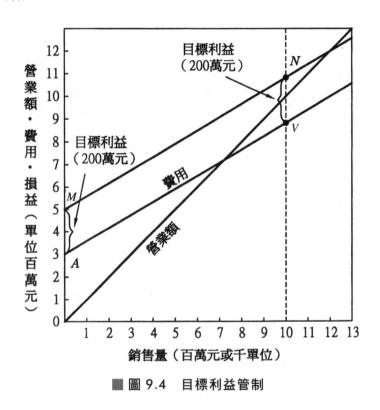

■ 圖 9.4　目標利益管制

## 二、經濟生產量的評估管制

在訂貨製造方式下，製造數量的決定，應以客戶訂購數量加上若干超額為依據，以應付客戶調換或其他之用。唯製造產品如係補充存貨，以供日常銷售者其製造數量之決定應根據經濟生產量 (Economic Production Quantity) 之原則，以免因生產速度太大增加貯存費用、材料費用及利息，或因生產過小而增加單位成本。經濟生產量之估計方式有數種，舉例如下：

設生產冷凍魚排之條件如下，求其每批經濟生產量 $Q_e$。

每批生產準備費 　　S = 80,000 元
每日生產件數 　　　P = 1,200 件
每日銷售件數 　　　U = 250 件
每件直接原料人工及間接費用 　　C = 490 元
每件每年存庫費 　　A = 96 元
每年工作日數 　　　N = 67 天
稅　　率 　　B = 0.015
利　　率 　　I = 0.012

$$Q_e = \sqrt{\dfrac{S}{\dfrac{(B+I)C + 2A(1+\dfrac{U}{P})}{2NU}}}$$

$$= \sqrt{\dfrac{80,000}{\dfrac{(0.015+0.012)490 + 2 \times 96(1 - \dfrac{250}{1200})}{2 \times 67 \times 250}}} = 4040.6 件$$

## 三、經濟購買量評估管制

原料因季節性有時非大量凍存，或基於物價波動囤積物料外，應考慮經濟購買量，以免一時購入太多積壓資金或購入太少增加成本。在連續生產工廠，其物料消耗為等速且有準備量時，可按下列公式求其經濟購買量。

設某一公司全年使用衛生手套之條件如下，求其經濟購買量 Q。

每年耗用手套量 　　　　U = 315 打
購買手續費 　　　　　　A = 9 元
每打每年貯存費 　　　　S = 2 元
存料準備量 　　　　　　R = 20 打

每打手套單價　　　　　　　C = 145 元

利率稅率保險率　　　　　　I = 0.03

$$Q = \sqrt{\frac{2UA + 2IAR}{IC + 2S}}$$

$$= \sqrt{\frac{2 \times 315 \times 9 + 2 \times 0.03 \times 9 \times 20}{0.03 \times 145 + 2 \times 2}} = \sqrt{\frac{5670 + 10.8}{4.35 + 4}}$$

$$= 26.08 \text{ 打} ≒ 25 \text{ 打}$$

## 四、設備換新汰舊評估管制

1. 設有一公司成品包裝設備原用人工 20 名，八小時可包裝 1,400 件，
   今有新型自動包裝機同樣能力只需人工 2 名，以人工每工時 30 元
   計算，則每箱可節省臺幣如下：

   $$20 \times 30 \times 8 - 2 \times 30 \times 8 = 3.08 \text{ 元}$$

2. 使用自動包裝機成本攤還年數

   $$H = \frac{I}{NS(1 + T) - Y - I(A + B + C)}$$

   I ＝包裝機總成本 2,500,000 元

   N ＝每年成品件數 300,000 件

   S ＝每件所節省之工資 3.08 元

   T ＝使用此機可節省間接成本百分數 50%

   Y ＝經濟年限內每年工作準費用 25,000 元

   A ＝投資利息 11%

   B ＝保險稅捐等 1%

   C ＝維持費、折舊費 3%

$$H = \frac{2,500,000}{300,000 \times 3.08(1+0.5) - 25,000 - 2,500,000 \times 0.15} \fallingdotseq 2.5年$$

### 3. 更新計畫分析

　　機器是否更新雖可按攤還年數作為參考，但對於攤還年數過長之設備，也不意味就是沒有更新價值，因為更新設備可能「因為工程能力而使銷售量成長」，「工資可能逐年上漲」，「缺乏人工非自動化不可」等均需一併考慮。

## 第四節　食品衛生品質管制

　　有關食品衛生問題曾在第七章食品良好衛生規範(GHP)裡討論過，至於食品衛生標準及檢驗方法也不屬於品管之專業領域，在此不多作陳述，僅就實際應用例子提供參考。

### 一、食物夾雜物管制

　　食物中含有夾雜物的機會很多，例如肉鬆、蟹肉罐頭等食品，從原料開始一直到製成成品為止，受蒼蠅、螞蟻、毛髮等汙染之機會很大，尤其在夜間作業時為甚。管制方法是定時從半成品或成品中取樣依下列A. O. A. C.方法檢查。

1. 試藥及儀器：煤油、溫水 2 公升附攪拌器之三角瓶如圖 9.5、Buchner 過濾漏斗、真空過濾瓶、濾紙、30~60 倍放大鏡。

2. 操作方法及步驟：取樣品 100~300g，倒入三角瓶內，檢查蟹肉罐頭成品時，附著於罐內面及硫酸紙表面者，以水洗入三角瓶中。加入 25mL 煤油，此時不可使空氣滲入，再加入溫水至滿瓶並混合之，冷卻 30 分，每隔 5 分鐘攪拌一次，攪拌時攪拌棒上下轉動，不宜使空氣滲入。

3. 三角瓶口部分有煤油分離,蟲體浮於煤油與水分離界面間。

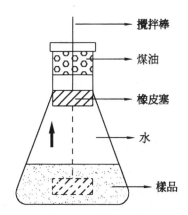

4. 拉上攪拌棒時,注意使樣品不附於下方橡皮上,同時轉動攪拌棒使棒上之蟹肉摔出,橡皮塞由內把瓶口塞住,倒出瓶口內之煤油與水混合液於燒杯中,以少量蒸餾水把附著於橡皮面及瓶口之殘留物洗入燒杯內。

**■ 圖 9.5　特製三角瓶**

5. 在殘液內再加入 20mL 煤油照上述方法分離一次,洗液併入燒杯中。將檢液倒入 Buchner 過濾漏斗,則殘物濾於濾紙上以放大鏡檢查之。

## 二、食品添加物管制

國民生活水準的提高對食品色、香、味及嚼感(texture)之要求相對提升,因此衍生出食品添加物之使用。唯食品原則上能不加添加物最好,萬不得已非加不可時;必要選用經過食藥署核定准許使用者,並依其最高限量以下謹慎使用才是。塑化劑食安事件,就是將塑化劑鄰苯二甲酸二異壬酯(diisononyl phthalate, DINP)當作食品起雲劑的不當行為,完全違反食品衛生管理法。

例如原料蝦,不肖廠商為防止黑變提高商品價值,曾有添加硼砂情事,因硼砂對人體有害,必要時可依 CNS 2031 硼砂檢查法來管制。亦可使用硼砂檢測試紙作原料驗收品管,可大約定量其含量極為方便。

### 1. 試藥

(1) 薑黃試紙:秤準薑黃素(curcumin)0.08 公克,溶於 80c.c.丙酮(acetone)中;另以 32c.c.濃鹽酸溶解 6 公克草酸(oxalic acid)與上述薑黃丙酮液混合,此時溶液由黃綠變為黃紅色,傾注於 200c.c.之量瓶中,加丙酮至刻線。混合振盪後注於 300c.c.燒杯中,放入切成 1.5×8 公分大

小之濾紙（減壓過濾用；東洋濾紙 No. 2），待薑黃液均勻擴散後，取出於室溫乾燥，並保存於冷暗處。

(2) 10% 碳酸鈉溶液：溶解 10 公克無水碳酸鈉($Na_2CO_3$)於水中，置於 100c.c.量瓶中，以水稀釋至刻線。

(3) 5% 鹽酸溶液：濃鹽酸(HCl)50c.c.溶於 300c.c.水中使成 350c.c.。

## 2. 測定方法

將欲檢驗之蝦樣品約 4 至 5 尾置於 5% 鹽酸溶液中，並以玻棒攪拌，使樣品表面與鹽酸溶液充分接觸，約 1 分鐘（凍結蝦需放至解凍狀態）以玻棒點一滴蒸餾水在薑黃試紙前端，再以另支玻棒點一滴蝦樣品之鹽酸溶液在試紙中端，末端以鑷子挾住，以吹風機吹乾，吹乾後如試驗點呈紅色，即表示可能含硼砂，再在試驗點及對照點上各加一滴碳酸鈉($Na_2CO_3$)溶液，此時試驗點若呈藍黑色，則確認有硼砂之存在，對照點應呈紫色。

# 三、食物汙染管制

食品的汙染包括微生物、殺蟲劑、除草劑、重金屬等，食品微生物的汙染程度通常都以每公克所含有之生菌數作標準，衛生指標則以大腸菌(*E. coli*)作標準，而本例以食物中毒常見之沙門氏菌為例說明如下：

## 1. 依 CNS 1451 檢查法

(1) 直接平皿塗抹法：取供試原液一白金耳用劃線塗抹法，接種於沙門志賀洋菜 (*Salmonella Shigella*-Agar) 遠藤 (Endo) 溴麝藍洋菜 (Brom Thymol-Blue)暨吸注於乳糖肉汁等培養基、培養於 37℃ 中 18~24 小時後檢視。沙門志賀洋菜之菌落為無色半透明，且菌落中心稍呈暗色，伊紅美藍之菌落為無色透明（大腸菌為黑色閃光）、遠藤之菌落為無色（大腸菌呈紅色）、溴麝藍之菌落呈青色半透明，乳糖肉汁無醱酵現象皆為陽性，此法可縮短時間提高檢出率。

(2) 增菌培養法：認為供試原液中含細菌數量甚少，為使檢出容易起見，可先採用此法培養；即用甘油胆汁培養基(Glycerin Bile)暨 Kauffman 培養基接種後在 37℃中培養 24 小時，然後採用上述塗抹法施行分離培養。

(3) 簡便速檢法：為檢驗有沙門菌引起中毒可疑之魚類，採取樣品 1~5g 投入甘油膽汁培養基內，在 37℃中培養 24 小時，依其特性檢定之。

## 2. 依日本冷凍食品協會之檢驗法

將試料原液 0.1c.c.，用滅菌錐形大玻棒(cone large glass rode)塗抹於 DHL 洋菜上（平板二片）37±2℃，培養 18~24 小時後，其中心部或全體發生黑色聚落者即為沙門菌屬(*Salmonella*)推定試驗陽性。

鑑定方法日新月異，可參考公告之檢驗方法。此外尚以發展許多快速檢試劑組可利用。

 **第五節　工程能力指數、相關係數應用**

## 一、工程能力指數應用

各種製造處理工程是否符合規格（或目標值）要求，可依工程能力指數 $C_P$ 來判定，其法如下：

雙側規格時　$C_P = \dfrac{S_U - S_L}{6\hat{\sigma}}$

單側規格時　$C_P = \dfrac{\hat{\mu} - S_L}{3\hat{\sigma}}$

$S_U$…規格上限

$S_L$…規格下限

$\hat{\sigma}$…母群體標準差推定值（可由 $\bar{R}/d2$ 求得）

$\hat{\mu}$……母群體推定平均值

註 $\hat{\mu}$：Hut 是指推定值

$C_P > 1.67$ ：工程能力太好，可提高能率降低成本。

$1.67 \geq C_P > 1.33$ ：工程能力尚佳、抽驗測定間隔可以拉長。

$1.33 \geq C_P > 1.00$ ：工程正常，即起碼應維持之管制狀態。

$1.00 \geq C_P > 0.67$ ：工程不良，有改善之必要。

$0.67 \geq C_P$ ：工程已失管制。

設以生產每件規格 100g 以上之食品甲、乙兩廠，在 n = 5，k = 25 條件下，$\bar{X}$-R chart 之中心線為：

| | $\bar{x}$ | $\bar{R}$ |
|---|---|---|
| 甲工廠 | 104.1 | 4.9 |
| 乙工廠 | 103.8 | 2.6 |

因此種情形屬於單側規格故：

$$C_{PA} = \frac{104.1 - 100}{3 \times 4.9 / 2.326} = \frac{4.1}{6.32} = 0.65$$

$$C_{PB} = \frac{103.8 - 100}{3 \times 2.6 / 2.326} = \frac{3.8}{3.35} = 1.13$$

由上式工程能力指數，可判定甲工廠製品已有超出規格，其工程已非在管制狀態下，應調查原因以求改善，否則成品可能被判定不合格。而乙工廠則可判定工程為正常，只要能繼續維持此種狀態水準、成品均可符合規格之要求。

## 二、相關係數、回歸式及散佈圖之應用

檢討二種變數間的關係，常用相關分析行之。例如原料大小與製成率、食品成分與硬度、食品色澤與 pH 兩者之間是否相關，可用 X、Y 的

相關係數、回歸式及散佈圖來分析。為易於瞭解起見，以表 9.3 某原料(X)與製成率(Y)為例說明如下：

## 1. 相關係數

表 9.3 中測定值 $X$、$Y$ 為計算方便起見，變換為 $X = x - 160$，$Y = y - 65$，同時將 x、y、X、Y、$X^2$、$Y^2$、XY 之總和求出寫在該表下方，再求下列各平方和：

$$S(x、y) = \Sigma XY - \frac{\Sigma X、\Sigma Y}{n} = 462 - \frac{65 \times (-35)}{20} = 575.75$$

$$S(x、x) = \Sigma X^2 - \frac{(\Sigma X)^2}{n} = 4115 - \frac{(65)^2}{20} = 3903.75$$

$$S(y、y) = \Sigma Y^2 - \frac{(\Sigma Y)^2}{n} = 231 - \frac{(-35)^2}{20} = 169.75$$

相關係數 $r$ 可依下列公式求得

$$r = \frac{S(x、y)}{\sqrt{S(x、x)、S(y、y)}} = \frac{575.75}{\sqrt{3903.75 \times 169.75}} = 0.707$$

因 $0.707 \geq |\pm 0.7|$ 故檢定結果判定原料平均重量與其製成率為強正相關。若 $|\pm 0.3| \leq r \leq |\pm 0.7|$ 時為中度相關，$r \leq |\pm 0.3|$ 時為低度相關。

## 2. 迴歸方程式

由原料大小求製成率之關係式，即 x 與 y 之迴歸方程式，可由 Excel 等電腦軟體計算。舉表 9.3 例，由下式可求得方程式

$$\bar{x} = \frac{\Sigma x}{n} = \frac{3265}{20} = 163.25$$

$$\bar{y} = \frac{\Sigma y}{n} = \frac{1265}{20} = 63.25$$

迴歸係數 b 為：

$$b = \frac{S(x \cdot y)}{S(x \cdot x)} = \frac{575.75}{3903.75} = 0.147$$

故迴歸式為：

$$y = \bar{y} + b(x - \bar{x}) = 63.25 + 0.147(x - 163.25)$$

$$= 39.25 + 0.147x$$

### 3. 散佈圖

計算相關係數之前，有時先繪散佈圖，找出不正常的點，調查其原因查明原因後，除去應該除去不正常的點，再求相關係數。本散佈圖係根據表 9.3 中 x、y 之資料，以原因變量原料大小(x)代表橫軸，結果變量成品製成率(y)代表縱軸點繪而成。由圖 9.6 散佈點可發現原料大小與成品製成率有正相關之傾向。

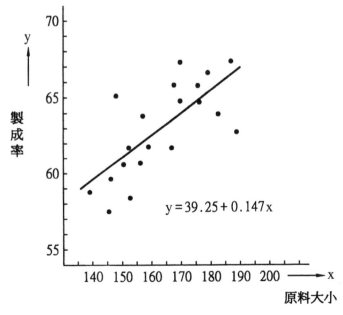

■ 圖 9.6　原料大小與製成率散佈圖

**表 9.3 原料大小與製成率相關分析補助表**

| No | x(g) | y(%) | X | Y | X² | Y² | XY |
|----|------|------|-----|-----|-----|-----|-----|
| 1 | 153 | 59 | −7 | −6 | 49 | 36 | 42 |
| 2 | 147 | 60 | −13 | −5 | 169 | 25 | 65 |
| 3 | 140 | 59 | −20 | −6 | 400 | 36 | 120 |
| 4 | 176 | 65 | 16 | 0 | 256 | 0 | 0 |
| 5 | 177 | 67 | 17 | 2 | 289 | 4 | 34 |
| 6 | 154 | 62 | −6 | −3 | 36 | 9 | 18 |
| 7 | 155 | 61 | −5 | −4 | 25 | 16 | 20 |
| 8 | 165 | 66 | 5 | 1 | 25 | 1 | 5 |
| 9 | 168 | 65 | 8 | 0 | 64 | 0 | 0 |
| 10 | 190 | 63 | 30 | −2 | 900 | 4 | -60 |
| 11 | 151 | 61 | −9 | −4 | 81 | 16 | 36 |
| 12 | 170 | 68 | 10 | 3 | 100 | 9 | 30 |
| 13 | 173 | 66 | 13 | 1 | 169 | 1 | 13 |
| 14 | 187 | 68 | 27 | 3 | 729 | 9 | 81 |
| 15 | 148 | 58 | −12 | −7 | 144 | 49 | 84 |
| 16 | 164 | 62 | 4 | −3 | 16 | 9 | −12 |
| 17 | 158 | 62 | −2 | −3 | 4 | 9 | 6 |
| 18 | 157 | 64 | −3 | −1 | 9 | 1 | 3 |
| 19 | 149 | 65 | −11 | 0 | 121 | 0 | 0 |
| 20 | 183 | 64 | 23 | −1 | 529 | 1 | -23 |
| 計 | $\Sigma_x$：3265 | $\Sigma_y$：1265 | $\Sigma_x$：65 | $\Sigma_Y$：−35 | $\Sigma X^2$：4115 | $\Sigma Y^2$：235 | $\Sigma XY$：462 |

## 第六節　品質推定與品質檢定

由於母群體範圍太大或太複雜，不能直接完全瞭解。但迫於管制上的需要只能採用取樣，然後利用樣本的資料來推定母群體的特性，這樣做雖然不是絕對精確，但對解決問題有相當的幫助。又在品質管制裡也常常應用檢定的方法，來判斷新舊材料是否不同，操作方法或機械改變以後，產品品質是否有顯著變化等問題。

## 一、統計推定(estimation)

推定是利用樣本($n$)、指定參數($\theta$)如$\mu$、$\sigma$ 之值，或指定該$\theta$之範圍。前者為點的推定，後者為區間推定。$\theta$ 在信賴區間出現的或然率就稱信賴度(confidence)。

### 1. 應用公式推定法

任何信賴度的參數推定可由公式簡單求出，今特以群體平均值($\mu$)及缺點數(c)為例說明如下：

(1) 在生產工廠中，為考慮工作效率，想從群體中要獲得大量的樣本數據是有限的。但也不能說因所獲得之數據較小，就完全不可靠。例如少數的數據，n = 5 或 n = 10，至少已可求得該群體的平均值($\mu$)，同時計算出來在哪一個範圍。這種作法就稱之推定。點的推定指樣本平均值($\bar{x}$)與群體平均值($\mu$)之推定而言，因$\bar{x}$無法完全相等於$\mu$，故會有誤差(error)。其誤差之大小與$\sqrt{n}$成反比，即當 n 越大時，其計算結果$\bar{x}$與$\mu$值會越接近。另由現有的 n 資料，以求得$\mu$在某信賴區間的作法稱之區間推定。此時在信賴區間內$\mu$的或然率就稱信賴度。下式中$\sigma/\sqrt{n}$ 為樣本標準差 $\sigma_{\bar{x}}$。

95% 信賴度時$\mu$的信賴區間為：

$$\bar{x}+1.96\frac{\sigma}{\sqrt{n}} \geq \mu \geq \bar{x}-1.96\frac{\sigma}{\sqrt{n}}$$

99% 信賴度時 $\mu$ 的信賴區間為：

$$\bar{x} + 2.58\frac{\sigma}{\sqrt{n}} \geq \mu \geq \bar{x} - 2.58\frac{\sigma}{\sqrt{n}}$$

以上 1.96 及 2.58 是指常態分配中，在其倍數的標準差以內，分別有 95% 及 99% 之或然率。此值可由一般常態分配表查詢。

(2) 又如某製造過程中，隨機抽取樣本一批，記錄其產品缺點數 $\bar{C}$ = 20，試求其群體缺點數 98% 信賴度時 $\bar{C}$ 的信賴區間為：

$$\bar{C} + 2.33\sqrt{\bar{C}} \geq \bar{C}' \geq \bar{C} - 2.33\sqrt{\bar{C}}$$

$\because \bar{C} = 20 \qquad U0.02 \rightarrow U = 2.33$

故群體缺點數 98% 可靠界限信任界限為：

上限 $20 + 2.33\sqrt{20} = 24.47$
下限 $20 - 2.33\sqrt{20} = 15.53$

## 2. 應用常態配表推定法

假設 4 號罐蘆筍水煮罐頭，目標裝罐量為 290g ± 20g，在正常裝罐工程中，我們隨機抽出 120 罐測定裝罐量如表 9.4。若再將此資料整理成次數分配表及直方圖，可由下列求得平均值($\bar{x}$)及標準差(s)：

$$h = \frac{L-S}{k} = \frac{318-263}{10 \sim 12} = 5.5 \sim 4.6 \doteqdot 5$$

今以資料最小近值 259.5g 作為起點（組界值採用測定單位的 1/2 作為單位），順序加組距 h(5)，可得表 9.5 次數分配表及圖 9.7 之直方圖。

**☞表 9.4** 4 號罐蘆筍裝罐量

| 裝　罐　量 | | | | | |
|---|---|---|---|---|---|
| 299g | 289g | 285g | 298g | 280g | 298g |
| 293 | 292 | 308 | 282 | 285 | 293 |
| 289 | 309 | 294 | 306 | 309 | 282 |
| 283 | 293 | 312 | 287 | 307 | 286 |
| 281 | 263 | 270 | 294 | 304 | 291 |
| 311 | 299 | 305 | 303 | 279 | 282 |
| 299 | 274 | 273 | 286 | 295 | 274 |
| 276 | 276 | 304 | 300 | 269 | 295 |
| 302 | 304 | 290 | 298 | 314 | 296 |
| 286 | 298 | 286 | 279 | 290 | 298 |
| 294 | 291 | 309 | 288 | 294 | 293 |
| 268 | 304 | 268 | 275 | 310 | 297 |
| 301 | 317 | 284 | 287 | 304 | 273 |
| 274 | 304 | 300 | 280 | 318 | 281 |
| 287 | 284 | 295 | 291 | 309 | 285 |
| 309 | 294 | 305 | 298 | 289 | 293 |
| 275 | 278 | 302 | 296 | 310 | 284 |
| 266 | 284 | 284 | 294 | 302 | 303 |
| 283 | 298 | 290 | 288 | 295 | 269 |
| 317 | 305 | 294 | 282 | 285 | 296 |

　　由直方圖顯示，此裝罐工程係以目標值為中心，呈左右對稱之常態分配，超出裝罐目標上限(310g)者有 8 罐，超出裝罐下限(270g)者有 6 罐，即約有一成多的製品重量超出目標值。

　　其次可由表 9.5 整理成如表 9.6 次數分配計算用表，求其平均值及標準差。

**☛表 9.5 裝罐量次數分配表**

| 組　　界 | 組中值 | 劃　　　　配 | 次數 |
|---|---|---|---|
| 259.5~264.5 | 262 | / | 1 |
| 264.5~269.5 | 267 | //// | 5 |
| 269.5~274.5 | 272 | //// / | 6 |
| 274.5~279.5 | 277 | //// // | 7 |
| 279.5~284.5 | 282 | //// //// //// | 15 |
| 284.5~289.5 | 287 | //// //// //// / | 16 |
| 289.5~294.5 | 292(A) | //// //// //// //// | 19 |
| 294.5~299.5 | 297 | //// //// //// /// | 18 |
| 299.5~304.5 | 302 | //// //// //// | 14 |
| 304.5~309.5 | 307 | //// //// / | 11 |
| 309.5~314.5 | 312 | //// | 5 |
| 314.5~319.5 | 317 | /// | 3 |

**表 9.6** 次數分配計算用表

| 中心值 | fi | di | fidi | fidi$^2$ |
|---|---|---|---|---|
| 262 | 1 | –6 | –6 | 36 |
| 267 | 5 | –5 | –25 | 125 |
| 272 | 6 | –4 | –24 | 96 |
| 277 | 7 | –3 | –21 | 63 |
| 282 | 15 | –2 | –30 | 60 |
| 287 | 16 | –1 | –16 | 16 |
| 292(A) | 19 | 0 | | |
| 297 | 18 | 1 | 18 | 18 |
| 302 | 14 | 2 | 28 | 56 |
| 307 | 11 | 3 | 33 | 99 |
| 312 | 5 | 4 | 20 | 80 |
| 317 | 3 | 5 | 15 | 75 |
| 計 | 120 | | –8 | 724 |

$$\overline{x} = A + \frac{\Sigma fidi}{\Sigma fi} \times h = 292 + \frac{(-8)}{120} \times 5 = 291.7g$$

$$\sigma = h\sqrt{\frac{\Sigma fidi^2 - \frac{(\Sigma fidi)^2}{\Sigma fi}}{\Sigma fi}} = 5\sqrt{\frac{724 - \frac{(-8)^2}{120}}{120}}$$

$$= 12.28g$$

平均值兩側 $3\sigma$ (s) 之限界為

$$\overline{x} \pm 3\sigma = 291.7 \pm 3 \times 12.28 = 254.8 \sim 328.5g$$

換句話說,如果此一裝罐工程無異常而呈常態分配的話,則我們可以推定此工程之最小裝罐量約為 255g,最大裝罐量約為 329g,而且超出

目標值之比率（即相當超過規格之不良率），可由常態分配表 9.7 依下列推定之。

**表 9.7 常態分配表**(u→p)

| u | p | u | p | u | p |
|------|-------|------|-------|------|-------|
| 0.00 | .5000 | 1.05 | .1469 | 2.05 | .0202 |
| 0.05 | .4801 | 1.10 | .1357 | 2.10 | .0179 |
| 0.45 | .3264 | 1.50 | .0668 | 2.50 | .0062 |
| 0.50 | .3085 | 1.55 | .0606 | 2.55 | .0054 |
| 0.55 | .2912 | 1.60 | .0548 | 2.60 | .0057 |
| 0.60 | .2743 | 1.65 | .0495 | 2.65 | .0040 |
| 0.65 | .2578 | 1.70 | .0446 | 2.70 | .0035 |
| 0.70 | .2420 | 1.75 | .0401 | 2.75 | .0030 |
| 0.75 | .2266 | 1.80 | .0359 | 2.80 | .0026 |
| 0.90 | .1841 | 1.95 | .0256 | 2.95 | .0016 |
| 0.95 | .1711 | 2.00 | .0228 | 3.00 | .0013 |
| 1.00 | .1587 |      |       | 3.05 | .0011 |

$$U_U = \frac{|310 - 291.7|}{12.28} = \frac{18.3}{12.28} \fallingdotseq 1.5$$

$$U_L = \frac{|270 - 291.7|}{12.28} = \frac{21.7}{12.28} \fallingdotseq 1.8$$

$U_U = 1.5$ 以上之比率為 0.0668 約為 6.7%

$U_L = 1.8$ 以上之比率為 0.0359 約為 3.6%

即可推定將有 10.3% 之裝罐量將超出目標（規格）範圍。本例因用有收縮率的裝罐量目標值來檢討，故無法像內容量、裝罐個數、糖度等可以直接用規格來推定產品之不良率，但因已知裝罐量若低於 270g 之目

標值時，固形量已無法達到 250g 之規格，故同樣可以推定該批蘆筍罐頭，仍約 3.6% 之成品其固形量低於規格標準。如上推定結果；如果不良率過大應立即採取修改目標、工程改善或設定選別工程等有效措施以期補救。

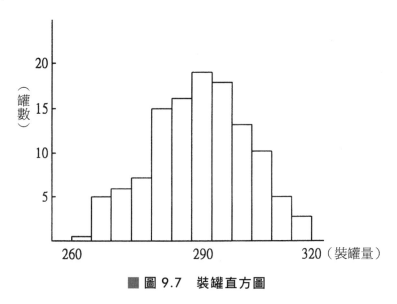

■ 圖 9.7　裝罐直方圖

## 二、統計檢定

在品質管制裡常應用檢定的方法來判斷新舊材料是否不同，操作方法或機械改變以後產品品質是否有顯著變化等問題。事實上品質管制圖亦為統計檢定法的一種應用。統計檢定之前需先對要檢定的問題給與一項假定，稱為虛無假設或無效假設(null hypothesis)，即與我們所希望的事實相反的假設，此種假設隨時有被推翻的命運。如「沒有明顯差異」、「沒有效果」在統計學裡以 $H_0$ 表示之。在參數的右下角加-0。例如$\mu_0$ 表示該假設的群體平均值。在我們要檢定一群樣本之平均值$\mu$是否出自一已知平均值$\mu_0$的群體時其無效假設的表示方法如下：

$$H_0 : \mu = \mu_0$$

　　如果 $\mu \neq \mu_0$ 或 $\mu > \mu_0$ 或 $\mu < \mu_0$ 時，則表示原來的無效假設不能成立即與 $H_0$ 對立的假設，如「有效果」、「有顯著差異」等在統計學裡以 $H_1$ 表示之。

　　簡單說檢定是用 n 的測定值來決定是否能滿足某一條件之無效假設 $(H_0)$，如果不能滿足則捨棄 $H_0$。即表示該測定值與虛無假設的條件有差異 $(P < 0.05)$ 或顯著的差異 $(P < 0.01)$。

## 1. 應用公式檢定法

　　設有 A、B 兩臺成形機，要檢定打出來的麵糰的平均重量是否有差異。如果兩臺都是現成機器，而且都有生產記錄，只要使用直方圖來比較一下就可完全瞭解。但是如果 B 機只是想新購的機械，所能試機獲得之資料不過 10 個而已。此時將原有 A 機長期所得資料：$\mu_A = 60.5$，$\sigma_A = 2.0$ 作為一個標準，暫時也把 B 機的 $\sigma$ 看成與 A 機相同，即 $\sigma_B = 2.0$ 時，可以想像得到如果 B 機與 A 機有差異時，其平均值 $\mu_B$ 不會與 $\mu_A$ 一樣。換句話說，如果 A、B 兩機無差異，則 $\mu_B = 60.5$ 的無效假設(null hypothesis)可以成立。即

　　　　$H_0 = \mu_B = 60.5$

| B 成形機資料 | | | | | | | | | |
|---|---|---|---|---|---|---|---|---|---|
| 61.1 | 63.5 | 65.2 | 62.0 | 61.8 | 62.7 | 62.9 | 59.6 | 64.4 | 58.9 |

　　先假設上例 10 個數據是由 $\mu = 60.5$，$\sigma = 2.0$ 的常態分配群體中所獲得之樣本。但經計算後，發現是由 $H_0$ 群體所取得的或然率很低時，即可判定 $\mu_B \neq 60.5$，而捨棄虛無假設。如果這些 n = 10 的數據，是由 $\mu = 60.5$，$\sigma = 2.0$ 的常態分配中取得時，則其平均值 $\bar{X}$ 相當 $\mu = 60.5$，$\bar{X}_\sigma = \sigma / \sqrt{10} = 2.0 / \sqrt{10}$，故可求得 P = 0.05 時，$\mu$ 的兩側如下：

$$\mu \pm 1.96 \frac{\sigma}{\sqrt{n}} = \mu \pm 1.96 \frac{2.0}{\sqrt{10}} = 60.5 \pm 1.2 = 61.7 \sim 59.3$$

即表示在常態分配下，該 10 個樣本的平均值 $\bar{X}$ 超出 61.7~59.3 的冒險率只有 5%而已。實際上從 B 機所獲得的 10 個樣本的平均值為

$$\bar{X} = \frac{622}{10} = 62.2 \qquad 即 \ 62.2 > 61.7$$

故可判定 A、B 兩臺成形機，打出麵糰的平均重量，有顯著的差異。

另外在精密的工業界則用 $x^2$、F、t 的檢定方法，在食品領域裡除 $x^2$(chi square)檢定法外較為少見。其中尤以 2×2 分割表最為常用，在此特舉二例供參考。

(1) 同一機械由日、晚兩班操作所製產品經檢驗結果如下，試問兩班間之不良品數是否有顯著差異？

| 班別 \ 品別 | 良　品 | | 不良品 | | 計 | |
|---|---|---|---|---|---|---|
| 日 | a | 300 | b | 50 | g | 350 |
| 晚 | c | 370 | d | 30 | h | 400 |
| 計 | e | 670 | f | 80 | n | 750 |

$$x_0^2 = \frac{(ad - bc + \frac{n}{2})^2 \times n}{efgh}$$

$$= \frac{(300 \times 30 - 50 \times 370 + \frac{750}{2})^2 \times 750}{670 \times 80 \times 350 \times 400} = 9.4$$

查 $x^2(\phi \ \alpha)$ 值得 　　　　（註 $\phi$ 為自由度=2−1×2−1）

$$x^2(1 、 0.05) = 3.841 \qquad x^2(1 、 0.01) = 6.635$$

$$x_0^2 > x^2(1 、 0.01)$$

故判定日、晚兩班之不良品數有非常顯著的差異。

(2) 對於 A、B 兩廠不良率的比較時，也可用 2×2 分割表來作檢定，其所用之分割表及公式如下：

**分割表（檢查結果比較）**

|  | 合格數 | 不合格數 | 檢查總數 |
|---|---|---|---|
| A 工廠 | a | b | g |
| B 工廠 | c | d | h |
| 合　計 | e | f | n |

$$x_0^2 = \frac{(ad - bc)n^2}{efgh}$$

$$x^2(1 、 005) = 3.84$$

$$x^2(1 、 001) = 6.63$$

依以上公式，求得 $x_0^2 \geq (1 \cdot \alpha)$ 時，則表示在該 $\alpha$ 危險率的條件下，可判定 A、B 兩廠的不良率很顯著的差異。唯利用這種 $x^2$ 檢定方法，如果兩廠所檢查之批量(lot)即 g 及 h 不相同時，其檢定結果較不正確。故可利用前例公式補救。

## 2. 應用二項機率紙檢定法

二項機率紙是英國統計學家 R. A. Fisher 所發明，並經後人改良而成。其主要用途係以簡易的圖解來代替複雜的統計方法來進行檢定的工作。其主要原理係根據不良率之角度轉變而來。設 $P = r/n$ 將兩邊開平方則可得 $\sqrt{P} = \sqrt{r/n} = \sin\theta$，因此可利用標準常態分配方法進行各項檢定。不良率分配呈二項分配，經此角度轉換 $\theta$ 之分配近似常態分配。雖然已

可使用許多統計軟體快速分析，但為使讀者瞭解原理以下就利用作圖運算過程來說明。

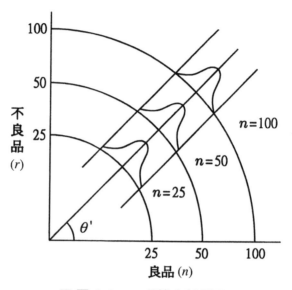

■ 圖 9.8 二項機率紙原理

(1) 製程不良率之檢定

例如原來海鰻剖片機的剖片不良率為 15.5%，為改善製程起見，將處理後之海鰻先行選別大小後再行剖片，結果試剖 90 條中有 5 條不良品，問剖片前的選別工作對製程不良率是否有影響？

p' = 0.155，n = 90，r = 5

步驟：

a. 繪 15.5% 分割線。

b. 繪實測三角形(85.5)、(86.5)、(85.6)。

c. 自此實測三角形繪垂直線至 15.5% 分割線，因為其距離比雙側 a 之 5% 水準長度為長，故可判定事先的選別工作，對剖片機製程不良率有改善。

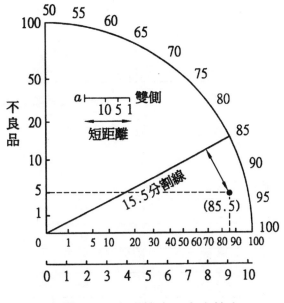

■ 圖 9.9　二項機率不良率檢定

(2) 二組資料平均值之差之檢定

　　設由基隆(A)與蘇澳(B)兩個生產地，購入原料製造產品，其製成率經統計結果如圖 9.10，為確定此兩地所供應之原料製成率是否確有差別，可依下列步驟用二項機率紙檢定，較用 t 檢定計算為簡單。

a. 在圖 9.10 上繪一條中位數線，使上下兩側點子，各約為一半。

b. 計算上下兩側之點子，並作成表 9.8 之 2×2 分割表，若恰好在線上時則該點免計算。

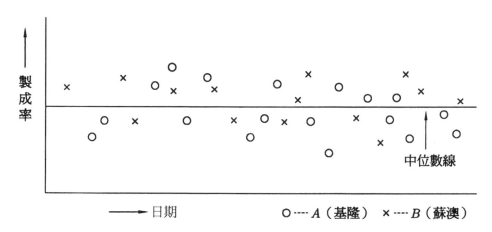

■ 圖 9.10　製成率統計圖

👉表 9.8　產地原料製成率 2×2 分割表

| 地區別 | A | B | 合計 |
|---|---|---|---|
| 上 | 7 | 9 | 16 |
| 下 | 11 | 5 | 16 |
| 小計 | 18 | 14 | 32 |

c. 於二項機率紙上繪 16：16 分割線，本例因上下同數，故分稱 50% 分割線如圖 9.11。

d. 繪 A 地區實測三角形(7.11)(7 + 1 = 8、11)(7、11 + 1 = 12)。

e. 繪 B 地區實測三角形(9.5)(10.5)(9.6)。

f. 測出 A、B 兩三角形至 50% 分割線之最短距離之和。

g. 以此短距離與二項機率紙上方 N = 2 之 R 尺比較，若比 5% 或 1% 之距離為長時，則可判定有 5~1% 之冒險率的顯著差異。購買時相同價格應選擇製成率高者。

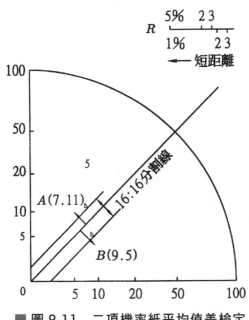

■ 圖 9.11　二項機率紙平均值差檢定

h. 因兩個實測三角形間之短距離比 5% 冒險率之 R 尺(N = 2)為短，
故判定基隆與蘇澳兩地原料製成率並無差異。只要購買原料廉價
者即可。

(3) 官能檢查能力檢定

假設準備兩種醬油分盛於淺的醬油皿內，分為十組每組兩皿，所
盛之醬油牌子未經測試人員知道，然後測其結果如下表 9.9。

📌表 9.9　官能測試結果

| 編號 | 1 | 2 | 3 | 4 | 5 | 6 | 7 | 8 | 9 | 10 |
|---|---|---|---|---|---|---|---|---|---|---|
| 樣本內容 | 同 | 不同 | 同 | 同 | 不同 | 同 | 不同 | 不同 | 同 | 不同 |
| 判　定 | 同 | 不同 | 不同 | 同 | 不同 | 同 | 同 | 不同 | 同 | 不同 |
| 正　誤 | 對 | 對 | 錯 | 對 | 對 | 對 | 錯 | 對 | 對 | 對 |

　　根據試驗結果，此人判斷有兩組錯誤八組正確，判斷結果相當良好；有 8/10 = 80%之準確性。但我們不能以表面上之數字就認為此人有很高之鑑定能力。因為此人即使不加以鑑定，隨便猜測也許有同樣猜中之機率。亦即使沒有判別能力的人，能夠猜中的機率分配通常是 P = 1/2 的二項分配，故可利用二項機率紙來檢定。

**步驟** 1：虛無假設 $H_0$：$P = 1/2$

　　　　對立假設 $H_1$：$P > 1/2$（單側）

**步驟** 2：a 定為 5%。

**步驟** 3：在二項機率紙上繪 50% 分割線

**步驟** 4：在分割線上側，繪 5% a 尺度的線（點線部分）。

**步驟** 5：繪出實測三角形(n – r、r = 2.8)、(n – r + 1、r = 3.8)、(n – r、r + 1 = 2.9)。

**步驟** 6：由於此三角形尚在點線上面，故我們不能判定此人有鑑別兩種醬油之能力。（如實測三角形在點線以外，表示有顯著差別，亦即此人有鑑定的能力）

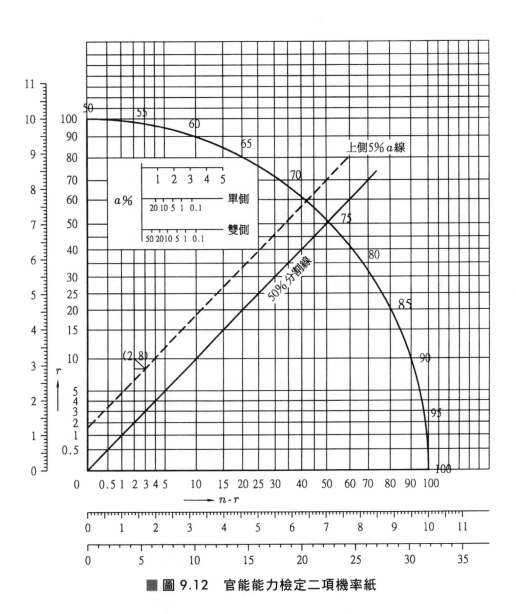

■ 圖 9.12　官能能力檢定二項機率紙

# 食品與餐飲業品質管制應用實例

**10 Chapter**

在食品工業中最先實施品質管制為罐頭外銷工廠。臺灣的農產加工品外銷，在民國 40 年代以前除製糖外，仍以鳳梨罐頭為主。民國 50 年農委會開發洋菇及蜜柑罐頭外銷成功，帶動其他蔬果罐頭的發展。60 年代進入蘆筍、果汁及蟹肉罐頭時代，賺進大量的外匯。70 年代因主要鮪魚罐頭輸出國日本漁業減產；很多水產品由原輸出國地位變成輸入國，臺灣利用此機會，打開鮪魚罐頭、冷凍烤鰻、冷凍蝦等外銷市場，年出口總值創新臺幣 250 億元以上的輝煌佳績。當前臺灣食品外銷，因受食品罐頭廠外移與飲食習慣改變等因素影響，經營有更多挑戰。內銷市場目前除油脂、乳品、飲料、米麵等民生必需食品外，保健食品、冷藏冷凍調理食品、餐盒、團膳、生鮮食品等，一直是發展的趨勢。唯在發展食品工業之同時也需有環境保護之觀念與責任，食品工廠難免在加工過程中造成廢棄物、廢水、廢氣，如何在實施品質管制同時，加強工業減廢理念也非常重要。

## 第一節　罐頭工業品質管制

依我國主要外銷罐頭之發展過程，將鳳梨罐頭、蜜柑罐頭、蘆筍罐頭、蟹肉罐頭、鮪魚罐頭為例說明如下：

## 一、鳳梨罐頭品質管制

### 1. 製造流程

(1) 原料：罐頭用之原料應適合製罐大小（直徑 110~130cm）無病蟲害、畸形、汙染者，並以新鮮者為良。在農場、集產地就要根據其大小分別裝箱，分批運送以便於製造。

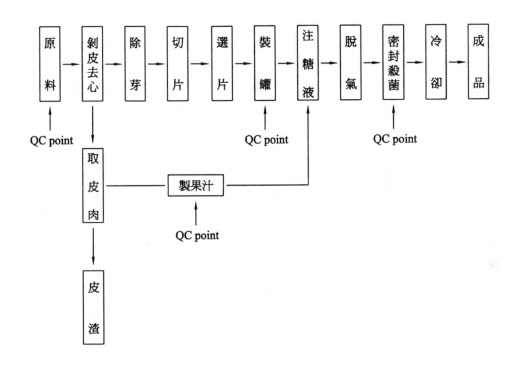

(2) 除芽:用不鏽鋼刀除芽目,其芽目之多少,深淺影響產品之品質及製成率。

(3) 切片:最好使用不鏽鋼刀盤切片,其迴轉適宜而切出之厚度合乎市場之要求為宜。

(4) 選別:切片按標準區分為 F、W、SW、H、Q、P、C 之等級分別選取裝罐。

(5) 裝罐及注糖液:區分後之原料,依各等級裝罐,然後注入糖液茲分述於後。

(6) 脫氣：有真空脫氣及蒸氣脫氣兩種，視設備及內容物之性質而異，並作適當之選擇。

| 罐　型 ＼ 種　類 | 內容量(g) | 固形量(g) | 糖水量(c.c.) | 糖度(Bx°) |
|---|---|---|---|---|
| 新一號罐 | 3,035 | 1,790 | 500 | 56 |
| 二號罐 | 850 | 550 | 190 | 44 |
| 三號罐 | 565 | 365 | 140 | 36 |
| 四號罐 | 425 | 280 | 100 | 36 |
| 五號罐 | 310 | 210 | 75 | 36 |
| 平二號罐 | 240 | 140 | 50 | 36 |

註：上表為臺灣鳳梨罐頭之最低裝罐量、甜度是以開罐糖度 18~22°Bx 為準。

(7) 殺菌：使用連續迴轉式蒸氣殺菌或殺菌釜殺菌。

| 罐　型 ＼ 時　間 ＼ 種　類 | 迴轉式 102℃ (min) | 殺菌釜(3 $^{Lb}/_{in^2}$)105.3℃ (min) |
|---|---|---|
| 一號罐 | 25~30 | 25 |
| 二號罐 | 20 | 20 |
| 三號罐 | 20 | 20 |
| 四號罐 | 18~20 | 15~20 |
| 五號罐 | 18~20 | 15~20 |
| 平二號罐 | 15~18 | 15 |

(8) 冷卻：流水迴轉式及浸漬式兩種冷卻法，以前者為佳，冷卻水之溫度 20~25℃能使殺菌後之罐頭溫度降至 35~38℃為宜。

(9) 製造用水：以不含硫化物之用水為佳，此可避免罐內之黑變（硫化鐵）。

## 2. 製造管制項目

(1) 生果進廠管制

| 管 制 名 稱 | | | 管制圖 | 單位 | 管制上限 U.C.L. | 中心線 C.L. | 管制下限 L.C.L. | 取樣間隔 |
|---|---|---|---|---|---|---|---|---|
| 生果 | 一等品 | 誤等率 | P | % | 1.5 | 0.7 | 0 | 每批 |
| | | 外形不良率 | | | 1.5 | 0.7 | 0 | |
| | | 病果率 | | | 1.5 | 0.7 | 0 | |
| | | 碰傷果率 | | | 1.0 | 0.5 | 0 | |
| | 二等品 | 誤等率 | | | 1.5 | 0.7 | 0 | |
| | | 外形不良率 | | | 1.5 | 0.7 | 0 | |
| | | 病果率 | | | 1.5 | 0.7 | 0 | |
| | | 碰傷果率 | | | 1.0 | 0.5 | 0 | |
| | 三等品 | 誤等率 | | | 1.5 | 0.7 | 0 | |
| | | 外形不良率 | | | 1.5 | 0.7 | 0 | |
| | | 病果率 | | | 1.5 | 0.7 | 0 | |
| | | 碰傷果率 | | | 1.0 | 0.5 | 0 | |

(2) 調理生果裝罐量管制

| 管 制 名 稱 | | | | 管制圖 | 單位 | 管制上限 U.C.L. | | 中心線 C.L. | 管制下限 L.C.L. | 取樣間隔 |
|---|---|---|---|---|---|---|---|---|---|---|
| 調理 | 生 果裝罐量 | 平二號 | SS | X-R | 克 | $\overline{\text{X}}$ | 177 | 168 | 159 | 一小時 |
| | | | | | | R | 32 | 15 | 0 | |
| | | | HS | | | $\overline{\text{X}}$ | 177 | 168 | 159 | |
| | | | | | | R | 32 | 15 | 0 | |
| | | 三號 B | SS | | | $\overline{\text{X}}$ | 319 | 310 | 301 | |
| | | | | | | R | 32 | 15 | 0 | |
| | | | HS | | | $\overline{\text{X}}$ | 319 | 310 | 301 | |
| | | | | | | R | 32 | 15 | 0 | |
| | | 四號 | SS | | | $\overline{\text{X}}$ | 356 | 344 | 332 | |
| | | | | | | R | 42 | 20 | 0 | |
| | | | HS | | | $\overline{\text{X}}$ | 346 | 334 | 322 | |
| | | | | | | R | 42 | 20 | 0 | |
| | | 三號 | SS | | | $\overline{\text{X}}$ | 420 | 408 | 396 | |
| | | | | | | R | 42 | 20 | 0 | |
| | | | HS | | | $\overline{\text{X}}$ | 420 | 408 | 396 | |
| | | | | | | R | 42 | 20 | 0 | |
| | | | CT | | | $\overline{\text{X}}$ | 440 | 428 | 416 | |
| | | | | | | R | 42 | 20 | 0 | |
| | | | PC | | | $\overline{\text{X}}$ | 435 | 423 | 411 | |
| | | | | | | R | 42 | 20 | 0 | |
| | | | CR | | | $\overline{\text{X}}$ | 457 | 443 | 429 | |
| | | | | | | R | 53 | 25 | 0 | |
| | | 二號 | SS | | | $\overline{\text{X}}$ | 669 | 655 | 641 | |
| | | | | | | R | 53 | 25 | 0 | |
| | | | HS | | | $\overline{\text{X}}$ | 659 | 645 | 631 | |
| | | | | | | R | 53 | 25 | 0 | |
| | | | PC | | | $\overline{\text{X}}$ | 659 | 645 | 631 | |
| | | | | | | R | 53 | 25 | 0 | |
| | | 新一 | SS | | | $\overline{\text{X}}$ | 2,290 | 2,273 | 2,256 | |
| | | | | | | R | 63 | 30 | 0 | |

註：上表中的 SS、HS 等代表罐頭片型之符號

## (3) 調理部門夾雜物管制

| | 管制名稱 | | 管制圖 | 單位 | 管制上限 U.C.L. | | 中心線 C.L. | 管制下限 L.C.L. | 取樣間隔 | 備　註 |
|---|---|---|---|---|---|---|---|---|---|---|
| 調理 | 外來 | 1-7 線 | P | % | 11 | | 1.0 | 0 | 一小時 | 各生產線分別管制，碎片線分為兩線稱 8 線及 8' 線每線每罐片型每小時抽樣 10 罐全線計算，管制圖每小時一點 |
| | 夾雜物 | 碎片線 | | | 13 | | 1.5 | 0 | | |
| | 碎肉黴 | 新一號 | X-Rm | 正視面積 % | X | 12 | 6 | 0 | 每鍋 | 管制圖每小時一點 |
| | | | | | Rm | 7 | 2 | 0 | | |
| | 絲含量 | 三號 | | | X | 12 | 6 | 0 | | 每鍋檢查乙次。管制圖每鍋一點 |
| | | | | | Rm | 7 | 2 | 0 | | |

(4) 封罐部內容量管制

| 管 制 名 稱 | | | | 管制圖 | 單位 | 管制上限 U.C.L. | | 中心線 C.L. | 管制下限 L.C.L. | 取樣間隔 |
|---|---|---|---|---|---|---|---|---|---|---|
| 封蓋 | 罐頭內容量 | 七機 | 新一號 | 52 片裝整片 | X̄-R | 克 | X̄ | 3,132 | 3,103 | 3,086 | 一小時 |
| | | | | | | | R | 106 | 50 | 0 | |
| | | | | 62 片裝整片 | | | X̄ | 3,105 | 3,076 | 3,047 | |
| | | | | | | | R | 106 | 56 | 0 | |
| | | | | 碎片 | | | X̄ | 3,105 | 3,076 | 3,047 | |
| | | | | | | | R | 106 | 50 | 0 | |
| | | 六機 | 三號 | 碎片 | | | X̄ | 595 | 583 | 571 | |
| | | | | | | | R | 42 | 20 | 0 | |
| | | 五機 | 四號 | 各片型 | | | X̄ | 482 | 470 | 458 | |
| | | | | | | | R | 42 | 20 | 0 | |
| | | 四機 | 平二號 | 各片型 | | | X̄ | 261 | 252 | 243 | |
| | | | | | | | R | 32 | 15 | 0 | |
| | | 三機 | 二號 | 各片型 | | | X̄ | 878 | 866 | 854 | |
| | | | | | | | R | 42 | 20 | 0 | |
| | | 二機 | 三號 | 各片型 | | | X̄ | 595 | 583 | 571 | |
| | | | | | | | R | 42 | 20 | 0 | |
| | | 一機 | 三號 | 各片型 | | | X̄ | 595 | 583 | 571 | |
| | | | | | | | R | 42 | 20 | 0 | |
| | | 四機 | 三號 B | 各片型 | | | X̄ | 453 | 441 | 429 | |
| | | | | | | | R | 42 | 20 | 0 | |

註：a. 各機各罐型分別管制，每小時抽樣 5 罐，管制圖每小時一點。
　　b. 本欄管制界限是內容量淨重，為現場（封蓋）使用方便，管制圖上一律加上空罐重量。

## (5) 封罐部捲封管制

| 管 制 名 稱 | | | 管制圖 | 單位 | 管制上限 U.C.L. | 中心線 C.L. | 管制下限 L.C.L. | 取樣 間隔 | 備註 |
|---|---|---|---|---|---|---|---|---|---|
| 封蓋 | 罐頭捲封不良率 | 一~七機 | 新一號 | P | ‰ | 15 | 3 | 0 | 一小時 | 各機各罐型分別管制半小時取樣 20 罐一小時合計計算。管制圖每小時一點 |
| | | | 二號 | | | 10 | 2.5 | 0 | | |
| | | | 三號 | | | 9 | 2 | 0 | | |
| | | | 三號 B | | | 9 | 2 | 0 | | |
| | | | 四號 | | | 9 | 2 | 0 | | |
| | | | 平二號 | | | 8 | 1 | 0 | | |
| | | | 三號 CR | | | 9 | 2 | 0 | | |
| | 封蓋真空度 | 一、二、三、四機 | | X-$R_m$ | in | X | 17 | 0.4 | 15 | 每小時記錄一次管制圖每小時一點 |
| | | | | | | $R_m$ | 12 | 0.4 | 0 | |

## (6) 倉庫部管制

| 倉庫部 | 成品打檢 | P-40-0 | 真空不良率 | p | % | 每天乙次，全部打檢，各罐型一張。 |
|---|---|---|---|---|---|---|
| | | P-41- | 外觀不良率 | p | % | 每天乙次，全部打檢，各罐型一張。 |
| | 包 裝 | P-42-0 | 貼標不良率 | p | % | 工作中，每小時乙次，各罐型一張。 |
| | | P-43- | 包裝外觀不良率 | p | % | 工作中，每小時乙次，各罐型一張。 |
| | | P-44- | 標紙損耗率 | p | % | 每批一點，各罐型一張 |

A. 真空不良率(p chart)

　　取樣方法： 製罐完成後進入產品倉庫前。

　　檢驗方法： 每罐型全部打檢，檢查響音不良罐數量每罐型一張

　　　　　　　管制上限可定為 0.5%。

B. 外觀不良率(p chart)

　　取樣方法：同 A。

　　檢驗標準：

　　　　　　　(a) 重凹罐、碰傷罐、壓字不良罐。

　　　　　　　(b) 鏽罐、汙損罐，用布、鋼絲絨不易拭去者。

　　　　　　　(c) 封蓋不良罐。

　　以上各項之一均列為不良罐。

　　管制上限：0.5%

C. 貼標不良率(p chart)

　　取樣方法：各罐型每小時乙次。每批包裝後取樣。

　　　　　　　(a) #2 罐以下（含）小型罐，每次取 50 罐。

　　　　　　　(b) #1 罐以上（含）大型罐，每次取 30 罐。

　　檢驗標準：

　　　　　　　(a) 貼標不正、不牢、不緊。

　　　　　　　(b) 摺角、破損、汙損。

　　　　　　　(c) 黏貼不良。

　　以上各項之一均列為不良罐。

　　管制上限可定為 5%。

D. 包裝外觀不良率(p chart)

　　抽樣方法：同 C。

　　　　　　檢驗標準：外觀不良罐、音響不良罐、誤裝罐。

　　　　　　管制上限 5%。

E. 標紙損耗率(p chart)

　　檢驗方法：以每批包裝數為一點，耗損標紙數，與包裝數計算

　　　　　　耗損率。

(7) 成品檢驗項目

| 項　　目 | 管制圖 | 單　位 | 檢驗標準 |
|---|---|---|---|
| 真　　空　　度 | X-R$_m$ | in | CNS |
| 上　部　空　隙 | X-R$_m$ | m. m. | CNS |
| 內　　容　　量 | X-R$_m$ | g | CNS |
| 固　　形　　量 | X-R$_m$ | g | CNS |
| 糖　　　　　度 | X-R$_m$ | Brix° | CNS |
| 酸　　　　　度 | X-R$_m$ | % | CNS |
| 黴　絲　含　量 | X-R$_m$ | % | CNS |
| 不　　純　　物 | c | 缺點數 | CNS |
| 色　　　　　澤 | p | % | CNS |
| 形　　　　　態 | p | % | CNS |
| 缺　　　　　點 | p | % | CNS |

## (8) 成品品質等級標準

| 因子\等級 | 色澤 片型項目 | 色澤 整片 | 色澤 其他片型 | 形態 片型項目 | 形態 整片 | 形態 半片及扇形片 | 形態 碎片及碎肉 | 缺點 片型項目 | 缺點 整片及半片 | 缺點 扇形片 | 缺點 碎片碎肉 | 品質（不分片型）果蕊或硬化部分 |
|---|---|---|---|---|---|---|---|---|---|---|---|---|
| 甲等 | 色澤 | 色澤優良鮮明 | 同整片 | 直徑及厚度最大差異 | 2mm | | | 壓潰片最大限度 | 大型罐 1/8 / 小型罐 1片 | 大型罐 20% / 大型罐 3片 | | 不得超過 2.5% |
| | 白色放射紋 | 不影響外觀 | 同整片 | 蕊孔最大偏差 | 3mm | | | 修整片最大限度 | 許可輕微修整 | 適當修整片不得多於 5% | | |
| | 色澤差異 | 大型罐 1/8 / 小型罐 1片 | 10% | 超過規定最大限度 | 12.5% | 扇形片 10% | | 瑕疵片最大限度 | 5% | 5% | | |
| | | | | | | | | 崩裂片最大限度 | 10%只許一處 | | | |
| 乙等 | 色澤 | 色澤適當尚鮮明 | 同整片 | 直徑及厚度最大差異 | 小於 3mm | | | 壓潰片最大限度 | 大型罐 1/8 / 小型罐 1片 | 大型罐 20% / 大型罐 3片 | | 不得超過 5% |
| | 白色放射紋 | 影響外觀尚輕微 | 同整片 | 蕊孔最大偏差 | 6mm | | | 修整片最大限度 | 許可適當修整 | 適當修整片不得多於 30% | | |
| | 色澤差異 | 大型罐 2/8 / 小型罐 2片 | 20% | 超過規定最大限度 | 25% | 扇形片 20% | | 瑕疵片最大限度 | 12.5% | 12.5% | | |
| | | | | | | | | 崩裂片最大限度 | 12.5% | | | |
| 丙等 | 色澤 | 色澤尚可略暗而有光澤 | 同整片 | 直徑及厚度最大差異 | 3mm | 半片 3mm | | 壓潰片最大限度 | 大型罐 1/8 / 小型罐 1片 | 大型罐 20% / 大型罐 3片 | | 不得超過 10% |
| | 白色放射紋 | 略影響外觀 | 同整片 | 蕊孔最大偏差 | 6mm | 半片 6mm | | 修整片最大限度 | 許可過度修整 | | | |
| | 色澤差異 | 大型罐 2/8 / 小型罐 2片 | 30% | 超過規定最大限度 | 30% | 半片 30% | 20% | 瑕疵片最大限度 | 12.5% | | 5% | |
| | | | | | | | | 崩裂片最大限度 | 12.5% | | | |

## 二、蜜柑罐頭品質管制

### 1. 製造流程

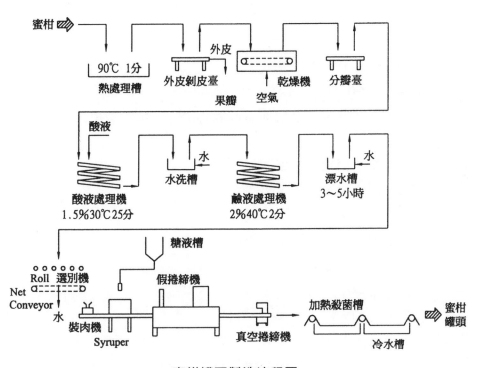

蜜柑罐頭製造流程圖

### 2. 原料品質管制

(1) 原料驗收標準

   a. 果肉堅實，色澤鮮明，味道良好。

   b. 含糖率高，具適當之糖酸比。

   c. 成熟度適宜，無損傷及病蟲害。

   d. 形態扁圓，皮薄，大小均一，果瓣整齊易於剝皮及分瓣。

   e. 無種子或含甚少種子。

(2) 管制計畫綱要

   a.  成熟度(p)

      抽樣方法：原料場，每卡車乙次，每噸隨機取樣 50 公斤，測定成熟度，成熟度可按地區酌定標準。成熟度不佳者，予以檢別，以重量求出不良率。

      管制上限：3%。

   b.  果實大小(p)

      抽樣方法：同上，品管與驗收同時進行，按收購規格測定不合格數量。

      檢驗標準：與檢收規格同。

      管制上限：可定為 5%。

   c.  病蟲害果率(p)

      抽樣方法：同上，測定各種病害果率。

      管制上限：可定為 1%。

   d.  碰撞傷果率(p)

      執行方法同 c。

   e.  剝皮難易(p)

      抽樣方法：每卡車乙次，隨機取樣 30 個做剝皮難易試驗。

      檢驗方法：剝皮難易程度以 a、b、c 三級表示。分別表示易、稍不易、難。凡列為 c 級者，為不良。

   f.  分瓣難易(P)

      抽樣方法：同 e。

      檢驗方法：同 e，亦分 a、b、c 三級。c 級為不良。

   g.  果蕊之硬軟(p)：

      抽樣方法：同 a。

檢驗方法：測完成熟度後，剖開果實為兩片，檢查其果蕊之軟硬
程度。此項工作非常重要，硬蕊多則在分瓣時損壞嚴
重，與製成率留有密切關係，須特別小心管制。

管制上限：視生產情形不同，可酌定為 30~50%。

## 3. 調理部門品質管制

(1) 燙皮處理溫度($X-R_m$)

檢驗方法：每小時測燙皮機中間位置乙次。

管制界限：90±2℃（或 95±2℃）。

(2) 剝皮不良率(p)

抽樣方法：每小時隨機取樣 50 個剝皮果粒檢查之。

檢驗標準：凡果肉被壓傷、果瓣破損或殘留外皮者，均為不良品。

管制上限：10%。

(3) 分瓣損傷果瓣率(p)

抽樣方法：每小時乙次，隨機取樣 100 瓣。

檢驗標準：凡果蕊破損、果肉壓潰等列為損傷果瓣。

(4) 分瓣不淨率(p)

抽樣方法：同(3)。

檢驗標準：凡果蕊沒有取掉或白色筋絲沒有拿掉者均為不淨。

(5) 酸處理濃度($X-R_m$)

抽樣方法：每調配一批抽樣乙次，分別由迴轉機各部位取樣混合後
測定之。

檢驗方法及標準：使用氫氧化鈉標準液測定。

(6) 鹼處理濃度($X-R_m$)

抽樣方法與檢驗標準與(5)同。用鹽酸標準液測定濃度。

(7) 破損缺點數(c)

　　抽樣方法：漂水後每小時隨機取樣 100 瓣乙次，觀測其破損缺點數。

　　檢驗方法：參考表 10.2。

(8) 脫膜不良率(p)

　　抽樣方法：同(5)。

　　檢驗標準：不完全脫膜指筋絲、瓣皮、種子等未除淨而言。

## 4. 裝罐部門品質管制

(1) 生果裝罐量($\overline{X}$-R)

　　檢驗方法及取樣方法與鳳梨罐頭類似，每小時每罐片型乙次各五罐。不同者為此項需連空罐一起過磅。

**表 10.1** 蜜柑裝罐量及訂定生果裝罐量

|  | 罐 | 型 |
|---|---|---|
| CNS 最低標準(g) | #5 整片 | #2 破片 |
| 內容量 | 310 | 850 |
| 固形量 | 180 | 510 |
| 訂定生果裝罐量(g) | #5 整片 | #2 破片 |
| 12 月下旬至正月上旬 | 240 | 725 |
| 正月中旬 | 235 | 720 |
| 正月下旬 | 230 | 700 |
| 二月上旬 | 225 | 690 |
| 二月中旬 | 220 | 680 |

(2) 裝罐果瓣數（$\bar{X}$-R 或 $\tilde{X}$-R）

取樣方法： 裝罐稱量後，整片各罐型每小時依大、中、小各五罐乙次。

檢驗品管界限： 由實際資料計算之，可使用 $\bar{X}$-R 管制圖或 $\tilde{X}$-R 管制圖。

(3) 果瓣整齊度($\bar{X}$-R)

取樣方法： 同(2)。

檢驗方法： 用肉眼判別每一罐中果瓣，並求出下式比率：

$$\frac{一罐中最大三粒果瓣之總重量}{一罐中最小三粒果瓣之總重量} = X$$

檢驗標準： 依照 CNS 規格，X 值不得超過：Fancy, 1.4；Choice, 1.7；Standard, 2.0。

(4) 裝罐破損果粒(p)：

取樣方法： 裝罐稱量後，注液前，每小時各罐型各五罐乙次為一單位，計算破損果粒率。

檢驗方法及標準：此項均以重量為單位計算。

**表 10.2　果瓣破損判定標準**

| 破損程度 | 破損狀態 |
|---|---|
| 輕度破粒(II) | 缺損或壓潰部分占果瓣側面積（即原形）1/6 以上而未滿 1/4 之果粒；或鬆弛而輕度崩裂；或果粒表面粗糙者。 |
| 過度破粒(III) | 缺損或壓潰部分占果瓣側面外觀原形 1/4 以上而未滿 1/2 之果粒；或鬆弛壓潰成嚴重破裂者。 |
| 碎肉(IV) | 外觀上僅有原形 1/2 以下大小之果粒，包括斷片。 |

(5) 夾雜物(c)

　　抽樣方法：同(4)。

　　檢驗方法及標準： 夾雜物係包括：白色筋絲、瓢皮、種子、芽、外果皮等。使用管制表記錄各夾雜物混入狀態，並給予相當缺點分數，以全部缺點分數製管制圖。

(6) 空罐不潔率(p)

(7) 空罐不良率(p)

　　空罐取樣方法： 經洗滌後裝罐前，每小時每罐型抽乙次，各 50 罐。

(8) 糖液糖度($X-R_m$)

　　抽樣方法： 每釜測定乙次。

　　檢驗方法： 使用糖度計測定之。

(9) 糖液之 pH($X-R_m$)

　　抽樣方法： 同(8)。

　　檢驗方法： 使用 pH 試紙或 pH meter 測定之。

(10)罐內平均糖度($X-R_m$)

　　抽樣方法：每改變糖液糖度時，各罐型乙罐乙次。

　　檢驗方法： 將已注加糖液之全內容量以果汁機打碎混合均勻，測定濾液糖度。

## 5. 機械部門品質管制

(1) 脫氣後罐中心溫度($\bar{X}-R$)。

(2) 捲封尺寸(MV)。

(3) 內容量($\bar{X}-R$)。

(4) 蒸氣壓力（鍋爐壓力）($X-R_m$)。

(5) 殺菌溫度(X-R$_m$)

取樣方法： 以水銀溫度計每半小時測定殺菌槽固定位置之溫度一次。

**表 10.3　柑蜜罐頭殺菌標準**

| 罐型 | 內容物之pH | 殺　　菌 | | | 冷　　卻 | | |
|---|---|---|---|---|---|---|---|
| | | 初溫℃ | 殺菌溫度℃ | 時間分 | 冷卻水溫℃ | 時間分 | 冷卻終點之罐中心溫度，℃ |
| N#1* | 3.4~4.0 | 60 | 102 | 20 | 20 | 25 | 38 |
| N#1* | 3.4~4.0 | 20~25 | 102 | 25 | 20 | 25 | 38 |
| #2** | 3.4~4.0 | 60 | 90 | 15 | 20 | 10 | 38 |
| #5** | 3.4~4.0 | 20~25 | 90 | 12 | 20 | 8 | 38 |
| #5*** | 3.4~4.0 | 20~25 | 85 | 15 | 20 | 8 | 38 |

*用殺菌釜殺菌者。
**用立式（罐不迴轉）平壓殺菌（連續或不連續）者。
***用罐迴轉式連續殺菌者。

## 6. 成品品質管制

(1) 打檢

　　a.　真空不良率(p)。

　　b.　外觀不良率(p)。

(2) 開罐

    a.  真空度$(X-R_m)$。

    b.  上部空隙$(X-R_m)$。

    c.  內容量$(X-R_m)$。

    d.  固形量$(X-R_m)$。

    e.  糖度$(X-R_m)$。

    f.  液汁澄清度$(X-R_m)$。

    g.  形態（損傷果瓣率）(p)。

    h.  品質（夾雜物缺點數）(c)。

    以上 a~f 項，每天以開罐檢驗記錄，一罐一點，分別就各罐型管制之。g、h 可按製程中該兩項管制方法進行管制。

(3) 包裝

    a.  貼標不良率(p)。

    b.  包裝外觀不良率(p)。

    c.  標紙耗損率(p)。

# 三、蘆筍罐頭品質管制

## 1. 製造流程

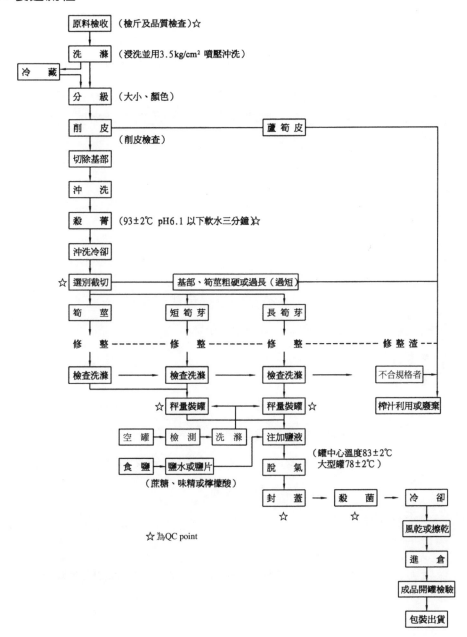

```
原料檢收 （檢斤及品質檢查）☆
   │
  洗 滌 （浸洗並用3.5kg/cm² 噴壓沖洗）
   │
冷 藏
   │
  分 級 （大小、顏色）
   │
  削 皮 ──────────── 蘆筍皮
   │ （削皮檢查）
 切除基部
   │
  沖 洗
   │
  殺 菁 （93±2℃ pH6.1 以下軟水三分鐘）☆
   │
 沖洗冷卻
   │
☆ 選別截切 ── 基部、筍莖粗硬或過長（過短）
   │
 筍 莖      短筍芽      長筍芽
   │          │          │
 修 整 ─── 修 整 ─── 修 整 ─────── 修整渣
   │          │          │
檢查洗滌 → 檢查洗滌 → 檢查洗滌 ──→ 不合規格者
            │          │              │
       ☆ 秤量裝罐   秤量裝罐 ☆    榨汁利用或廢棄
                      │
空 罐 → 檢 測 → 洗 滌 → 注加鹽液
                      │ （罐中心溫度83±2℃
食 鹽 → 鹽水或鹽片     脫 氣   大型罐78±2℃）
    （蔗糖、味精或檸檬酸）
                      │
                    封 蓋 → 殺 菌 → 冷 卻
                     ☆      ☆       │
              ☆為QC point      風乾或擦乾
                                     │
                                   進 倉
                                     │
                                 成品開罐檢驗
                                     │
                                 包裝出貨
```

## 2. 原料部門品質管制

(1) 原料總不良率(p)

  抽樣方法： 每日於各檢收站原料入廠時分批抽樣，500kg 以下隨機抽一批量（500 支）。1,500 kg 以下抽 2 批量。3,000 kg 以下抽 3 批量。6,000 kg 以下抽 4 批量。5,000 kg 以上每增 3,000 kg 增收一批量。

  檢驗標準： 本項為色澤、病蟲害及形態、大小、鮮嫩度、修整損傷等各項不良率之總和。
  當二件不良因素同時發現於同一枝筍莖時，視同一件。

  管制上限： 10%。

(2) 色澤不良率(p)

  抽樣方法： 同(1)。

  檢驗方法： 白色一級品全枝應具原有白色。
  二級品筍尖 5 公分內呈綠色或淡紫色。

  管制上限： 一級品 10%，二級品 20%。

(3) 病蟲害及形態不良率(p)

  抽樣方法：同(1)。

  檢驗方法：下列各項視為不良品。

    a. 蟲嚙或其他病蟲害者。

    b. 畸型、彎曲、扁平、空洞或分叉者。

    c. 芽苞疏鬆而不堅實者。

(4) 大小不良率(p)

  抽樣方法：同(1)。

  檢驗方法：筍徑不合乎規格者為不良品。現多用分級標準器測定。

(5) 鮮嫩度不良率(p)

　　抽樣方法：　同(1)。

　　檢驗方法：　切口不整齊，斜度太大，帶硬化纖維組織或汙染泥沙過
　　　　　　　　多者視為不良品。

(6) 損耗率(p)

　　抽樣方法：　同(1)。

　　檢驗方法：　凡刀傷、擦傷、壓碎或筍尖折斷者列為損傷筍。

## 3. 調理部門品質管制

(1) 洗滌水殘氯量($X-R_m$)

　　抽樣方法：　每小時 1 次，分別檢定流水出口處出口水及流水入口處
　　　　　　　　入水口，分別做管制圖。

　　檢驗方法：　利用比色法測定（即利用殘氯檢定器測定）。

　　　　　　　　a. 含氯量 10ppm 以下時之測定方法：取 10mL 樣品倒入
　　　　　　　　　 比色管內，並滴 3~4 滴試劑（磷甲苯胺）。以大姆指
　　　　　　　　　 緊按管口，搖動均勻，靜置 1~3 分鐘。將比色管插入
　　　　　　　　　 檢定器與標準色管相比即可知殘氯量。

　　　　　　　　b. 含氯量 10ppm 以上之測定方法：取 1mL 水樣品，加
　　　　　　　　　 9mL 蒸餾水混勻，其餘法同上。所得結果按其稀釋比
　　　　　　　　　 例換算。

(2) 削皮不良率(p)

　　抽樣方法：每半小時每組各抽 100 枝。

　　檢驗標準：下列各項視同削皮不良品：

　　　　　　　　a. 削皮不淨，留有殘皮者。

　　　　　　　　b. 削皮呈多角形，稜角顯明者。

　　　　　　　　c. 削皮過深者。

　　管制上限：10%

(3) 殺菁用水之 pH(X-R_m)

　　抽樣方法：每半小時乙次，於常溫以 pH 試紙測定之。

　　檢驗標準：5.4±0.2（最高不得超過 pH6.1）。

(4) 殺菁溫度(X-R_m)

　　檢驗方法：每半小時乙次，固定位置，以水銀溫度計測之。

　　檢驗標準：水煮法：93±2℃。蒸氣法 97±2℃。

(5) 裝罐量($\overline{X}$-R)

　　抽樣方法：每小時每片罐型抽 5 罐。

　　檢驗規格：規定裝罐量+2~5%。

**☛表 10.4　蘆筍罐頭重量規格及預定裝罐量**

| 罐型 | 內容量 (g) | 長中短筍芽（大、中、小及混合） | | 筍芽（特大、巨大、極大與混合） | | 截切筍芽 | |
|---|---|---|---|---|---|---|---|
| | | 固形量 (g) | 裝罐量 (g) | 固形量 (g) | 裝罐量 (g) | 固形量 (g) | 裝罐量 (g) |
| #250g | 250 | 175 | 184 | 175 | 184 | 175 | 184 |
| #7 | 280 | 200 | 210 | 185 | 195 | 185 | 195 |
| #4 | 425 | 280 | 294 | 270 | 284 | 270 | 284 |
| #2 | 800 | 540 | 567 | 510 | 536 | 525 | 553 |
| #3 | 800 | 500 | 525 | 480 | 504 | 480 | 504 |
| #1B | 1,815 | 1,219 | 1,290 | 1,219 | 1,290 | — | — |

(6) 品質不良率(p)

　　抽樣方法：同(5)，但以總枝數為計算單位。

　　檢驗標準：按 CNS（詳後）。

　　管制界限：15%。

(7) 筍莖大小不良率(p)

　　抽樣方法：同(5)。

　　檢驗標準：按罐型。

　　管制界限：10%。

☛表 10.5 筍莖大小之選別規格

| 類　　別 | 直　　徑 |
|---|---|
| 極大(Giant) | 25.4~以上 |
| 巨大(Colossal) | 20.7~25.3 |
| 特大(Extra large) | 16.0~20.6 |
| 大(Large) | 12.8~15.9 |
| 中(Medium) | 9.6~12.7 |
| 小(Small) | 8.0~9.5 |
| 混合(Blend of sizes) | 混合二種或以上不同大小者 |

☛表 10.6 蘆筍裝罐支數規格

| 罐　　型 | 片　　型 | 筍　徑　大　小 | | | |
|---|---|---|---|---|---|
| | | 特　大 | 大 | 中 | 小 |
| #22 | 削皮筍芽 | － | － | － | － |
| 特#3 | 削皮筍芽 | － | 15~26 | 27~40 | － |
| #4 | 削皮筍芽 | 5~15 | 16~25 | 26~35 | 36~50 |
| #1B | 削皮筍芽 | 60~79 | 80~125 | 126~195 | － |
| #250g | 削皮筍芽 | － | 10~15 | 16~20 | 21~30 |
| #7 | 未削皮筍芽 | － | － | － | 30~45 |

(8) 缺點率(p)

　　抽樣及檢驗方法同(5)。

　　管制界限：白色分綠尖白筍 15% 以下。綠尖全綠色及切筍芽筍莖者
　　　　　　　10%以下。

(9) 色澤不良率(p)

　　抽樣方法及檢驗同(5)。

　　管制界限：白色、全綠色 10% 以下。綠尖白筍之綠尖 20% 以下。

## 4. 機械部門品質管制

(1) 鹽液濃度($X-R_m$)

　　抽樣方法：每批測定一次。

　　檢驗方法：以鹽度計(salinometer)於 20℃液溫下測之，注意其是否澄
　　　　　　　清，有無夾雜物。

　　管制界限：#250g 與 7 罐 2.7±0.2%。

　　　　　　　#4 與#2 罐 2.5±0.2%。

　　　　　　　特#3 罐 2.3±0.2%。

(2) 鹽液 pH($X-R_m$)

　　抽樣方法：同上，若以導管進行連續注加時（無法分出調配批），
　　　　　　　則每小時測一次。

　　檢查方法：在 20℃下用 pH 試紙測定之。

(3) 脫氣罐中心溫度($\overline{X}-R$)。

(4) 捲封尺寸(MV)。

(5) 內容量($\overline{X}-R$)。

(6) 殺菌與冷卻。

殺菌處理應在封蓋後半小時內為之。由於蘆筍對熱的感受性特別敏銳。過熱會影響品質,故殺菌處理需謹慎操作。殺菌溫度可參考表 10.7。

**表 10.7 蘆筍罐頭之殺菌溫度及時間**

| 罐　　型 | 罐頭初溫 | 120℃之殺菌時間（分） | 115.6℃之殺菌時間（分） |
|---|---|---|---|
| #250g | 50~80℃ | 14 | 22 |
| #7 | 50~80℃ | 16 | 24 |
| #4 | 50~80℃ | 16 | 24 |
| #2 | 50~80℃ | 18 | 26 |
| 特#3 | 50~80℃ | 18 | 26 |
| #1B | 50~80℃ | － | 30 |

殺菌時蘆筍罐頭中筍尖應向下,罐頭應垂直排置,以便罐內鹽水對流,且應避免平置。

殺菌後之冷卻快慢影響品質至鉅,冷卻太慢會發生過熱(over cooking)之現象,而使罐頭內容物產生焦味,顏色加深（褐黃）,組織柔軟或潰爛,故蘆筍罐頭殺菌後之冷卻需盡速為之。二號罐,特三號務必加壓冷卻。冷卻水需清潔、充足,並維持 1~2ppm 有效殘氯量,出口處之殘氯量應控制在 0.5~1.0ppm。

罐頭以冷卻至 35~40℃為宜。

## 5. 倉庫部門品質管制

參考鳳梨罐頭。

## 6. 蘆筍罐頭標準(CNS-2348-N158)

### (1) 裝量

單位：公克

| 罐　　型 | 內容量公　克 | 固　形　量 | | | | | |
|---|---|---|---|---|---|---|---|
| | | a 長中及短筍芽 | | | | 截切筍芽 | |
| | | 大中小及其混合 | | 特大巨大極大及其混合 | | | |
| | | 白色及綠尖白色 | 綠尖及全綠色 | 白色及綠尖綠色 | 綠尖及全綠色 | 白色及綠尖白色 | 綠尖及全綠色 |
| 200 公克罐 | 200 | 140 | 135 | 140 | 135 | 140 | 135 |
| 250 公克罐 | 250 | 175 | 165 | 175 | 165 | 175 | 155 |
| 七號罐 | 280 | 200 | 180 | 185 | 170 | 185 | 170 |
| 四號罐 | 425 | 280 | 280 | 270 | 235 | 270 | 250 |
| 三號罐 | 540 | 370 | 370 | 350 | 335 | 350 | 335 |
| 特三號罐 | 800 | 500 | 470 | 480 | 450 | 480 | 445 |
| 二號罐 | 800 | 540 | 505 | 510 | 490 | 525 | 475 |
| 一號 B 罐 | 1,815 | 1,220 | 1,105 | 1,165 | 1,080 | 1,190 | 1,080 |
| 新一號罐 | 2,870 | 1,815 | 1,790 | 1,815 | 1,710 | 1,815 | 1,710 |

### (2) 種類(types)

a. 白色(white)「W」：蘆筍全部呈白色或黃白色。

b. 綠尖（芽）白色(green tipped and white)「W′」：筍莖部分呈白色或黃白色，筍尖（芽）部分呈綠色、淡綠色，但不得超過全長之一半。

    c. 綠尖（芽）(green or all green)「G′」：自筍芽起有全長之一半以上呈綠色、淡綠色或黃綠色。

    d. 全綠色(green or all green)「G」：筍全部呈綠色、淡綠色或黃綠色。

(3) 型態(style)

    a. 長筍芽(spears or stalks)「S」：削皮或未削皮，長度應有 95mm 或以具有筍尖之蘆筍嫩莖。

    b. 中筍芽(tips)「T」：長度在 95mm 以下至 70mm 之間具有筍尖之蘆筍嫩莖。

    c. 短筍芽「P」：長度應短於 70mm 具有筍尖之蘆筍嫩莖。

    d. 截切筍芽(cut spears or cut stalks or cuts and tips)「C」其長度在 32mm 以上至 60mm 以下，具有筍尖截切，應有 20% 以上（以枝數計），同一罐內截筍（有筍尖或無筍尖）長度應均一，其差異不超過±5mm。

    e. 混合筍芽(mixed)「M」：包括三種或以上不同形態之蘆筍。

(4) 大小(size)

    a. 蘆筍大小之測定：應沿蘆筍縱軸之直角方向，測定其最大直徑，如蘆筍之長度在 127mm 以上者，則應測定離筍尖 127mm 處，長度未滿 127mm 者，則測其切口處。

    b. 每罐所含蘆筍其直徑大小不得大或小於所標示大小，名稱之上下、名稱之大小範圍，其所含上下名稱大小之筍不得多於 20%（以枝計數）。

(5) 評分給分表

| 等級 | 給分/成計 | 色澤 | 缺點 | 品質 | 應得總分 |
|---|---|---|---|---|---|
| | | 17~20 | 25~30 | 34~40 | 85 |
| **甲等**（或稱「特級」）Grade A or Fancy | 給分 9~10；澤具其固有之具好色澤或綠色或明清潔無整疵物及沉染物 | 應具有各種類固有之具好色澤且同一嘟內之嘟色澤一或近似之色澤<br>項目／型態 S T P C B M<br>W：呈樣、波綠或灰綠嘟尖部分占½長以上者尖 不得多於 20% 或 1 嘟內可有 1 枝<br>W'：呈樣、波綠或灰綠部分占全長½以上者 不得多於 30%<br>G'：呈白色或黃色嘟型末端占全長⅛以上者 不得多於 20%<br>G：不得多於 10% 或 1 嘟內許可有 1 枝／末端白色者不得多於 10% 全枝白色者不得多於 2% | 應無泥沙污染所含嘟形不得影響外觀<br>項目／型態<br>W 不得多於 15%<br>W' 不得多於 20%<br>G' 不得多於 10%／全嘟不得多於 10%<br>G 潰損、畸形、修整不良、損傷及嚴重損傷<br>W W' G' G 嚴重損傷 不得多於 3% · 1 嘟內許可有 1 枝 不得多於 2% · 1 嘟內許可有 1 枝 | 香味具好，具有濃厚固有香味無異味筍尖及包螺之發育，組織及脆嫩皮良好<br>發育良好 不嫩筍<br>不得少於 85%<br>W W' G' G<br>不得多於 20% 但 1 嘟內許可有 1 枝 不得多於 10% 內許可有 1 枝 | |
| | | 15~16 | 23~24 | 30~33 | 75 |
| **乙等**（或稱「選級」）Grade B or Choice | 給分 7~8；具固有之固有色之具好之澤或明清深筍皮及沉染物尚少 | 應具有各種類固有之具好色澤且同一嘟內之嘟色澤同一或近似之色澤<br>項目／型態 S T P C B M<br>W 不得多於 20%<br>W' 呈樣、波綠或灰綠部分占全長½以上者 不得多於 50%<br>G' 呈白色或黃色嘟型末端占全長½以上者 不得多於 50%<br>G 不得多於 20% | 附有泥沙污染跡所含損筍不得影響<br>潰損、畸形、修整不良、損傷及嚴重損傷<br>W W' G' G<br>不得多於 20% 不得多於 20% 不得多於 20% 不得多於 20%<br>嚴重損傷 不得多於 5% · 1 嘟內許可有 1 枝不得多於 7% | 香味尚佳，具有固有香味無異味筍之發育良好，組織及脆嫩度尚佳<br>發育良好或尚佳<br>不得少於 80%<br>W W' G' G<br>不得多於 25% 不得多於 15% | |
| | | 13~14 | 20~22米 | 27~29米 | 65 |
| **丙等**（或稱「標級」）Grade or Standard | 給分 5~6；尚得現現呈褐或暗色或淺灰綜色或沉染綜跡 | 應具有各種類固有之具好色澤且同一嘟內之嘟色澤同一或近似之色澤<br>項目／型態 S T P C B M<br>W 不得多於 20%<br>W' 呈樣、波綠或灰綠部分占全長½以上者 不得多於 50%<br>G' 呈白色或黃色嘟型末端占全長½以上者 不得多於 50%<br>G 不得多於 20% 但全枝白色者不得多於 5% | 附有泥沙污染跡所含污損跡不得嚴重影響外觀<br>潰損、畸形、修整不良、損傷及嚴重損傷<br>W W' G' G<br>不得多於 30% 不得多於 20% 不得多於 20% 不得多於 20%<br>嚴重損傷 不得多於 10% · 1 嘟內許可有 1 枝不得多於 70 | 香味尚佳，具有固有香味無異味筍之發育尚佳，組織及脆嫩度尚佳<br>發育良好或尚佳<br>不得少於 90%<br>W W' G' G<br>不得多於 50% 不得多於 25% | |

370

## 四、蟹肉罐頭品質管制

### 1. 蟹肉水煮罐頭作業流程圖

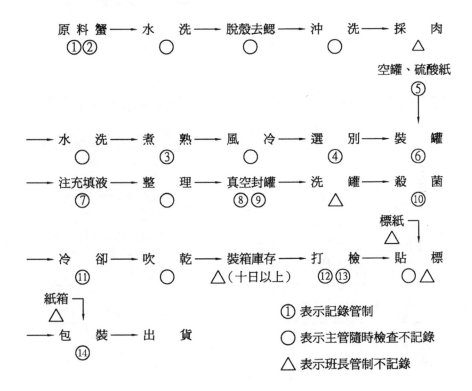

原　料　蟹 ⟶ 水　　洗 ⟶ 脫殼去鰓 ⟶ 沖　　洗 ⟶ 採　　肉
①②　　　　　　○　　　　　　○　　　　　　○　　　　　　△

空罐、硫酸紙
⑤

⟶ 水　　洗 ⟶ 煮　　熟 ⟶ 風　　冷 ⟶ 選　　別 ⟶ 裝　　罐
　　○　　　　　　③　　　　　　○　　　　　　④　　　　　　⑥

⟶ 注充填液 ⟶ 整　　理 ⟶ 真空封罐 ⟶ 洗　　罐 ⟶ 殺　　菌
　　⑦　　　　　　○　　　　　　⑧⑨　　　　　　△　　　　　　⑩

標紙
△

⟶ 冷　　卻 ⟶ 吹　　乾 ⟶ 裝箱庫存 ⟶ 打　　檢 ⟶ 貼　　標
　　⑪　　　　　　○　　　　　△（十日以上）　　⑫⑬　　　　○△

紙箱
△

⟶ 包　　裝 ⟶ 出　　貨
　　⑭

① 表示記錄管制
○ 表示主管隨時檢查不記錄
△ 表示班長管制不記錄

## 2. 蟹肉罐頭品質管制計畫

| 管制項目 | 單 位 | | 圖表別 | 抽樣間隔 | 抽樣數 | 檢驗標準 | 備 考 |
|---|---|---|---|---|---|---|---|
| 原料 | 數量 | 箱 | 傳票 | 每批 | 全數 | 地磅及磅秤 | |
| | 鮮度 | 級分 | 記錄 | 每批 | 10 隻 | 官感 pH 判定評分 C 以下不良 | 班長管制不記錄 |
| 處理部 | 脫殼去鰓 | 隻 | | 30 分 | 10 隻 | 殼鰓臟已除淨 | 班長管制不記錄 |
| | 沖洗 | 隻 | | 30 分 | 5 隻 10 塊 | 投入 10 $\ell$ 清水桶後仍可見桶底 | 班長管制不記錄 |
| | 採肉 | 克 | | 30 分 | 100 | 身肉無碎殼腿肉完整 | 班長管制不記錄 |
| | 再洗 | 克 | | 30 分 | 100 | 保持第三水洗桶清淨狀態 | 班長管制不記錄 |
| | 殺菁濃度 | pH, Be′ | 記錄 | 60 分 | 80c.c. | 客戶要求 | |
| 裝罐部 | 選別 | 點 | C-chart | 30 分 | 5 | 依熟度肉質色香味夾雜採點 | 上限不超過 14 點 |
| | 裝罐 | 克 | $\bar{X}$-R | 30 分 | 5 罐 | 依 CNS 乘殺菌之縮率 | |
| | 配液精確度 | Be′, pH | 記錄 | 每釜 | 1 次 | 客戶要求 | |
| | 內容量 | 克 | $\bar{X}$-R | 30 分 | 5 罐 | 依 CNS | |
| | 肉腿比率 | % | | 30 分 | 5 罐 | 15% 25% 以上 | 品管員順便管制不記錄，但超過標準應填回饋單 |
| 機械部 | 罐內真空度 | cmHg | 記錄 | 30 分 | 1 次 | 35cmHg 以上 | |
| | 脫氣中心溫度 | ℃ | 記錄 | 30 分 | 1 次 | 80℃±5 | |
| | 捲封尺度 | 1/1,000 吋 | 記錄 | 30 分 | 1 次 | 依捲封規定 | |

| 管制項目 | 單　　位 | | 圖表別 | 抽樣間隔 | 抽樣數 | 檢驗標準 | 備　　考 |
|---|---|---|---|---|---|---|---|
| | 洗罐熱水溫度 | ℃ | | 60 分 | 1 次 | 60±5℃ | 課長管制不記錄 |
| 殺菌 | 殺菌條件 | ℃ T | 記錄 | 每釜 | | 依殺菌規範 | |
| | 冷卻溫度 | ℃ | | 每釜 | 1 次 | 依殺菌規範 | 操作員管制不記錄 |
| 成品 | 開罐檢驗 | 罐 | 記錄 | 每日 | 每 400 箱抽一罐 | 依 CNS | |
| | 保溫檢驗 | 罐 | 記錄 | 每日 | 每 400 箱抽一罐 | 依 CNS | 37℃ 或 55℃ 依性質而定 |
| 倉儲 | 倉庫濕度 | ℃ % | | 4 小時 | 1 次 | 35℃以下 | 管理員控制露點溫度防止罐頭發汗不記錄 |
| | 倉儲狀態 | | 記錄 | 每日 | 1 次 | 分批分區置放 | |
| 包裝 | 打檢 | % | P-chart | 每批 | 全數 | 不良罐在 1/1,000 以下 | |
| | 外觀 | 箱 | 檢驗記錄表 | 100 箱 | 二箱 | 依 CNS | |
| 其他 | 水質 | ppm | 記錄表 | 2 小時 | 1 次 | 依工廠檢查規定 | 測定 4 處不同水 |
| | 冷藏庫 | ℃ | 記錄表 | 4 小時 | 一次 | 凍結–20±2℃ 冷藏 3±1℃ | |

### 3. 蟹肉罐頭製程管制方法

| | |
|---|---|
| ①站 | 原料鮮度管制法：蟹原料逐批依廠內自訂標準抽樣，並依鮮度判定 A、A'、B、B'、C、D 等級記錄於原料檢查記錄表，有 C 等級出現時除以電話立即與採購單位聯絡外，應特別留意製程，如有 D 出現時除非能嚴格區分廢棄外，必要時應予拒收。 |
| ②站 | 貯藏條件管制法：原料貯藏時不經水洗逕入冷庫，凍結原料管制溫度 −20±2℃，冷藏原料管制溫度為 3±1℃同時以不超過五日為原則。 |
| ③站 | 煮液濃度管制方法：殺菁用煮液濃度記錄管制，每釜殺菁除時添加新液外，定時測定煮液 pH 及 Be'規定界限內，超出範圍口頭通知操作者放入新煮液。 |
| ④站 | 蟹肉肉質及選別程度管制方法：比照魚肉肉質處理情形用 C-chat 管制，每 30 分鐘抽 5 盤，依肉質、色、香、味夾雜物等因素採點上限不超過 14 點。 |
| ⑤站 | 空罐驗收管制方法：進廠空罐利用驗收記錄表，每批抽五箱按 CNS 968 N17 CNS 970 N18 驗收，發現不合標準以電話或書信通知製罐廠改善外選別之。 |
| ⑥站 | 裝罐量管制法：每 30 分鐘抽乙次每次五罐利用 $\bar{X}$-R chart 管制。 |
| ⑦站 | 充填液管制方法：副料自訂允收標準驗收，注液後每 30 分鐘抽乙次每次 5 罐，利用 $\bar{X}$-R chart 管制內容量、注液配方記錄管制 pH 及 Be'等。 |
| ⑧站 | 真空度關係管制法：記錄管制加熱脫氣在封罐前 1 分鐘內測定罐內中心溫度不得低於 80℃，機械脫氣時維持 50 cmHg 以上真空度。 |
| ⑨站 | 捲封安全管制方法：利用 micro meter 及量罐鋼尺依照標準捲封尺寸記錄管制，封罐前拆罐內部檢查，封罐中捲封部分外部檢查 15 分一次。 |
| ⑩站 | 殺菌安全操作管制法：定期校正壓力表、溫度計外依罐頭初溫、排氣時間、殺菌溫度、殺菌時間記錄管制，且以自動溫度記錄儀核對其正確性。 |
| ⑪站 | 水中殘氯管制法：每 4 小時分別以殘氯測定器，測定殺菌冷卻槽一般用水等殘氯量，應為 0.2ppm 以上。 |
| ⑫站 | 成品品質管制法：翌日開罐檢查記錄，依 CNS 為評分應屬合格，品管課長應蓋章負責，發現缺點應會生產課長改進，不合格之品質除呈報廠長或總經理外通知倉庫停止出貨，聽待處理。 |
| ⑬站 | 成品安全衛生管制法：取兩罐作保溫試驗確保品質在貯藏中不變質及無好熱性細菌芽胞存在。 |
| ⑭站 | 成品包裝良好管制法：定時根據 CNS 規定檢查；核對紙箱紙標、包裝數、包裝情形及標示完全相符，記錄蓋章表示負責。 |

※ 各站記錄管制詳見作業流程圖。

## 五、鮪魚罐頭品質管制

### 1. 鮪魚罐頭作業流程圖

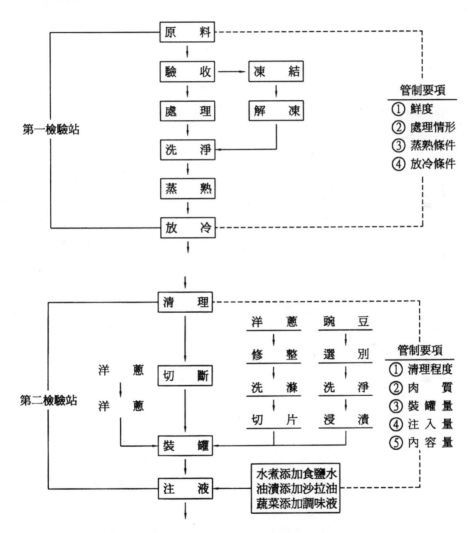

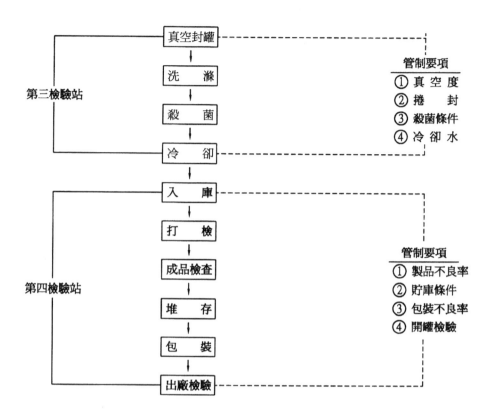

## 2. 鮪魚罐頭品管計畫

| 檢驗站別 | 管制部門 | 管制項目 | 管制圖表 | 單位 | 取樣方法 地點 | 取樣方法 頻率 | 取樣方法 數量 | 檢驗標準 | 管制界限 | 備註 |
|---|---|---|---|---|---|---|---|---|---|---|
| 第一檢驗站 | 原料部 | 檢重 | 檢斤表 | 公斤 | 處理場 | 每批 | 全數 | 依漁會過磅重量 | 1.5%以下 | 地磅檢重 |
| | | 鮮度檢查 | 記錄表 | 尾 | | 每批 | 依驗收標準 | 依魚類驗收標準 | C級5%以下 | 官能判定 |
| | 處理部 | 洗滌用水 | 記錄表 | ppm | | 每小時 | | 依罐頭廠洗滌用水殘氯標準 | 2~5ppm | 進口處 |
| | | 去頭除內臟 | 記錄表 | 尾 | | 每小時 | 10kg | 依製程管制標準 | | |
| | | 蒸煮溫度時間 | X-R$_m$ | ℃分 | | 每釜 | 5尾 | 依製程管制標準 | 魚體中心溫度65℃以上 | |
| 第二檢驗站 | 調理部 | 清理 去皮 | C | 數 | 調理場 | 每30分 | 5盤 | 依製程管制標準 | UCL=9 $\bar{C}$=4 | 官能判定 |
| | | 除骨刺 | C | 數 | | 每30分 | 5盤 | 依製程管制標準 | UCL=9 $\bar{C}$=4 | 官能判定 |
| | | 去血合肉 | C | 數 | | 每30分 | 5盤 | 依製程管制標準 | UCL=9 $\bar{C}$=4 | 官能判定 |
| | | 使用空罐 | 記錄表 | 罐 | | 每小時 | 50罐 | 罐內不得殘留污物 | | 目視法 |
| | | 裝罐品質 裝罐量 | $\bar{X}-R$ | 公克 | | 每30分 | 5罐 | 依CNS標準或標示標準 | | |
| | | 色澤 | C | 數 | | 每小時 | 5罐 | 依CNS 4456標準 | UCL=14 C=7 LCL=0 | 官能判定 |
| | | 形態 | C | 數 | | 每小時 | 5罐 | 依CNS 4456標準 | UCL=14 C=7 LCL=0 | 官能判定 |
| | | 風味 | C | 數 | | 每小時 | 5罐 | 依CNS 4456標準 | UCL=14 C=7 LCL=0 | 官能判定 |
| | | 缺點 | C | 數 | | 每小時 | 5罐 | 依CNS 4456標準 | UCL=14 C=7 LCL=0 | 官能判定 |
| | | 調理用水 | 記錄表 | ppm | | 每小時 | | 依罐頭廠調理用水標準 | 0.2~0.5ppm | 進口處 |
| | | 注入液 | 記錄表 | Birix baume % | | 每釜 | | 依製造通知器 | 0.5~1% | (20℃) |
| | | 內容量 | $\bar{X}-R$ | 公克 | | 每30分 | 5罐 | 依CNS標準或標示標準 | 依CNS4456 | |
| 第三檢驗站 | 機械部 | 真空封蓋 | 不記錄 | cm/hg | 機械場 | | | | 35cm/Hg以上 | |
| | | 捲封檢查 | MV | m/m | | 每小時 | 1罐 | 依CNS捲封規格管制標準 | | 非破壞性 |
| | | | 記錄表 | m/m | | 開工前 | 1罐 | 依CNS捲封規格管制標準 | | 破壞性 |
| | | 殺菌時間溫度 | 記錄圖表 | 分℃ | 殺 | 每釜 | | 依低酸性殺菌作業規範 | | |

| 檢驗站別 | 管制部門 | 管制項目 | | 管制圖表 | 單位 | 取樣方法 | | | 檢驗標準 | 管制界限 | 備註 |
|---|---|---|---|---|---|---|---|---|---|---|---|
| | | | | | | 地點 | 頻率 | 數量 | | | |
| 第四檢驗站 | 倉儲部 | 入庫打檢 | | P | % | 成品倉庫 | 每批 | 全數 | 依倉儲作業標準 | | 要因分析 |
| | | 日期批釜號 | | 記錄表 | 罐 | | 每批 | 全數 | 依罐片型，按日期批釜號 | | |
| | | 乾濕球溫濕度 | | 記錄表 | ℃，% | | 每天 | 兩次 | 使用乾濕球溫度計 | | |
| | | 堆存 | | 記錄表 | 罐 | | 每批 | | 依倉儲作業標準 | | |
| | 檢驗室 | 開罐檢驗 | | 記錄表 | 罐 | 檢驗室 | 每天 | 1~2罐 | 依 CNS 4456 標準及客戶要求標準 | 依 CNS 規定 | |
| | | 保溫 | | 記錄表 | 罐 | | 每天 | 1~2罐 | 依 CNS 規定 | | |
| | 倉儲運輸部 | 包裝情形 | 紙箱 | P | % | 倉儲包裝室 | 每批 | 依驗收計畫 | 依物料驗收標準 | | |
| | | | 標紙 | P | % | | 每批 | 依驗收計畫 | 依物料驗收標準 | | |
| | | | 外觀不良 | P | % | | 每小時 | 50罐 | 依 CNS 標準計算凹罐、鏽罐、碰傷罐之% | 依 CNS 規定 CUL 0.2% | 品管員判定統計 |
| | | | 貼標不良 | P | % | | 每小時 | 50罐 | 依 CNS 標準計算貼標不正不牢攉角之% | 依 CNS 規定 UCL 0.2% | |
| | | | 裝箱不良 | P | % | | 每小時 | 50罐 | 依 CNS 標準計算裝箱後標紙脫落擠破之% | 依 CNS 規定 UCL 0.2% | |
| | | | 符號錯誤 | P | % | | 每小時 | 50罐 | 依 CNS 標準計算日期片型裝箱錯誤之% | 依 CNS 規定 UCL 0.2% | |
| | | | 封箱不良 | P | % | | 每小時 | 50罐 | 依 CNS 標準計算箱外嘜頭及封箱不良之% | 依 CNS 規定 UCL 0.2% | |
| | | 出口檢驗 | | 出口檢驗記錄表 | 出口批 | 本公司 | 每批 | CNS | 依 CNS 1229 檢驗標準 | CNS | CNS |

## 3. 鮪魚罐頭製程管制方法

(1) 第一檢驗站

　　a. 原料鮮度檢查：以記錄表管制（以官能判定）

(a) 體表具有光澤豐潤而有彈性。

(b) 外觀良好，無其他異味者。

b. 去頭除內臟檢查：以記錄表管制（以官能判定）

(a) 去頭內臟完全者。

(b) 充分沖洗潔淨者。

c. 蒸煮時間及溫度：以記錄表管制

| 魚體大小 | 溫　　度 | 時　　間 |
|---|---|---|
| 0.3~0.6kg | 102℃ | 30 分 |
| 1.0kg 以下 | 102℃ | 35 分 |
| 2.5 kg 以下 | 102℃ | 45 分 |
| 5 kg 以下 | 102℃ | 80 分 |

(2) 第二檢驗站

a. 清理情形檢查：以記錄表及缺點數管制圖管制（以官能判定）

(a) 去皮：魚體外皮是否剝淨。

(b) 除骨刺：中、大骨刺是否殘留。

(c) 去血合肉：血合肉是否殘留。

b. 使用空罐檢查：以記錄表管制

空罐內不得殘留油汙紙屑等外來夾雜物。

c. 裝罐檢查：以 $\bar{X}$-R 及 C 管制圖管制

(a) 裝罐量以 $\bar{X}$-R 管制圖隨機抽樣 5 罐，使用感度一公克秤量器
檢查之。

(b) 以缺點數 C 管制圖管制色澤、形態、風味、缺點情形。

d. 注液檢查：以記錄表管制使用糖度計或鹽度計測量其糖度或鹽度
並加以管制。

e. 內容量檢查：以 $\overline{X}$-R 管制圖管制隨機抽樣 5 罐，使用感度 1 公克秤量器檢查之。

(3) 第三檢驗站：

a. 封罐捲封檢查：以記錄表及 MV 管制圖管制依 CNS 捲封管制標準檢查之使用捲封測微器測量其捲封厚度(T)、捲封寬度(W)、蓋深(C)、罐鉤(BH)、蓋鉤(CH)、皺紋度(WR)與鉤疊率 OL%等。

b. 殺菌時間溫度檢查：溫度與壓力以記錄表及自動溫度記錄儀記錄管制。

(4) 第四檢驗站：

a. 打檢檢查：以記錄表管制

(a) 剔除真空不良、外觀不良、膨罐之情形。

b. 成品檢驗：以記錄表管制

(a) 內容量及固形量不得低於標示標準。

(b) 其他各項品質要件應符合 CNS 規定。

c. 堆存情形之檢查：以記錄表管制

(a) 倉庫溫濕度以乾濕球溫度計測定管制之。

(b) 依罐型、日期、批號、釜號、分批堆棧，並加以標示之。

d. 包裝情形：以記錄表管制

(a) 包裝材料檢查紙箱、標紙等。

(b) 包裝內容之檢查，裝罐數量片型及日期商標名稱等。

e. 輸出成品檢驗：依 CNS 標準檢驗。

## 第二節　冷藏物流品質管制

　　廣義的冷藏應包括冷凍冷藏、冷卻冷藏及生鮮低溫物流三大領域，今就冷凍水產類、冷凍畜產類、冷凍農產類以及生鮮物流等，舉例說明如下。

## 一、冷凍魚類品質管制

### 1. 一般冷凍魚類作業流程圖

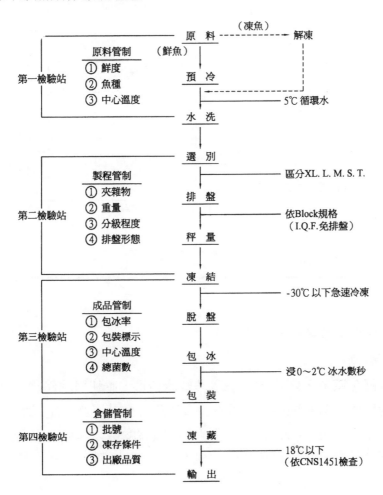

## 2. 一般冷凍魚類品質管制計畫

| 檢驗站別 | 編號 | 管制特性 | 管制圖 | 單位 | 抽樣方法 | 檢驗方法 | 管制界限 | | | 備　註 |
|---|---|---|---|---|---|---|---|---|---|---|
| | | | | | | | 下限 | 中限 | 上限 | |
| 原料管制站 | F1-1 | 鮮　度 | P chart | % | 每台乙次，每次100尾 | 管能檢查 | | | 2 | 必要時測定VBN或Indol |
| | F1-2 | 魚種 | 記錄表 | | 每台乙次，每次100尾 | 依魚種分類鑑定 | | | | |
| | F1-3 | 魚體中心溫度 | $\overline{X} - R$ | ℃ | 每魚槽每二小時測5尾 | 用水銀溫度計插入肛門 | 0 | 3 | 5 | |
| 製程管制站 | F2-1 | 夾雜物 | C chart | ℃ | 每半小時抽五箱 | 依魚種誤裝及夾雜缺點數 | | | | |
| | F2-2 | 重量 | $\overline{X} - R$ | kg | 每半小時抽五箱 | 以校正後之磅秤秤重 | 15.0 | 15.2 | 15.4 | 以15kg裝為例 |
| | F2-3 | 分級程度 | X-R$_m$ | | 每小時抽乙次每次一箱 | 3尾最小3尾最大重量比 | 1.2 | 1.3 | 1.4 | |
| | F2-4 | 排盤形態 | 記錄表 | 分 | 每小時抽乙次每次五箱 | 依規格評分標準 | 3 | | | |
| 成品管制站 | F3-1 | 包冰率 | X-R$_m$ | % | 每小時抽乙次每次一箱 | 依CNS 1451檢驗法 | 6 | 8 | 10 | |
| | F3-2 | 包裝標示 | 記錄表 | | 每批乙次全數檢查 | 依CNS 1451檢驗法 | | | | |
| | F3-3 | 中心溫度 | X-R$_m$ | ℃ | 每次藏批乙次 | 依CNS 1451檢驗法 | -18 | | | |
| | F3-4 | 總菌數 | 記錄表 | 株/克 | 每製造批乙次 | 依CNS 1451、2107 | | | $3×10^5$ | 管制狀態後可免作無意義之檢查 |
| | F4-1 | 批號 | 記錄表 | | 全數檢查 | 目視法 | | | | |
| | F4-2 | 凍存條件 | 記錄表 | CH%℃ | 每間每四小時測定一次 | 濕度計或自動記錄儀 | | | | 溫度-18℃以下RH% 92±2 |
| 倉儲管制站 | F4-3 | 出廠品質 | 記錄表 | 分 | 依CNS抽樣 | 依CNS 1451檢查 | 80 | | | |

## 3. 一般冷凍魚類製程管制方法

### (1) 原料管制

　　鮮魚原料入廠後首先觀察其敷冰情形，並利用地磅檢查其重量，核對與原發貨單內規格、重量（大型魚一併計尾數）無誤後即可傾入魚槽中。利用5℃冷卻水循環促使魚體溫度迅速降低。此時應由原料管制站品管員按每臺魚隨機抽樣50~100尾原料，依據原料鮮度分級

檢查標準，進行官能或化學檢查（參考 CNS 1451 N6029）。第三級 (c)鮮度不良率超過所定 P 管制圖上限 2% 時，應向上級課長或廠長請示處理。魚種管制尤其是鰺魚種類繁多，先就上項已抽樣品作魚種鑑定後，就其魚種、大小及所占比率填入記錄表，並會生產課作為加工之參考。致於魚種鑑定法可參考魚類圖鑑或水產生物書籍等。又魚體體溫影響腐敗因素極大，故入廠原料應盡速隨機抽取 5 尾，用水銀溫度計由其肛門插入魚體測定中心溫度，若 $\bar{X}$ 超過 5℃ 或 R 太大則應於冷卻水中加冰加食鹽處理。務必盡快管制魚體中心溫度在 5℃ 以下。敷冰冰藏之原料無法及時加工時，每 2 小時仍需檢查魚體中心溫度 1 次以免鮮度降低。

(2) 製程管制

　　廣義的製程包括從原料驗收到成品出廠之一切過程，但這裡所涵括製程僅指狹義上之加工而言。魚種誤裝及夾雜物之管制，可每隔半小時由生產線中隨機抽取樣品 5 箱，依據缺點數（如發現誤裝缺點數為 2，發現夾雜物缺點數為 5）管制圖來管制。重量管制請逕參考前面 $\bar{X}$-R 管制圖之實例應用。魚體大小分級程度均依成品規格來決定，管制方法採用個體魚體長或魚重量均可，若以重量為例，可從樣本箱中選出最大三尾及最小三尾之各合計重量比來作標準，若規格較嚴上限可採 1.4 重量比，規格要求不高時上限可以 2 作標準。至於排盤形態或魚體形態可依成品規格評分標準用記錄表，或另訂缺點數採點標準用 C 管制圖來管制。

(3) 成品管制

　　F3-1 包冰率：冷凍魚類除非特別聲明，一般均施行包冰，其包冰程度依客戶指定之。唯包冰時應管制以下 4 個條件，包括：

a. 包冰需在室溫−5℃作業。

b. 被包冰冷凍物品本身溫度需在−20℃以下。

c. 包冰用冰水溫度需在 0~2℃ 之間。

d. 包冰浸漬或噴灑時間最好不要超過 5 秒。

至於包冰率是否均勻穩定可用 X-R$_m$ 管制圖來管制，又必須時可在包冰用水中加入合格的增黏劑以期提高包冰率。

F3-2 包裝標示：商標及 shipping mark 是否清晰正確可於紙箱物料進廠時核對，至於包裝是否優良，可於每半小時或一小時抽查五箱，依包裝記錄表內容；外觀、扣釘、耐濕性、捆包帶、批號、規格等項目管制之。

F3-3 中心溫度：冷凍魚之中心溫度以盡可能不要變動為原則，凍結點以下溫度的上下變動雖與腐敗沒有直接影響，但對食品物性的劣變有很大影響，因此冷凍食品的中心溫度仍維持−18℃為宜。品溫測定可用穿刺將凍魚最厚部分鑽孔使其到中心部位，然後以校正後之低溫水銀溫度計插入孔內 30 秒讀其指數記錄之。

F3-4 總菌數：在冷凍魚類 CNS 衛生要求中對總菌數並未硬性規定，但對客戶特別要求或依國外衛生法令，常需管制總菌數。管制生菌數除注意採購新鮮原料外，尤應注意製程之二度汙染問題，例如作業員的個人衛生習慣（包括洗手方法及習慣）、運送帶、容器、洗滌用水殘氯量等均需隨時留意，至於總菌數之檢查方法可依 CNS 1451實施。

(4) 倉儲管制

為防止不同規格之冷凍魚類裝入不同之紙箱內，造成退貨情形，最好把每一製造單位之批號分開，同時分別放置不使混雜，在可能範圍內把冷凍冷藏庫內分區管制更為理想。至於冷凍冷藏庫之室內條件影響冷凍成品品質很大，故至少也得每 4 小時測定冷庫內溫度及濕度一次記錄之，以免因溫濕度之劇變影響品質。又冷藏庫為防止萬一電力公司之臨時停電或颱風來臨所造成之損失，最好自備同額之發電機備用，該發電機需每 2~4 星期試發動一次，以免應急時不能使用。有關出廠品質之檢查可依 CNS 1451 辦理，必要時亦可依客戶或欲進口國家之規格辦理。

# 二、冷凍甲殼類品質管制

## 1. 冷凍蝦作業流程圖

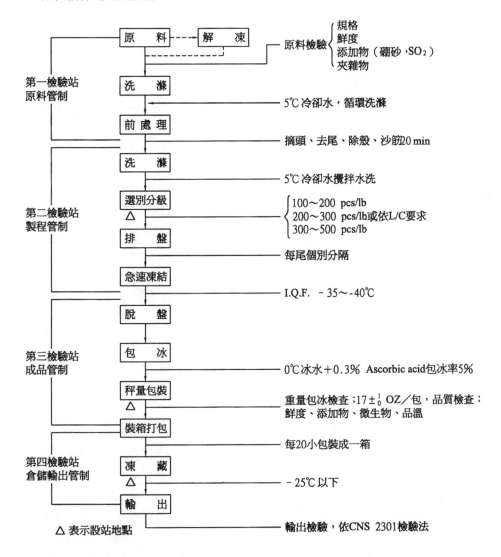

原料 ----→ 解凍 ──── 原料檢驗 規格
鮮度
添加物（硼砂，$SO_2$）
夾雜物

第一檢驗站
原料管制

洗　滌 ──── 5℃冷卻水，循環洗滌

前處理 ──── 摘頭、去尾、除殼、沙筋20 min

洗　滌 ──── 5℃冷卻水攪拌水洗

第二檢驗站
製程管制

選別分級 △ ──── 100～200 pcs/lb
200～300 pcs/lb或依L/C要求
300～500 pcs/lb

排　盤 ──── 每尾個別分隔

急速凍結 ──── I.Q.F. - 35～-40℃

脫　盤

第三檢驗站
成品管制

包　冰 ──── 0℃冰水＋0.3% Ascorbic acid包冰率5%

秤量包裝 △ ──── 重量包冰檢查；$17\pm^1_0$ OZ／包，品質檢查；鮮度、添加物、微生物、品溫

裝箱打包 ──── 每20小包裝成一箱

第四檢驗站
倉儲輸出管制

凍　藏 △ ──── - 25℃ 以下

輸　出 ──── 輸出檢驗，依CNS 2301檢驗法

△ 表示設站地點

## 2. 冷凍蝦仁品質管制計畫

| 檢驗站別 | 編號 | 管制項目 | | 管制圖 | 單位 | 抽樣地點 | 抽樣頻率 | 抽樣數量 | 檢驗方法 | 管制界限 | | | 備註 |
|---|---|---|---|---|---|---|---|---|---|---|---|---|---|
| | | | | | | | | | | 上限 | 中心線 | 下限 | |
| 第一檢驗站 原料管制 | 1-1 | 檢斤 | | 記錄表 | | 原料處理場 | 每批一次 | | 以地磅或磅秤秤重 | | | | |
| | 1-2 | 鮮度 | 官能檢查 | P | % | | | 0.2% | 依魚介蝦類鮮度官能判定分級 | | | | Class 3、Class 4 為不良品 |
| | 1-3 | | 化學(VBN) | X-Rm | mg % | | | 0.2% | 依 CNS 1451 VBN 檢驗法 | 25 | | | |
| | 1-4 | 添加物 | 硼砂 | 記錄表 | ppm | | | 0.2% | 依 CNS 2301 Borax 檢驗法 | 不得含有 | | | |
| | 1-5 | | SO₂ | 記錄表 | ppm | | | 0.2% | 依 CNS 2301 SO₂ 檢驗法 | 100 | | | |
| | 1-6 | 夾雜物 | | 記錄表 | % | | | 0.2% | 目視法 | 1 | | | |
| 第二檢驗站 製程管制 | 2-1 | 夾雜物 | | 記錄表 | | 加工場 | 每 30 分鐘一次 | 每次一包 | | 不得含有 | | | |
| | 2-2 | 分級規格 | | 記錄表 | | | | | 100~200 pcs/lb 200~300 pcs/lb 300~500 pcs/lb | | | | 客戶指定規格時,生產通知單註明之 |
| | 2-3 | 形態 | | 記錄表 | | | | | 依檢查方法 | | | | |
| 第三檢驗站 成品管制 | 3-1 | 包冰率 | | $\bar{X}-R$ | % | 包裝室 | 每 30 分鐘一次 | 每次一包 | 流水解凍滴乾秤重計算 | 7.5 | 6 | 4.5 | |
| | 3-2 | 重量 | | $\bar{X}-R$ | OZ | | | | 依矯正後磅秤秤重 | | | | |
| | 3-3 | 品溫 | | 記錄表 | ℃ | | 每批成品一次 | 5 包 | 低溫水銀溫度計測定之 | | | ? 20 | |
| | 3-4 | 鮮度 | 官能檢查 | P | % | | | 5 包 | 依魚蝦類鮮度官能判定分級 | | | | Class 3 Class 4 混合品在 1% 以下 |
| | 3-5 | | 化學(VBN) | X-R | mg % | | | 5 包 | 依 CNS 1451 VBN 檢驗法 | 25 | | | |
| | 3-6 | 微生 | 總生菌數 | 記錄表 | 株/100g | | | 3 包 | 依 CNS 1451 總生菌數檢驗法 | 3 | | | |
| | 3-7 | | 大腸菌 | 記錄表 | ± | | | 3 包 | 不得呈陽性反應 | | | | |
| | 3-8 | | 沙門氏菌 | 記錄表 | ± | | | 3 包 | 不得呈陽性反應 | | | | |
| 第四檢驗站 倉儲輸出管制 | 4-1 | 凍藏 | | 記錄表 | ℃ | 倉儲室 | | | | | | | |
| | 4-2 | 紙箱 | | P | % | | 每批一次 | 5% | 依自訂檢查方法 | | | | |
| | 4-3 | 包裝 | | P | % | | 每 30 分一次 | 1 包 | 依自訂檢查方法 | | | | |
| | 4-4 | 商品品質 | | | | | 每批一次 | | 依 CNS 2301 冷凍蝦類檢驗法 | | | | |

## 3. 冷凍蝦仁製程管制方法

### (1) 原料檢收

原料入廠後即置於魚槽中,用 5℃之冷卻水行預冷及水洗,每 1,000kg 原料,隨機抽樣 1kg 做原料品質檢查。

### a. 鮮度

#### (a) 官能檢查

檢體逐尾檢查,依分級標準判定為 Class 1,Class 2 為合格品。Class 3 及 Class 4 均為不良品,檢體不得含有 Class3, 8% 以上;或 Class4,2% 以上;若 Class 3、Class 4 混合時 則 1% Class 4 相當於 4% Class 3 計算之。

**表 10.8 蝦類鮮度分級標準**

| Class 1 | 眼睛明亮，外殼有光澤，形態尚完整者 |
| --- | --- |
| Class 2 | 輕微黑變，外表尚有光澤，形態尚完整者 |
| Class 3 | 已有黑變現象，蝦體已軟，稍有異味 |
| Class 4 | 嚴重黑變者，有氨氣味 |

(b) 化學 VBN 檢驗

依檢驗體分成 5 組，採取蝦肉用攪碎機或果汁機攪碎備用，然後依 CNS 1451 VBN 檢驗法檢驗之，VBN 含量不得超過 25 mg %。

b. 添加物

(a) 硼砂

採取檢驗體之蝦肉備用，依 CNS 2301 硼砂檢驗法行之，檢體不得含有硼砂，若含硼砂則拒收原料。

(b) 二氧化硫 $SO_2$

依檢體分成 5 組，採取蝦肉後用攪碎機或果汁機攪碎備用，然後依 CNS 2301 $SO_2$ 檢驗法行之。檢體 $SO_2$ 含量不得超過 100ppm。

(c) 夾雜物

將檢體秤重(A)後置於白色塑膠板上逐一將夾雜物挑出，然後秤量夾雜物重量(B)。

$$\frac{B}{A} \times 100\% = 夾雜物含量百分比$$

夾雜含量百分比不得超過 1%。

(2) 製程管制

  a. 夾雜物

      將檢體置於白色塑膠板上，用夾子將夾雜異物、碎肉等挑出，在製品中不得夾雜異物。

  b. 分級規格

      將檢體秤重後，置於白色塑膠板上，用鑷子逐一計算其數量與製造規格或生產通知單規格比較是否相符，若不相符，即通知製程管制人員改進，一般分級規格如下：100~200pcs/lb、200~300 pcs/lb、300~500 pcs/lb。

(3) 成品管制

  a. 包冰率

      將小包裝之成品，正確秤取重量(A)後，用針將塑膠袋穿孔，然後置於水槽中用流水解凍之。完全解凍後放於塑膠籃中，滴乾水分後秤其重量(B)，則包冰率計算方法為

$$\frac{A-B}{B}\times 100\%$$

包冰率不得超過 5% 以上。

  b. 淨重

      依包冰率之方法，求得內容物之重量，即為淨重其標準應在標示重量以上，部分輸入國家規定淨重若不低於 3% 者仍判合格。

  c. 品溫

      用品溫測定器依 CNS 2301 品溫檢驗法行之，品溫應在−20℃以下。

  d. 鮮度

    (a) 官能檢查

        就解凍後之檢體測其色澤外觀，不得有褪色或肉質稀鬆及海綿狀等組織異樣，用嗅覺判定其氣味不得有 $H_2S$、$NH_3$ 等異味。

(b) 依化學 VBN 檢查

依 CNS 檢驗法行之，VBN 含量不得超過 25mg %，若超過 30 mg %，即判定為 Class C。

e. 微生物

(a) 總生菌數

依 CNS 總生菌數檢驗法行之，總生菌數不得超過 $3 \times 10^6$CFU/g。

(b) 大腸桿菌

依 CNS 大腸桿菌檢驗法或 desoxycholate lactose 培養基法行之，不得為陽性反應。

(c) 沙門氏菌

依 CNS 沙門氏菌檢驗法行之，不得呈陽性反應。

(4) 倉儲輸出管制

a. 包裝

包裝時每 30 分鐘抽取一箱，用感官檢查其外觀是否清潔，扣釘是否牢固，捆包是否堅牢，標示印刷是否清楚正確，標籤是否貼牢，製造日期是否標示正確，並記錄之。

b. 紙箱

每批紙箱入廠時，隨機抽樣 5% 數量檢查。

(a) 釘扣：必須堅牢，不可脫落或生鏽情事。

(b) 耐潮性：瓦楞紙箱外部必須塗布防潮物質。

(c) 標示印刷：必須清楚正確。

(d) 外觀：必須清潔。

c. 出廠檢查

依 CNS 2301 檢驗法行之。合格始可出廠。

# 三、冷凍調理食品品質管制

## 1. 冷凍調理烤鰻作業流程圖

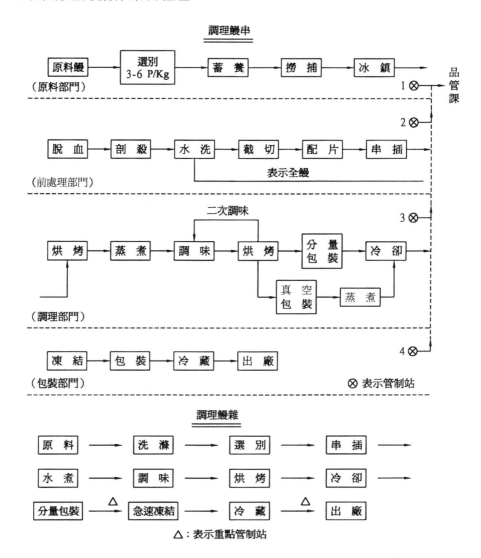

調理鰻串

原料鰻 → 選別 3-6 P/Kg → 蓄養 → 撈捕 → 冰鎮 → 1⊗ → 品管課
（原料部門）

2⊗

脫血 → 剖殺 → 水洗 → 截切 → 配片 → 串插 →
（前處理部門） 表示全鰻

二次調味

3⊗

烘烤 → 蒸煮 → 調味 → 烘烤 → 分量包裝 → 冷卻 →
（調理部門） 真空包裝 → 蒸煮

4⊗

凍結 → 包裝 → 冷藏 → 出廠
（包裝部門） ⊗ 表示管制站

調理鰻雜

原料 → 洗滌 → 選別 → 串插 →

水煮 → 調味 → 烘烤 → 冷卻 →

分量包裝 —△→ 急速凍結 → 冷藏 —△→ 出廠

△：表示重點管制站

## 2. 冷凍調理烤鰻品質管制計畫

| 管制類別 | 項目 | 管制圖 | 抽樣方法 | 檢驗頻率 | 檢驗方法 | 檢驗標準 |
|---|---|---|---|---|---|---|
| 原料管制 | 規格 | 記錄表 | 全數 | 每批 | 目視 | 依客戶要求 |
| | 品質 | 記錄表 | 全數 | 每批 | 目視 | 健康活鰻，未有病鰻、死鰻、畸形鰻，肉含泥味或飽腹鰻 |
| | 藥物殘存量 | 記錄表 | 依抽樣計畫 | 每批 | 化學試驗 | 抗生素、磺胺劑、呋喃劑殘留標準 |
| 前處理管制 | 形態 | C chart | 每皿20片 | 每小時一次 | 目視 | 剖殺刀痕整齊，長短適當 |
| | 串插 | P chart | 每盒20串 | 每小時一次 | 目視 | 不可串插超過或不齊 |
| 調理管制 | 重量 | $\bar{X}$-R | 每盒20串 | 每小時一次 | 秤量 | 依設計規格，配片重量適當 |
| | 夾雜物 | 記錄表 | 每盒20串 | 每小時一次 | 目視 | 依 CNS 3900 號 |
| | 調味熟度 | 記錄表 | 每盒20串 | 每小時一次 | 以口嘗試 | 依客戶要求 |
| | 微生物 | 記錄表 | 3~5 串 | 每天上下各一次 | 依 CNS 1451、2107 | 大腸桿菌屬陰性，總菌數低於 1 萬 CFU/g |
| 包裝管制 | 品溫 | 記錄表 | 依 CNS 1451 | 每批 | 依 CNS 1451 | -18℃以下 |
| | 淨重 | $\bar{X}$-R | 依 CNS 1451 | 每批 | 依 CNS 1451 | 依設計規格 |
| | VBN | 記錄表 | 依 CNS 1451 | 每批 | 依 CNS 1451 | 20mg％以下 |
| | 調味 | 記錄表 | 依 CNS 1451 | 每批 | 依 CNS 1451 | 依客戶要求 |
| | 微生物 | 記錄表 | 依 CNS 1451 | 每批 | 依 CNS 1451 | 大腸桿菌屬陰性，總菌數低於 1 萬 CFU/g |
| | 包裝 | P chart | 依 CNS 1451 | 每批一次 | 目視 | 依 CNS 1451 |

### 3. 冷凍調理烤鰻製程管制方法

#### (1) 原料管制

##### a. 原料鰻驗收標準

| 編　號 | 檢查項目 | 檢查標準 |
|---|---|---|
| 1 | 進貨袋數 | 平鋪地面清點數量 |
| 2 | 進貨檢查 | 校正磅秤清除異物，全數檢查 |
| 3 | 鰻魚規格 | 一般標準在 3~6 尾／公斤 |
| 4 | 臭土味 | 樣本經烤燒後以官能檢查有無 |
| 5 | 吃　肚 | 樣本經剖殺後檢查胃腸有殘留物 |
| 6 | 肉　質 | 樣品烤燒檢查是否筋肉太軟無彈性或黏竹串 |
| 7 | 病　鰻 | 赤鰭病、凹凸病、爛鰓病、赤點病、白點病、筋肉潰傷、腹水病、鰭腐病、錨蟲病、線蟲病、筋肉赤點病 |
| 8 | 甲基藍（孔雀綠） | 樣本烤燒後檢查體表及筋肉 |
| 9 | 藥物殘留 | 檢查抗生素、磺胺劑、呋喃劑等藥物殘留 |

##### b. 原料驗收頻率及原則

原料驗收頻率為每批重量袋數全數檢查，規格不符或有上述編號 4、5、6、7、8、9 等項不符時退回拒收。

#### (2) 製程管制

##### a. 管制標準

(a) 串插：檢查串插情形是否良好。

(b) 重量：重量不得低於規定重量或高於規定重量之 1%。

(c) 調味：依客戶要求。

(d) 微生物：大腸桿菌屬陰性，總生菌數每公克 1 萬以下。

b. 抽樣計畫

(a) 原料：每批。

(b) 重量：隨機取樣 10 個樣品。

(c) VBN：由鰻魚樣品中取鮮度有疑問者，若無疑問者，任取 5 個樣本做 VBN 檢驗。

(d) 微生物：任取 3~5 串為原則。

(e) 調味：每次任取 5 片樣本為原則。

c. 檢查方法

(a) 官能檢查：依據美國 FDA 官能檢查法。

(b) 化學檢驗：依 CNS 1451 及 2301 號檢驗法。

(c) 微生物檢驗：依 CNS 1451 號檢驗法。

(d) 調味：依客戶要求口味嘗試之。

d. 檢驗頻率

(a) 原料：每二小時 1 次。

(b) 重量：每二小時 1 次。

(c) VBN：每天上下午各檢驗 1 次。

(d) 微生物：每天上下午各檢驗 1 次。

(e) 調味：每二小時 1 次。

(3) 成品管制

a. 管制標準：依據 CNS 3900 號規定標準。

b. 抽樣計畫及檢驗方法：依據 CNS 3900 及 CNS 1451 號規定標準執行。

c. 檢驗頻率：每批檢驗 1 次。

(4) 作業員調理食品時應遵守事項

a. 作業員須著工作帽，工作衣並須保持清潔。

b. 作業員於作業開始前及離開作業場後再回來工作前或摸過不衛生的器物時須：

　(a) 以肘或腳可操作的流水裝置之流水(tap water)，盡可能用溫水並使用肥皂洗手。

　(b) 以含氯氣或其他殺菌劑的消毒水浸漬後用流水洗淨。

　(c) 以只能用一次紙巾擦乾手或以熱風烘乾。

c. 作業員著用橡皮手套時，其橡皮手套的洗滌殺菌與上項洗手條件相同。

d. 作業員盡可能的減少用手觸摸製品。

e. 作業員不可以在製造製品、原料及製品保管等場所吸菸、嚼口香糖、飲食等。

f. 作業員在作業場中需有專用鞋履。

　◎ 鞋履須在專用流水中洗滌。

g. 作業員內所使用的圍裙及其他工作衣類等應注意消毒，並於作業終了後必須放入專用保管場保管，不得隨意放置。

## 四、冷凍農畜產品品質管制

### 1. 一般農產品的冷凍加工流程圖

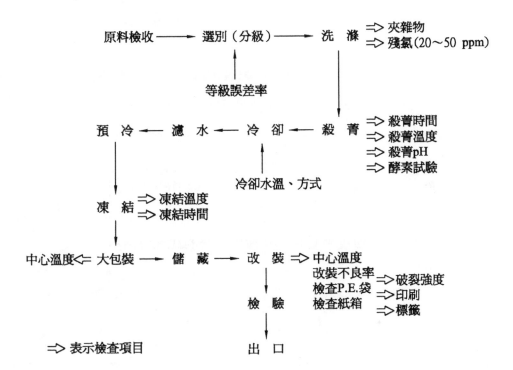

## 2. 冷凍洋菇作業流程圖

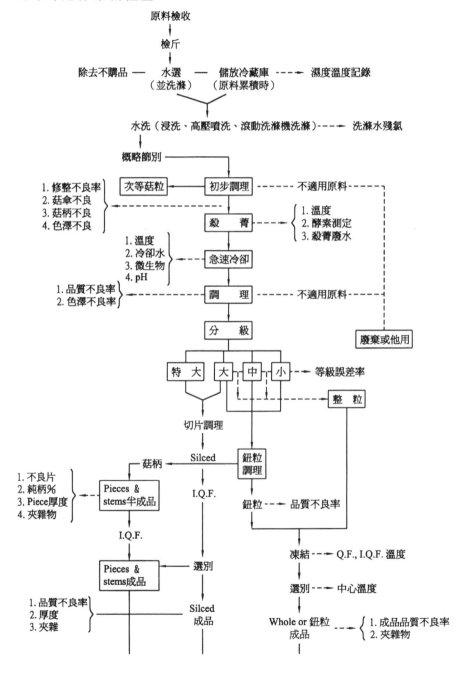

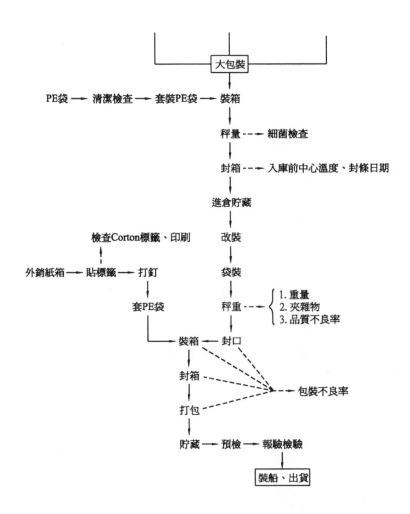

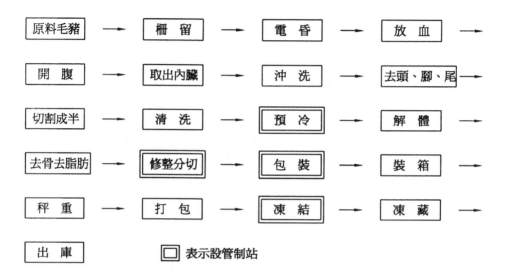

### 3. 冷凍豬肉作業流程圖

原料毛豬 → 栅 留 → 電 昏 → 放 血 →

開 腹 → 取出內臟 → 沖 洗 → 去頭、腳、尾 →

切割成半 → 清 洗 → 預 冷 → 解 體 →

去骨去脂肪 → 修整分切 → 包 裝 → 裝 箱 →

秤 重 → 打 包 → 凍 結 → 凍 藏 →

出 庫          ▢ 表示設管制站

### 4. 冷凍毛豬製程管制計畫

| 檢驗站別 | 管制部門 | 管制項目 | 管制方法 | 管制頻率 | 管制標準 | 管制公差 | 備考 |
|---|---|---|---|---|---|---|---|
| 第一站 | 原料毛豬 | 規格病豬、五爪豬、外傷豬、孕豬、磺胺劑殘留 | 記錄 | 全數檢查可用尿液初檢磺胺劑 | 不得有 | 0% | |
| 第二站 | 入預冷庫前之製程 | 放血、剝皮、內臟、病變、中央切割、洗滌、洗滌水殘氯、雜物 | P-chart | 每 50 隻取 5 隻 | 依照製造標準及公差 | | |
| 第三站 | 切割包裝流程 | 出預冷庫屠體品溫、去骨不良、脂肪厚度、雜物、汙血、色澤、氣味、肉質、切割刀口平整 | 脂肪厚度以 $\overline{X}$-R chart 其他以 P-chart 或記錄 | 每 1hr | 脂肪厚度以 mm 為單位 P-chart ≦ 10% | ±10% | |

| 檢驗站別 | 管制部門 | 管制項目 | 管制方法 | 管制頻率 | 管制標準 | 管制公差 | 備考 |
|---|---|---|---|---|---|---|---|
| 第四站 | 包裝磅重 | 包裝紙箱標示、清潔度、重量 | 記錄 | 每1hr | 符合 CNS 重量與標示相符 | | |
| 第五站 | 凍　結 | 凍結庫庫溫、堆積方式、出凍結庫後之品溫 | 記錄 | 每日 | 庫溫 –35℃，走道不可堆積、品溫 –18℃ | ±2℃ | |
| 第六站 | 凍　藏 | 凍藏庫庫溫、堆積方式 | 記錄 | 每日 | –25℃分日分規格堆積 | ±2℃ | |
| 第七站 | 成品出口 | 按 CNS 規定項目 | 記錄 | 每批 | 依 CNS 規定 | | |

### 5. 冷凍農畜產品品管範圍

(1) 從原料以至成品，包括工作人員作業情緒、機械之操作等皆屬品管之範疇。一般可概括如下：

    a. 原料之檢收。

    b. 製造過程中之管制。

    c. 成品檢驗：最主要是根據解凍試驗，且需要特別注意下列各項：

      (a) 原料總不良率。

      (b) 成品不良率。

      (c) 解凍試驗結果。

      (d) 倉庫溫度。

    d. 食品倉儲：倉庫溫度的維持恆定。

    e. 衛生條件的維護與檢討—包括微生物的檢查。

    f. 機械之管制。

    g. 作業人員之操作情形。

    h. 成本估計。

i.　用水。

j.　其他。

(2) 冷凍食品原料之檢收及品管重點

a.　原料檢收原則

原料檢收工作，不論是由哪一部門（業務課、品管課或生產課）負責，均需考慮下列幾原則：

(a) 先訂好採購規格。

(b) 檢收原料要有彈性。

(c) 要防止檢收人員的不軌行為。

(d) 檢收人員要建立威信。

(e) 檢收人員要協助商人改善並確保品質。

b.　原料品管的重點認識

原料特性與品管工作的關係甚為密切。原料品管，需注意下列幾點：

(a) 原料之產地、品種及其特性。

(b) 原料之產量及其季節性特徵。

(c) 原料之成熟度。

(d) 原料收割及運輸方式。

(e) 原料檢收及倉儲情形。

c.　原料的分級

原料在產地採收時即應作初步選別，檢收時即根據各廠訂定之檢收標準，作進一步分級，分級好即分別裝箱，運送至工廠作進一步之加工處理。檢收分級後，原料下腳（不合格品）的處理方式有：

(a) 退貨。

(b) 扣斤兩。

(c) 降級為其他調理食品。

(d) 提供給工人作福利。

(3) 用水殘氯管制

   a.   原料水 20~50ppm

   b.   調理水 5 ppm

   c.   輸送帶消毒用水 200~400 ppm

   d.   空氣淨化用水 100 ppm

   e.   塑膠袋殺菌用水 50~100 ppm

# 五、生鮮物流品質管制

## 1. 生鮮物流概念

生鮮物流業又稱低溫物流業，臺灣已繼美國、日本之後開始重視，因是專門提供低溫物品輸送之服務，比起一個公司自己利用冷藏（凍）車來運銷自己的產品，成本較低所以發展甚速。

(1) 低溫流通鏈(cold chain)

生鮮食品由生產者開始送到消費者為止之間，連續保持於低溫，以確保其原有品質特性者稱低溫流通鏈(cold chain)，亦稱冷藏（凍）鏈。其指定的品溫範圍包括下列三種：

a. 冷卻冷藏(cooling)：利用 10~2℃來輸送或貯藏生鮮之蔬菜水果等生鮮食品。

b. 冰溫冷藏(chilling)：利用 2~–2℃來輸送或貯藏生鮮之肉類、魚介、果汁、乳類及卵等生鮮食品。

c. 凍藏(frozen)：利用–18℃以下來輸送或凍藏已凍結後之蔬果、肉類、魚介、果汁、乳類及卵等食品。

(2) 鮮度保持(fresh holding)

　　鮮度保持是指維持食品（尤其是原料）原有的品質而言。例如保持生鮮香菇的新鮮是鮮度保持，保持其經濟價值做成新鮮的香菇乾則屬食品加工，其意義不同。食品冷凍雖然也是食品加工的一種貯藏方法，但因冷凍技術的日益進步，已可在完全不破壞細胞或破壞極微的條件下，長期保持食品原有的品質特性，故也稱得上鮮度保持的一種方法，目前利用超低溫凍結法凍藏鮪魚肉 6 個月以上，解凍後與鮮魚肉品質無異，可做生魚片。

(3) 影響品質的 T.T.T.

　　影響食品品質的因素很多，其中最重要的仍是溫度(temperature)及在該品溫下放置的時間(time)之長短，通常品溫越低則貯藏之期間越長，即其高品質保持期間(high quality life, HQL)亦越長，但仍視食品之特性而異。冷（凍）藏食品即使在同溫度下，其貯藏性亦因食品之種類不同而異，為使其 HQL 越長必須檢討冷（凍）藏食品之貯藏時間、溫度與品質耐性(tolerance)3 個 T 之關係。計算 3T 時，先求其食品在各種不同溫度之下，一天品質下降率，即可由表 10.9 求得其品質低下總量%。以冷凍鱈魚肉為例，經過 192 天之冷藏後，品質低下總量已超過 100% 之最初品質量的設定標準，故其品質已經顯著降低至不堪食用。

**表 10.9　包裝凍結鱈魚肉之 3T 表**

| 項　目 | 平均品溫 ℃ | 一天品質下降率 % | 貯藏日數 | 品質低下總量 % |
|---|---|---|---|---|
| 1. 生產者之凍結保管 | –30 | 0.362 | 95 | 34.4 |
| 2. 生產者至批發商之輸送 | –18 | 1.1 | 2 | 2.2 |
| 3. 批發商之凍結保管 | –22 | 0.74 | 60 | 44.4 |
| 4. 批發商—小販賣店之輸送 | –14 | 1.6 | 3 | 4.8 |
| 5. 小販賣店之凍結保管 | –20 | 0.8 | 10 | 8.0 |
| 6. 小販賣店之冷藏販賣 | –12 | 1.8 | 21 | 37.8 |
| 7. 小販賣店—消費者之輸送 | –6 | 3.6 | 1 | 3.6 |
| 合　計 | | | 192 | 135.2 |

(4) 高品質保持期間(high quality life, HQL)

　　由一群檢查人員對凍結食品作官能檢查、使之與對照品作比較，由 70% 以上檢查員確認已達品質低下所需之期間，稱為高品質保持期間。美國市售包裝凍結食品在–18℃時之 HQL 如表 10.10 所示。

**☛表 10.10　市販包裝凍結食品之高品質保持期間**

| 食品別 | 試驗項目 | 期間（日） |
|---|---|---|
| 牛肉（生鮮） | 風味 | 400 |
| 豬肉（生鮮） | 風味 | 300 |
| 雞肉（生鮮） | 風味（生鮮時） | 730 |
|  | 香味（調理後） | 730 |
| 雞肉（切斷後油炸） | 風味 | 270 |
| 魚（生鮮，少脂肪） | 風味 | 95 |
| 魚（生鮮，多脂肪） | 風味 | 60 |
| 青豌豆 | 風味 | 300 |
|  | 顏色 | 100 |
| 花甘藍 | 風味 | 365 |
| 豌豆 | 風味 | 320 |
|  | 顏色 | 210 |
| 菠菜 | 風味 | 140 |
| 草莓（生鮮） | 風味 | 390 |
|  | 顏色 | 650 |
| 草莓（糖液漬） | 風味 | 650 |
|  | 顏色 | 310 |
| 橘子果汁（濃縮） | 風味 | 750 |
|  | 顏色 | 275 |
| 桃 | 顏色 | 365 |
|  | 風味 | 365 |
| 草莓（加糖） | 顏色 | 365 |

## 2. 生鮮物流作業流程圖

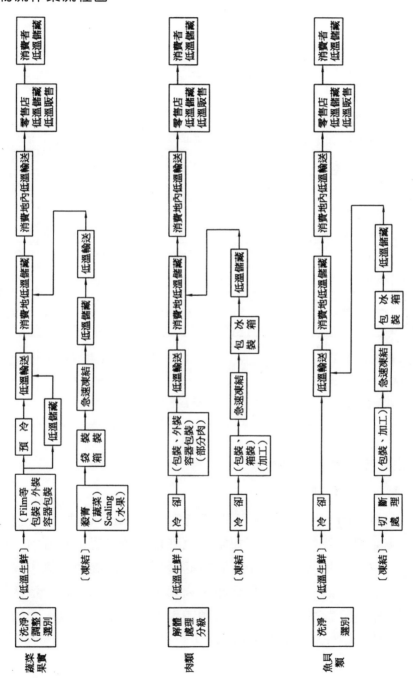

## 3. 生鮮物流品質管制計畫概要

| 流程 | 管制項目 | 管制圖表 | 單位 | 抽樣方法 | 檢驗方法 | 檢驗標準 |
|------|----------|----------|------|----------|----------|----------|
| 原料管制 | 規　格 | 記錄表 | — | 每批抽 1 次 | 目視法、秤量法 | 依公司驗收標準 |
| | 品　質 | 記錄表 | — | 每批抽 1 次 | 官能鑑定法 | 依雙方契約內容 |
| | 殘留藥物 | 記錄表 | — | 每批抽 1 次 | （必要時作） | 依 CNS 標準 |
| 處理預管制 | 處理情形 | C 管制圖 | 點 | 每半小時抽 1 次 | 目視法 | 依公司標準 |
| | 洗水殘氯量 | X-Rm | PPM | 依洗滌量而定 | 比色法 | 蔬果 2~10PPM 魚肉 5~50PPM |
| | 選別重量 | $\overline{X}$-R | g | 每半小時 1 次 | 秤量法、目視法 | 依公司標準 |
| | 冷卻 | X-Rm | ℃ | 依量而定 | 溫度計 | 5±3℃ |
| | 包裝 | P 管制圖 | % | 每半小時 1 次 | 目視法 | P <1% |
| 低溫管制 | 低溫儲藏 | 自動記錄 | ℃ RH% | 每半小時 1 次 | 溫度計、濕度計 | 4±1℃ |
| | 低溫輸送 | 自動記錄 | ℃ RH% | 隨時留意 | 溫度計、濕度計 | 依原料種類而定 |
| | 低溫儲藏 | 自動記錄 | ℃ RH% | 每半小時 1 次 | 溫度計、濕度計 | 4±1℃ |

## 4. 生鮮物流品質管制方法

(1) 原料驗收管制

　　a. 規格(specification)在這裡所指規格是指公司為購買自己期望的產品標準所立下的自訂規格，也就是消費者對生產者的一種採購要求，唯有符合消費所需購買的產品才有意義與價值。採購原料無論是蔬菜、水果、魚介類、肉類，在訂購前都是依這個規格買賣雙方訂有契約，並依此口頭或書面契約驗收交貨。至於規格的製作及抽樣計畫請參考前述例子，不在此多作陳述。

b. 品質也是規格中的一部分，各種原料因產地、季節、品種、熟度等不同品質各異，例如相同魚類含油不同風味(flavor)不同、牛肉部位不同口感(texture)不同，水果含糖含酸比例不同口味不同等。另外原料的鮮度也極為重要，驗收時一般採用官能判定法較為省時，但必要時可依理化、微生物等鑑定法來解決雙方的爭議。

c. 殘存藥物的管制，首要具備有 HACCP 的危害分析觀念。為確保食品的衛生安全，防止食品中毒事件的發生，這種預防性的管制工作，包括危害分析(HA)及重要管制(CP)系統，在作任何原料食品驗收時均需考慮，就藥物殘留而言，如豆製品原料有否如過氧化氫等違法添加物？蔬果中有無殘存過量農藥？畜肉原料有無抗生素、荷爾蒙等等，一有可疑即可抽樣化驗，目前市面已有很多快速定性定量檢驗試劑可多加利用。請注意此時抽樣人員應由廠內執行，千萬不要因供應商檢附檢驗報告而省略此原料驗收品管步驟。

(2) 處理預冷管制

a. 一流的食品原料除分級外，最好不要經過處理，一般水果都是利用這種包裝法較能提高它的經濟價值，但很多魚介類為便於保鮮，就得除去內臟或頭部降低汙染，又大型畜肉為使用上之方便依部分作適當之切割再包裝，此時無論是分級或處理工作要作得確實，就可用 P 管制圖或 C 管制圖來管制。

b. 食品原料有的是必須先清洗後再處理，例如洋菇、蘆筍則常用 10ppm 殘氯水來清洗後再分級包裝，此時為要管制氯離子的殺菌濃度，應注意洗滌數量對氯濃度的影響。

c. 重量的管制最常用 $\overline{X}$-R chart 來管制，抽樣每次抽 5 件最被常用，如果秤量工程已相當穩定，則可將抽樣頻率拉長，以降低管制成本。

d. 冷卻是指把食品常溫的溫度快降至冷藏附近的溫度，其目的主要是為保持食品本身的鮮度，並避免影響冷藏溫度的品質變化。許多食品經包裝後未冷卻直接冷藏時，當食品本身溫度下降至與冷

庫同溫時，已因降溫時間太長而使食品腐敗之情形。唯蔬果類因細胞本身乃為存活或需追熟，冷卻過程較為易行。

e. 包裝時每 30 分鐘抽取數件檢查其外觀是否清潔，是否密封或梱包堅牢，標示印刷是否清楚正確，製造日期是否標示正確，並記錄之。另用紙箱作外包裝時，應抽檢包裝件數是否符合外箱標示，紙箱釘扣捆包是否牢固等。

(3) 低溫管制

a. 溫度：嚴格上生鮮食品由生產者處理包裝後，無論是逐行低溫輸送或低溫儲藏，均須依食品的品質特性分別保持在指定的溫度範圍。在整個低溫流通過程中，難免要因更換低溫（凍）儲藏裝置，會將食品暴露在大氣常溫中，此時應管制食品的中心溫度不要超過 3℃為原則。冷凍食品因與大氣溫差更大，昇溫更快，而且凍藏溫度的變化，影響原有冰晶的大小，破壞細胞保水性等，更易使食品變性，因此就 3T 的原則，應盡量維持輸送、儲藏、輸送之間的恆溫條件才好。也有人主張在低溫流通鏈(cold chain)，食物暴露在大氣常溫中的時間應管制在 40 分鐘以內，但這句話前提是指某特定包裝，否則一般小包裝的冷凍食品放置在常溫 40 分鐘可能已解凍了，還談什麼品質管制呢？

b. 濕度：不管冷卻冷藏(10~2℃)、冰溫冷藏(2~-2℃)或凍結冷藏（−18℃以下），都需依不同生鮮食品的特性及包裝情形，管制最適當的濕度(RH%)。否則蔬果類會因 RH% 過高而腐爛，或因 RH% 過低而乾燥減重，至於生鮮蔬果仍需新陳代謝續營呼吸作用，必須注意換氣工作。另外凍結冷藏的濕度也不可忽視，太低的濕度不但會造成失重過多也會使食品因凍燒(freezer burn)而失去原有的風味，而太高的濕度造成食物結霜堵塞冷氣的流通，嚴重時使蒸發器(cooler)失去冷卻效果。所以定時去記錄並管制濕度是絕對必要的。

c. 各種原料可貯放之期限

| 廚櫃（室溫） | | 冰箱冷藏(4℃) | | 冷凍(−18℃) | |
|---|---|---|---|---|---|
| 品　名 | 時　間 | 品　名 | 時　間 | 品　名 | 時　間 |
| 麵包屑 | 3 個月 | 奶油（未開） | 2 星期 | 奶油（加鹽） | 1 年 |
| 即食穀類 | 8 個月 | 奶油（已開） | 1 星期 | 奶油（未加鹽） | 3 個月 |
| 玉米片 | 6~8 個月 | 乳酪（已開） | 三天內用完 | 乳酪（加工過） | 3 個月 |
| 麵粉 | 2 年 | 硬乳酪 | 數個月 | 人造奶油 | 6 個月 |
| 全麵麵粉 | 6 星期 | 加工乳酪（開） | 3~4 星期 | 牛奶 | 6 星期 |
| 發粉 | 1 年 | 加工乳酪（未開） | 數個月 | 鮭魚鯖魚灰鱒 | |
| 乾豆類 | 1 年 | 牛奶人造奶油 | 核對有效 | 高脂類 | 2 個月 |
| 巧克力 | 7 個月 | 養樂多 | 日期 | 低脂類 | 6 個月 |
| 可可 | 10~12 個月 | 生鮮魚（清洗過） | 3~4 天 | 貝類 | 2~4 個月 |
| 咖啡粉 | 1 個月 | 煮過的魚 | 1~2 天 | 蔬菜、水果 | 1 年 |
| 即食咖啡 | 1 年 | 蟹蛤龍蝦 | 12~24 小時 | 未煮的 | |
| 脫水水果 | 1 年 | 牡蠣（活的） | 數星期 | 牛肉、牛排 | 10~12 個月 |
| 動物膠 | 1 年 | 蝦、干貝 | 1~2 天 | 切塊雞肉 | 6 個月 |
| 果膠粉 | 2 年 | 煮過的貝類 | 1~2 天 | 整隻雞肉 | 1 年 |
| 馬鈴薯片 | 1 年 | 新鮮蘋果 | 2 個月 | 醃肉、燻肉 | 1~2 個月 |
| 脫脂奶粉（開） | 1 個月 | 家禽肉 | 2~3 天 | 鴨、雞肉 | 3 個月 |
| 脫脂奶粉（未開） | 1 年 | 裡脊肉 | 3~4 天 | 蛋白、蛋黃 | 4 個月 |
| 蜂蜜 | 18 個月 | 葡萄、柚子 | 5 天 | 絞肉 | 2~3 個月 |
| 果凍、果醬 | 1 年 | 醃肉、燻肉 | 6~7 天 | 羊肉 | 8~10 個月 |
| 沙拉醬（未開） | 8 個用 | 蛋 | 3 星期 | 豬肉 | 8~10 個月 |
| 糖蜜 | 2 年 | 草莓 | 2 天 | 香腸 | 2~3 個月 |
| 堅果 | 1 個月 | 蘆筍 | 2 天 | 各種雜碎 | 3~4 個月 |
| 醋 | 數年 | 四季豆 | 5 天 | 小牛肉排裡脊肉 | 4~5 個月 |

| 廚櫃（室溫） | | 冰箱冷藏(4℃) | | 冷凍(−18℃) | |
|---|---|---|---|---|---|
| 品　　名 | 時　間 | 品　　名 | 時　　間 | 品　　名 | 時　　間 |
| 乾酵母 | 1 年 | 甜菜 | 3 ½ 星期 | 煮過的 | |
| 馬鈴薯 | 1 星期 | 青花菜 | 3 天 | 各種肉類 | 2~3 個月 |
| 南瓜 | 1 星期 | 抱子甘藍 | 5 天 | 所有家禽肉 | 1~3 個月 |
| | | 高麗菜、芹菜 | 2 星期 | 肉餅 | 3 個月 |
| | | 胡蘿蔔 | 2 星期 | 麵包、酵母 | 1 個月 |
| | | 花椰菜 | 10 天 | （烘焙或未烘焙）己烘焙蛋糕 | 4 個月 |
| | | 玉米、豌豆 | 數天 | | |
| | | 黃瓜 | 10 天 | 食用香料植物 | 1 年 |
| | | 萵苣、番茄 | 1 星期 | 未烘焙水果派 | 6 個月 |
| | | 洋菇 | 5 天 | 三明治 | 6 星期 |
| | | 洋蔥 | 10 天 | 濃湯 | 4 個月 |
| | | 青椒、紅辣椒 | 1 星期 | | |
| | | 馬鈴薯 | 1 星期 | | |
| | | 菠菜 | 4 天 | | |
| | | 磨碎的咖啡 | 2 個月 | | |
| | | 堅果 | 4 個月 | | |
| | | 全麥麵粉 | 3 個月 | | |

 第三節　一般食品工業品質管制

　　一般食品工業包含廣泛，今特舉數例說明如下：

# 一、味精工業品質管制

## 1. 發酵法味精製造流程圖

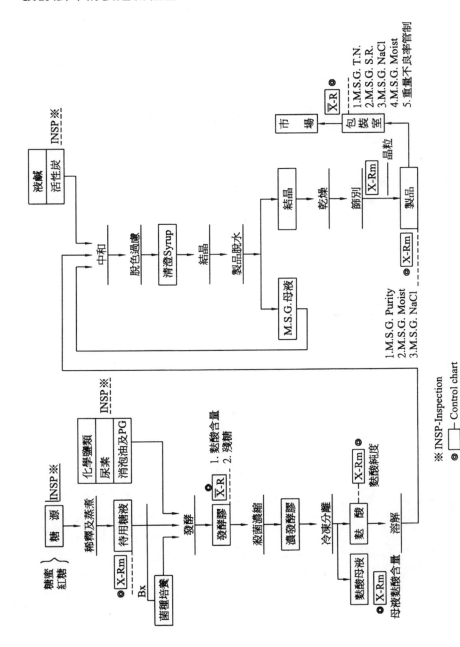

## 2. 製造過程品質管制

### (1) 發酵製程之管制

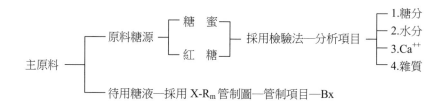

發酵醪─採用 $\overline{X}$-R 管制圖─管制項目┬1.麩酸含量
                                           └2.殘糖

### (2) 精製製程之管制

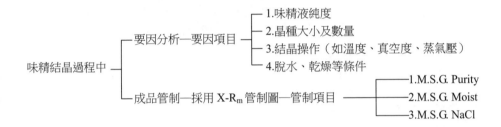

## (3) 製成品之管制

## 3. 味精 CNS 之規格

| 性　　狀 | 無色或白色結晶或晶狀粉末，而具有特有之鮮味，不得帶有異味、異臭或混入異物。 |
|---|---|
| 總　氮　量 | 以 Kjeldahl 法測定在 7.41% 以上及 7.56% 以下（即 MSG 量不少於 99%）。 |
| 比旋光度 | $[\alpha]_D^{20}$ 應在 +24.8~25.3° 間 |
| 水　　分 | 不得多於 0.5% |
| 鹽　　分 | 不得多於 0.5% |

## 二、乳品工業品質管制

### 1. 乳品加工廠管制流程圖

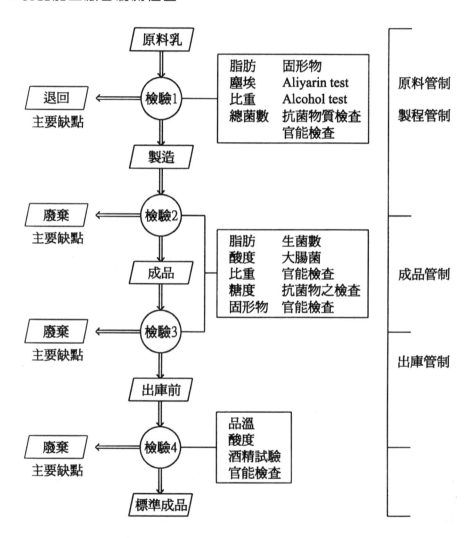

## 2. 酪農集乳站異常處理流程圖

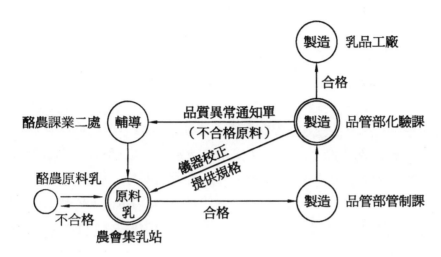

## 3. 乳品品質不良要因分析圖

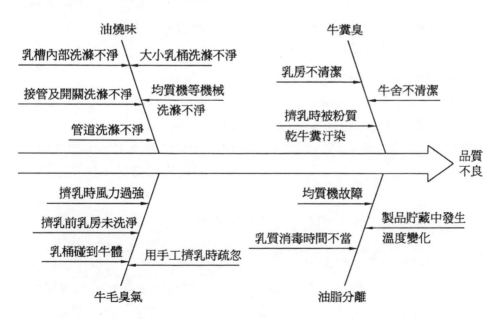

說明：

(1) 牛毛臭氣

　　乳牛身上的毛，掉在鮮乳中，使附於毛上的汙染物臭氣，全部溶入鮮孔中，影響鮮乳的風味。

(2) 油燒味

　　是乳脂受空氣、細菌的影響而氧化或分解，發生油燒味。

　　a. 乳槽內部洗滌不淨：每次使用乳槽及大小乳桶後，立即用清水洗淨，再用碳酸鈉溶液洗過，尤其是死角部分，必要時還要拆開用刷擦洗，絕不能使牛乳沉積，否則通蒸氣消毒時，必發生油燒味。

　　b. 接管及開關洗滌不淨：凡與鮮乳接觸的管路及開關等，一律要拆開，洗淨放在消毒器，用蒸氣消毒。

　　c. 均質機等機械洗滌不淨：包括遠心分離機等每次用畢，一定要拆開經清水洗、蘇打液洗、清水刷洗及蒸氣消毒等工作，並各經嚴格檢查，否則會發生油燒味，被鮮乳吸收。

(3) 牛糞臭

　　鮮乳中含有牛糞臭的原因

　　a. 乳房不清潔：乳房常被牛糞汙染，擠乳前，雖用水沖洗，不一定會乾淨，應該用絨刷刷洗。

　　b. 牛舍不清潔：包括牛舍內外的牛糞，應隨時洗淨，日久乾燥成粉，會到處隨風飄揚，難免侵入鮮乳中。

(4) 油脂分離

　　鮮乳加熱後，有乳脂層浮起。

　　a. 均質機故障：鮮乳中脂肪球，用均質機破壞後，可以增加鮮乳風味均勻，乳脂層如不再加熱，不易分離浮起。如均質機故障沒有達成破壞脂肪球的目的，或仍殘留大型脂肪球，會促成脂肪層分離。

b. 乳質消毒時間不當：包括消毒溫度過高或時間過長。也會形成脂肪層分離。

c. 製品貯藏中發生溫度變化。鮮乳製品在貯藏中，有時溫度高，有時溫度低，鮮乳受溫度影響，增加對流的速度，促使脂肪球互相碰撞的機會，也跟著增加，於是脂肪球的體積，慢慢加大，很快的形成脂肪層浮起。

(5) 加糖煉乳品質不良要因分析圖

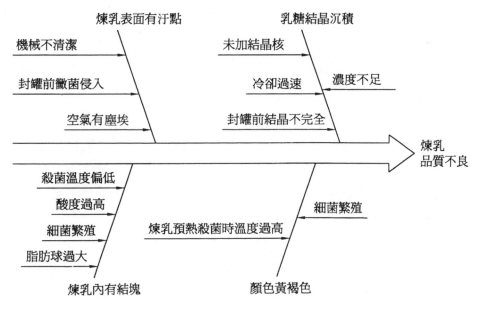

說明：

A. 煉乳表面有汙點

　　是指煉乳罐頭，開罐後，發現有小塊汙點。

a. 機械不清潔：製造煉乳機械不乾淨，讓油垢流入罐中。

b. 封罐前微生物汙染：黴菌與細菌一樣，到處都有，極易侵入罐內，最好使用無菌室裝罐，比較安全。

   c. 空氣煙塵汙染：此種情形，大都是空罐消毒時不注意空氣的清潔度，而使煙灰塵等侵入罐內。是指煉乳貯藏若干時日後，所發生的現象。

B. 煉乳內有結塊

   a. 脂肪球過大：此種情形多因煉乳濃度不定。

   b. 細菌繁殖：罐內有細菌繁殖成菌落，酸度因之增加，遂成凝塊。

   c. 酸度過高：上述原因，再經較長時間，變成整罐都成凝塊。

   d. 殺菌溫度偏低：是指煉乳中尚殘留著未經消滅的細菌，雖然有 45% 的白糖，可以防止細菌的繁殖，但時間過久，細菌會產生耐糖能力，依然可以適應高糖分的情形下，漸漸繁殖。

C. 乳糖結晶沉積

   煉乳中乳糖的溶解度比蔗糖小，煉乳冷卻後，乳糖慢慢分離出來，形成乳糖結晶，由小而大逐沉積，而煉乳濃度因之變成稀薄，直至乳糖完全結晶出來為止，日子越久，乳糖沉結越硬，開罐時煉乳很快流出，剩下一大堆乳糖層。

   a. 未加結晶核：當煉乳經真空濃縮後，放入冷卻槽中，就要加小量破粒的乳糖結晶粉，使煉乳冷卻時，引起全部乳糖結晶的機率提高，並使全部結晶在冷卻後，已完全結成小粒的梯形結晶體，懸浮在煉乳中，不易沉澱。

   b. 冷卻過速：如果冷卻過速，則結晶未完全，以後會結成大粒結晶沉澱罐底。

   c. 封罐前結晶不完全：亦會發生前條所述的後果。

   d. 濃度不足：煉乳濃縮得不夠濃（普通比重為 1.31±1°），而乳糖結晶粒子又大，亦會發生沉澱（乳糖在較高溫度中結晶，體積較小，較低的溫度中形成結晶粒較大）。

# 三、油脂工業品質管制

## 1. 大豆沙拉油精製流程圖

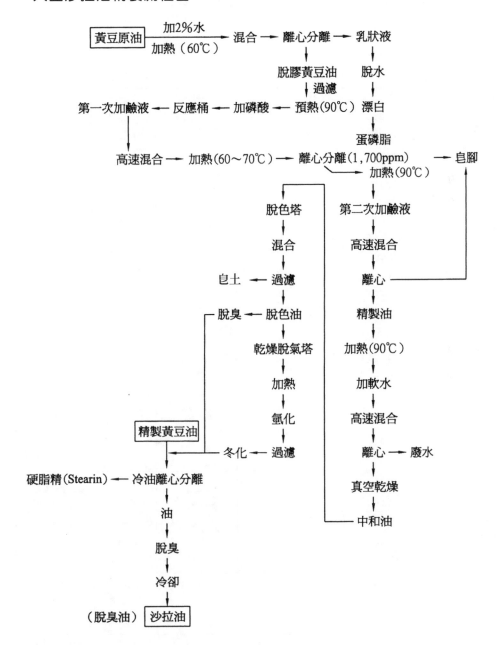

## 2. 大豆沙拉油品質管制計量

| 製　程 | | 管制特性 | 管制圖 | 單位 | 管制規格 | 取　樣　方　法 |
|---|---|---|---|---|---|---|
| 原料部分 | 黃豆 | 水分 | X-Rm | % | 一級：12%<br>二級：14% | 4 小時取樣一次 |
| | | 脂肪 | X-Rm | % | | 4 小時取樣一次 |
| | | 夾雜物 | X-Rm | % | | 4 小時取樣一次 |
| | 豆片 | 水分 | X-Rm | % | 10~12% | 4 小時取樣一次 |
| | | 厚度 | X-Rm | mm | 0.3mm 以下 | 4 小時取樣一次 |
| | 豆粉 | 水分 | X-Rm | % | 12% | 4 小時取樣一次 |
| | | 脂肪 | X-Rm | % | 1%以下 | 4 小時取樣一次 |
| | | 蛋白質 | X-Rm | % | 49±0.5%<br>44±0.5% | 4 小時取樣一次 |
| | | 尿素酶活性 | X-Rm | min | 10min 以上 | 4 小時取樣一次 |
| | | 粗纖維 | X-Rm | % | | 24 小時取樣一次 |
| | | 灰分 | X-Rm | % | | 24 小時取樣一次 |
| 原　油 | | 水分 | X-Rm | % | 0.4% 以下 | 4 小時取樣一次 |
| | | 游離脂肪酸 | X-Rm | % | 2% 以下 | 4 小時取樣一次 |
| 中和部分 | | 水分 | X-Rm | % | 0.05% 以下 | 4 小時取樣一次 250mL |
| | | 游離脂肪酸 | X-Rm | % | 0.1% | 同上樣品 |
| | | 含皂量 | X-Rm | ppm | 20~80ppm | 8 小時測一次同上樣品 |
| | | 色澤 | X-Rm | | | 4 小時取一次同上樣品 |
| 脫色部分 | | 水分 | X-Rm | % | 0% | 4 小時取一次 250mL |
| | | 游離脂肪酸 | X-Rm | % | 0.1% | 4 小時取一次 250mL |
| | | 含皂量 | X-Rm | ppm | 1~2ppm | 8 小時取一次 250mL |
| | | 色澤 | X-Rm | | | 4 小時取一次 250mL |
| 脫臭部分 | | 水分 | X-Rm | % | 0% | 4 小時取一次 250mL |
| | | 游離脂肪酸 | X-Rm | | 0.05% | 同上樣品 |
| | | 含皂量 | X-Rm | | 0 | 8 小時取一次 250mL |
| | | 色澤 | X-Rm | | CNS | 4 小時取一次 250mL |
| | | 碘價 | X-Rm | | CNS | 24 小時取一次 250mL |
| | | 皂化價 | X-Rm | | CNS | 24 小時取一次 250mL |
| | | 過氧化價 | X-Rm | | CNS | 8 小時取一次 250mL |
| 包　裝 | | 包裝重量 | X-Rm | kg | ±0.05kg | 4 小時測一次 |

## 3. 大豆油品質標準

(1) 適用範圍：本標準適用於由純大豆製出，不得摻有其他油類之食用豆油，及由黃豆製出經過脫酸、水洗、脫色、脫臭、氫化及冷凍過程而製出之黃豆沙拉油。

(2) 品質：食用油依其品質分為 1 級品、2 級品及大豆沙拉油，其品質應分別符合規定。

**表 10.11　食用油品質標準**

| 項　　目 | 1 級品 | 2 級品 | 大豆沙拉油 |
|---|---|---|---|
| 顏　　色 | 以諾威朋色計(Lovi-bond Tintometer)試驗應不深於黃色 35 單位與紅色 35 單位之組合 | 以諾威朋比色計試驗應不深於黃色 35 單位與紅色 7 單位之組合 | 以諾威朋比色計試驗應不深於黃色 25 單位與紅色 25 單位之組合 |
| 外　　觀 | 透明澄清，應無不良氣味並無敗壞跡象。 | 透明澄清，無不良氣味並無敗壞跡象。 | 透明澄清，口味良好。 |
| 水分及揮發物(%) | 0.2 以下 | 0.2 以下 | 0.1 以下 |
| 夾雜物(%) | 0.1 以下 | 0.1 以下 | ─ |
| 比重(20℃/20℃) | 0.920 至 0.927 | 0.920 至 0.927 | 0.920 至 0.927 |
| 折射率 | 1.437 至 1.477 | 1.437 至 1.477 | 1.437 至 1.477 |
| 碘價 | 123 至 142 | 123 至 142 | 123 至 142 |
| 酸價 | 0.5 以下 | 1.0 以下 | 0.30 以下 |
| 皂化價 | 188 至 195 | 188 至 197 | 188 至 195 |
| 不皂化價(%) | 1.0 以下 | 1.0 以下 | 1.0 以下 |

☞表 10.11　食用油品質標準（續）

| 項　　目 | 1 級品 | 2 級品 | 大豆沙拉油 |
|---|---|---|---|
| 過氧化價 | 每公斤油之過氧化物不得多於 10 毫克當量 | 每公斤油之過氧化物不得多於 10 毫克當量 | 每公斤油之過氧化物不得多於 10 毫克當量 |
| 可溶物及酸混合體如礦皂等(%) | — | 0.01 以下 | — |
| 加熱試驗 | 顏色試驗及混濁度試驗合格 | — | — |
| 氯化碘 | 試驗合格 | 試驗合格 | 試驗合格，無沉澱物。 |
| 冷卻試驗 | — | — | 在 0℃冷藏 5.5 小時以上仍透明。 |

(3) 衛生要求：應符合本國（外銷品應符合輸出國）有關衛生法令之規定。

## 四、麵粉工業品質管制

### 1. 小麥粉加工流程圖

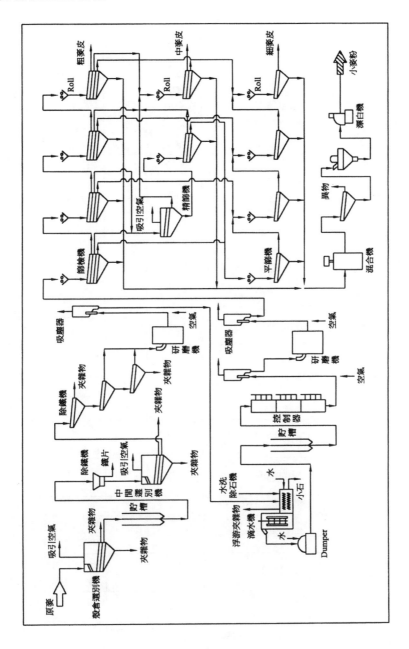

## 2. 小麥製粉品質管制計畫

| 製 程 | | 管制圖編號 | 管制特性 | 管制圖 | 單位 | 取 樣 方 法 |
|---|---|---|---|---|---|---|
| 倉庫部 | 原料小麥 | $F-01^{R}-0$ | 原麥夾雜物 | $X-R_m$ | % | 每批一次記入一點 |
| | | $F-02^{W}-$ | 原麥容積量 | $X-R_m$ | g/L | |
| | | F-03- | 原麥水分 | $X-R_m$ | % | |
| | | F-04- | 原麥灰分 | $X-R_m$ | % | |
| | | F-05- | 原麥蛋白質 | $X-R_m$ | % | |
| | | F-06- | 原麥濕麵筋 | $X-R_m$ | % | |
| | | F-07- | 原麥乾麵筋 | $X-R_m$ | % | |
| 前處理工程 | 精選與調質 | F-10-0 | 粗夾雜物篩出率 | $X-R_m$ | kg/s | 每班一次記入一點 |
| | | F-11- | 細夾雜物篩出率 | $X-R_m$ | kg/T | 每班一次記入一點 |
| | | F-12- | 草籽與其他種子分離率 | $X-R_m$ | kg/T | 每班一次記入一點 |
| | | F-13- | 鐵金屬選出率 | $X-R_m$ | kg/T | 每班一次記入一點 |
| | | F-14- | 加水量 | $X-R_m$ | kg/T | 每小時一次，計算水量 kg／原流量 T |
| | | F-15- | 淨麥水分 | $X-R_m$ | % | 每小時一次，計算水量 kg／原流量 T |
| | | F-16- | 調質溫度 | $X-R_m$ | ℃ | 每小時一次，計算水量 kg／原流量 T |
| 粉碎工程 | 粗粉碎 | $F-20^{1B}-0$ | 粗粉粒度 | $X-R_m$ | % | 每 4 小時一次一點，以特定篩網測定。 |
| | | $F-21^{2B}-0$ | 粗粉粒度 | $X-R_m$ | | 每 4 小時一次一點，以特定篩網測定。 |
| | 純化 | $F-22^{1P}-0$ | 粉的細度 | $X-R_m$ | % | 每 4 小時各道一次一點，以特定篩網測定。 |
| | | $F-23^{2P}-$ | 純化後粉粒灰分 | $X-R_m$ | % | |
| | 細粉碎 | $F-24^{1B}-0$ | 細粉細度 | $X-R_m$ | % | 每 4 小時各道一次一點，以特定篩網測定。 |
| | | $F-25^{2M}-$ | 麵粉細度 | $X-R_m$ | % | 每 4 小時各道一次一點，以特定篩網測定。 |
| | 篩選 | $F-26^{6M}-$ | 麵粉灰分 | $X-R_m$ | % | 每 4 小時各道一次一點，以特定篩網測定。 |

| 製　程 | 管制圖編號 | 管制特性 | 管制圖 | 單位 | 取　樣　方　法 |
|---|---|---|---|---|---|
| 後處理工程 漂白 | F-27$^{4M}$- | 各道麵粉出粉率 | X-R$_m$ | % | 每班一次合計並求出粉步留 |
| | F-28-0 | 漂白劑用量 | X-R$_m$ | g／包 | 每班一次一點並作流量抽檢 |
| | F-29- | 漂白效果 | X-R$_m$ | G.C.V. | 每班一次一點放置 48 小時後測之。 |
| 包裝部 包裝產能力及步留 | F-30-0 | 麵粉重量 | $\overline{X}-R$ | kg | 每小時一次五包 |
| | F-31- | 麩皮重量 | $\overline{X}-R$ | kg | 每小時一次五包 |
| | F-32-0 | 粉良率 | X-R$_m$ | % | 每班一次一點 |
| | F-32- | 比較良率 | X-R$_m$ | % | 每班一次一點 |
| | F-33- | 麵粉產量 | X-R$_m$ | kg/hr | 每班一次一點 |
| | F-34- | 低級粉產量 | X-R$_m$ | kg/hr | 每班一次一點 |
| | F-35- | 麩皮產量 | X-R$_m$ | kg/hr | 每班一次一點 |
| 品管室 成品品質 | F-40-0 | 水分 | X-R$_m$ | % | 每小時一次一點 |
| | F-41- | 灰分 | X-R$_m$ | % | 每小時一次一點 |
| | F-42- | 蛋白質 | X-R$_m$ | % | 每 4 小時一次一點 |
| | F-43- | 濕麵粉 | X-R$_m$ | % | 每 2 小時一次一點 |
| | F-44- | 乾麵粉 | X-R$_m$ | % | 每 2 小時一次一點 |
| | F-45- | 粗纖維 | X-R$_m$ | % | 每班一次一點 |
| | F-46- | 細度 | X-R$_m$ | % | 每 4 小時一次一點 |
| | F-47- | 白度 | X-R$_m$ | WI | 每班一次一點 |

## 3. 麵粉國家標準（規格）

(1) 麵粉不得含有下列雜質

　　a. 石粉、明礬、硫酸銅或其他有礙衛生物質。

　　b. 有毒植物種子或發生麥角病之麥磨製成的。

　　c. 其他澱粉質分類。

(2) 不得有寄生物或蛀屑混存之跡象。

(3) 不得有霉痕或異臭。

(4) 品質：應符合下表規定。

☞表 10.12　麵粉之品質規格(CNS)

| 類別 | 顏色 | 細　　　度 | 水　分 | 粗纖維 | 灰分 | 粗蛋白 |
|------|------|-----------|--------|--------|------|--------|
| 高筋 | 潔白 | 100%通過 0.2mm 孔徑篩 CNS 386<br>40%通過 0.125mm 孔徑 | 13.5%<br>(13.8%) | 0.50%<br>（最大） | 0.55%<br>（最大） | 11.5%<br>以上 |
| 中筋 | 潔白 | 100%通過 0.20mm 孔徑<br>40%通過 0.125mm 孔徑 | 13.5%<br>(13.8%) | 0.50%<br>（最大） | 0.55%<br>（最大） | 8.0%<br>以上 |
| 低筋 | 潔白 | 100%通過 0.16mm 孔徑<br>40%通過 0.125mm 孔徑 | 13.5%<br>(13.8%) | 0.50%<br>（最大） | 0.55%<br>（最大） | 8.0%<br>以上 |

(5) 重量許可差

　　　　每包重量須一致，其許可差依下表。

☞表 10.13　麵粉包裝重量許可差

| 交　貨　包　數 | 檢查包數 | 一包重量許可差（最大） |
|----------------|----------|------------------------|
| 100 及以下 | 8 | |
| 101~1,000 | 15 | −0.5% |
| 1,001~10,000 | 30 | |

(6) 包裝及標誌

　　　　包裝應整齊，並標明類別（外銷者除外）、廠名商標、重量等。

(7) 檢驗

　　　　依 CNS 551，K 140 麵粉檢驗法。

## 第四節　餐飲服務品質管制

　　餐飲業特別是團膳，可視為製造業及服務業的綜合，原料在廚房裡調理而後在餐廳裡出售，雖然不用像製造業需講究包裝兼顧貯藏性，但食物直接面對顧客其複雜性及特異性更高。此時尤應重視一種「看不著、留不住、帶不走和變化多」的服務品質，故在制定餐飲業品質管制計畫時，不僅要管制產品品質，亦需提升服務品質水準。

　　餐飲品質管制的組織體系目的，在確保食物在採購、貯存、製備、供應等過程中，不但品質與規格能符合要求及標準、而且可獲得最大營利報酬(profit)，亦可實踐顧客最大的滿足感(satisfaction)。這種全面品質管制(TQC)的組織體係已在其他食品業實施多年，一個企業如果沒有良好對內對外的全面品質管理(TQM)的經營理念的話，在現代競爭時代理已不易生存，當然餐飲業亦不例外。

### 一、餐飲服務品質管制

　　餐飲業與一般食品業有所不同，它所提供的除了食物和飲料外，另一項重要的即為服務(service)，不論前者產品品質或後者的服務品質，皆為一體兩面，稍有任何的缺失即不完美。故服務亦需品質，服務的品管作業首先必須制定完整的服務規格(service specification)，包括計畫、準備、確認、維護及管制，每項服務均應提供特性及其可被接受的標準。

　　在餐飲管理要實踐顧客最大的滿意度，人及物總是重要的焦點，在人的管制上，應力求服務品質的提升，在物的管制上則講求食物品質不但能與標準相同，更進一步要能確切地滿足消費者的需求。

## 1. 餐飲服務作業流程圖

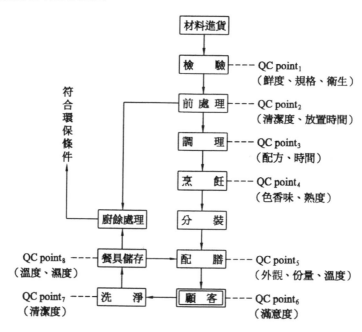

## 2. 餐飲服務品質管制計畫綱要

| 管制站 | 管制項目 | 管制圖表 | 單 位 | 抽樣方法 | | | 檢驗方法 | 檢驗標準 |
| --- | --- | --- | --- | --- | --- | --- | --- | --- |
| | | | | 地 點 | 頻 率 | 數量 | | |
| QC point | 鮮度 | P chart | % | 採 購 驗收場 | 每批抽一次 | 5% | 官能檢驗法 | 依公司驗收標準 |
| | 規格 | 記錄表 | — | | | | 目視法 | 依雙方合約標準 |
| | 衛生 | 記錄表 | — | | 必要時抽 | 50g | 依 CNS 檢驗法 | 依 CNS 標準 |
| QC point | 處理程度 | C chart | 點 | 處理台 | 30 分 1 次 | 300g | 目視法 | 依操作標準 |
| | 放置時間溫度 | 記錄表 | — | | 抽查 | 全部 | 碼錶、溫度計 | |
| QC point | 配方 | C chart | 缺點數 | 調理台 | 每天一種 | 300g | 官能檢驗法 | 依主廚指示標準 |
| | 時間 | 記錄表 | min sec | | | 全部 | 碼錶 | |
| QC point | 色香味 | 記錄表 | 得分 | 廚房 | 每天每種 | 1 件 | 目視法 | 依主廚指示標準 |
| | 熟度 | | 分熟 | | | | 評嚐法 | |
| QC point | 外觀 | 記錄表 | — | 餐廳 | 每天抽一次 | 5 件 | 目視法 | 依公司產品品質標準 |
| | 份量 | $\overline{X}$ -R chart | g | | | | 秤量法 | |
| | 溫度 | 記錄表 | ℃ | | | | 溫度計 | |
| QC point | 滿意度 | 記錄表 | — | 櫃台 | 每天 | 1~3 位 | 觀察法訪問法 | 依公司服務規格 |
| QC point | 清潔度 | P chart | % | 清洗台 | 每批 | 5 件 | 目視法 | 依操作標準 |
| QC point | 溫度 | | ℃ | 餐具貯櫃 | 每四小時一次 | — | 溫度計 | 40±5℃ |
| | 溫度 | 記錄表 | RH% | | | | 濕度計 | 75±5RH% |

### 3. 餐飲服務品質管制方法

　　餐飲服務業的品質管制方法除本節陳述的技術性及專業性的問題外，應先參考本書第六章全面品質管理(TQM)及第七章標準及規範等部分，擬定食物品質管制計畫流程(food quality control program)，包括有食品採購規格、供應商審核制度、安全衛生標準、餐廳設施及環境維護、庫管制度、標準食譜(standard recipes)、品評制度(sensory evaluation)、食物供應方式與溫度管理問題等公司經營制度資料，配合上述品管經營制度之建立，餐飲服務品質管制就不難順利推行。在此僅就單元作業管制方法舉例參考。

(1) 原料驗收管制

| | 良　　好 | 稍　　差 | 不　　良 |
|---|---|---|---|
| 蔬菜類 | 嬌嫩，有光澤，多汁 | 蟲吃，有瑕疵，但經切除後仍然很嫩多汁。 | 葉枯萎看起來收縮狀無彈性。 |
| 鮮魚類（包括冷凍魚解凍者） | 1. 死後僵直中。<br>2. 鱗夠牢固的貼在皮層上，同時呈現出魚種特有的水零零的光澤。<br>3. 眼球突出，沒有血液之浸出及混濁現象。<br>4. 鰓顏色鮮紅。<br>5. 由外部壓下時腹部不會有軟弱的感覺。<br>6. 肉質有透明感，同時沒有肉骨分開的現象。 | 1. 彈性較差。<br>2. 眼球沒有突出且有混濁狀。<br>3. 鱗片不鮮明。<br>4. 腹部壓下有軟弱的感覺。<br>5. 肉質及血管均變得稍不透明。<br>6. 稍微有腥味。 | 1. 魚體軟化，自家消化很明顯。<br>2. 眼球陷沒，混濁甚至脫離。<br>3. 鱗片變暗綠色，且有不快的臭味。<br>4. 腹部崩開，變得軟弱。<br>5. 肉質白濁。<br>6. 可漂浮於水面。 |
| 蛋 | 1. 表面粗糙。<br>2. 振動時無聲。<br>3. 用燈泡照射內部明亮。 | | 1. 打開時蛋白分布很廣。<br>2. 振動時有聲。<br>3. 燈泡照射內部不明亮。 |

| | 良　好 | 稍　差 | 不　良 |
|---|---|---|---|
| 大豆製品 | 1. 外觀及氣味正常。<br>2. 離製造時間很短。 | | 1. 表面產生黏液。<br>2. 有異物混入。 |
| 肉類 | 1. 肉表面無出水現象。<br>2. 壓下去有彈性。<br>3. 色澤鮮紅。 | | 1. 表面有水。<br>2. 色澤暗紅。<br>3. 有異味。 |

以上僅是材料鮮度標準，致於抽樣計畫及判定及措施，請參考第九章第二節原副料驗收管制。

(2) 材料處理調理管制

a. 原材料之使用如果採用庫存材料，應依先進先出原則，以維持一定的鮮度標準。原料處理場因屬於汙染區，需與緩衝區的調理場有適當的區隔。原料處理前最好先用氯水清洗，其濃度(ppm)依原料種類不同而定。含有蛋白質之肉、魚類，因水中餘氯易被胺類吸收，所用濃度可稍高，但胺的氯化合物也是致癌物，所以應注意其使用濃度。

b. 材料的處理主要是除去原料不可食之部分或將材料適當切割、分級、清洗之工作，這個工作無論使用自動機械或人工都要求要做快又做得好，以期提高工作效率降低製造成本。因此常利用 P 管制圖或 C 管制圖來管制。

c. 經處理後之原材料，汙染程度大為降低，其中尤以生菌數的含量最為顯著，故原料要處理當越快越好。食物的調理依食品種類不同各異，常見如攪碎、混合、煉合、過濾、醱酵、熟成、成形等等，無論工程之技術如何、時間(time)及溫度(temperature)兩者的管制甚為重要，不但會影響食物口感(texture)，也會因細菌可在30 分鐘內倍數增加而影響食品原有的最佳風味。

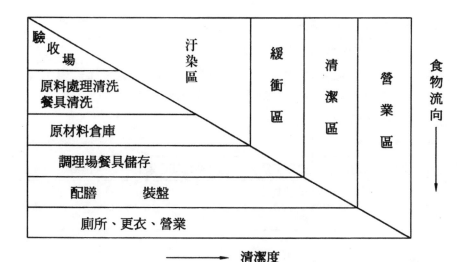

**圖 10.1　餐廳區域的劃分**

d. 有些食物是經調理後不經加熱直接食用者，例如生菜沙拉、水果、生魚片、生蠔等，其衛生條件更需嚴格，除基本的環境衛生及個人衛生等必須符合 GHP 條件外，應注意生、熟刀板、肉類、蔬菜水果刀板必須分開使用，以免交互汙染(cross contamination)之危害。

(3) 廚房烹飪管制

a. 廚房烹飪無論中餐烹飪西式及日式廚房設備及烹調操作均需符合 HACCP 及 GHP 之規範，從業人員可以參考書第七章標準及規範。

b. 廚房區域之劃分

**表 10.14** 廚房區域之劃分

| | 一般工作區 | 汙染區 | 準清潔區 | 清潔區 |
|---|---|---|---|---|
| 分類 | 辦公室、檢驗室、廁所 | 驗收區、洗菜區、餐具洗滌區 | 切割區、調理區、烹調區、冷盤區 | 配膳區、包裝區、上菜區 |
| 水溝流向 | 獨立系統 | ←由清潔區流向汙染區 | | |
| 空氣流向 | 獨立系統 | | | |
| 氣壓 | 獨立系統 | 充足空氣 | 空氣補足系統 | 正壓 |
| 地板要求 | 乾 | 可潮濕 | 乾 | 乾 |
| 落菌數 | | 高 | 稍低 | 最低 |

c. 餐飲衛生溫度管理

餐飲主廚對於溫度管理應有相當程度的瞭解，正如喝咖啡先溫杯、喝雞尾酒先冷杯的道理，除必須提供最適溫的食物外，應充分瞭解下列衛生管制數字。

(a) 冷藏溫度：7℃以下，濕度 85~95RH%。

(b) 冷凍溫度：零下 18℃以下，濕度 90~95RH%。

(c) 熱藏溫度：60℃以上。

(d) 細菌繁殖最佳溫度區間：16~49℃。

(e) 煮沸殺菌法：100℃熱水
    毛巾、抹布—5 分鐘以上
    餐具　　　—1 分鐘以上

(f) 蒸氣殺菌法：100℃熱蒸氣
    毛巾、抹布—10 分鐘以上
    餐具　　　—2 分鐘以上

(g) 熱水殺菌法：80℃熱水
    餐具　　　—2 分鐘以上

(h) 乾熱殺菌法：以溫度 100℃以上之乾熱

　　餐具　　　　　—30 分鐘以上

d. 有關烹調食物、飲料，色香味及熟度的好壞，屬於餐飲管理中的廚藝領域在此不多陳述，但就品質管制立場仍需定時抽樣加以管制才是。

(4) 餐廳有形無形產品品質管制

a. 餐飲服務業之所以被歸類為服務業的一種，是因為其產品獨具特色。在餐廳所賣的產品包括有形及無形兩種產品，前者如餐廳裝潢、座位、設備、菜單、制服、食物種類及品質等，後者舉凡餐廳氣氛、風格、服務、光線、空調、衛生等影響心理的舒適感皆是。因此就品質管理而言就比一般品管複雜得多。

b. 如果說餐廳所供應的產品是食物加服務，那麼食物本身的品管就比較單純，但服務的品管則應先制定餐廳的服務規格(service specification)並實施服務人員教育訓練不可。一碗相同品質的牛肉麵在小吃店和在餐廳價格一定不同，但如果我們仔細考慮那些有形無形的產品時，或許後者所付出的高價要比前者更合宜得多。這個值得消費者付出代價的合宜水準，就是我們餐飲品質管理要努力的目標。

c. 廣義的品質(quality)積極意義是提高顧客滿意度為目標，唯影響顧客滿意與否，除食物的外觀、口味、份量、食物溫度外，顧客座位環境、等候時間、櫃臺結帳的價格及心理的舒適感覺等，都直接間接決定消費者再次光臨的意願。

d. 餐廳空氣品質的管制至為重要，良好的空氣品質是影響顧客舒適感主要因素之一，今特列舉餐廳空氣品質評價表作為品質管制的參考。

**表 10.15　餐廳空氣品質評價表**

| 等級項目 | A | B | C | D | E |
|---|---|---|---|---|---|
| 溫度(℃) | 22~23 | 24~25 | 26~27 | 28 | >29 |
| | | 21~20 | 19~18 | 17~16 | <15 |
| 相對濕度(RH%) | 50~60 | 61~70 | 71~80 | 81~90 | >91 |
| | | 49~42 | 41~35 | 34~29 | <28 |
| 環境落菌(APC) | >30 | 31~74 | 75~150 | 151~290 | >300 |

(5) 餐具清潔度管制

　　a.　單就餐具洗淨機就有單槽式、雙槽式、推進式、隧道式數種，其洗淨原理大都使用高壓噴水式，前段的洗滌水含有清潔劑，中段使用自來水，後段使用加有殺菌劑的水或高壓蒸氣消毒。預防傳染病的感染使用殺菌劑是不得已的事，所以環境許可的話，還是用蒸氣或乾熱殺菌比較好。小型餐廳沒有全自動餐具洗淨機，可用餐具三槽式洗滌消毒法。

| 洗滌槽 ⟶ | 沖洗槽 ⟶ | 殺菌槽 |
|---|---|---|
| 1.清潔劑<br>2.43~50℃熱水 | 流動式自來水<br>（含氯 02~0.5ppm） | 含殘氯 100~200ppm<br>消毒水 |

**■ 圖 10.2　餐具三槽式洗滌法**

　　b.　洗餐具要講求要領，油汙的餐具應先用水直接概略沖去油汙，再與一般餐具一起放入洗滌槽洗，這樣不但可減少清潔劑的使用，同時不會把一般餐具也弄髒。一般清洗含油餐具要用熱水，因為 60℃ 附近的水溫易使油水分離除去浮油。當然利用人工清洗只能使用 40℃ 左右的溫水才不致太燙手。

　　c.　殘氯量超過 100 ppm 的殺菌水，器具浸漬 1~2 分鐘，已可以消滅很多病原菌。雖然這種高濃度的氯水對人體健康也有顧忌，但因

洗後之餐具含氯量會因蒸發而消失，故只要管制得宜，仍可稱得上最佳的消毒選擇方法。

d. 餐具存放管制，如果餐廳設有充分的蒸氣式或乾熱式餐具殺菌機，最好就將殺菌後的餐具存放在這裡。否則應將洗好的餐具存放到老鼠、蟑螂等生物無法碰到的地方，而且應依餐飲品質管制計畫綱要管制的溫度及濕度，隨時保持最乾淨的狀態。

# 二、餐盒作業品質管制

## 1. 餐盒作業流程圖

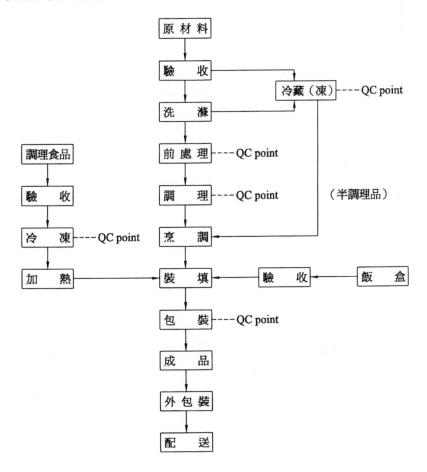

## 2. 餐盒品質管制計畫

| 流程 | 管制項目 | 檢查間隔 | 抽樣數 | 合格標準 | 檢查方法 |
|---|---|---|---|---|---|
| 驗收 | 原材料及調理食品品質 | 每次進貨 | 5~10% | 原材料規格 | 按每批貨進貨數量抽取 5~10% 檢查不良及缺點 |
| 洗滌 | 洗滌水殘氯量 | 每小時 | 10~22c.c. | 2~5ppm | 自進水口抽取 10~20c.c 以殘氯測定器測定之 |
| 冷藏（凍） | 溫度 | 每 4 小時 | | −15℃以下（冷凍）10~2℃（冷藏） | 每 4 小時測定冷藏（凍）庫溫度一次 |
| 冷藏（凍） | 濕度 | 每 4 小時 | | RH 80% 以上 | 每 4 小時測定冷藏（凍）庫相對濕度一次 |
| 前處理 | 不良品 | 每批菜 | 5~10% | P < 1%（暫定） | 每批菜檢查截切不良，病蟲害、形態不良等不良情形 |
| 調理 | 調理水殘氯量 | 每 4 小時 | 10~20c.c. | 0.2~0.5ppm | 自進水口抽取，以殘氯測定器測定之 |
| 飯盒 | 飯盒品質 | 每 30 分 | 10 個 | 無汙染破損、漏洞、裂開等現象 | 以肉眼觀察 |
| 裝填 | 裝填重量 | 30 分鐘 | 5 盒 | 規定量之±3g | 就各飯盒之飯菜重量個別秤重 |
| 包裝 | 包裝不良 | 30 分鐘 | 5 盒 | | 檢查是否有漏放情形，飯菜排列是否理想，有無密閉 |
| 加熱 | 調理食品品質 | 每批菜 | 5~10% | | 每批菜檢查是否有異味、清潔與否、有無變質、加熱是否適當等 |

### 3. 餐盒產銷管制方法

(1) 原料驗收管制

原材驗收可以參考本章各節產品品質管制方法內容。其管制要領首先就是要建立各種原材料的驗收標準，不管是蔬菜、水果、魚介、肉類等依其原料特性不同標準各異，但都離不開規格建立，原料鮮度判定標準、衛生條件等驗收標準之內容，當然這個驗收標準以及抽樣計畫和上限不良率等內容，都是事先安排在買賣雙方契約的一部分。

(2) 前處理管制

A. 原料洗滌場應與加工場（廚房及包裝場）隔離，洗滌設備要清潔。

B. 原料前處理及調理場，照明設備要足夠，一星期至少清掃一次，每半年應定期的測定照明度一次以上。

C. 不同食品應分開處理

　a. 魚介類

　　(a) 要有專用之洗滌設備，菜刀及砧板。

　　(b) 冷凍魚之解凍可在流動自來水下進行或 10℃以下低溫室內進行。

　b. 蔬果類

　　(a) 有專用之洗滌設備，菜刀及砧板。

　　(b) 用清水無法洗除之汙物可用法定安全之洗潔劑洗滌。

　　(c) 生食用之蔬菜及水果特別要洗滌乾淨，以次氯酸鈉（殘留氯 100 ppm 以上）約 10 分鐘之浸漬後，充分清水洗滌。

　c. 食肉應有專用之刀子及砧板。

　d. 油脂類

　　(a) 油脂特別不要在日光及高溫多濕下保存，最好放在冷暗處。

　　(b) 應以有蓋之容器密封保存。

　　(c) 油脂（再處理之油除外）應符合酸價(AV)0.5 以下（胡麻油除外），過氧化價(POV)10 以下才可使用。

D. 用水之過濾設備、加氯處理、水量、水壓均要符合冷凍食品加工廠之規定。廢棄物廢水均應有適當之處理。

(3) 調理及烹調管制

A. 由冷凍庫或冷藏庫取出之食品要盡速的調理及烹調。

B. 機器之設計與安排要保持良好的衛生狀況。

C. 烹調不可使用不合規定或未經許可之添加物。

D. 烹調之時間（需要長時間燉煮的除外）最好在處理後二小時內完成，烹調完畢應盡速趁熱裝盒。

E. 油脂之油炸及處理。

  a. 器具與油脂直接接觸之部分應以鋁、不鏽鋼等不易與油脂發生化學反應或促進油脂氧化之材質構成。

  b. 油炸處理器具之上方應有蓋罩式之抽風設備，油炸處理油與空氣之接觸面積應盡量減少。

  c. 油炸處理使用之器具應有適當之加熱調節裝置及管理。

  d. 依照製品之特性使用適當之油脂，適當之溫度（一般在 160~180℃）及避免不必要之加熱，特別是 200℃以上之油炸處理最好避免。各種食品之油炸溫度與時間請參考其他烹調書籍。

  e. 油炸處理時，油脂中之懸浮物及沉澱物要隨時去除，同時油脂量減少 7% 時就要以同量之新油補充。

  f. 由油炸處理中之油脂發煙、發泡黏性等狀態來判斷油脂之好壞，如果發生以下三種情形，則認為已劣化則必須要換新油。
  (a) 發煙點在 170℃以下。
  (b) 酸價超過 2.5。
  (c) 羰基價超過 50(meq/kg)。

g. 油炸處理後之油（若仍須繼續使用，必須盡速將懸浮物及沉澱物除去後放冷保存）。

F. 室內空氣調節應良好，並避免天花板凝結水滴，而汙染食品。

G. 掉落於地面之食品不得拾起直接烹調（或放於生產線上），應集中處理。

(4) 裝填包裝管制

A. 裝填包裝之環境

　a. 裝填及包裝之安排應符合作業程度。

　b. 容器應盡量使用不鏽鋼製品或無汙染之虞的碗盤，使用前必須消毒（必要時煮沸 100℃　15 分鐘以上，或乾熱 80℃　30 分鐘以上）。

　c. 包裝場所應保持環境之清潔，工作人員應養成良好之衛生習慣，不可直接用手裝填，工作人員必須戴不透水衛生手套、帽子、口罩，並穿工作服，夾菜工具應使用不鏽鋼製品。

　d. 換氣裝置之管理，一星期至少清洗一次，濾網應卸下來清洗，換氣量每年要定期測定一次以上。製造場或裝填場之換氣、除濕及空調濕度應保持在 80% 以下，而溫度最好在 25℃左右。

B. 餐盒之調製

　a. 飯盒之主食及副食最好放入個別之容器中或加以間隔。

　b. 裝盒之食品，必須為剛烹調者，冷凍或冷藏保存之調理食品，必須經再加熱後，始得裝盒。

　c. 裝好之飯盒應在 4 小時以內出售。

　d. 煎、油炸等經加熱處理之製品應符合下列規定：
　　(a) 細菌數（生菌數）10 萬／g（檢體）以下。

(b) 冷凍食品中大腸菌檢驗呈陰性反應。

(c) 金黃色葡萄球菌呈陰性反應。

　　e.　製品如屬沙拉、生菜等未加熱處理之食物，細菌數應在 10 萬
　　　　／g 以下。

　　f.　飯盒應予個別密封。

C.　製品之保管

　　a.　製品避免直接日曬。

　　b.　製品應絕對防止再汙染。

　　c.　成品之標籤應標明「製造年月」及「午（或晚）餐食用」字
　　　　樣。

(5) 配送管制

　　A.　裝運之工具應消毒並保持清潔，產品輸送、分銷均應注意保持其
　　　　品質和衛生。

　　B.　成品出廠之前應做有效之抽樣檢查，以保證其品質良好。

　　C.　配送的距離與時間應做適當且合理的安排，不使產品在運送中降
　　　　低品質或延誤消費者之用膳時間。

　　D.　配送人員應直接由廠方派出或定有責任契約之人員，不可交由其
　　　　他無關人員輸送或販賣，以維持公司作業產品之信譽，並可避免
　　　　發生意外。

總 附 錄
Appendix

## 附錄一　CNS 品質管制詞彙摘要

**品質**(quality)

　　為決定產品或服務是否符合使用的而成為評價對象之固有性質與性能之全部。品質是由品質特性所構成。例如，一般照明用日光燈之品質包含有消耗電力、直徑、長度、封口形狀、尺度、啟動特性、光束維持率、封口黏著強度、光源色、外觀等之品質特性。判定產品或服務是否符合使用目的之際，也必須考慮該產品或服務對社會之影響。

**品質管制**(quality control)

　　為經濟地製造出符合消費者要求品質之產品或服務之方法體系。品質管制簡稱為 QC。

　　現代之品質管制由於採用統計之方法，故有稱之為統計之品質管制(statistical quality control, SQC)。

　　為有效實施品質管制，有關市場調查、研究開發、產品企劃、設計、生產準備、採購及外包、製造、檢驗、銷售及售後服務，以及財務、人事、教育等企業活動之所有階段，經營者、管理者、督導者、作業者等企業之全員都必須參加與協助。以此種方式實施之品質管制稱為全公司品質管制(company-wide quality control, CWQC)或全面品質管制(total quality control, TQC)。

**品質水準**(quality level)

　　品質之良好程度。

　　對於製程或供應之多數產品，用不良率、單位缺點數、平均、變異等表示。

**設計品質**(quality of design)

　　作為製造目標所追求之品質。又稱為目標品質。

相對的，使用者所要求之品質，或使用者對品質之要求程度，稱為使用品質(fitness for use)。

企劃設計品質時，須充分研究所使用品質。

## 製成品質(quality of conformance)

以設計品質為目標而實際製造出之產品品質。

## 市場研究(market research)

有關產品之消費者動向及市場範圍、特性之調查研究。

市場研究包括以現存之統計資料分析為中心之市場分析(market analysis)；以抽樣調查為中心之市場調查(market survey)；以及根據計畫實驗收集市場資料之市場實驗(market experiment)。

## 品質保證(quality assurance)

為保證充分滿足消費者所要求之品質，生產者所進行之系統性活動。

## 抱怨(complaint)

消費者對製造者或供應者，有關產品或服務之缺陷所抱持之不滿。

## 產品責任(product liability)

對於設計、製造或標示有缺陷之產品使用者，或者第三者因其缺陷而遭受到之損失，製造業者及銷售業者必須擔賠償之責任。產品責任有時簡稱為 PL。欲使製造業者及銷售業者不致發生產品責任而進行之預防活動稱為產品責任預防(product liability prevention, PLP)。

## 互換性(interchangeability)

能互相交換使用或裝配之性質。有關零件及產品，其尺度上之互換性及性能上之互換性都是重要之問題。

### 相容性(compatibility)

組合使用二個以上之產品或系統，在規定之條件下，互相無不當之影響，而發揮各自效能之性質。

### 標準(standard)

(1) 為使有關人們之間能公平地獲得利益或方便，以謀求統一及簡單化為目的，而有關物體、性能、能力、配置、狀態、動作、程序、方法、手續、責任、義務、權限、想法、概念等之規定。

(2) 為給予測定上之普遍性，作為表示使用量大小之方法或事物之基準。

例如，作為質量單位基準之公斤標準原器（由原柱體的鉑銥合金（90%鉑及10%銥）製成）；為實現溫度分度基準（國際實用溫度分度）之溫度定點與標準白金電阻溫度計；作為濃度基準之標準物質，作為硬度分度基準之標準硬度試驗機；使用於顏色官能檢驗之顏色樣本等。

### 標準化(standardization)

設定標準並有效運用之組織行為。

### 技術標準(technical standard)

對標準(1)當中之物品或服務，規定其直接或間接有關之技術性事項。

### 試用標準(tentative standard)

在正式標準制定之前，以適用於試驗性與準備性為目的所規定之試用標準。

### 暫行標準(temporary standard)

依照以前之標準不合適之時，以適用限於某特定期間為目的所制定之正式標準。

**保證單位**(unit or unit quality certified by inspection)

　　欲保證之對象單位體或單位量。

**規格界限**(specification limit)

　　對某一標準所規定之界限，係用於品質特性所可允許之界限值。

**規格**(specification)

　　對於材料、產品、工具、設備等，規定其所求之特定形狀、構造、尺度、成分、能力、精度、性能、製造方法、試驗方法等。

**公司標準**(company standard)

　　由公司或工廠制定之標準，應用於該公司或工廠內部有關物料、零件製品及組織，以及購買、製造、檢查及管制者。

**製程規格**(process specification)

　　規定有關製程條件、製程方法、管理方法、使用材料、使用設備及其他注意事項之標準。

**品質標準**(quality standard)

　　有關品質之標準。

**品質特性**(quality characteristic)

　　作為品質評估對象之性質與性能。

**公差**(tolerance)

　　規定之允許最大值與規定之允許最小值之差。

　　例如，裝配上配合方式之允許最大尺度與允許最小尺度之差。

## 容許度或許可差(allowance)

(1) 規定之標準值與規定之界限值之差。

(2) 試驗數據之變異允許界限。

例如，全距或殘差(residual)之允許界限。

## 準確度(accuracy)

與真正數值之偏差程度。偏差越小，準確度越佳。

## 精密度(precision)

測定值間之變異程度。變異越小，精密度越佳或越高。

## 計量值(variable value, continuous data)

一種品質特性之數值，可用連續量(continuous quantity)計量者。

## 計數值(discrete value, enumerated data)

一種品質特性之數值，可用以計數者。例如，不良數、缺點數等。

## 缺點數(number of defects)

指缺點之數目。可用於個別物品使用之場合與樣本、批等使用之場合。

## 不良（品）數(number of defectives)

不良品之個數。可用於樣本使用之場合與批使用之場合。

## 不良率(fraction defective)

不良品數對於物品全數之比率。

用百分率表示之不良率稱為不良百分率(percent defective)。

**單位體**(unit)

每一件可以計數之物品。

**集合體**(bulk materials)

不能以個數點計之物品集合。

此種集合體包括有粉塊混合物（如煤炭、礦石）、泥狀體（如工廠廢棄物）、液體（如原油、酒精）、氣體（如氯氣、氫氣）、線狀體（如金屬絲、纖維）、帶狀體（如薄鋼板、塑膠軟片）等。

**單位量**(unit quantity)

構成集合體之一定量物品。

例如，一鏟子煤炭、一桶燒鹼、100 毫升汽油、1 平方公尺布、5 公尺銅線等。

**群體**(population)

(1) 擁有作為調查研究對象特性之全部物品。

(2) 依據樣本，欲採取措施之集合。

**群體大小**(size of population)

包含於群體之單位體或單位量之數。

**批**(lot batch)

在同樣條件下所生產或已生產之物品集合。

**批品質**(lot quality)

批集合良好程度。批品質以平均值、標準差、不良率、單位缺點數等表示之。

### 推定製程平均(estimated process average)

由產品之檢驗結果推定出製程平均推定值。

### 交貨量

同時交貨之特定物品之集合。

此種情形也有由 1 個或數個批所構成,也有指批之一部分。

### 樣本(sample)

以調查群體之特性為目的,從其中所抽出之物品。例如,燈泡係由單位所構成之批,從其中抽取的一些單位之集合,即為燈泡批之樣本。製程管制時,由製程所生產之批,即為該製程之樣本。實驗計畫時,實驗之結果所獲得之數據,即為一種樣本。

### 樣本大小(sample size)

包含於樣本之單位體或單位量之數。

### 製程(production process)

製造產品之局部或全部程序。例如,鑄造工程、切削工程、最後加工工程等。

### 製程能力(process capability)

對於穩定之製程所持有之特定成果,能夠合理達成之能力界限。通常以品質對象。製程製出之產品品質特性之分配呈常態分配時,多數以平均值$\pm 3\sigma$表示,但亦有僅以 $6\sigma$表示者($\sigma$為上述分配之標準差)。

同時,亦有根據直方圖、統計圖表、管制圖等方式者。為表示製程能力,主要依時間順序點繪品質測定值之圖稱為製程能力圖(process capability chart)。

**製程能力指數**(process capability index)

　　將公差除以用 6σ表示之製程能力所得之數值。

**取代特性**(alternative characteristic)

　　對於要求之品質特性，直接測定有所困難時，作為其代用所使用之其他品質特性。

**測定**(measurement)

　　將某種量與作為基準之量相比較，使用數值或符號表示。

**試驗**(test)

　　係指對於供試品調查其特性之工作。

**感官檢驗**(sensory test)

　　利用人之感覺評估品質特性，並與判定標準比較，以進行判定之檢驗。此處所謂之檢驗有時亦包含試驗之意義在內。

**限度樣本**(boundary sample)

　　表示良品或不良品之品質限度之樣本。

**標準樣本**(standard sample)

　　表示品質標準之樣本。

**管制項目**(control item)

(1) 為維持產品之品質。作為管制對象所列舉之項目。例如，電解工程之電流密度、電壓、液溫、液之組成等，切削加工工程之治工具安裝狀況、切削速度、切削工具之交換時期等均為管制項目。

(2) 在全公司品質管制之實施上，為合理地進行管制活動，作為管制對象所列舉之項目。例如，依職位別規定管理項目。

**分層**(stratification)

將群體分成若干之層(stratum)。進行分層時，盡可能使層內均一，而使層間之差異變大比較有利。

**特性要因圖**(cause and effect diagram, characteristic diagram)

系統性地表示特定之結果與原因系列之關係圖。

**柏拉圖**(Pareto diagram)

依項目別分層，再按出現次數之大小順序排列，同時表示累積和之圖。例如，將不良品依不良之內容別分類，再按不良（品）數之順序排列繪製柏拉圖，即可瞭解不良之重點順位。

**直方圖**(histogram)

將測定值之全距分為若干組，以各組為底邊，並以屬於各該組諸測定值發生之次數成比例之面積構成矩形條狀之圖形。

**散佈圖**(scatter diagram)

取兩變數在水平及垂直軸上畫出其各測定值之圖。

**次數分配**(frequency distribution)

(1) 當在一群測定值中，有相同值重複出現時，其每一數值發生之次數之一種排列(arrangement)。

(2) 當已有測定值之全距分為若干組時，其每一區間所屬之測定值發生次數之一種排列。次數分配可用次數表(frequency tables)、條形圖(bar charts)、直方圖(histograms)等形式表現之。

**相對次數**(relative frequency)

將測定值之某數值（或屬於某區間之數值）出現之次數除以測定值之總次數所得之值。又稱為出現率。

## 累積次數(cumulative frequency)

等於或小於某一數值之測定值之發生次數。即在次數表中，自較小之值起，將各次數加以累積之總數。

## 機率紙(probability paper)

經設計用以圖解計算機率之圖表紙。

此項繪圖紙有常態（分配）機率紙、二項（分配）機率紙、Weibull機率紙等。

## 常態機率紙(normal probability paper)

水平軸為均勻標度，垂直軸為常態機率標度之繪圖紙。當沿水平軸取一測定值 x，並沿採用常態機率標度之垂直軸取等於或小於 x 值時所發生之機率 F(x)時，如該項分配為常態，則所得者為直線。其平均值μ及標準差σ可由圖上求得。對於樣本，可作類似之圖。

## 二項機率紙(binomial probability paper)

水平軸及垂直軸均為平方根值標度之繪圖紙。

在水平軸上取樣本中之允收單位數，在垂直軸上取不良品數，則有關群體不良率之假設之檢定等手續，可易於進行。

## 常態分配(normal distribution)

機率密度函數 $F(x) = \dfrac{1}{\sqrt{2\pi}\sigma} \exp[-\dfrac{1}{2}(\dfrac{x-\mu}{\sigma})^2]$ ，$(-\infty < x < \infty)$ 之分配。

常態分配依其平均值μ及變異數σ²而決定。有時用符號 $N(\mu, \sigma^2)$ 作為代表。

$x^2$ 分配(chi-square distribution)

機率密度函數 $f(x) = \dfrac{x^{\frac{\phi}{2}-1}}{2^{\frac{\phi}{2}}r(\frac{\phi}{2})}\exp(-\dfrac{x}{2})$ ，$(0 < x < \infty)$之分配。

其中 $x^2$ 分配由其自由度之數目$\phi$而決定。

t 分配(t-distribution)

機率密度函數 $f(x) = \dfrac{r(\frac{\phi+1}{2})}{\sqrt{\pi}\sigma r(\frac{\phi}{2})(1+\frac{x^2}{\phi})^{\frac{\phi+1}{2}}}$ ，$(-\infty < x < \infty)$ 之分配。

備考：t 分配由其自由度之數目$\phi$而決定。

F 分配(F-distribution)

機率密度函數 $f(x) = \dfrac{r(\frac{\phi_1+\phi_2}{2})\phi_1^{\frac{\phi_1}{2}}\phi_2^{\frac{\phi_2}{2}}x^{\frac{\phi_1}{2}-1}}{r(\frac{\phi_1}{2})r(\frac{\phi_2}{2})(\phi_1 x+\phi_2)^{\frac{\phi_1+\phi_2}{2}}}$ ，$(0 < x < +\infty)$之分配。

備考：F 分配由其兩個自由度之數目$\phi_1$ 及 $\phi_2$而決定。同一變異數之兩個獨立之平均平方值之比，係依照 F 分配。

二項分配(binominal distribution)

x = 0, 1, 2, ……, n，其各值發生之機率分配狀態係按 $P_r(X = x) = (n/x)P^x(1-p)^{n-x}$ (x = 0, 1, 2, ……, n)所表示者，其中 n 為一正整數，P 為介於 0 與 1 之間之實數。

二項分配依 n 及 p 而決定。由不良率為 p 之群體中取出樣本大小為 n 時，則樣本中不良品數依照二項分配。

**卜氏分配**(Poisson distribution)

$X = 0, 1, 2, \cdots$，其各值發生之機率分配狀態係按 $P_r(X = x)$ $= e^{-\mu} \frac{\mu^x}{x_i}$，$(x=0, 1, 2, \cdots)$所表示者。

卜氏分配依其平均值$\mu$而定。如果製程穩定時，固定大小之樣本其缺點數之分配依照卜氏分配。

**中全距**(mid-range)

測定值之最大值與最小值之算術平均數。

**全距**(range)

一組測定值中最大值與最小值之差。

**移動全距**(moving range, successive range)

通常係指當測定值$(x_1 、 x_2 、 \cdots)$順次求得，$|x_1 - x_2| 、 |x_2 - x_3| 、 \cdots$ 等之全部而言。

以更廣之含義論，則係指 $x_1 、 x_2 、 \cdots x_k$，$x_2 、 x_3 、 \cdots x_{k+1}$；等各全距值之全部而言。

**變異數**(variance)

與平均數相差諸值之平方數之平均數。

對樣本$(x_1 、 x_2 、 \cdots x_n)$而言，其變異數為

$$V = \frac{1}{n-1} \sum_{i=1}^{n} (x_i - \overline{X})^2$$

對密度為 $f(x)$之群體而言。其變異數為 $\int_{-\infty}^{\infty} (x - \mu)^2 f(x) dx$，式內$\mu$為群體平均數。

**誤差**(error)

　　由測定值減去真實值之差。

**標準偏差**(standard deviation)

　　變異數之正平方根。

**初步數據**(preliminary data)

　　用於決定管制圖上未來折線之數據。

**樣組、組**(subgroup、group)

　　當研究一大群之測定值是否在穩定狀態下時，按照變異之可能來源，如時間別、產品別、材料別等，把一群測定值加以區分。

**群體平均數**(population mean)

　　群體之平均值。在機率密度函數為 f(x) 之群體，其定義為 $\int_{-\infty}^{\infty} fx(x)dx$。

**群體變異數**(population variance)

　　群體之變異數。

**群體標準差**(population standard deviation)

　　群體變異數之正平方根，即群體之標準差。

**推定**(estimation)

　　利用樣本$(x_1、x_2、……x_n)$，指定參數 $\theta$ 之值，或指定該值之範圍。前者稱為點推定，後者稱為區間推定。

**點推定**(point estimation)

　　由測定值作群體參數 $\theta$ 之推定 $T(x_1、x_2、……x_n)$，並推 $\theta$ 約近似於 $T(x_1、x_2、……x_n)$。

**推定數**(estimator)

前述之 $T(x_1 \cdot x_2 \cdot \cdots\cdots x_n)$視為隨機變數時，則稱為推定量。

**推定值**(estimate)

推定數之實際值。

**不偏推定數**(unbiased estimator)

推定數之期望值，與所推定之群體參數相符者。

例如，樣本平均數為群體平均數之不偏推定數。

**區間推定**(interval estimation)

由測定值群體參數$\theta$建立可靠界限 $T_L(x_1 \cdot x_2 \cdot \cdots\cdots x_n)$，$T_U(x_1 \cdot x_2 \cdot \cdots\cdots x_n)$並推定$\theta$屬於可靠間距 $T_L(x_1 \cdot x_2 \cdot \cdots\cdots x_n) \leq \theta \leq T_U(x_1 \cdot x_2 \cdot \cdots\cdots x_n)$內。

**信任界限**(confidence limits)

對於群體參數$\theta$之界限 $T_L(x_1 \cdot x_2 \cdot \cdots\cdots x_n)$及 $T_U(x_1 \cdot x_2 \cdot \cdots\cdots x_n)$其值係由保證此等值包含真正θ值於其限內之機率，經由測量而決定者，例如 95%（或以上）。

**信任區間**(confidence interval)

信任界限間之間距。

**統計檢定**(statistical test)

用測定值來決定是否捨棄 $H_0$假設。

檢定之程序為預定一項形態，如果測定值滿足某一條件 R 時，則捨棄 $H_0$，否則就不捨棄 $H_0$。

## 假設(hypothesis)

不論真假，事先未能確定而須進行測量來調查其是否可能之命題。

## 無效假設(null hypothesis)

假設之形態為「沒有差異」或「沒有效果」者。如果該項無效假設為測量所否定，即獲得「具有差異」或「具有效果」之形態之結論。

(1) 以使用下標 0 之 $H_0$ 為代表符號之假設。

(2) 群體平均數間之差為 0 或群體相關係數為 0 之假設。

## 對立假設(alternative hypothesis)

與無效假設對立之假設，通常以 $H_1$ 表示之。

## 顯著(significant)

由測定值計算而得之差，大到足夠捨棄無效假設時。

## 顯著水準(significant level, level of significance)

當 $H_0$ 為真確時，假設 $H_0$ 被測定值所捨棄之機率。即第一種錯誤之機率。

## 檢定力(power of the test)

當 $H_0$ 為不真確時，$H_0$ 被捨棄之機率。即測出 $H_0$ 為不真確之機率。

## 第一種錯誤(error of the first kind, type I error)

當 $H_0$ 假設為真確時，$H_0$ 被捨棄之錯誤，通常以 $\alpha$ 表示之。

## 第二種錯誤(error of the second kind, type II error)

當 $H_0$ 假設為不真確時，$H_0$ 未被捨棄之錯誤，通常以 $\beta$ 表示之。

第二種錯誤之機率等於由 1 減去檢定力。

**允收區域**(acceptance region)

統計檢定時，無效假設成立之區域。

**臨界（棄卻）區域**(critical region)

統計檢定時，無效假設不能成立之區域。

**單邊（側）檢定**(one-sided test)

檢定時使用之統計值，若小於（或大於）某一側規定值時，則捨棄無效假設之一種檢定。

**雙邊（側）檢定**(two-sided test)

檢定時使用之統計值，若落在有限區域之外時，則捨棄無效假設之一種檢定。

**三個標準差界限**(three sigma limits)

用繪點之統計值平均數作為中心線，並把管制界限放置在這個中心線以上及以下統計值標準差之三倍距離之處。三個標準差界限業已普遍採用，包括 CNS 2312（分析數據用的管制圖法）在內。

**管制水準**(control level, level of control)

表示穩定製程良好程度之數值。

管制水準可以用 $\bar{x}$、$\bar{R}$、$\bar{P}$ 等來表示。

**穩定狀態**(stable state)

所有繪畫在管制圖上之點，幾乎都在管制界限以內且隨機散佈者之一種狀態。如果有穩定狀態存在，就可認為變異之原因僅是機遇原因，而沒有非機遇原因存在。

**管制狀態**(controlled state, state of control)

一個受管制穩定的狀態。

**超出管制**(out of control)

　　在管制圖上有點落在管制界限以外之狀態。

**非機遇原因**(assignable cause)

　　在那些引起產品品質發生變化之原因中，值得加以尋求和移除之原因。如果有非機遇原因存在，管制圖上之點將會落在管制界限以外。

**機遇原因**(chance cause)

　　在那些引起產品品質變化之原因中，不值得去尋求和移除之原因。使管制圖上之點在管制界限以內變化之原因。

**矯正行動**(corrective action)

　　移除非機遇原因，並採取防止其再度發生之步驟。

**管制線**(control line)

　　中心線和管制界限之通稱。

**管制界限**(control limit)

　　劃在管制圖上之界限。以便從機遇原因中分辨出非機遇原因來。

**中心線**(central line)

　　劃在管制圖上表示平均值之線。

**管制上限**(upper control limit)

　　劃在中心線以上之管制界限。以 UCL 符號表示之。

**管制下限**(lower control limit)

　　劃在中心線以下之管制界限。以 LCL 符號表示之。

### 警戒界限(warning limit)

用來成作為警戒之內側管制界限。

當一個畫在圖上之點,落在普通管制界限(外側管制界限)以內,但落在內側管制界限以外時,有時就須對製程加以注意。看看是否有非機遇原因存在。雖則毋須立刻採取行動。在這種情形下,內側管制界限就稱為警戒界限。

### 機率界限(probability limit)

在穩定狀態下,根據點子落在管制界限以外之機率所決定之界限。

例如,採用之機率為 0.05、0.025、0.001 等。

### 壓縮界限(compressed limit)

用於管制某一種標準之界限,係故意用來產生許多明顯不良品的。

在應用壓縮界限,使樣本中明顯地出現不良品以後,就可藉它來管制製程,使能具有低的不良率,而毋須增加樣本大小。

### 檢驗(inspection)

將檢驗物品所得之結果,與規範互相比較,藉以判斷該件物品為良品抑係不良品,或一批物品可否允收。

### 檢驗單位[unit of product (to be inspected)]

針對檢驗之目的所選取之單位體或單位量。

有以一個或一組物品之情形,或是以一定之長度、一定之面積、一定之體積等情形。

### 檢驗批(inspection lot)

作為檢驗對象之批。

**檢驗項目**(characteristics to be inspected)

作為檢驗對象之品質特性。

**全數檢驗**(100% inspection)

對檢驗批中之所有檢驗單位實施檢驗。

將個別之檢驗單位分成良品與不良品之情形，有時候稱為篩選檢驗 (screening inspection)。

**抽樣檢驗**(sampling inspection)

自送驗批中，抽取若干樣本試驗之，並將其結果與規管比較，以判斷該批應否允收或拒收。批量與樣本大小之關係、抽樣方法、允收規範，等須顧及經濟與應用統計方法而決定之。

**驗收檢驗**(acceptance inspection)

判定送驗批是否接受所實施之檢驗。

**進料檢驗**(receiving inspection, purchasing inspection)

判定送驗批是否允收所實施之檢驗。

**製程檢驗**(intermediate inspection, inspection between processes)

在工廠內，對半成品判定是否可以從某製程移至下一製程所實施之檢驗。又稱為中間檢驗。

**最終檢驗**(final inspection)

對製造完成之物品判定是否滿足產品之要求事項所實施之檢驗。

**出廠檢驗**(delivery inspection)

產品出貨時所實施之檢驗。

**計數值抽驗**(sampling inspection by attributes)

　　用計數值作為批之允收規範之抽驗法。

**計量值抽驗**(sampling inspection by variables)

　　用計量值作為批之允收規範之抽驗法。

**根據操作特性之抽驗**(sampling inspection based on operating characteristics)

　　此種抽驗法之構成係依照對雙方之特定保護，以符合生產者與消費者之需要，亦即對生產者之冒險率與消費者之冒險率，均規定在一定之小數值之抽樣法。

**選別型抽驗法**(sampling inspection with screeing, rectifying inspection)

　　依照樣本之抽查結果，對不合格批再加以全數選別之抽驗方法。

**調整型抽驗法**(sampling inspection with adjustment)

　　當批之送驗有連續性時，可依照先前數批送驗之品質與其特定規範相較，以調整後來採用減量或嚴格的抽驗法。

**連續生產抽驗法**(sampling inspection for continuous production)

　　適用於連續生產不間斷性的製品之一種抽驗法。

　　例如，開始時每一件都檢驗，至連續有一定數量之良品時，可改為抽驗，當樣品中發現一個不良品時，再回復為逐件檢驗。

**單次抽驗**(single sampling inspection)

　　自送驗批中僅抽取一次樣本加以檢驗，即根據其試驗結果，以判斷該批之允收或拒收。

### 雙次抽驗(double sampling inspection)

自送驗批中,先抽取一次樣本,根據其試驗結果,以判斷該批是否允收、拒收或繼續檢驗,假若需要繼續檢驗,應再抽第二次樣本加以檢驗,再依照一、二兩次樣本結果之和,以判斷該批之允收或拒收。

### 多次抽驗(multiple sampling inspection)

自送驗批中,每次抽取一指定數量之樣本檢驗之,將其累積結果與規範相較,以判斷該批之允收、拒收或繼續檢驗,俟達到某一定次數後,最終可判斷該批之允收或拒收。

### 逐次抽驗(sequential sampling inspection)

逐一抽驗之樣本,係由一件物品或一定件數物品組成,繼續試驗之,將其累積結果,每次與規範相較,以判斷該批之允收、拒收或繼續檢驗。

每次樣本中,僅抽一件物品者,稱為單件逐次抽驗,含一組物品者,稱之分組逐次抽驗。

### 正常檢驗(normal inspection)

實施調整型抽驗法,當製程平均大致等於 AQL 時所實施之檢驗。

### 加嚴檢驗(tightened inspection)

實施調整型抽驗法,當製程平均確實比 AQL 較壞時,將送驗批判定標準加嚴所實施之檢驗。

### 減量檢驗(reduced inspection)

實施調整型抽驗法,當製程管制良好,製程平均遠較 AQL 為佳時,減少樣本大小所實施之檢驗。

**間接檢驗**(indirect inspection)

實施驗收檢驗時，按實際需要，根據確認賣方每一送檢驗批之檢驗成績，而省略買方實施試驗之一種檢驗。

**品質判定標準**(quality criterion)

對於檢驗單位之測試結果，判定其缺點之標準，或區分其為良品、不良品之標準。

**抽樣計畫**(sampling inspection plan, sampling plan)

抽樣檢驗時，對檢驗批所規定之樣本大小與允收數之組合方式。

**抽樣檢驗表**(sampling scheme, sampling inspection table)

表示包括一連串之抽樣檢驗方式之主抽樣表，以及從其中選出抽樣檢驗方式，以便實施抽樣檢驗之表。又稱為抽樣表。

**生產者冒險率**(producer's risk)

允收之良品批，抽驗後反被拒收之錯誤。此錯誤發生之機率，常被稱為生產者冒險率。通常以α表示之。

**消費者冒險率**(consumer's risk)

拒收之劣品批，抽驗後反被允收之錯誤。通常以β表示之。此錯誤發生之機率，常被稱為消費者冒險率。

**OC 曲線**(OC curve, operating characteristic curve)

表示送驗批之品質與允收機率間關係之曲線。

**批判定準則**(acceptability criteria , acceptance and rejection criteria)

實施抽樣檢驗時，對檢驗批之合格、不合格或繼續實施檢驗之判定準則。亦即，允收數、拒收數等。

**缺點**(defect)

　　較標準為差之部分，例如刮痕或汙點等。

**良品**(non-defective，non-defective unit)

　　合於品質判定標準之物品，謂之良品。

**不良品**(defective，defective unit)

　　不合於標準之物品。

**嚴重缺點**(critical defect)

　　將導致不安全而使人員或財產受到傷害或嚴重傷害到信譽者。

**主要缺點**(major defect)

　　會使產品失去應有功能的缺點。

**次要缺點**(minor defect)

　　將降低產品應有功能。

**允收數**(acceptance number)

　　計數值抽驗時，用為判斷一批允收時之最多不良品數或缺點數。

**拒收數**(rejection number)

　　計數值抽驗時，用為判斷一批拒收時之最少不良品數或缺點數。

**合格判定係數**(acceptability constant，acceptance coefficient)

　　實施計量抽樣檢驗時，決定合格判定值所需之係數。

**允收值**(acceptance value)

　　計數值抽驗時，用為判斷一批可以允收時之界限值。

### 允收(acceptance)

樣本之測試結果，判定為符合批判定準則之狀態。

### 拒收(rejection)

樣本之測試結果，判定為不符合批判定準則之狀態。所謂允收、拒收係使用於送驗批之合格與否，而良品、不良品使用於檢驗單位之良與不良。

### 批之處置(disposal of lot)

對於被判定為允收或拒收之檢驗批，依照事先規定之方法處置。例如合格批即直接允收，不合格批則退貨等，或於實施選別型抽驗法時，拒收批經全數選別，將不良品全部以良品替換等。

### 批品質指標(lot quality index)

設計抽樣檢驗時使用之批品質之指標。例如，根據操作特性之抽驗 $P_0$、$P_1$；選別型抽驗法之 LTPD、AOQL 等。

### 允收（品質）水準(AQL , acceptable quality level)

製品中所可允許之品質水準，亦即製品中所可含有之不良率，或每 100 單位之缺點數。

### 拒收水準(LTPD , lot tolerance percent defective)

當製品批中之不良率高達某一限度時，應盡可能拒予驗收，此不良率稱為拒收水準。

### 無限群（母）體(infinite population)

群體之大小被認為是無限大的。

### 有限群（母）體(finite population)

群體之大小為有限的。

### 有限群（母）體校正數(finite population correction)

從有限群體中採取一個樣本，對於某些統計值所用之理論公式是以用於無限群體之同一形式乘以一個係數時，此係數就稱為有限群體校正數。

### 抽樣(sampling)

從一個群體中抽取樣本。

### 隨機抽樣(random sampling)

在群體中抽取樣本，使群體中之每一單位體或單位量都有同等機率被抽為樣本之抽樣法。

### 分層抽樣(stratified sampling)

把群體分成幾個層，再從每一層中隨機抽取樣本。

### 兩段抽樣(two-stage sampling)

把群體分成幾個部分（初次抽樣單位），在第一段中，取其中若干部分作為樣本（初次樣本），然後在第二段中，從每一個所取出之部分中，抽取幾個單位體或單位量（二次抽樣單位）作為樣本（二次樣本）。例如，在一批中有許多匹布時，使我們從其中隨機抽取五匹作為第一段，然後再從五匹之每一匹中，抽取一平方公尺作為樣本，此即二段抽樣。

### 多段抽樣(multi-stage sampling)

較二段抽樣之段數為多之抽樣。

**集團抽樣**(cluster sampling)

　　把群體分成幾個部分（集體），然後在其中隨樣抽取若干部分，把選出之整個部分作為樣本。最好使集體內之相差大，而集體間之相差小。

**平均出廠品質界限**(AOQL, average outgoing quality limit)

　　平均出廠品質之最壞值。

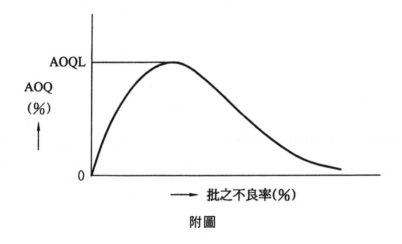

附圖

附錄二　本書相關圖表

附表 1　常態分配表

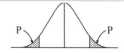

u-2P

| u | .00 | .01 | .02 | .03 | .04 | .05 | .06 | .07 | .08 | .09 |
|---|---|---|---|---|---|---|---|---|---|---|
| 0.0 | 1.0000 | 0.9920 | 0.9840 | 0.9761 | 0.9681 | 0.6601 | 0.9522 | 0.9442 | 0.9362 | 0.9283 |
| 0.1 | 0.9203 | 0.9124 | 0.9045 | 0.8966 | 0.8887 | 0.8808 | 0.8729 | 0.8650 | 0.8572 | 0.8493 |
| 0.2 | 0.8415 | 0.8337 | 0.8259 | 0.8181 | 0.8103 | 0.8026 | 0.7949 | 0.7872 | 0.7795 | 0.7718 |
| 0.3 | 0.7642 | 0.7566 | 0.7490 | 0.7414 | 0.7339 | 0.7263 | 0.7188 | 0.7114 | 0.7039 | 0.6965 |
| 0.4 | 0.6892 | 0.6818 | 0.6745 | 0.6672 | 0.6599 | 0.6527 | 0.6455 | 0.6384 | 0.6312 | 0.6241 |
| | | | | | | | | | | |
| 0.5 | 0.6171 | 0.6101 | 0.6031 | 0.5961 | 0.5892 | 0.5823 | 0.5755 | 0.5687 | 0.5619 | 0.5552 |
| 0.6 | 0.5485 | 0.5419 | 0.5353 | 0.5287 | 0.5222 | 0.5157 | 0.5903 | 0.5029 | 0.4965 | 0.4902 |
| 0.7 | 0.4839 | 0.4777 | 0.4715 | 0.4654 | 0.4593 | 0.4533 | 0.4473 | 0.4413 | 0.4354 | 0.4295 |
| 0.8 | 0.4237 | 0.4179 | 0.4122 | 0.4065 | 0.4009 | 0.3953 | 0.3898 | 0.3843 | 0.3789 | 0.3735 |
| 0.9 | 0.3681 | 0.3628 | 0.3576 | 0.3524 | 0.3472 | 0.3421 | 0.3371 | 0.3320 | 0.3271 | 0.3222 |
| | | | | | | | | | | |
| 1.0 | 0.3173 | 0.3125 | 0.3077 | 0.3030 | 0.2983 | 0.2937 | 0.2891 | 0.2846 | 0.2801 | 0.2757 |
| 1.1 | 0.2173 | 0.2607 | 0.2627 | 0.2585 | 0.2543 | 0.2501 | 0.2460 | 0.2420 | 0.2380 | 0.2340 |
| 1.2 | 0.2301 | 0.2263 | 0.2225 | 0.2187 | 0.2150 | 0.2113 | 0.2077 | 0.2041 | 0.2005 | 0.1971 |
| 1.3 | 0.1936 | 0.1902 | 0.1868 | 0.1835 | 0.1802 | 0.1770 | 0.1738 | 0.1707 | 0.1676 | 0.1645 |
| 1.4 | 0.1615 | 0.1585 | 0.1556 | 0.1527 | 0.1499 | 0.1471 | 0.1443 | 0.1416 | 0.1389 | 0.1362 |
| | | | | | | | | | | |
| 1.5 | 0.1336 | 0.1310 | 0.1285 | 0.1260 | 0.1236 | 0.1211 | 0.1188 | 0.1164 | 0.1141 | 0.1118 |
| 1.6 | 0.1096 | 0.1074 | 0.1052 | 0.1031 | 0.1010 | 0.0989 | 0.0969 | 0.0949 | 0.0930 | 0.0910 |
| 1.7 | 0.0891 | 0.0873 | 0.0854 | 0.0836 | 0.0819 | 0.0801 | 0.0784 | 0.0767 | 0.0751 | 0.0735 |
| 1.8 | 0.0719 | 0.0703 | 0.0688 | 0.0672 | 0.0658 | 0.0643 | 0.0629 | 0.0615 | 0.0601 | 0.0588 |
| 1.9 | 0.0574 | 0.0561 | 0.0549 | 0.0536 | 0.0524 | 0.0512 | 0.0500 | 0.0488 | 0.0477 | 0.0466 |
| | | | | | | | | | | |
| 2.0 | 0.0455 | 0.0444 | 0.0434 | 0.0424 | 0.0414 | 0.0404 | 0.0394 | 0.0385 | 0.0375 | 0.0366 |
| 2.1 | 0.0357 | 0.0349 | 0.0340 | 0.0332 | 0.0324 | 0.0316 | 0.0308 | 0.0300 | 0.0293 | 0.0285 |
| 2.2 | 0.0278 | 0.0271 | 0.0264 | 0.0257 | 0.0251 | 0.0244 | 0.0238 | 0.0232 | 0.0226 | 0.0220 |
| 2.3 | 0.0214 | 0.0209 | 0.0203 | 0.0198 | 0.0193 | 0.0188 | 0.0183 | 0.0178 | 0.0173 | 0.0168 |
| 2.4 | 0.0164 | 0.0160 | 0.0155 | 0.0151 | 0.0147 | 0.0143 | 0.0139 | 0.0135 | 0.0131 | 0.0128 |
| | | | | | | | | | | |
| 2.5 | 0.0124 | 0.0121 | 0.0117 | 0.0114 | 0.0111 | 0.0108 | 0.0105 | 0.0102 | 0.00988 | 0.00960 |
| 2.6 | 0.00932 | 0.00905 | 0.00879 | 0.00854 | 0.00829 | 0.00805 | 0.00781 | 0.00759 | 0.00736 | 0.00715 |
| 2.7 | 0.00693 | 0.00673 | 0.00653 | 0.00633 | 0.00614 | 0.00596 | 0.00578 | 0.00561 | 0.00544 | 0.00527 |
| 2.8 | 0.00511 | 0.00495 | 0.00480 | 0.00465 | 0.00451 | 0.00437 | 0.00424 | 0.00410 | 0.00398 | 0.00385 |
| 2.9 | 0.00373 | 0.00361 | 0.00350 | 0.00339 | 0.00328 | 0.00318 | 0.00308 | 0.00298 | 0.00288 | 0.00279 |
| | | | | | | | | | | |
| 3.0 | 0.00270 | 0.00261 | 0.00253 | 0.002448 | 0.00237 | 0.00229 | 0.00221 | 0.00214 | 0.00207 | 0.00200 |

附表 2　二項機率表

| n | r | .05 | .10 | .15 | .20 | P .25 | .30 | .35 | .40 | .45 | .50 |
|---|---|-----|-----|-----|-----|-----|-----|-----|-----|-----|-----|
| 1 | 0 | .9500 | .9000 | .8500 | .8000 | .7500 | .7000 | .6500 | .6000 | .5500 | .5000 |
|   | 1 | .0500 | .1000 | .1500 | .2000 | .2500 | .3000 | .3500 | .4000 | .4500 | .5000 |
| 2 | 0 | .9025 | .8100 | .7225 | .6400 | .5625 | .4900 | .4225 | .3600 | .3025 | .2500 |
|   | 1 | .0950 | .1800 | .2550 | .3200 | .3750 | .4200 | .4500 | .4800 | .4950 | .5000 |
|   | 2 | .0025 | .0100 | .0225 | .0400 | .0625 | .0900 | .1225 | .1660 | .2025 | .2500 |
| 3 | 0 | .8574 | .7290 | .6141 | .5120 | .4219 | .3430 | .2746 | .2160 | .1664 | .1250 |
|   | 1 | .1354 | .2430 | .3251 | .3840 | .4219 | .4410 | .4436 | .4320 | .4084 | .3750 |
|   | 2 | .0071 | .0270 | .0574 | .0960 | .1460 | .1890 | .2389 | .2880 | 3341 | .3750 |
|   | 3 | .001 | .0010 | .0034 | .0080 | .0156 | .0270 | .0429 | .0640 | .0911 | .1250 |
| 4 | 0 | .8145 | .6561 | .5220 | .4096 | .3164 | .2401 | .1785 | .1296 | .0915 | .0625 |
|   | 1 | .1715 | .2916 | .3685 | .4096 | .4219 | .4116 | .3845 | .3456 | .2995 | .2500 |
|   | 2 | .0135 | .0486 | .0975 | .1536 | .2109 | .2646 | .3105 | .3456 | .3675 | .3750 |
|   | 3 | .0005 | .0036 | .0115 | .0256 | .0469 | .0756 | .1115 | .1536 | .2005 | .2500 |
|   | 4 | .0000 | .0001 | .0005 | .0016 | .0039 | .0081 | .0150 | .0256 | .0410 | .0625 |
| 5 | 0 | .7738 | .5905 | .4437 | .3277 | .2373 | .1681 | .1160 | .0078 | .0503 | .0312 |
|   | 1 | .2036 | .3280 | .3915 | .4096 | .3955 | .3602 | .3124 | .2592 | .2059 | .1562 |
|   | 2 | .0214 | .0729 | .1382 | .2048 | .2637 | .3087 | .3364 | .3456 | .3369 | .3215 |
|   | 3 | .0011 | .0081 | .0244 | .0512 | .0879 | .1323 | .1811 | .2304 | .2757 | .3125 |
|   | 4 | .0000 | .0004 | .0022 | .0064 | .0146 | .0284 | .0488 | .0768 | .1128 | .1562 |
|   | 5 | .0000 | .0000 | .0001 | .0003 | .0010 | .0024 | .0053 | .0102 | .0185 | .0132 |
| 6 | 0 | .7351 | .5314 | .3771 | .2621 | .1780 | .1176 | .0754 | .0467 | .0277 | .0156 |
|   | 1 | .2321 | .3543 | .3993 | .3932 | .3560 | .3025 | .2437 | .1866 | .1359 | .0938 |
|   | 2 | .0305 | .0984 | .1762 | .2458 | .2966 | .3241 | .3280 | .3110 | .2780 | .2344 |
|   | 3 | .0021 | .0146 | .0415 | .0819 | .1318 | .1852 | .2355 | .2765 | .3032 | .3125 |
|   | 4 | .0000 | .0001 | .0004 | .0015 | .0044 | .0102 | .0205 | .0369 | .0609 | .0938 |
|   | 5 | .0000 | .0001 | .0004 | .0015 | .0044 | .0102 | .0205 | .0369 | .0609 | .0938 |
|   | 6 | .0000 | .0000 | .0000 | .0001 | .0002 | .0007 | .0018 | .0041 | .0083 | .0516 |

| n | r | P | | | | | | | | | |
|---|---|---|---|---|---|---|---|---|---|---|---|
| | | .05 | .10 | .15 | .20 | .25 | .30 | .35 | .40 | .45 | .50 |
| 7 | 0 | .6983 | .4783 | .3206 | .2097 | .1335 | .0824 | .0490 | .0280 | .0152 | .0078 |
| | 1 | .2573 | .3720 | .3960 | .3670 | .3115 | .2471 | .1848 | .1306 | .0872 | .0547 |
| | 2 | .0406 | .1240 | .2097 | .2753 | .3115 | .3177 | .2985 | .2613 | .2140 | .1641 |
| | 3 | .0036 | .0230 | .0617 | .1147 | .1730 | .2269 | .2679 | .2903 | .2918 | .2734 |
| | 4 | .0002 | .0026 | .0109 | .287 | .0577 | .0972 | .1442 | .1935 | .2388 | .2734 |
| | 5 | .0009 | .0002 | .0012 | .0043 | .0115 | .0250 | .0466 | .0774 | .1172 | .1641 |
| | 6 | .0000 | .0000 | .0001 | .0004 | .0013 | .0036 | .0084 | .0172 | .0320 | .0547 |
| | 7 | .0000 | .0000 | .0000 | .0000 | .0001 | .0002 | .0006 | .0016 | .0037 | .0078 |
| | | | | | | | | | | | |
| 8 | 0 | .6634 | .4305 | .2725 | .1678 | .1001 | .0576 | .0319 | .0168 | .0084 | .0039 |
| | 1 | .2793 | .3826 | .3847 | .3355 | .2670 | .1977 | .1373 | .0896 | .0548 | .0312 |
| | 2 | .0515 | .1488 | .2376 | .2936 | .3115 | .2965 | .2587 | .2090 | .1569 | .1094 |
| | 3 | .0054 | .0331 | .0839 | .1468 | .2076 | .2541 | .2786 | .2787 | .2568 | .2188 |
| | 4 | .0004 | .0046 | .0815 | .0459 | .0865 | .1361 | .1875 | .2322 | .2627 | .2734 |
| | 5 | .0000 | .0004 | .0026 | .0092 | .0231 | .0467 | .0808 | .1239 | .1719 | .2188 |
| | 6 | .0000 | .0000 | .0002 | .0011 | .0038 | .0100 | .0127 | .0413 | .0703 | .1094 |
| | 7 | .0000 | .0000 | .0000 | .0001 | .0004 | .0012 | .0033 | .0079 | .0164 | .0312 |
| | 8 | .0000 | .0000 | .0000 | .0000 | .0000 | .0001 | .0002 | .0007 | .0017 | .0039 |
| | | | | | | | | | | | |
| 9 | 0 | .6302 | .3874 | .2316 | .1342 | .0751 | .0404 | .0207 | .0101 | .0046 | .0020 |
| | 1 | .2985 | .3874 | .3679 | .3020 | .2253 | .1556 | .1004 | .0605 | .0339 | .0176 |
| | 2 | .0629 | .1722 | .2597 | .3020 | .3003 | .2668 | .2162 | .1612 | .1110 | .0703 |
| | 3 | .0077 | .0446 | .1069 | .1762 | .2336 | .2668 | .2716 | .2503 | .2119 | .1641 |
| | 4 | .0006 | .0074 | .0283 | .0661 | .1168 | .1715 | .2194 | .2508 | .2600 | .2461 |
| | 5 | .0000 | .0008 | .0050 | .0165 | .0389 | .0735 | .1181 | .1672 | .2128 | .2461 |
| | 6 | .0000 | .0001 | .0006 | .0028 | .0087 | .0210 | .0424 | .0743 | .1160 | .1641 |
| | 7 | .0000 | .0000 | .0000 | .0003 | .0012 | .0039 | .0098 | .0212 | .0407 | .0703 |
| | 8 | .0000 | .0000 | .0000 | .0000 | .0001 | .0004 | .0013 | .0035 | .0083 | .0716 |
| | 9 | .5987 | .3487 | .1969 | .1074 | .563 | .0282 | .0135 | .0060 | .0025 | .0010 |
| | | | | | | | | | | | |
| 10 | 0 | .5987 | .3487 | .1969 | .1074 | .563 | .0282 | .0135 | .0060 | .0025 | .0010 |
| | 1 | .3151 | .3874 | .3474 | .2684 | .1877 | .1211 | .0725 | .0403 | .0207 | .0098 |
| | 2 | .0746 | .1937 | .2759 | .3020 | .2816 | .2335 | .1757 | .1209 | .0763 | .0439 |
| | 3 | .0105 | .0574 | .1298 | .2013 | .2503 | .2668 | .2522 | .2150 | .1665 | .1172 |
| | 4 | .0010 | .0112 | .0401 | .0881 | .1460 | .2001 | .2377 | .2508 | .2384 | .2051 |

| n | r | .05 | .10 | .15 | .20 | .25 | .30 | .35 | .40 | .45 | .50 |
|---|---|-----|-----|-----|-----|-----|-----|-----|-----|-----|-----|
| | | | | | | | P | | | | |
| | 5 | .0001 | .0015 | .0085 | .0264 | .0584 | .1029 | .1536 | .2007 | .2340 | .2461 |
| | 6 | .0000 | .0001 | .0012 | .0055 | .0162 | .0368 | .0689 | .1115 | .1596 | .2051 |
| | 7 | .0000 | .0000 | .0001 | .0008 | .0031 | .0090 | .0212 | .0425 | .0746 | .1172 |
| | 8 | .0000 | .0000 | .0000 | .0001 | .0004 | .0014 | .0043 | .0106 | .0229 | .0439 |
| | 9 | .0000 | .0000 | .0000 | .0000 | .0000 | .0001 | .0005 | .0016 | .0042 | .0098 |
| | 10 | .0000 | .0000 | .0000 | .0000 | .0000 | .0000 | .0000 | .0001 | .0003 | .0010 |
| 11 | 0 | .5688 | .3138 | .1673 | .0859 | .0422 | .0198 | .0088 | .0036 | .0014 | .0005 |
| | 1 | .3293 | .3835 | .3248 | .2362 | .1549 | .0932 | .0518 | .0266 | .0125 | .0054 |
| | 2 | .0867 | .2131 | .2866 | .2953 | .2581 | .1998 | .1395 | .0887 | .0513 | .0269 |
| | 3 | .0137 | .0710 | .1517 | .2215 | .2581 | .2568 | .2254 | .1774 | .1259 | .0806 |
| | 4 | .0014 | .0158 | .0536 | .1107 | .1721 | .2201 | .2428 | .2365 | .2060 | .1611 |
| | 5 | .0001 | .0025 | .0132 | .0388 | .0803 | .1321 | .1830 | .2207 | .2360 | .2256 |
| | 6 | .0000 | .0003 | .0023 | .0097 | .0268 | .0566 | .0985 | .1471 | .1931 | .2256 |
| | 7 | .0000 | .0000 | .0003 | .0017 | .0064 | .0173 | .0379 | .0701 | .1128 | .1611 |
| | 8 | .0000 | .0000 | .0000 | .0002 | .0011 | .0037 | .0102 | .0234 | .0462 | .0806 |
| | 9 | .0000 | .0000 | .0000 | .0000 | .0001 | .0005 | .0018 | .0052 | .0126 | .0269 |
| 11 | 10 | .0000 | .0000 | .0000 | .0000 | .0000 | .0000 | .0003 | .0007 | .0021 | .0054 |
| | 11 | .0000 | .0000 | .0000 | .0000 | .0000 | .0000 | .0000 | .0000 | .0002 | .0005 |
| 12 | 0 | .5404 | .2824 | .1422 | .0687 | .0317 | .0138 | .0057 | .0022 | .0008 | .0002 |
| | 1 | .3413 | .3766 | .3012 | .2062 | .1267 | .0712 | .0368 | .0174 | .0075 | .0029 |
| | 2 | .0988 | .2301 | .2904 | .2835 | .2323 | .1678 | .1088 | .0639 | .0339 | .0161 |
| | 3 | .0173 | .0852 | .1720 | .2362 | .2581 | .2397 | .1954 | .1419 | .0923 | .0537 |
| | 4 | .0021 | .0213 | .0683 | .1329 | .1636 | .2311 | .2367 | .2128 | .1700 | .1208 |
| | 5 | .0002 | .0038 | .0193 | .0532 | .1032 | .1585 | .2039 | .2270 | .2225 | .1934 |
| | 6 | .0000 | .0005 | .0040 | .0155 | .0401 | .0792 | .1281 | .1766 | .2124 | .2256 |
| | 7 | .0000 | .0000 | .0006 | .0033 | .0115 | .0291 | .0591 | .1009 | .1489 | .1934 |
| | 8 | .0000 | .0000 | .0001 | .0005 | .0024 | .0078 | .0199 | .0420 | .0762 | .1208 |
| | 9 | .0000 | .0000 | .0000 | .0001 | .0004 | .0015 | .0048 | .0125 | .0277 | .0537 |
| | 10 | .0000 | .0000 | .0000 | .0000 | .0000 | .0002 | .0008 | .0025 | .0068 | .0161 |
| | 11 | .0000 | .0000 | .0000 | .0000 | .0000 | .0000 | .0001 | .0003 | .0010 | .0029 |

| n | r | P | | | | | | | | | |
|---|---|---|---|---|---|---|---|---|---|---|---|
| | | .05 | .10 | .15 | .20 | .25 | .30 | .35 | .40 | .45 | .50 |
| | 12 | .0000 | .0000 | .0000 | .0000 | .0000 | .0000 | .0000 | .0000 | .0001 | .0002 |
| 13 | 0 | .5133 | .2542 | .1209 | .0550 | .0238 | .0097 | .0037 | .0013 | .0004 | .0001 |
| | 1 | .3512 | .3672 | .2774 | .1787 | .1029 | .0540 | .0259 | .0113 | .0045 | .0016 |
| | 2 | .1109 | .2448 | .2937 | .2680 | .2059 | .1388 | .0836 | .0453 | .0220 | .0095 |
| | 3 | .0214 | .0997 | .1900 | .2457 | .2517 | .2181 | .1651 | .1107 | .0660 | .0349 |
| | 4 | .0028 | .0277 | .0838 | .1535 | .2097 | .2337 | .2222 | .1845 | .1350 | .0873 |
| | 5 | .0003 | .0055 | .0266 | .0691 | .1258 | .1803 | .2154 | .2214 | .1989 | .1571 |
| | 6 | .0000 | .0008 | .0063 | .0230 | .0559 | .0030 | .1546 | .1968 | .2169 | .2095 |
| | 7 | .0000 | .0001 | .0011 | .0058 | .0186 | .0442 | .0833 | .1312 | .1775 | .2095 |
| | 8 | .0000 | .0000 | .0001 | .0011 | .0047 | .0142 | .0336 | .0656 | .1089 | .1571 |
| | 9 | .0000 | .0000 | .0000 | .0001 | .0009 | .0034 | .0101 | .0243 | .0495 | .0873 |
| | 10 | .0000 | .0000 | .0000 | .0000 | .0001 | .0006 | .0022 | .0065 | .0162 | .0349 |
| | 11 | .0000 | .0000 | .0000 | .0000 | .0000 | .0001 | .0003 | .0012 | .0036 | .0095 |
| | 12 | .0000 | .0000 | .0000 | .0000 | .0000 | .0000 | .0000 | .0001 | .0005 | .0016 |
| | 13 | .0000 | .0000 | .0000 | .0000 | .0000 | .0000 | .0000 | .0000 | .0000 | .0001 |
| 14 | 0 | .4877 | .2288 | .1028 | .0440 | .0178 | .0068 | .0024 | .0008 | .0002 | .0001 |
| | 1 | .3593 | .3559 | .2539 | .1539 | .0832 | .0407 | .0181 | .0073 | .0027 | .0009 |
| | 2 | .1229 | .2570 | .2912 | .2501 | .1802 | .1134 | .0634 | .0317 | .0141 | .0056 |
| | 3 | .0259 | .1142 | .2056 | .2501 | .2402 | .1943 | .1366 | .0845 | .0462 | .0222 |
| | 4 | .0073 | .0348 | .0998 | .1720 | .2202 | .2290 | .2022 | .1549 | .1040 | .0611 |
| | 5 | .0004 | .0078 | .0352 | .0860 | .1468 | .1963 | .2178 | .2066 | .1701 | .1222 |
| | 6 | .0000 | .0013 | .0093 | .0322 | .0734 | .1262 | .1759 | .2066 | .2088 | .1833 |
| | 7 | .0000 | .0002 | .0019 | .0092 | .0280 | .0618 | .1082 | .1574 | .1952 | .2095 |
| | 8 | .0000 | .0000 | .0003 | .0020 | .0082 | .0232 | .0510 | .0918 | .1398 | .1833 |
| | 9 | .0000 | .0000 | .0000 | .0003 | .0018 | .0066 | .0183 | .0408 | .0762 | .1222 |
| 14 | 10 | .0000 | .0000 | .0000 | .0000 | .0003 | .0014 | .0049 | .0136 | .0312 | .0611 |
| | 11 | .0000 | .0000 | .0000 | .0000 | .0000 | .0002 | .0010 | .0033 | .0093 | .0222 |
| | 12 | .0000 | .0000 | .0000 | .0000 | .0000 | .0000 | .0000 | .0001 | .0002 | .0009 |
| | 13 | .0000 | .0000 | .0000 | .0000 | .0000 | .0000 | .0000 | .0001 | .0002 | .0009 |
| | 14 | .0000 | .0000 | .0000 | .0000 | .0000 | .0000 | .0000 | .0000 | .0000 | .0001 |

| n | r | .05 | .10 | .15 | .20 | .25 | .30 | .35 | .40 | .45 | .50 |
|---|---|-----|-----|-----|-----|-----|-----|-----|-----|-----|-----|
|   |   |     |     |     |     |  P  |     |     |     |     |     |
| 15 | 0 | .4633 | .2059 | .0874 | .0352 | .0134 | .0047 | .0016 | .0005 | .0001 | .0000 |
|   | 1 | .3658 | .3432 | .2312 | .1319 | .0668 | .0305 | .0126 | .0047 | .0016 | .0005 |
|   | 2 | .1348 | .2660 | .2856 | .2309 | .1559 | .0916 | .0476 | .0219 | .0090 | .0032 |
|   | 3 | .0307 | .1285 | .2184 | .2501 | .2252 | .1700 | .1110 | .0634 | .0318 | .0139 |
|   | 4 | .0049 | .0428 | .1156 | .1876 | .2252 | .2186 | .1792 | .1268 | .0780 | .0417 |
|   | 5 | .0006 | .0105 | .0449 | .1032 | .1651 | .2061 | .2123 | .1859 | .1404 | .0916 |
|   | 6 | .0006 | .0019 | .0132 | .0430 | .0917 | .1472 | .1906 | .2066 | .1914 | .1527 |
|   | 7 | .0000 | .0003 | .0030 | .0138 | .0393 | .0811 | .1319 | .1771 | .2013 | .1964 |
|   | 8 | .0000 | .0000 | .0005 | .0035 | .0131 | .0348 | .0710 | .1181 | .1647 | .1964 |
|   | 9 | .0000 | .0000 | .0001 | .0007 | .0034 | .0116 | .0298 | .0612 | .1048 | .1527 |
|   | 10 | .0000 | .0000 | .0000 | .0001 | .0007 | .0030 | .0096 | .0245 | .0515 | .0916 |
|   | 11 | .0000 | .0000 | .0000 | .0000 | .0001 | .0006 | .0024 | .0074 | .0191 | .0417 |
|   | 12 | .0000 | .0000 | .0000 | .0000 | .0000 | .0001 | .0004 | .0016 | .0052 | .0139 |
|   | 13 | .0000 | .0000 | .0000 | .0000 | .0000 | .0000 | .0001 | .0003 | .0010 | .0032 |
|   | 14 | .0000 | .0000 | .0000 | .0000 | .0000 | .0000 | .0000 | .0000 | .0001 | .0005 |
|   | 15 | .0000 | .0000 | .0000 | .0000 | .0000 | .0000 | .0000 | .0000 | .0000 | .0000 |
| 16 | 0 | .4401 | .1853 | .0743 | .0281 | .0100 | .0033 | .0010 | .0003 | .0001 | .0000 |
|   | 1 | .3706 | .3294 | .2097 | .1126 | .0535 | .0228 | .0087 | .0030 | .0009 | .0002 |
|   | 2 | .1463 | .2745 | .2775 | .2111 | .1336 | .0732 | .0353 | .0150 | .0056 | .0018 |
|   | 3 | .0359 | .1423 | .2285 | .2463 | .2079 | .1465 | .0888 | .0468 | .0215 | .0085 |
|   | 4 | .0061 | .0514 | .1311 | .2001 | .2252 | .2040 | .1553 | .1014 | .0572 | .0278 |
|   | 5 | .0008 | .0137 | .0555 | .1201 | .1802 | .2099 | .2008 | .1623 | .1123 | .0667 |
|   | 6 | .0001 | .0028 | .0180 | .0550 | .1101 | .1649 | .1982 | .1983 | .1684 | .1222 |
|   | 7 | .0000 | .0004 | .0045 | .0197 | .0524 | .1010 | .1524 | .1889 | .1969 | .1746 |
|   | 8 | .0000 | .0001 | .0009 | .0055 | .0197 | .0487 | .0923 | .1417 | .1812 | .1964 |
|   | 9 | .0000 | .0000 | .0001 | .0012 | .0058 | .0185 | .0442 | .0840 | .1818 | .1746 |
|   | 10 | .0000 | .0000 | .0000 | .0002 | .0014 | .0056 | .0167 | .0392 | .0755 | .1222 |
|   | 11 | .0000 | .0000 | .0000 | .0000 | .0002 | .0013 | .0049 | .0142 | .0337 | .0667 |
|   | 12 | .0000 | .0000 | .0000 | .0000 | .0000 | .0002 | .0011 | .0040 | .0115 | .0278 |

| n | r | P | | | | | | | | | |
|---|---|------|------|------|------|------|------|------|------|------|------|
| | | .05 | .10 | .15 | .20 | .25 | .30 | .35 | .40 | .45 | .50 |
| | 13 | .0000 | .0000 | .0000 | .0000 | .0000 | .0000 | .0002 | .0008 | .0029 | .0085 |
| | 14 | .0000 | .0000 | .0000 | .0000 | .0000 | .0000 | .0000 | .0001 | .0005 | .0018 |
| | 15 | .0000 | .0000 | .0000 | .0000 | .0000 | .0000 | .0000 | .0000 | .0002 | .0001 |
| | 16 | .0000 | .0000 | .0000 | .0000 | .0000 | .0000 | .0000 | .0000 | .0000 | .0000 |

## 附表 3　卜氏分配表

　　表中數值係各種 np 之不同允收不良數 c 的累積機率，則當製程為 p 樣本數為 n 時樣本中出現之不良數件數會等於或小於 c 值的或然率。

| np \ c | 0 | 1 | 2 | 3 | 4 | 5 | 6 | 7 | 8 |
|---|---|---|---|---|---|---|---|---|---|
| 0.02 | 980 | 1,000 | | | | | | | |
| 0.04 | 961 | 999 | 1,000 | | | | | | |
| 0.06 | 942 | 998 | 1,000 | | | | | | |
| 0.08 | 923 | 997 | 1,000 | | | | | | |
| 0.10 | 905 | 995 | 1,000 | | | | | | |
| 0.15 | 861 | 990 | 999 | 1,000 | | | | | |
| 0.20 | 819 | 982 | 999 | 1,000 | | | | | |
| 0.25 | 779 | 974 | 998 | 1,000 | | | | | |
| 0.30 | 741 | 963 | 996 | 1,000 | | | | | |
| 0.35 | 705 | 951 | 994 | 1,000 | | | | | |
| 0.40 | 670 | 938 | 992 | 999 | 1,000 | | | | |
| 0.45 | 638 | 925 | 989 | 999 | 1,000 | | | | |
| 0.50 | 607 | 910 | 986 | 998 | 1,000 | | | | |
| 0.55 | 577 | 894 | 982 | 998 | 1,000 | | | | |
| 0.60 | 549 | 878 | 977 | 997 | 1,000 | | | | |
| 0.65 | 522 | 861 | 972 | 996 | 999 | 1,000 | | | |
| 0.70 | 497 | 844 | 966 | 994 | 999 | 1,000 | | | |
| 0.75 | 472 | 827 | 959 | 993 | 999 | 1,000 | | | |
| 0.80 | 449 | 809 | 953 | 991 | 999 | 1,000 | | | |
| 0.85 | 427 | 791 | 945 | 989 | 998 | 1,000 | | | |
| 0.90 | 407 | 772 | 937 | 987 | 998 | 1,000 | | | |
| 0.95 | 387 | 754 | 929 | 984 | 997 | 1,000 | | | |
| 1.00 | 368 | 736 | 920 | 981 | 996 | 999 | 1,0000 | | |

| c np | 0 | 1 | 2 | 3 | 4 | 5 | 6 | 7 | 8 |
|------|-----|-----|-----|-----|-----|-----|-------|-------|-------|
| 1.1 | 333 | 699 | 900 | 974 | 995 | 999 | 1,000 | | |
| 1.2 | 301 | 663 | 879 | 966 | 992 | 998 | 1,000 | | |
| 1.3 | 273 | 627 | 857 | 957 | 989 | 998 | 1,000 | | |
| 1.4 | 247 | 592 | 833 | 946 | 986 | 997 | 999 | 1,000 | |
| 1.5 | 223 | 558 | 809 | 934 | 981 | 996 | 999 | 1,000 | |
| 1.6 | 202 | 525 | 783 | 921 | 976 | 994 | 999 | 1,000 | |
| 1.7 | 183 | 493 | 757 | 907 | 970 | 992 | 998 | 1,000 | |
| 1.8 | 165 | 463 | 731 | 891 | 964 | 990 | 997 | 999 | 1,000 |
| 1.9 | 150 | 434 | 704 | 875 | 956 | 987 | 997 | 999 | 1,000 |
| 2.0 | 135 | 406 | 677 | 857 | 947 | 983 | 995 | 999 | 1,000 |

## 附表 3　卜氏分配表（續）

| np \ c | 0 | 1 | 2 | 3 | 4 | 5 | 6 | 7 | 8 | 9 |
|---|---|---|---|---|---|---|---|---|---|---|
| 2.2 | 111 | 355 | 623 | 819 | 928 | 975 | 993 | 998 | 1,000 | |
| 2.4 | 091 | 308 | 570 | 779 | 904 | 964 | 988 | 997 | 999 | 1,000 |
| 2.6 | 074 | 267 | 518 | 736 | 877 | 951 | 983 | 995 | 999 | 1,000 |
| 2.8 | 061 | 231 | 469 | 692 | 848 | 935 | 967 | 992 | 998 | 999 |
| 3.0 | 050 | 199 | 423 | 647 | 815 | 916 | 966 | 988 | 996 | 999 |
| 3.2 | 041 | 171 | 380 | 603 | 781 | 895 | 955 | 983 | 994 | 998 |
| 3.4 | 033 | 147 | 340 | 558 | 744 | 871 | 942 | 977 | 992 | 997 |
| 3.6 | 027 | 126 | 303 | 515 | 706 | 844 | 927 | 969 | 988 | 996 |
| 3.8 | 022 | 107 | 269 | 473 | 668 | 816 | 909 | 960 | 984 | 994 |
| 4.0 | 018 | 092 | 238 | 433 | 629 | 785 | 889 | 949 | 979 | 992 |
| 4.2 | 015 | 078 | 210 | 395 | 590 | 753 | 867 | 936 | 972 | 989 |
| 4.4 | 012 | 066 | 185 | 359 | 551 | 720 | 844 | 921 | 964 | 985 |
| 4.6 | 010 | 056 | 163 | 326 | 513 | 686 | 818 | 905 | 955 | 980 |
| 4.8 | 008 | 048 | 143 | 294 | 476 | 651 | 791 | 887 | 944 | 975 |
| 5.0 | 007 | 040 | 125 | 265 | 440 | 616 | 762 | 857 | 932 | 968 |
| 5.2 | 005 | 034 | 109 | 238 | 406 | 581 | 732 | 845 | 918 | 960 |
| 5.4 | 005 | 029 | 095 | 213 | 373 | 546 | 702 | 822 | 903 | 951 |
| 5.6 | 004 | 024 | 082 | 191 | 342 | 512 | 670 | 797 | 886 | 941 |
| 5.8 | 003 | 021 | 072 | 170 | 313 | 478 | 638 | 771 | 867 | 929 |
| 6.0 | 002 | 017 | 062 | 151 | 285 | 446 | 606 | 744 | 847 | 916 |

| | 10 | 11 | 12 | 13 | 14 | 15 | 16 |
|---|---|---|---|---|---|---|---|
| 2.8 | 1,000 | | | | | | |
| 3.0 | 1,000 | | | | | | |
| 3.2 | 1,000 | | | | | | |
| 3.4 | 999 | 1,000 | | | | | |
| 3.6 | 999 | 1,000 | | | | | |
| 3.8 | 998 | 999 | 1,000 | | | | |
| 4.0 | 997 | 999 | 1,000 | | | | |
| 4.2 | 996 | 999 | 1,000 | | | | |
| 4.4 | 994 | 998 | 999 | 1,000 | | | |
| 4.6 | 992 | 997 | 999 | 1,000 | | | |
| 4.8 | 990 | 996 | 999 | 1,000 | | | |
| 5.0 | 986 | 995 | 998 | 999 | 1,000 | | |
| 5.2 | 982 | 993 | 997 | 999 | 1,000 | | |
| 5.4 | 977 | 990 | 996 | 999 | 1,000 | | |
| 5.6 | 972 | 988 | 995 | 998 | 999 | 1,000 | |
| 5.8 | 965 | 984 | 993 | 997 | 999 | 1,000 | |
| 6.0 | 957 | 980 | 991 | 996 | 999 | 999 | 1,000 |

## 附表 3　卜氏分配表（續）

| np\c | 0 | 1 | 2 | 3 | 4 | 5 | 6 | 7 | 8 | 9 |
|---|---|---|---|---|---|---|---|---|---|---|
| 6.2 | 002 | 015 | 054 | 134 | 259 | 414 | 574 | 716 | 826 | 902 |
| 6.4 | 002 | 012 | 046 | 119 | 235 | 384 | 542 | 687 | 803 | 886 |
| 6.6 | 001 | 010 | 040 | 105 | 213 | 355 | 511 | 658 | 780 | 869 |
| 6.8 | 001 | 009 | 034 | 093 | 192 | 327 | 480 | 628 | 755 | 850 |
| 7.0 | 001 | 007 | 030 | 082 | 173 | 301 | 450 | 599 | 729 | 830 |
| | | | | | | | | | | |
| 7.2 | 001 | 006 | 025 | 072 | 156 | 276 | 420 | 569 | 703 | 810 |
| 7.4 | 001 | 005 | 122 | 063 | 140 | 253 | 392 | 539 | 676 | 788 |
| 7.6 | 001 | 004 | 019 | 055 | 125 | 231 | 365 | 510 | 648 | 765 |
| 7.8 | 000 | 004 | 016 | 048 | 112 | 210 | 338 | 481 | 620 | 741 |
| | | | | | | | | | | |
| 8.0 | 000 | 003 | 014 | 042 | 100 | 191 | 313 | 453 | 593 | 717 |
| 8.5 | 000 | 002 | 009 | 030 | 074 | 150 | 266 | 386 | 523 | 653 |
| 9.0 | 000 | 001 | 006 | 021 | 055 | 116 | 207 | 324 | 456 | 587 |
| 9.5 | 000 | 001 | 004 | 015 | 040 | 089 | 165 | 269 | 392 | 522 |
| 10.0 | 000 | 000 | 003 | 010 | 029 | 067 | 130 | 220 | 333 | 458 |

| np\c | 10 | 11 | 12 | 13 | 14 | 15 | 16 | 17 | 18 | 19 |
|---|---|---|---|---|---|---|---|---|---|---|
| 6.2 | 949 | 975 | 989 | 995 | 998 | 999 | 1,000 | | | |
| 6.4 | 939 | 969 | 986 | 994 | 997 | 999 | 1,000 | | | |
| 6.6 | 927 | 963 | 982 | 992 | 997 | 999 | 999 | 1,000 | | |
| 6.8 | 915 | 955 | 978 | 990 | 996 | 998 | 999 | 1,000 | | |
| 7.0 | 901 | 947 | 973 | 987 | 994 | 998 | 999 | 1,000 | | |
| | | | | | | | | | | |
| 7.2 | 887 | 937 | 967 | 984 | 693 | 997 | 999 | 999 | 1,000 | |
| 7.4 | 871 | 926 | 961 | 980 | 991 | 996 | 998 | 999 | 1,000 | |
| 7.6 | 854 | 915 | 954 | 976 | 989 | 995 | 998 | 999 | 1,000 | |
| 7.8 | 835 | 902 | 945 | 971 | 986 | 993 | 997 | 999 | 1,000 | |
| | | | | | | | | | | |
| 8.0 | 816 | 888 | 936 | 966 | 983 | 992 | 996 | 998 | 999 | 1,000 |
| 8.5 | 763 | 849 | 909 | 949 | 973 | 986 | 993 | 997 | 999 | 999 |
| 9.0 | 706 | 803 | 876 | 926 | 959 | 978 | 989 | 995 | 998 | 999 |
| 9.5 | 645 | 752 | 836 | 898 | 940 | 967 | 982 | 991 | 996 | 998 |
| 10.0 | 583 | 697 | 792 | 864 | 917 | 951 | 973 | 986 | 993 | 997 |

| np\c | 20 | 21 | 22 |
|---|---|---|---|
| 8.5 | 1,000 | | |
| 9.0 | 1,000 | | |
| 9.5 | 999 | 1,000 | |
| 10.0 | 998 | 999 | 1,000 |

## 附表 4　亂數表(JIS Z9031)

| | | | | | | | | | | | | | | | | | | | | |
|---|---|---|---|---|---|---|---|---|---|---|---|---|---|---|---|---|---|---|---|---|
| 1 | 67 | 11 | 09 | 48 | 96 | 29 | 94 | 59 | 84 | 41 | 68 | 38 | 04 | 13 | 86 | 91 | 02 | 19 | 85 | 28 |
| 2 | 67 | 41 | 90 | 15 | 23 | 62 | 54 | 49 | 02 | 06 | 93 | 25 | 55 | 49 | 06 | 96 | 52 | 31 | 40 | 59 |
| 3 | 78 | 26 | 74 | 41 | 76 | 43 | 35 | 32 | 07 | 59 | 86 | 92 | 06 | 45 | 95 | 25 | 10 | 94 | 20 | 44 |
| 4 | 32 | 19 | 10 | 89 | 41 | 50 | 09 | 06 | 16 | 28 | 87 | 51 | 38 | 88 | 43 | 13 | 77 | 46 | 77 | 53 |
| 5 | 45 | 72 | 14 | 75 | 08 | 16 | 48 | 99 | 17 | 64 | 68 | 00 | 58 | 20 | 57 | 37 | 16 | 94 | 72 | 62 |
| 6 | 74 | 93 | 17 | 80 | 38 | 45 | 17 | 17 | 73 | 11 | 99 | 43 | 52 | 38 | 78 | 21 | 82 | 03 | 78 | 27 |
| 7 | 54 | 32 | 82 | 40 | 74 | 47 | 94 | 68 | 61 | 71 | 48 | 87 | 17 | 45 | 15 | 07 | 43 | 24 | 82 | 16 |
| 8 | 34 | 18 | 43 | 76 | 96 | 49 | 58 | 55 | 22 | 20 | 78 | 08 | 74 | 28 | 25 | 29 | 29 | 79 | 18 | 33 |
| 9 | 04 | 70 | 61 | 78 | 89 | 70 | 52 | 36 | 26 | 04 | 13 | 70 | 60 | 50 | 24 | 72 | 84 | 57 | 00 | 49 |
| 10 | 38 | 69 | 83 | 65 | 75 | 38 | 85 | 58 | 51 | 23 | 22 | 91 | 13 | 54 | 24 | 25 | 58 | 20 | 02 | 83 |
| 11 | 03 | 89 | 66 | 75 | 80 | 83 | 75 | 71 | 64 | 62 | 17 | 55 | 03 | 30 | 03 | 86 | 34 | 96 | 35 | 93 |
| 12 | 97 | 11 | 78 | 69 | 79 | 79 | 06 | 98 | 73 | 35 | 29 | 06 | 91 | 56 | 12 | 23 | 06 | 04 | 69 | 67 |
| 13 | 23 | 04 | 34 | 39 | 70 | 34 | 62 | 30 | 91 | 00 | 09 | 66 | 42 | 03 | 55 | 48 | 78 | 18 | 24 | 02 |
| 14 | 32 | 88 | 65 | 68 | 80 | 00 | 66 | 49 | 22 | 70 | 90 | 18 | 88 | 22 | 10 | 49 | 46 | 51 | 46 | 12 |
| 15 | 67 | 33 | 08 | 69 | 09 | 12 | 32 | 93 | 06 | 22 | 97 | 71 | 78 | 47 | 21 | 29 | 70 | 29 | 73 | 60 |
| 16 | 81 | 87 | 77 | 79 | 39 | 86 | 35 | 90 | 84 | 17 | 83 | 19 | 21 | 21 | 49 | 16 | 05 | 71 | 21 | 60 |
| 17 | 77 | 53 | 75 | 79 | 16 | 52 | 57 | 36 | 76 | 20 | 59 | 46 | 50 | 05 | 65 | 07 | 47 | 06 | 64 | 27 |
| 18 | 57 | 89 | 89 | 98 | 26 | 10 | 16 | 44 | 68 | 89 | 71 | 33 | 78 | 48 | 44 | 89 | 27 | 04 | 09 | 74 |
| 19 | 25 | 67 | 87 | 71 | 50 | 46 | 84 | 98 | 62 | 41 | 85 | 51 | 29 | 07 | 12 | 35 | 97 | 77 | 01 | 81 |
| 20 | 50 | 51 | 45 | 14 | 61 | 58 | 79 | 12 | 88 | 21 | 09 | 02 | 60 | 91 | 20 | 80 | 18 | 67 | 36 | 15 |
| 21 | 30 | 88 | 39 | 88 | 37 | 27 | 98 | 23 | 00 | 56 | 46 | 67 | 14 | 88 | 18 | 19 | 97 | 78 | 47 | 20 |
| 22 | 60 | 49 | 39 | 06 | 59 | 20 | 04 | 44 | 52 | 40 | 23 | 22 | 51 | 96 | 84 | 22 | 14 | 97 | 48 | 08 |
| 23 | 36 | 45 | 19 | 52 | 10 | 42 | 83 | 86 | 78 | 87 | 30 | 00 | 39 | 04 | 30 | 38 | 06 | 92 | 41 | 51 |
| 24 | 45 | 71 | 08 | 61 | 71 | 33 | 00 | 87 | 82 | 21 | 35 | 63 | 46 | 07 | 03 | 56 | 48 | 94 | 36 | 04 |
| 25 | 69 | 63 | 12 | 03 | 07 | 91 | 34 | 05 | 01 | 27 | 51 | 94 | 90 | 01 | 10 | 22 | 41 | 30 | 50 | 56 |
| 26 | 41 | 82 | 96 | 87 | 49 | 22 | 16 | 34 | 03 | 13 | 20 | 02 | 31 | 13 | 03 | 92 | 86 | 49 | 69 | 99 |
| 27 | 09 | 85 | 92 | 32 | 12 | 06 | 34 | 50 | 72 | 04 | 08 | 76 | 61 | 95 | 04 | 84 | 93 | 09 | 84 | 05 |
| 28 | 57 | 71 | 05 | 35 | 47 | 59 | 65 | 38 | 38 | 41 | 57 | 91 | 61 | 96 | 87 | 63 | 24 | 45 | 17 | 72 |

| 29 | 82 | 06 | 47 | 67 | 53 | 22 | 36 | 49 | 68 | 86 | 87 | 04 | 18 | 80 | 66 | 96 | 57 | 53 | 88 | 83 |
| 30 | 17 | 95 | 30 | 06 | 64 | 99 | 33 | 89 | 27 | 84 | 65 | 47 | 78 | 11 | 01 | 86 | 61 | 05 | 05 | 28 |
| 31 | 70 | 55 | 98 | 92 | 19 | 44 | 85 | 86 | 65 | 73 | 69 | 73 | 75 | 41 | 78 | 51 | 05 | 57 | 36 | 33 |
| 32 | 97 | 93 | 30 | 87 | 84 | 49 | 28 | 29 | 77 | 84 | 31 | 09 | 35 | 59 | 41 | 39 | 71 | 46 | 53 | 57 |
| 33 | 31 | 55 | 49 | 69 | 17 | 12 | 22 | 20 | 41 | 50 | 45 | 63 | 52 | 13 | 46 | 20 | 70 | 72 | 30 | 57 |
| 34 | 30 | 92 | 80 | 82 | 37 | 16 | 01 | 46 | 81 | 22 | 48 | 80 | 55 | 77 | 99 | 11 | 30 | 14 | 65 | 29 |
| 35 | 98 | 05 | 49 | 50 | 04 | 94 | 71 | 34 | 12 | 49 | 85 | 82 | 82 | 67 | 17 | 38 | 22 | 86 | 15 | 93 |
| 36 | 00 | 86 | 28 | 06 | 39 | 03 | 29 | 04 | 84 | 41 | 20 | 84 | 01 | 97 | 53 | 50 | 90 | 12 | 94 | 67 |
| 37 | 74 | 76 | 84 | 09 | 68 | 33 | 73 | 25 | 97 | 71 | 65 | 34 | 72 | 55 | 62 | 50 | 50 | 59 | 01 | 93 |
| 38 | 63 | 84 | 36 | 95 | 80 | 28 | 36 | 19 | 26 | 50 | 72 | 55 | 80 | 54 | 55 | 68 | 58 | 94 | 96 | 50 |
| 39 | 48 | 12 | 39 | 50 | 88 | 05 | 86 | 29 | 37 | 96 | 18 | 85 | 07 | 95 | 37 | 06 | 78 | 96 | 32 | 89 |
| 40 | 20 | 60 | 42 | 30 | 95 | 71 | 77 | 03 | 14 | 88 | 81 | 15 | 91 | 68 | 38 | 07 | 45 | 47 | 37 | 75 |
| 41 | 13 | 21 | 96 | 10 | 43 | 46 | 00 | 93 | 62 | 09 | 45 | 43 | 87 | 40 | 08 | 00 | 12 | 35 | 35 | 06 |
| 42 | 12 | 84 | 54 | 72 | 35 | 75 | 88 | 47 | 75 | 20 | 21 | 27 | 73 | 48 | 33 | 69 | 10 | 13 | 77 | 36 |
| 43 | 57 | 38 | 76 | 05 | 12 | 35 | 29 | 61 | 10 | 40 | 02 | 65 | 25 | 40 | 61 | 54 | 13 | 54 | 59 | 37 |
| 44 | 25 | 18 | 75 | 82 | 11 | 89 | 13 | 90 | 53 | 66 | 56 | 26 | 38 | 89 | 04 | 79 | 76 | 22 | 82 | 53 |
| 45 | 10 | 88 | 94 | 70 | 76 | 54 | 45 | 07 | 71 | 24 | 53 | 48 | 10 | 01 | 51 | 99 | 93 | 52 | 12 | 68 |
| 46 | 78 | 44 | 49 | 86 | 29 | 82 | 12 | 44 | 11 | 54 | 32 | 54 | 68 | 28 | 52 | 27 | 75 | 44 | 22 | 50 |
| 47 | 99 | 33 | 67 | 75 | 86 | 16 | 90 | 53 | 40 | 48 | 15 | 12 | 01 | 10 | 79 | 58 | 73 | 53 | 35 | 90 |
| 48 | 38 | 31 | 64 | 06 | 53 | 30 | 50 | 06 | 84 | 55 | 91 | 70 | 48 | 46 | 52 | 37 | 46 | 83 | 58 | 78 |
| 49 | 45 | 96 | 10 | 96 | 24 | 02 | 17 | 29 | 31 | 14 | 10 | 86 | 37 | 20 | 92 | 79 | 72 | 32 | 84 | 37 |
| 50 | 75 | 40 | 42 | 25 | 66 | 84 | 22 | 05 | 61 | 93 | 56 | 61 | 62 | 02 | 55 | 31 | 56 | 20 | 99 | 07 |

## 附表 4　亂數表(JIS Z9031)（續）

| | | | | | | | | | | | | | | | | | | | | |
|---|---|---|---|---|---|---|---|---|---|---|---|---|---|---|---|---|---|---|---|---|
| 51 | 44 | 34 | 50 | 25 | 64 | 98 | 77 | 00 | 43 | 82 | 56 | 81 | 92 | 95 | 36 | 62 | 70 | 01 | 39 | 71 |
| 52 | 37 | 20 | 32 | 93 | 09 | 52 | 68 | 41 | 07 | 06 | 57 | 67 | 92 | 47 | 73 | 43 | 27 | 00 | 10 | 46 |
| 53 | 59 | 95 | 93 | 91 | 01 | 41 | 50 | 86 | 55 | 84 | 98 | 50 | 51 | 63 | 45 | 43 | 12 | 37 | 17 | 27 |
| 54 | 94 | 04 | 52 | 59 | 11 | 73 | 72 | 76 | 56 | 97 | 85 | 58 | 25 | 28 | 05 | 94 | 53 | 22 | 40 | 67 |
| 55 | 63 | 51 | 33 | 98 | 85 | 47 | 17 | 83 | 06 | 64 | 88 | 17 | 88 | 47 | 12 | 25 | 60 | 03 | 42 | 65 |
| 56 | 26 | 34 | 31 | 20 | 29 | 64 | 09 | 10 | 43 | 42 | 07 | 09 | 01 | 63 | 70 | 13 | 43 | 84 | 33 | 40 |
| 57 | 09 | 92 | 63 | 10 | 33 | 91 | 02 | 01 | 83 | 43 | 80 | 55 | 70 | 41 | 47 | 35 | 55 | 44 | 64 | 59 |
| 58 | 28 | 02 | 42 | 96 | 81 | 30 | 91 | 36 | 68 | 33 | 82 | 15 | 64 | 34 | 22 | 04 | 53 | 40 | 60 | 68 |
| 59 | 79 | 71 | 66 | 34 | 03 | 40 | 26 | 94 | 55 | 89 | 48 | 64 | 71 | 89 | 29 | 59 | 40 | 59 | 20 | 91 |
| 60 | 68 | 95 | 13 | 66 | 61 | 68 | 13 | 12 | 77 | 95 | 67 | 57 | 52 | 34 | 34 | 89 | 38 | 91 | 84 | 62 |
| 61 | 58 | 17 | 80 | 37 | 20 | 22 | 39 | 70 | 13 | 39 | 40 | 97 | 24 | 62 | 13 | 67 | 15 | 02 | 02 | 77 |
| 62 | 37 | 40 | 55 | 69 | 70 | 64 | 41 | 89 | 55 | 25 | 92 | 31 | 76 | 49 | 68 | 85 | 65 | 14 | 09 | 95 |
| 63 | 28 | 44 | 48 | 78 | 89 | 31 | 73 | 29 | 50 | 70 | 37 | 28 | 79 | 90 | 68 | 46 | 18 | 78 | 33 | 39 |
| 64 | 73 | 87 | 07 | 23 | 79 | 29 | 91 | 98 | 00 | 80 | 92 | 17 | 01 | 30 | 26 | 68 | 00 | 83 | 04 | 67 |
| 65 | 01 | 31 | 76 | 04 | 71 | 41 | 30 | 01 | 59 | 14 | 45 | 52 | 05 | 25 | 00 | 75 | 25 | 59 | 25 | 86 |
| 66 | 02 | 37 | 94 | 45 | 81 | 96 | 91 | 49 | 47 | 80 | 85 | 31 | 27 | 48 | 30 | 81 | 69 | 66 | 45 | 36 |
| 67 | 71 | 89 | 09 | 37 | 98 | 27 | 71 | 78 | 43 | 92 | 90 | 24 | 68 | 78 | 00 | 16 | 60 | 43 | 80 | 96 |
| 68 | 30 | 69 | 59 | 11 | 66 | 26 | 89 | 13 | 06 | 08 | 78 | 14 | 99 | 52 | 84 | 18 | 94 | 98 | 45 | 75 |
| 69 | 51 | 21 | 78 | 40 | 48 | 65 | 62 | 09 | 65 | 58 | 75 | 92 | 87 | 15 | 25 | 37 | 69 | 55 | 35 | 69 |
| 70 | 21 | 20 | 96 | 73 | 07 | 73 | 10 | 46 | 61 | 14 | 56 | 69 | 80 | 16 | 62 | 62 | 94 | 31 | 76 | 07 |
| 71 | 02 | 47 | 24 | 60 | 70 | 97 | 41 | 96 | 61 | 60 | 30 | 67 | 37 | 89 | 40 | 03 | 00 | 94 | 70 | 95 |
| 72 | 95 | 25 | 35 | 42 | 64 | 42 | 41 | 25 | 34 | 74 | 60 | 36 | 80 | 24 | 35 | 39 | 38 | 00 | 22 | 86 |
| 73 | 98 | 85 | 01 | 42 | 72 | 94 | 81 | 74 | 11 | 66 | 56 | 01 | 19 | 97 | 49 | 18 | 01 | 04 | 91 | 88 |
| 74 | 02 | 25 | 46 | 36 | 85 | 82 | 55 | 23 | 49 | 62 | 73 | 69 | 66 | 58 | 47 | 58 | 30 | 76 | 02 | 15 |
| 75 | 69 | 25 | 29 | 29 | 91 | 93 | 31 | 65 | 43 | 92 | 58 | 07 | 25 | 64 | 11 | 54 | 65 | 69 | 55 | 16 |

| 76 | 43 | 51 | 01 | 71 | 74 | 66 | 61 | 32 | 20 | 08 | 37 | 55 | 43 | 16 | 41 | 01 | 71 | 11 | 44 | 88 |
| 77 | 29 | 30 | 05 | 54 | 29 | 50 | 54 | 87 | 35 | 45 | 69 | 69 | 94 | 67 | 89 | 66 | 25 | 38 | 13 | 36 |
| 78 | 88 | 11 | 54 | 97 | 33 | 76 | 53 | 86 | 04 | 11 | 89 | 27 | 09 | 43 | 29 | 68 | 96 | 11 | 35 | 44 |
| 79 | 92 | 31 | 68 | 87 | 08 | 91 | 20 | 81 | 02 | 67 | 67 | 97 | 20 | 65 | 33 | 16 | 09 | 38 | 27 | 76 |
| 80 | 52 | 20 | 37 | 47 | 96 | 98 | 53 | 49 | 23 | 16 | 60 | 88 | 42 | 67 | 46 | 52 | 80 | 29 | 63 | 41 |
| 81 | 63 | 68 | 81 | 12 | 65 | 75 | 77 | 46 | 01 | 77 | 95 | 85 | 25 | 74 | 82 | 19 | 68 | 58 | 77 | 93 |
| 82 | 09 | 81 | 14 | 75 | 10 | 96 | 99 | 15 | 70 | 03 | 27 | 87 | 54 | 98 | 82 | 82 | 86 | 97 | 42 | 37 |
| 83 | 32 | 07 | 65 | 74 | 58 | 46 | 20 | 14 | 11 | 66 | 23 | 50 | 94 | 03 | 57 | 60 | 14 | 86 | 96 | 68 |
| 84 | 04 | 63 | 48 | 98 | 66 | 52 | 21 | 59 | 05 | 61 | 08 | 22 | 10 | 19 | 97 | 17 | 37 | 51 | 39 | 51 |
| 85 | 90 | 67 | 52 | 22 | 52 | 08 | 51 | 60 | 01 | 06 | 78 | 01 | 80 | 38 | 30 | 61 | 75 | 32 | 66 | 60 |
| 86 | 89 | 70 | 69 | 73 | 66 | 28 | 74 | 41 | 55 | 89 | 33 | 34 | 34 | 54 | 07 | 82 | 71 | 03 | 62 | 76 |
| 87 | 46 | 25 | 32 | 28 | 38 | 05 | 50 | 46 | 69 | 77 | 58 | 52 | 33 | 69 | 35 | 58 | 01 | 67 | 12 | 23 |
| 88 | 14 | 43 | 01 | 84 | 47 | 35 | 32 | 59 | 90 | 29 | 59 | 26 | 85 | 23 | 10 | 25 | 64 | 15 | 00 | 15 |
| 89 | 65 | 05 | 31 | 62 | 40 | 57 | 40 | 22 | 44 | 63 | 46 | 69 | 27 | 78 | 11 | 09 | 92 | 21 | 74 | 41 |
| 90 | 62 | 97 | 72 | 57 | 04 | 93 | 34 | 35 | 93 | 07 | 65 | 11 | 71 | 59 | 58 | 95 | 85 | 46 | 32 | 44 |
| 91 | 00 | 33 | 26 | 81 | 26 | 44 | 20 | 62 | 66 | 76 | 78 | 19 | 59 | 72 | 83 | 31 | 11 | 16 | 35 | 63 |
| 92 | 49 | 11 | 59 | 58 | 02 | 78 | 37 | 49 | 68 | 94 | 34 | 54 | 71 | 70 | 43 | 67 | 02 | 89 | 78 | 81 |
| 93 | 99 | 52 | 66 | 19 | 26 | 77 | 18 | 44 | 65 | 73 | 64 | 53 | 82 | 34 | 41 | 24 | 91 | 05 | 69 | 87 |
| 94 | 68 | 41 | 27 | 52 | 08 | 82 | 25 | 80 | 19 | 55 | 55 | 68 | 62 | 25 | 25 | 28 | 97 | 40 | 16 | 13 |
| 95 | 27 | 65 | 13 | 74 | 19 | 88 | 99 | 02 | 23 | 56 | 17 | 24 | 39 | 27 | 71 | 01 | 27 | 322 | 91 | 20 |
| 96 | 63 | 73 | 88 | 02 | 45 | 78 | 51 | 38 | 06 | 90 | 14 | 95 | 29 | 65 | 07 | 53 | 06 | 89 | 28 | 92 |
| 97 | 46 | 16 | 83 | 17 | 24 | 16 | 15 | 29 | 73 | 10 | 42 | 54 | 47 | 08 | 76 | 76 | 32 | 38 | 73 | 94 |
| 98 | 48 | 31 | 92 | 47 | 67 | 53 | 54 | 23 | 98 | 83 | 61 | 26 | 29 | 52 | 41 | 20 | 05 | 31 | 63 | 70 |
| 99 | 22 | 90 | 24 | 75 | 75 | 39 | 70 | 50 | 88 | 22 | 61 | 91 | 73 | 34 | 66 | 15 | 98 | 59 | 23 | 12 |
| 100 | 57 | 78 | 78 | 46 | 23 | 82 | 16 | 50 | 08 | 13 | 67 | 00 | 90 | 82 | 06 | 04 | 92 | 31 | 95 | 91 |

### 附表 5　MIL-STD-105D 計數抽樣表

#### (a)樣本代字

| 批量 N | | | 特殊檢驗水準 | | | | 普通檢驗水準 | | |
|---|---|---|---|---|---|---|---|---|---|
| | | | S-1 | S-2 | S-3 | S-4 | I | II | III |
| 2 | ~ | 8 | A | A | A | A | A | A | B |
| 9 | ~ | 15 | A | A | A | A | A | B | C |
| 16 | ~ | 25 | A | A | B | B | B | C | D |
| 26 | ~ | 50 | A | B | B | C | C | D | E |
| 51 | ~ | 90 | B | B | C | C | C | E | F |
| 91 | ~ | 150 | B | B | C | D | D | F | G |
| 151 | ~ | 280 | B | C | D | E | E | G | H |
| 281 | ~ | 500 | B | C | D | E | F | H | J |
| 501 | ~ | 1200 | C | C | E | F | G | J | K |
| 1201 | ~ | 3200 | C | D | E | G | H | K | L |
| 3201 | ~ | 10000 | C | D | F | G | J | L | M |
| 10001 | ~ | 35000 | C | D | F | H | K | M | N |
| 35001 | ~ | 150000 | D | E | G | J | L | N | P |
| 150001 | ~ | 500000 | D | E | G | J | M | P | Q |
| 50001 | 以上 | | D | E | H | K | N | Q | R |

## (b)正常檢驗單次抽樣（主抽樣表）

（AQL）欄下各格為 Ac Re（允收數 拒收數）。

| 樣本代字 | 樣本數 n | 0.010 | 0.015 | 0.025 | 0.040 | 0.065 | 0.10 | 0.15 | 0.25 | 0.40 | 0.65 | 1.0 | 1.5 | 2.5 | 4.0 | 6.5 | 10 | 15 | 25 | 40 | 65 | 100 | 150 | 250 | 400 | 650 | 1000 |
|---|---|---|---|---|---|---|---|---|---|---|---|---|---|---|---|---|---|---|---|---|---|---|---|---|---|---|---|
| A | 2 | ↓ | ↓ | ↓ | ↓ | ↓ | ↓ | ↓ | ↓ | ↓ | ↓ | ↓ | ↓ | ↓ | ↓ | ↓ | ↓ | 0 1 | 1 2 | 2 3 | 3 4 | 5 6 | 7 8 | 10 11 | 14 15 | 21 22 | 30 31 |
| B | 3 | ↓ | ↓ | ↓ | ↓ | ↓ | ↓ | ↓ | ↓ | ↓ | ↓ | ↓ | ↓ | ↓ | ↓ | ↓ | 0 1 | 1 2 | 2 3 | 3 4 | 5 6 | 7 8 | 10 11 | 14 15 | 21 22 | 30 31 | 44 45 |
| C | 5 | ↓ | ↓ | ↓ | ↓ | ↓ | ↓ | ↓ | ↓ | ↓ | ↓ | ↓ | ↓ | ↓ | ↓ | 0 1 | 1 2 | 2 3 | 3 4 | 5 6 | 7 8 | 10 11 | 14 15 | 21 22 | 30 31 | 44 45 | ↑ |
| D | 8 | ↓ | ↓ | ↓ | ↓ | ↓ | ↓ | ↓ | ↓ | ↓ | ↓ | ↓ | ↓ | ↓ | 0 1 | 1 2 | 2 3 | 3 4 | 5 6 | 7 8 | 10 11 | 14 15 | 21 22 | 30 31 | 44 45 | ↑ | ↑ |
| E | 13 | ↓ | ↓ | ↓ | ↓ | ↓ | ↓ | ↓ | ↓ | ↓ | ↓ | ↓ | ↓ | 0 1 | 1 2 | 2 3 | 3 4 | 5 6 | 7 8 | 10 11 | 14 15 | 21 22 | 30 31 | 44 45 | ↑ | ↑ | ↑ |
| F | 20 | ↓ | ↓ | ↓ | ↓ | ↓ | ↓ | ↓ | ↓ | ↓ | ↓ | ↓ | 0 1 | 1 2 | 2 3 | 3 4 | 5 6 | 7 8 | 10 11 | 14 15 | 21 22 | 30 31 | 44 45 | ↑ | ↑ | ↑ | ↑ |
| G | 32 | ↓ | ↓ | ↓ | ↓ | ↓ | ↓ | ↓ | ↓ | ↓ | ↓ | 0 1 | 1 2 | 2 3 | 3 4 | 5 6 | 7 8 | 10 11 | 14 15 | 21 22 | 30 31 | 44 45 | ↑ | ↑ | ↑ | ↑ | ↑ |
| H | 50 | ↓ | ↓ | ↓ | ↓ | ↓ | ↓ | ↓ | ↓ | ↓ | 0 1 | 1 2 | 2 3 | 3 4 | 5 6 | 7 8 | 10 11 | 14 15 | 21 22 | 30 31 | 44 45 | ↑ | ↑ | ↑ | ↑ | ↑ | ↑ |
| J | 80 | ↓ | ↓ | ↓ | ↓ | ↓ | ↓ | ↓ | ↓ | 0 1 | 1 2 | 2 3 | 3 4 | 5 6 | 7 8 | 10 11 | 14 15 | 21 22 | 30 31 | 44 45 | ↑ | ↑ | ↑ | ↑ | ↑ | ↑ | ↑ |
| K | 125 | ↓ | ↓ | ↓ | ↓ | ↓ | ↓ | ↓ | 0 1 | 1 2 | 2 3 | 3 4 | 5 6 | 7 8 | 10 11 | 14 15 | 21 22 | 30 31 | 44 45 | ↑ | ↑ | ↑ | ↑ | ↑ | ↑ | ↑ | ↑ |
| L | 200 | ↓ | ↓ | ↓ | ↓ | ↓ | ↓ | 0 1 | 1 2 | 2 3 | 3 4 | 5 6 | 7 8 | 10 11 | 14 15 | 21 22 | 30 31 | 44 45 | ↑ | ↑ | ↑ | ↑ | ↑ | ↑ | ↑ | ↑ | ↑ |
| M | 315 | ↓ | ↓ | ↓ | ↓ | ↓ | 0 1 | 1 2 | 2 3 | 3 4 | 5 6 | 7 8 | 10 11 | 14 15 | 21 22 | 30 31 | 44 45 | ↑ | ↑ | ↑ | ↑ | ↑ | ↑ | ↑ | ↑ | ↑ | ↑ |
| N | 500 | ↓ | ↓ | ↓ | ↓ | 0 1 | 1 2 | 2 3 | 3 4 | 5 6 | 7 8 | 10 11 | 14 15 | 21 22 | 30 31 | 44 45 | ↑ | ↑ | ↑ | ↑ | ↑ | ↑ | ↑ | ↑ | ↑ | ↑ | ↑ |
| P | 800 | ↓ | ↓ | ↓ | 0 1 | 1 2 | 2 3 | 3 4 | 5 6 | 7 8 | 10 11 | 14 15 | 21 22 | 30 31 | 44 45 | ↑ | ↑ | ↑ | ↑ | ↑ | ↑ | ↑ | ↑ | ↑ | ↑ | ↑ | ↑ |
| Q | 1250 | ↓ | ↓ | 0 1 | 1 2 | 2 3 | 3 4 | 5 6 | 7 8 | 10 11 | 14 15 | 21 22 | 30 31 | 44 45 | ↑ | ↑ | ↑ | ↑ | ↑ | ↑ | ↑ | ↑ | ↑ | ↑ | ↑ | ↑ | ↑ |
| R | 2000 | ↓ | 0 1 | 1 2 | 2 3 | 3 4 | 5 6 | 7 8 | 10 11 | 14 15 | 21 22 | 30 31 | 44 45 | ↑ | ↑ | ↑ | ↑ | ↑ | ↑ | ↑ | ↑ | ↑ | ↑ | ↑ | ↑ | ↑ | ↑ |

↓ ＝採用前頭下第一個抽樣計劃，如樣本大小等於或超過此量時，則用100%檢驗

↑ ＝採用前頭上第一個抽樣計劃

Ac ＝允收數

Re ＝拒收數

## (c)嚴格檢驗單次抽樣（主抽樣表）

(AQL)

各欄數值為 Ac Re（允收數 拒收數），↓=採用箭頭下第一個抽樣計劃，↑=採用箭頭上第一個抽樣計劃。

| 樣本代字 | 樣本數 n | 0.010 | 0.015 | 0.025 | 0.040 | 0.065 | 0.10 | 0.15 | 0.25 | 0.40 | 0.65 | 1.0 | 1.5 | 2.5 | 4.0 | 6.5 | 10 | 15 | 25 | 40 | 65 | 100 | 150 | 250 | 400 | 650 | 1000 |
|---|---|---|---|---|---|---|---|---|---|---|---|---|---|---|---|---|---|---|---|---|---|---|---|---|---|---|---|
| A | 2 | ↓ | ↓ | ↓ | ↓ | ↓ | ↓ | ↓ | ↓ | ↓ | ↓ | ↓ | ↓ | ↓ | ↓ | ↓ | ↓ | ↓ | 0 1 | 1 2 | 2 3 | 3 4 | 5 6 | 8 9 | 12 13 | 18 19 | 27 28 |
| B | 3 | ↓ | ↓ | ↓ | ↓ | ↓ | ↓ | ↓ | ↓ | ↓ | ↓ | ↓ | ↓ | ↓ | ↓ | ↓ | ↓ | 0 1 | 1 2 | 2 3 | 3 4 | 5 6 | 8 9 | 12 13 | 18 19 | 27 28 | 41 42 |
| C | 5 | ↓ | ↓ | ↓ | ↓ | ↓ | ↓ | ↓ | ↓ | ↓ | ↓ | ↓ | ↓ | ↓ | ↓ | ↓ | 0 1 | 1 2 | 2 3 | 3 4 | 5 6 | 8 9 | 12 13 | 18 19 | 27 28 | 41 42 | ↑ |
| D | 8 | ↓ | ↓ | ↓ | ↓ | ↓ | ↓ | ↓ | ↓ | ↓ | ↓ | ↓ | ↓ | ↓ | ↓ | 0 1 | 1 2 | 2 3 | 3 4 | 5 6 | 8 9 | 12 13 | 18 19 | 27 28 | 41 42 | ↑ | ↑ |
| E | 13 | ↓ | ↓ | ↓ | ↓ | ↓ | ↓ | ↓ | ↓ | ↓ | ↓ | ↓ | ↓ | ↓ | 0 1 | 1 2 | 2 3 | 3 4 | 5 6 | 8 9 | 12 13 | 18 19 | 27 28 | 41 42 | ↑ | ↑ | ↑ |
| F | 20 | ↓ | ↓ | ↓ | ↓ | ↓ | ↓ | ↓ | ↓ | ↓ | ↓ | ↓ | ↓ | 0 1 | 1 2 | 2 3 | 3 4 | 5 6 | 8 9 | 12 13 | 18 19 | 27 28 | 41 42 | ↑ | ↑ | ↑ | ↑ |
| G | 32 | ↓ | ↓ | ↓ | ↓ | ↓ | ↓ | ↓ | ↓ | ↓ | ↓ | ↓ | 0 1 | 1 2 | 2 3 | 3 4 | 5 6 | 8 9 | 12 13 | 18 19 | 27 28 | 41 42 | ↑ | ↑ | ↑ | ↑ | ↑ |
| H | 50 | ↓ | ↓ | ↓ | ↓ | ↓ | ↓ | ↓ | ↓ | ↓ | ↓ | 0 1 | 1 2 | 2 3 | 3 4 | 5 6 | 8 9 | 12 13 | 18 19 | 27 28 | 41 42 | ↑ | ↑ | ↑ | ↑ | ↑ | ↑ |
| J | 80 | ↓ | ↓ | ↓ | ↓ | ↓ | ↓ | ↓ | ↓ | ↓ | 0 1 | 1 2 | 2 3 | 3 4 | 5 6 | 8 9 | 12 13 | 18 19 | 27 28 | 41 42 | ↑ | ↑ | ↑ | ↑ | ↑ | ↑ | ↑ |
| K | 125 | ↓ | ↓ | ↓ | ↓ | ↓ | ↓ | ↓ | ↓ | 0 1 | 1 2 | 2 3 | 3 4 | 5 6 | 8 9 | 12 13 | 18 19 | 27 28 | 41 42 | ↑ | ↑ | ↑ | ↑ | ↑ | ↑ | ↑ | ↑ |
| L | 200 | ↓ | ↓ | ↓ | ↓ | ↓ | ↓ | ↓ | 0 1 | 1 2 | 2 3 | 3 4 | 5 6 | 8 9 | 12 13 | 18 19 | 27 28 | 41 42 | ↑ | ↑ | ↑ | ↑ | ↑ | ↑ | ↑ | ↑ | ↑ |
| M | 315 | ↓ | ↓ | ↓ | ↓ | ↓ | ↓ | 0 1 | 1 2 | 2 3 | 3 4 | 5 6 | 8 9 | 12 13 | 18 19 | 27 28 | 41 42 | ↑ | ↑ | ↑ | ↑ | ↑ | ↑ | ↑ | ↑ | ↑ | ↑ |
| N | 500 | ↓ | ↓ | ↓ | ↓ | ↓ | 0 1 | 1 2 | 2 3 | 3 4 | 5 6 | 8 9 | 12 13 | 18 19 | 27 28 | 41 42 | ↑ | ↑ | ↑ | ↑ | ↑ | ↑ | ↑ | ↑ | ↑ | ↑ | ↑ |
| P | 800 | ↓ | ↓ | ↓ | ↓ | 0 1 | 1 2 | 2 3 | 3 4 | 5 6 | 8 9 | 12 13 | 18 19 | 27 28 | 41 42 | ↑ | ↑ | ↑ | ↑ | ↑ | ↑ | ↑ | ↑ | ↑ | ↑ | ↑ | ↑ |
| Q | 1250 | ↓ | ↓ | ↓ | 0 1 | 1 2 | 2 3 | 3 4 | 5 6 | 8 9 | 12 13 | 18 19 | 27 28 | 41 42 | ↑ | ↑ | ↑ | ↑ | ↑ | ↑ | ↑ | ↑ | ↑ | ↑ | ↑ | ↑ | ↑ |
| R | 2000 | ↓ | ↓ | 0 1 | 1 2 | 2 3 | 3 4 | 5 6 | 8 9 | 12 13 | 18 19 | 27 28 | 41 42 | ↑ | ↑ | ↑ | ↑ | ↑ | ↑ | ↑ | ↑ | ↑ | ↑ | ↑ | ↑ | ↑ | ↑ |
| S | 3150 | ↓ | 0 1 | 1 2 | 2 3 | 3 4 | 5 6 | 8 9 | 12 13 | 18 19 | 27 28 | 41 42 | ↑ | ↑ | ↑ | ↑ | ↑ | ↑ | ↑ | ↑ | ↑ | ↑ | ↑ | ↑ | ↑ | ↑ | ↑ |

↓ ＝採用箭頭下第一個抽樣計劃，如樣本大小等於或超過批量時，則用100%檢驗

↑ ＝採用箭頭上第一個抽樣計劃

Ac ＝允收數

Re ＝拒收數

### (d)減量檢驗單次抽樣（主抽樣表）

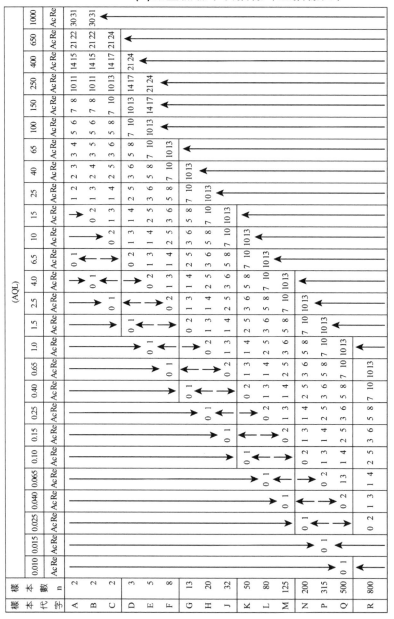

↓ = 採用箭頭下第一個抽樣計劃，如樣本大小等於或超過此量時，則用100%

↑ = 採用箭頭上第一個抽樣計劃

Ac = 允收數

Re = 拒收數

+ = 如不良數超過允收數，但尚未達到拒收數時，可允收該批，惟以後須回復到正常檢驗

## (e)正常檢驗雙次抽樣

| 樣本代字 | 樣本 | 樣本數 n | 累積本樣數 | (AQL) | | | | | | | | | | |
|---|---|---|---|---|---|---|---|---|---|---|---|---|---|---|
| | | | | 0.010 | 0.015 | 0.025 | 0.040 | 0.065 | 0.10 | 0.15 | 0.25 | 0.40 | 0.65 | 1.0 |
| | | | | Ac Re | Ac Re | Ac Re | Ac Re | Ac Re | Ac Re | Ac Re | Ac Re | Ac Re | Ac Re | Ac Re |
| A | | | | | | | | | | | | | | |
| B | 第1 第2 | 2 2 | 2 4 | | | | | | | | | | | |
| C | 第1 第2 | 3 3 | 3 6 | | | | | | | | | | | |
| D | 第1 第2 | 5 5 | 5 10 | | | | | | | | | | | |
| E | 第1 第2 | 8 8 | 8 16 | | | | | | | | | | | * |
| F | 第1 第2 | 13 13 | 13 26 | | | | | | | | | | * | |
| G | 第1 第2 | 20 20 | 20 40 | | | | | | | | | * | | |
| H | 第1 第2 | 32 32 | 32 64 | | | | | | | | * | | | 0 2 1 2 |
| J | 第1 第2 | 50 50 | 50 100 | | | | | | | * | | | 0 2 1 2 | 0 3 3 4 |
| K | 第1 第2 | 80 80 | 80 160 | | | | | | * | | | 0 2 1 2 | 0 3 3 4 | 1 4 4 5 |
| L | 第1 第2 | 125 125 | 125 250 | | | | | * | | | 0 2 1 2 | 0 3 3 4 | 1 4 4 5 | 2 5 6 7 |
| M | 第1 第2 | 200 200 | 200 400 | | | | * | | | 0 2 1 2 | 0 3 3 4 | 1 4 4 5 | 2 5 6 7 | 3 7 8 9 |
| N | 第1 第2 | 315 315 | 315 630 | | | * | | | 0 2 1 2 | 0 3 3 4 | 1 4 4 5 | 2 5 6 7 | 3 7 8 9 | 5 9 12 13 |
| P | 第1 第2 | 500 500 | 500 1000 | | * | | | 0 2 1 2 | 0 3 3 4 | 1 4 4 5 | 2 5 6 7 | 3 7 8 9 | 5 9 12 13 | 7 11 18 19 |
| Q | 第1 第2 | 800 800 | 800 1600 | * | | | 0 2 1 2 | 0 3 3 4 | 1 4 4 5 | 2 5 6 7 | 3 7 8 9 | 5 9 12 13 | 7 11 18 19 | 11 16 26 27 |
| R | 第1 第2 | 1250 1250 | 1250 2500 | | | 0 2 1 2 | 0 3 3 4 | 1 4 4 5 | 2 5 6 7 | 3 7 8 9 | 5 9 12 13 | 7 11 18 19 | 11 16 26 27 | |

↓ =採用箭頭下第一個抽樣計劃，如樣本大小等於或超過此量時，則用 100% 檢驗

↑ =採用箭頭上第一個抽樣計劃

Ac =允收數

Re =拒收數

 * =採用對應的單次抽樣計劃（或採用下面的雙次抽樣計劃）

## (e)正常檢驗雙次抽樣（續）

表中 (AQL) 各欄位下之數值，上列為第一次抽樣之 Ac Re，下列為累計第二次抽樣之 Ac Re。
↓ 使用箭頭下第一個抽樣計畫；↑ 使用箭頭上第一個抽樣計畫；* 使用對應之單次抽樣計畫。

| (AQL) | | | | | | | | | | | | | | |
|---|---|---|---|---|---|---|---|---|---|---|---|---|---|---|
| 1.5 | 2.5 | 4.0 | 6.5 | 10 | 15 | 25 | 40 | 65 | 100 | 150 | 250 | 400 | 650 | 1000 |
| Ac Re | Ac Re | Ac Re | Ac Re | Ac Re | Ac Re | Ac Re | Ac Re | Ac Re | Ac Re | Ac Re | Ac Re | Ac Re | Ac Re | Ac Re |
| ↓ | ↓ | ↓ | * | ↓ | * | * | * | * | * | * | * | * | * | * |
| ↓ | ↓ | * | ↑ | ↓ | 0 2 / 1 2 | 0 3 / 3 4 | 1 4 / 4 5 | 2 5 / 6 7 | 3 7 / 8 9 | 5 9 / 12 13 | 7 11 / 18 19 | 11 16 / 26 27 | 17 22 / 37 38 | 25 31 / 56 57 |
| * | ↓ | ↑ | ↓ | 0 2 / 1 2 | 0 3 / 3 4 | 1 4 / 4 5 | 2 5 / 6 7 | 3 7 / 8 9 | 5 9 / 12 13 | 7 11 / 18 19 | 11 16 / 26 27 | 17 22 / 37 38 | 25 31 / 56 57 | ↑ |
| ↑ | ↓ | ↓ | 0 2 / 1 2 | 0 3 / 3 4 | 1 4 / 4 5 | 2 5 / 6 7 | 3 7 / 8 9 | 5 9 / 12 13 | 7 11 / 18 19 | 11 16 / 26 27 | 17 22 / 37 38 | 25 31 / 56 57 | ↑ | ↑ |
| ↓ | ↑ | 0 2 / 1 2 | 0 3 / 3 4 | 1 4 / 4 5 | 2 5 / 6 7 | 3 7 / 8 9 | 5 9 / 12 13 | 7 11 / 18 19 | 11 16 / 26 27 | 17 22 / 37 38 | 25 31 / 56 57 | ↑ | | |
| ↑ | 0 2 / 1 2 | 0 3 / 3 4 | 1 4 / 4 5 | 2 5 / 6 7 | 3 7 / 8 9 | 5 9 / 12 13 | 7 11 / 18 19 | 11 16 / 26 27 | 17 22 / 37 38 | 25 31 / 56 57 | ↑ | | | |
| 0 2 / 1 2 | 0 3 / 3 4 | 1 4 / 4 5 | 2 5 / 6 7 | 3 7 / 8 9 | 5 9 / 12 13 | 7 11 / 18 19 | 11 16 / 26 27 | 17 22 / 37 38 | 25 31 / 56 57 | ↑ | | | | |
| 0 3 / 3 4 | 1 4 / 4 5 | 2 5 / 6 7 | 3 7 / 8 9 | 5 9 / 12 13 | 7 11 / 18 19 | 11 16 / 26 27 | 17 22 / 37 38 | 25 31 / 56 57 | ↑ | | | | | |
| 1 4 / 4 5 | 2 5 / 6 7 | 3 7 / 8 9 | 5 9 / 12 13 | 7 11 / 18 19 | 11 16 / 26 27 | 17 22 / 37 38 | 25 31 / 56 57 | ↑ | | | | | | |
| 2 5 / 6 7 | 3 7 / 8 9 | 5 9 / 12 13 | 7 11 / 18 19 | 11 16 / 26 27 | 17 22 / 37 38 | 25 31 / 56 57 | ↑ | | | | | | | |
| 3 7 / 8 9 | 5 9 / 12 13 | 7 11 / 18 19 | 11 16 / 26 27 | 17 22 / 37 38 | 25 31 / 56 57 | ↑ | | | | | | | | |
| 5 9 / 12 13 | 7 11 / 18 19 | 11 16 / 26 27 | 17 22 / 37 38 | 25 31 / 56 57 | ↑ | | | | | | | | | |
| 7 11 / 18 19 | 11 16 / 26 27 | 17 22 / 37 38 | 25 31 / 56 57 | ↑ | | | | | | | | | | |
| 11 16 / 26 27 | 17 22 / 37 38 | 25 31 / 56 57 | ↑ | | | | | | | | | | | |
| ↑ | ↑ | ↑ | ↑ | ↑ | ↑ | ↑ | ↑ | ↑ | ↑ | ↑ | ↑ | ↑ | ↑ | ↑ |

## (f)嚴格檢驗雙次抽樣（主抽樣表）

| 樣本代字 | 樣本 | 樣本數 n | 累積樣數 | 0.010 | | 0.015 | | 0.025 | | 0.040 | | 0.065 | | 0.10 | | 0.15 | | 0.25 | | 0.40 | | 0.65 | | 1.0 | |
|---|---|---|---|---|---|---|---|---|---|---|---|---|---|---|---|---|---|---|---|---|---|---|---|---|---|
| | | | | Ac | Re | Ac | Re | Ac | Re | Ac | Re | Ac | Re | Ac | Re | Ac | Re | Ac | Re | Ac | Re | Ac | Re | Ac | Re |
| A | | | | ↓ | | ↓ | | ↓ | | ↓ | | ↓ | | ↓ | | ↓ | | ↓ | | ↓ | | ↓ | | ↓ | |
| B | 第1 | 2 | 2 | ↓ | | ↓ | | ↓ | | ↓ | | ↓ | | ↓ | | ↓ | | ↓ | | ↓ | | ↓ | | ↓ | |
| | 第2 | 2 | 4 | | | | | | | | | | | | | | | | | | | | | | |
| C | 第1 | 3 | 3 | ↓ | | ↓ | | ↓ | | ↓ | | ↓ | | ↓ | | ↓ | | ↓ | | ↓ | | ↓ | | ↓ | |
| | 第2 | 3 | 6 | | | | | | | | | | | | | | | | | | | | | | |
| D | 第1 | 5 | 5 | ↓ | | ↓ | | ↓ | | ↓ | | ↓ | | ↓ | | ↓ | | ↓ | | ↓ | | ↓ | | ↓ | |
| | 第2 | 5 | 10 | | | | | | | | | | | | | | | | | | | | | | |
| E | 第1 | 8 | 8 | ↓ | | ↓ | | ↓ | | ↓ | | ↓ | | ↓ | | ↓ | | ↓ | | ↓ | | ↓ | | ↓ | |
| | 第2 | 8 | 16 | | | | | | | | | | | | | | | | | | | | | | |
| F | 第1 | 13 | 13 | ↓ | | ↓ | | ↓ | | ↓ | | ↓ | | ↓ | | ↓ | | ↓ | | ↓ | | ↓ | | * | |
| | 第2 | 13 | 26 | | | | | | | | | | | | | | | | | | | | | | |
| G | 第1 | 20 | 20 | ↓ | | ↓ | | ↓ | | ↓ | | ↓ | | ↓ | | ↓ | | ↓ | | ↓ | | * | | ↓ | |
| | 第2 | 20 | 40 | | | | | | | | | | | | | | | | | | | | | | |
| H | 第1 | 32 | 32 | ↓ | | ↓ | | ↓ | | ↓ | | ↓ | | ↓ | | ↓ | | ↓ | | * | | ↓ | | ↓ | |
| | 第2 | 32 | 64 | | | | | | | | | | | | | | | | | | | | | | |
| J | 第1 | 50 | 50 | ↓ | | ↓ | | ↓ | | ↓ | | ↓ | | ↓ | | ↓ | | * | | ↓ | | ↓ | | 0 | 2 |
| | 第2 | 50 | 100 | | | | | | | | | | | | | | | | | | | | | 1 | 2 |
| K | 第1 | 80 | 80 | ↓ | | ↓ | | ↓ | | ↓ | | ↓ | | ↓ | | * | | ↓ | | ↓ | | 0 | 2 | 0 | 3 |
| | 第2 | 80 | 160 | | | | | | | | | | | | | | | | | | | 1 | 2 | 3 | 4 |
| L | 第1 | 125 | 125 | ↓ | | ↓ | | ↓ | | ↓ | | ↓ | | * | | ↓ | | ↓ | | 0 | 2 | 0 | 3 | 1 | 4 |
| | 第2 | 125 | 250 | | | | | | | | | | | | | | | | | 1 | 2 | 3 | 4 | 4 | 5 |
| M | 第1 | 200 | 200 | ↓ | | ↓ | | ↓ | | ↓ | | * | | ↓ | | ↓ | | 0 | 2 | 0 | 3 | 1 | 4 | 2 | 5 |
| | 第2 | 200 | 400 | | | | | | | | | | | | | | | 1 | 2 | 3 | 4 | 4 | 5 | 6 | 7 |
| N | 第1 | 315 | 315 | ↓ | | ↓ | | ↓ | | * | | ↓ | | ↓ | | 0 | 2 | 0 | 3 | 1 | 4 | 2 | 5 | 3 | 7 |
| | 第2 | 315 | 630 | | | | | | | | | | | | | 1 | 2 | 3 | 4 | 4 | 5 | 6 | 7 | 11 | 12 |
| P | 第1 | 500 | 500 | ↓ | | ↓ | | * | | ↓ | | ↓ | | 0 | 2 | 0 | 3 | 1 | 4 | 2 | 5 | 3 | 7 | 6 | 10 |
| | 第2 | 500 | 1000 | | | | | | | | | | | 1 | 2 | 3 | 4 | 4 | 5 | 6 | 7 | 11 | 12 | 15 | 16 |
| Q | 第1 | 800 | 800 | ↓ | | * | | ↓ | | ↓ | | 0 | 2 | 0 | 3 | 1 | 4 | 2 | 5 | 3 | 7 | 6 | 10 | 9 | 14 |
| | 第2 | 800 | 1600 | | | | | | | | | 1 | 2 | 3 | 4 | 4 | 5 | 6 | 7 | 11 | 12 | 15 | 16 | 23 | 24 |
| R | 第1 | 1250 | 1250 | * | | ↑ | | ↓ | | 0 | 2 | 0 | 3 | 1 | 4 | 2 | 5 | 3 | 7 | 6 | 10 | 9 | 14 | ↑ | |
| | 第2 | 1250 | 2500 | | | | | | | 1 | 2 | 3 | 4 | 4 | 5 | 6 | 7 | 11 | 12 | 15 | 16 | 23 | 24 | | |
| S | 第1 | 2000 | 2000 | ↑ | | ↑ | | 0 | 2 | ↑ | | ↑ | | ↑ | | ↑ | | ↑ | | ↑ | | ↑ | | ↑ | |
| | 第2 | 2000 | 4000 | | | | | 1 | 2 | | | | | | | | | | | | | | | | |

↓＝採用箭頭下第一個抽樣計劃，如樣本大小等於或超過量時，則用 100% 檢驗

↑＝採用箭頭上第一個抽樣計劃

Ac＝允收數

Re＝拒收數

＊＝採用對應的單次抽樣計劃（或採用下面的多次抽樣計劃）

## (f)嚴格檢驗雙次抽樣（主抽樣表）（續）

(AQL) — 各欄數值為「Ac Re」，每組上列為第一次抽樣、下列為累計第二次抽樣。

| 1.5 | 2.5 | 4.0 | 6.5 | 10 | 15 | 25 | 40 | 65 | 100 | 150 | 250 | 400 | 650 | 1000 |
|---|---|---|---|---|---|---|---|---|---|---|---|---|---|---|
| ↓ | ↓ | ↓ | ↓ | ↓ | ↓ | ↓ | * | * | * | * | * | * | * | * |
| ↓ | ↓ | ↓ | * | ↓ | ↓ | 0 2 | 0 3 | 1 4 | 2 5 | 3 7 | 6 10 | 9 14 | 15 20 | 23 29 |
|  |  |  |  |  |  | 1 2 | 3 4 | 4 5 | 6 7 | 11 12 | 15 16 | 23 24 | 34 35 | 52 53 |
| ↓ | ↓ | * | ↓ | ↓ | 0 2 | 0 3 | 1 4 | 2 5 | 3 7 | 6 10 | 9 14 | 15 20 | 23 29 | ↑ |
|  |  |  |  |  | 1 2 | 3 4 | 4 5 | 6 7 | 11 12 | 15 16 | 23 24 | 34 35 | 52 53 |  |
| ↓ | * | ↓ | ↓ | 0 2 | 0 3 | 1 4 | 2 5 | 3 7 | 6 10 | 9 14 | 15 20 | 23 29 | ↑ |  |
|  |  |  |  | 1 2 | 3 4 | 4 5 | 6 7 | 11 12 | 15 16 | 23 24 | 34 35 | 52 53 |  |  |
| * | ↓ | ↓ | 0 2 | 0 3 | 1 4 | 2 5 | 3 7 | 6 10 | 9 14 | 15 20 | 23 29 | ↑ |  |  |
|  |  |  | 1 2 | 3 4 | 4 5 | 6 7 | 11 12 | 15 16 | 23 24 | 34 35 | 52 53 |  |  |  |
| ↓ | ↓ | 0 2 | 0 3 | 1 4 | 2 5 | 3 7 | 6 10 | 9 14 | ↑ |  |  |  |  |  |
|  |  | 1 2 | 3 4 | 4 5 | 6 7 | 11 12 | 15 16 | 23 24 |  |  |  |  |  |  |
| ↓ | 0 2 | 0 3 | 1 4 | 2 5 | 3 7 | 6 10 | 9 14 | ↑ |  |  |  |  |  |  |
|  | 1 2 | 3 4 | 4 5 | 6 7 | 11 12 | 15 16 | 23 24 |  |  |  |  |  |  |  |
| 0 2 | 0 3 | 1 4 | 2 5 | 3 7 | 6 10 | 9 14 | ↑ |  |  |  |  |  |  |  |
| 1 2 | 3 4 | 4 5 | 6 7 | 11 12 | 15 16 | 23 24 |  |  |  |  |  |  |  |  |
| 0 3 | 1 4 | 2 5 | 3 7 | 6 10 | 9 14 | ↑ |  |  |  |  |  |  |  |  |
| 3 4 | 4 5 | 6 7 | 11 12 | 15 16 | 23 24 |  |  |  |  |  |  |  |  |  |
| 1 4 | 2 5 | 3 7 | 6 10 | 9 14 | ↑ |  |  |  |  |  |  |  |  |  |
| 4 5 | 6 7 | 11 12 | 15 16 | 23 24 |  |  |  |  |  |  |  |  |  |  |
| 2 5 | 3 7 | 6 10 | 9 14 | ↑ |  |  |  |  |  |  |  |  |  |  |
| 6 7 | 11 12 | 15 16 | 23 24 |  |  |  |  |  |  |  |  |  |  |  |
| 3 7 | 6 10 | 9 14 | ↑ |  |  |  |  |  |  |  |  |  |  |  |
| 11 12 | 15 16 | 23 24 |  |  |  |  |  |  |  |  |  |  |  |  |
| 6 10 | 9 14 | ↑ |  |  |  |  |  |  |  |  |  |  |  |  |
| 15 16 | 23 24 |  |  |  |  |  |  |  |  |  |  |  |  |  |
| 9 14 | ↑ |  |  |  |  |  |  |  |  |  |  |  |  |  |
| 23 24 |  |  |  |  |  |  |  |  |  |  |  |  |  |  |
| ↑ |  |  |  |  |  |  |  |  |  |  |  |  |  |  |

## (g)減量檢驗雙次抽樣（主抽樣表）

| 樣本代字 | 樣本 | 樣本數 n | 累積樣本數 | 0.010 Ac | Re | 0.015 Ac | Re | 0.025 Ac | Re | 0.040 Ac | Re | 0.065 Ac | Re | 0.10 Ac | Re | 0.15 Ac | Re | 0.25 Ac | Re | 0.40 Ac | Re | 0.65 Ac | Re | 1.0 Ac | Re |
|---|---|---|---|---|---|---|---|---|---|---|---|---|---|---|---|---|---|---|---|---|---|---|---|---|---|
| A | | | | | | | | | | | | | | | | | | | | | | | | ↓ | |
| B | | | | | | | | | | | | | | | | | | | | | | | | | |
| C | | | | | | | | | | | | | | | | | | | | | | | | | |
| D 第1 | 第1 | 2 | 2 | | | | | | | | | | | | | | | | | | | | | ↓ | |
| D 第2 | 第2 | 2 | 4 | | | | | | | | | | | | | | | | | | | | | | |
| E 第1 | 第1 | 3 | 3 | | | | | | | | | | | | | | | | | | | ↓ | | * | |
| E 第2 | 第2 | 3 | 6 | | | | | | | | | | | | | | | | | | | | | | |
| F 第1 | 第1 | 5 | 5 | | | | | | | | | | | | | | | | | ↓ | | * | | ↑ | |
| F 第2 | 第2 | 5 | 10 | | | | | | | | | | | | | | | | | | | | | | |
| G 第1 | 第1 | 20 | 20 | | | | | | | | | | | | | | | ↓ | | * | | ↑ | | ↓ | |
| G 第2 | 第2 | 20 | 40 | | | | | | | | | | | | | | | | | | | | | | |
| H 第1 | 第1 | 13 | 13 | | | | | | | | | | | | | | | * | | ↑ | | ↓ | | 0 | 2 |
| H 第2 | 第2 | 13 | 26 | | | | | | | | | | | | | ↓ | | | | | | | | | 0 | 2 |
| J 第1 | 第1 | 20 | 20 | | | | | | | | | | | | | * | | ↑ | | 0 | 2 | 0 | 3 | | |
| J 第2 | 第2 | 20 | 40 | | | | | | | | | | | ↓ | | | | | | 0 | 2 | 0 | 4 | | |
| K 第1 | 第1 | 32 | 32 | | | | | | | | | | | * | | ↑ | | 0 | 2 | 0 | 3 | 0 | 4 | | |
| K 第2 | 第2 | 32 | 64 | | | | | | | | | | | | | 0 | 2 | 0 | 4 | 1 | 5 | | | | |
| L 第1 | 第1 | 50 | 50 | | | | | | | | | * | | ↑ | | 0 | 2 | 0 | 3 | 0 | 4 | 0 | 4 | | |
| L 第2 | 第2 | 50 | 100 | | | | | | | ↓ | | | | | | 0 | 2 | 0 | 4 | 1 | 5 | 3 | 6 | | |
| M 第1 | 第1 | 80 | 80 | | | | | | | * | | ↑ | | 0 | 2 | 0 | 3 | 0 | 4 | 0 | 4 | 1 | 5 | | |
| M 第2 | 第2 | 80 | 160 | | | | | ↓ | | | | ↓ | | 0 | 2 | 0 | 4 | 1 | 5 | 3 | 6 | 4 | 7 | | |
| N 第1 | 第1 | 125 | 125 | | | | | * | | ↑ | | 0 | 2 | 0 | 3 | 0 | 4 | 0 | 4 | 1 | 5 | 2 | 7 | | |
| N 第2 | 第2 | 125 | 250 | | | ↓ | | | | | | 0 | 2 | 0 | 4 | 1 | 5 | 3 | 6 | 4 | 7 | 6 | 9 | | |
| P 第1 | 第1 | 200 | 200 | | | * | | ↑ | | 0 | 2 | 0 | 3 | 0 | 4 | 0 | 4 | 1 | 5 | 2 | 7 | 3 | 8 | | |
| P 第2 | 第2 | 200 | 400 | ↓ | | | | | | 0 | 2 | 0 | 4 | 1 | 5 | 3 | 6 | 4 | 7 | 6 | 9 | 8 | 12 | | |
| Q 第1 | 第1 | 315 | 315 | * | | ↑ | | 0 | 2 | 0 | 3 | 0 | 4 | 0 | 4 | 1 | 5 | 2 | 7 | 3 | 8 | 5 | 10 | | |
| Q 第2 | 第2 | 315 | 630 | | | | | 0 | 2 | 0 | 4 | 1 | 5 | 3 | 6 | 4 | 7 | 6 | 9 | 8 | 12 | 12 | 16 | | |
| R 第1 | 第1 | 500 | 500 | ↑ | | 0 | 2 | 0 | 3 | 0 | 4 | 0 | 4 | 1 | 5 | 2 | 7 | 3 | 8 | 5 | 10 | ↑ | | | |
| R 第2 | 第2 | 500 | 1000 | | | 0 | 2 | 0 | 4 | 1 | 5 | 3 | 6 | 4 | 7 | 6 | 9 | 8 | 12 | 12 | 16 | | | | |

↓＝採用箭頭下第一個抽樣計劃，如樣本大小等於或超過此量時，則用 100% 檢驗

↑＝採用箭頭上第一個抽樣計劃

Ac＝允收數

Re＝拒收數

＊＝採用對應的單次抽樣計劃（或採用下面的雙次抽樣計劃）

＊＝如在第二個樣本以後，不良數超過允收數，但尚未達到拒收數時，可允收該批，惟以後須回復到正常檢驗

## (g)減量檢驗雙次抽樣（主抽樣表）（續）

| | (AQL) | | | | | | | | | | | | | |
|---|---|---|---|---|---|---|---|---|---|---|---|---|---|---|
| 1.5 | 2.5 | 4.0 | 6.5 | 10 | 15 | 25 | 40 | 65 | 100 | 150 | 250 | 400 | 650 | 1000 |
| Ac Re | Ac Re | Ac Re | Ac Re | Ac Re | Ac Re | Ac Re | Ac Re | Ac Re | Ac Re | Ac Re | Ac Re | Ac Re | Ac Re | Ac Re |
| ↓ | ↓ * | ↓ * ↑ | * * ↑ | ↓ | ↓ * | * | * | * | * | * | * | * | * * | * ↑ |
| * | ↑ | ↓ | 0 2 / 0 2 | 0 3 / 0 4 | 0 4 / 1 5 | 0 4 / 3 6 | 1 5 / 4 7 | 2 7 / 6 9 | 3 8 / 8 12 | 5 10 / 12 16 | 7 12 / 18 22 | 11 17 / 26 30 | ↑ | ↑ |
| ↑ | ↓ | 0 2 / 0 2 | 0 3 / 0 4 | 0 4 / 1 5 | 0 4 / 3 6 | 1 5 / 4 7 | 2 7 / 6 9 | 3 8 / 8 12 | 5 10 / 12 16 | 7 12 / 18 22 | 11 17 / 26 30 | ↑ | | |
| ↓ | 0 2 / 0 2 | 0 3 / 0 4 | 0 4 / 1 5 | 0 4 / 3 6 | 1 5 / 4 7 | 2 7 / 6 9 | 3 8 / 8 12 | 5 10 / 12 16 | ↑ | ↑ | ↑ | | | |
| 0 2 / 0 2 | 0 3 / 0 4 | 0 4 / 1 5 | 0 4 / 3 6 | 1 5 / 4 7 | 2 7 / 6 9 | 3 8 / 8 12 | 5 10 / 12 16 | ↑ | | | | | | |
| 0 3 / 0 4 | 0 4 / 1 5 | 0 4 / 3 6 | 1 5 / 4 7 | 2 7 / 6 9 | 3 8 / 8 12 | 5 10 / 12 16 | ↑ | | | | | | | |
| 0 4 / 1 5 | 0 4 / 3 6 | 1 5 / 4 7 | 2 7 / 6 9 | 3 8 / 8 12 | 5 10 / 12 16 | ↑ | | | | | | | | |
| 0 4 / 3 6 | 1 5 / 4 7 | 2 7 / 6 9 | 3 8 / 8 12 | 5 10 / 12 16 | ↑ | | | | | | | | | |
| 1 5 / 4 7 | 2 7 / 6 9 | 3 8 / 8 12 | 5 10 / 12 16 | ↑ | | | | | | | | | | |
| 2 7 / 6 9 | 3 8 / 8 12 | 5 10 / 12 16 | ↑ | | | | | | | | | | | |
| 3 8 / 8 12 | 5 10 / 12 16 | ↑ | | | | | | | | | | | | |
| 5 10 / 12 16 | ↑ | | | | | | | | | | | | | |
| ↑ | | | | | | | | | | | | | | |

## 附表 6 不同冒險率不同抽樣計畫樣品數表

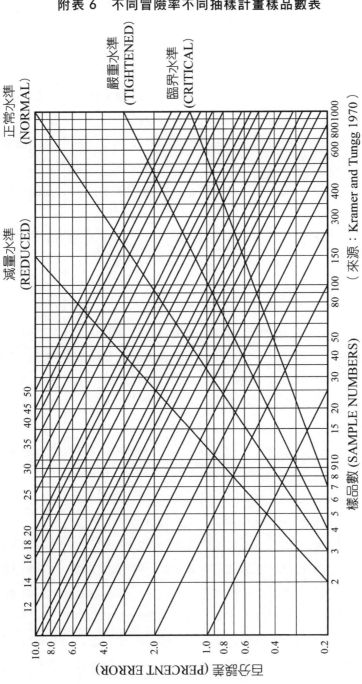

## 附表 7　JIS Z9004 計數調整型單次抽樣表（未知 $\sigma$）

| $P_0$ n | 0.1 | | 0.15 | | 0.2 | | 0.3 | | 0.5 | | 0.7 | | 1.0 | |
|---|---|---|---|---|---|---|---|---|---|---|---|---|---|---|
| | $p_1$ | k | $p_1$ | k | $p_1$ | k | $p_1$ | k | $p_1$ | k | $p_1$ | k | $p_1$ | k |
| 5 | 21.0 | 1.81 | 22.0 | 1.73 | 24.0 | 1.66 | 25.0 | 1.57 | 28.0 | 1.45 | 30.0 | 1.37 | 32.0 | 1.28 |
| 6 | 17.0 | 1.90 | 18.0 | .82 | 19.0 | 1.75 | 21.0 | 1.65 | 24.0 | 1.53 | 25.0 | 1.44 | 28.0 | 1.35 |
| 7 | 14.0 | 1.97 | 15.0 | 1.89 | 16.0 | 1.82 | 18.0 | 1.72 | 20.0 | 1.59 | 22.0 | 1.51 | 24.0 | 1.41 |
| 8 | 12.0 | 2.82 | 13.0 | 1.95 | 14.0 | 1.87 | 16.0 | 1.77 | 17.0 | 1.64 | 20.0 | 1.56 | 22.0 | 1.46 |
| 9 | 10.0 | 2.07 | 11.0 | 2.00 | 12.0 | 1.92 | 14.0 | 1.82 | 15.0 | 1.69 | 18.0 | 1.60 | 20.0 | 1.50 |
| 10 | 9.0 | 2.12 | 9.7 | 2.04 | 11.0 | 1.96 | 12.0 | 1.86 | 14.0 | 1.73 | 16.0 | 1.64 | 18.0 | 1.54 |
| 11 | 7.7 | 2.16 | 8.6 | 2.08 | 9.6 | 1.99 | 11.0 | 1.89 | 13.0 | 1.76 | 15.0 | 1.68 | 16.0 | 1.57 |
| 12 | 6.9 | 2.19 | 7.7 | 2.11 | 8.7 | 2.02 | 10.0 | 1.92 | 12.0 | 1.79 | 13.5 | 1.71 | 15.0 | 1.60 |
| 13 | 6.2 | 2.22 | 7.0 | 2.14 | 8.0 | 2.05 | 9.2 | 1.95 | 11.2 | 1.81 | 12.6 | 1.73 | 14.0 | 1.62 |
| 14 | 5.7 | 2.24 | 6.4 | 2.16 | 7.4 | 2.08 | 8.5 | 1.97 | 10.4 | 1.83 | 11.7 | 1.75 | 13.4 | 1.64 |
| 15 | 5.2 | 2.27 | 5.9 | 2.18 | 6.8 | 2.10 | 7.9 | 1.99 | 9.7 | 1.85 | 11.1 | 1.77 | 12.7 | 1.66 |
| 16 | 4.8 | 2.29 | 5.5 | 2.20 | 6.3 | 2.12 | 7.4 | 2.01 | 9.1 | 1.87 | 10.5 | 1.78 | 12.1 | 1.68 |
| 17 | 4.5 | 2.31 | 5.1 | 2.22 | 5.9 | 2.14 | 7.0 | 2.03 | 8.6 | 1.89 | 9.9 | 1.80 | 11.5 | 1.70 |
| 18 | 4.2 | 2.33 | 4.8 | 2.24 | 5.6 | 2.16 | 6.6 | 2.05 | 8.2 | 1.91 | 9.4 | 1.82 | 11.0 | 1.71 |
| 19 | 3.9 | 2.35 | 4.5 | 2.26 | 5.3 | 2.18 | 6.2 | 2.07 | 7.8 | 1.93 | 9.0 | 1.83 | 10.6 | 1.73 |
| 20 | 3.7 | 2.36 | 4.2 | 2.28 | 5.0 | 2.19 | 5.9 | 2.09 | 7.5 | 1.94 | 8.6 | 1.85 | 10.2 | 1.74 |
| 21 | 3.5 | 2.38 | 4.0 | 2.30 | 4.7 | 2.21 | 5.6 | 2.10 | 7.2 | 1.95 | 8.3 | 1.86 | 9.8 | 1.75 |
| 22 | 3.3 | 2.39 | 3.8 | 2.31 | 4.5 | 2.22 | 5.3 | 2.11 | 6.9 | 1.97 | 8.0 | 1.87 | 9.4 | 1.76 |
| 23 | 3.1 | 2.40 | 3.6 | 2.32 | 4.3 | 2.23 | 5.1 | 2.12 | 6.6 | 1.98 | 7.7 | 1.88 | 9.1 | 1.77 |
| 24 | 3.0 | 2.41 | 3.4 | 2.33 | 4.1 | 2.24 | 4.9 | 2.13 | 6.3 | 1.99 | 7.4 | 1.89 | 8.8 | 1.77 |
| 25 | 2.8 | 2.42 | 3.3 | 2.34 | 3.9 | 2.25 | 4.7 | 2.14 | 6.1 | 2.00 | 7.1 | 1.90 | 8.5 | 1.79 |
| 26 | 2.7 | 2.43 | 3.2 | 2.35 | 3.7 | 2.26 | 4.5 | 2.15 | 5.9 | 2.01 | 6.9 | 1.91 | 8.3 | 1.80 |
| 27 | 2.6 | 2.44 | 3.1 | 2.36 | 3.6 | 2.27 | 4.3 | 2.16 | 5.7 | 2.02 | 6.7 | 1.92 | 8.1 | 1.81 |
| 28 | 2.5 | 2.45 | 3.0 | 2.37 | 3.5 | 2.28 | 4.2 | 2.17 | 5.5 | 2.02 | 6.5 | 1.93 | 7.9 | 1.82 |

### 附表 7　JIS Z9004 計數調整型單次抽樣表（未知 $\sigma$）（續）

| P₀ | 0.1 | | 0.15 | | 0.2 | | 0.3 | | 0.5 | | 0.7 | | 1.0 | |
|---|---|---|---|---|---|---|---|---|---|---|---|---|---|---|
| n | p₁ | k | p₁ | k | p₁ | k | p₁ | k | p₁ | k | p₁ | k | p₁ | k |
| 29 | 2.4 | 2.46 | 2.9 | 2.38 | 3.4 | 2.29 | 4.1 | 2.18 | 5.3 | 2.03 | 6.3 | 1.93 | 7.7 | 1.82 |
| 30 | 2.3 | 2.47 | 2.8 | 2.39 | 3.3 | 2.30 | 4.0 | 2.19 | 5.1 | 2.04 | 6.1 | 1.94 | 7.5 | 1.83 |
| 35 | 1.9 | 2.52 | 2.3 | 2.43 | 2.7 | 2.34 | 3.4 | 2.22 | 4.6 | 2.07 | 5.6 | 1.97 | 6.7 | 1.86 |
| 40 | 1.7 | 2.55 | 2.0 | 2.46 | 2.4 | 2.37 | 3.1 | 2.25 | 4.1 | 2.10 | 5.0 | 2.00 | 6.1 | 1.89 |
| 45 | 1.5 | 2.58 | 1.8 | 2.49 | 2.2 | 2.39 | 2.8 | 2.28 | 3.8 | 2.13 | 4.6 | 2.02 | 5.7 | 1.91 |
| 50 | 1.3 | 2.60 | 1.6 | 2.51 | 2.0 | 2.41 | 2.5 | 2.30 | 3.5 | 2.15 | 4.2 | 2.04 | 5.3 | 1.93 |
| 55 | 1.2 | 2.62 | 1.5 | 2.53 | 1.8 | 2.43 | 2.3 | 2.32 | 3.3 | 2.17 | 3.9 | 2.06 | 4.9 | 1.95 |
| 60 | 1.1 | 2.64 | 1.4 | 2.55 | 1.7 | 2.45 | 2.2 | 2.34 | 3.1 | 2.19 | 3.7 | 2.08 | 4.7 | 1.96 |
| 65 | 1.0 | 2.60 | 1.3 | 2.57 | 1.6 | 2.47 | 2.1 | 2.35 | 2.9 | 2.20 | 3.5 | 2.09 | 4.5 | 1.97 |
| 70 | 1.0 | 2.67 | 1.2 | 2.58 | 1.5 | 2.48 | 2.0 | 2.36 | 2.7 | 2.21 | 3.3 | 2.10 | 4.3 | 1.98 |
| 75 | 0.9 | 2.68 | 1.1 | 2.59 | 1.4 | 2.49 | 1.9 | 2.37 | 2.6 | 2.22 | 3.2 | 2.11 | 4.1 | 1.99 |
| 80 | 0.9 | 2.69 | 1.1 | 2.60 | 1.4 | 2.50 | 1.8 | 2.38 | 2.5 | 2.23 | 3.1 | 2.11 | 3.9 | 2.00 |
| 85 | 0.8 | 2.70 | 1.0 | 2.61 | 1.3 | 2.51 | 1.7 | 2.39 | 2.4 | 2.24 | 3.0 | 2.13 | 3.8 | 2.01 |
| 90 | 0.8 | 2.71 | 1.0 | 2.62 | 1.2 | 2.52 | 1.6 | 2.40 | 2.3 | 2.25 | 2.9 | 2.14 | 3.7 | 2.02 |
| 95 | 0.7 | 2.72 | 0.9 | 2.63 | 1.1 | 2.53 | 1.6 | 2.41 | 2.3 | 2.26 | 2.8 | 2.15 | 3.6 | 2.03 |
| 100 | 0.7 | 2.73 | 0.9 | 2.64 | 1.1 | 2.54 | 1.5 | 2.42 | 2.2 | 2.26 | 2.7 | 2.16 | 3.5 | 2.04 |

附表 7　JIS Z9004 計數調整型單次抽樣表（未知 $\sigma$）（續）

| 1.5 | | 2.0 | | 3.0 | | 5.0 | | 7.0 | | 10 | | 15 | | $P_0$ |
|---|---|---|---|---|---|---|---|---|---|---|---|---|---|---|
| $p_1$ | k | $p_1$ | k | $p_1$ | k | $p_1$ | k | $p_1$ | k | $p_1$ | k | $p_1$ | k | n |
| 35.0 | 1.18 | 38.0 | 1.08 | | | | | | | | | | | 5 |
| 30.0 | 1.25 | 33.0 | 1.15 | 36.0 | 1.02 | | | | | | | | | 6 |
| 26.0 | 1.31 | 29.0 | 1.20 | 33.0 | 1.08 | 38.0 | 0.89 | | | | | | | 7 |
| 24.0 | 1.36 | 27.0 | 1.25 | 30.0 | 1.12 | 35.0 | 0.93 | 39.0 | 0.80 | | | | | 8 |
| 22.0 | 1.40 | 25.0 | 1.29 | 28.0 | 1.16 | 33.0 | 0.97 | 37.0 | 0.83 | | | | | 9 |
| 20.0 | 1.43 | 23.0 | 1.32 | 26.0 | 1.19 | 31.0 | 1.00 | 35.0 | 0.86 | | | | | 10 |
| 19.0 | 1.46 | 21.0 | 1.35 | 24.0 | 1.22 | 29.0 | 1.02 | 33.0 | 0.88 | 39.0 | 0.72 | | | 11 |
| 18.0 | 1.49 | 20.0 | 1.38 | 23.0 | 1.24 | 28.0 | 1.05 | 32.0 | 0.90 | 37.0 | 0.74 | | | 12 |
| 16.4 | 1.51 | 19.0 | 1.40 | 22.0 | 1.26 | 27.0 | 1.07 | 31.0 | 0.92 | 36.0 | 0.76 | | | 13 |
| 15.5 | 1.53 | 18.3 | 1.42 | 21.0 | 1.28 | 26.0 | 1.08 | 30.0 | 0.94 | 35.0 | 0.78 | | | 14 |
| 14.7 | 1.55 | 17.5 | 1.44 | 20.0 | 1.30 | 25.0 | 1.10 | 29.0 | 0.96 | 34.2 | 0.79 | | | 15 |
| 14.0 | 1.57 | 16.8 | 1.45 | 19.3 | 1.32 | 24.2 | 1.11 | 28.1 | 0.97 | 33.3 | 0.81 | | | 16 |
| 13.4 | 1.58 | 16.1 | 1.47 | 18.6 | 1.33 | 23.4 | 1.13 | 27.3 | 0.99 | 32.5 | 0.82 | | | 17 |
| 13.9 | 1.60 | 15.5 | 1.48 | 18.0 | 1.34 | 22.7 | 1.14 | 26.7 | 1.00 | 31.7 | 0.83 | 39.5 | 0.61 | 18 |
| 12.4 | 1.61 | 14.9 | 1.50 | 17.4 | 1.35 | 22.1 | 1.15 | 26.1 | 1.01 | 31.0 | 0.84 | 38.6 | 0.62 | 19 |
| 11.9 | 1.62 | 14.4 | 1.51 | 16.9 | 1.36 | 21.5 | 1.16 | 25.5 | 1.02 | 30.4 | 0.85 | 38.0 | 0.63 | 20 |
| 11.5 | 1.63 | 14.0 | 1.52 | 16.4 | 1.37 | 21.0 | 1.17 | 24.9 | 1.03 | 29.8 | 0.86 | 37.4 | 0.64 | 21 |
| 11.1 | 1.64 | 13.6 | 1.53 | 15.9 | 1.38 | 20.5 | 1.18 | 24.3 | 1.04 | 29.2 | 0.87 | 36.8 | 0.65 | 22 |
| 10.8 | 1.65 | 13.2 | 1.54 | 15.5 | 1.39 | 20.1 | 1.19 | 23.8 | 1.05 | 28.7 | 0.88 | 36.3 | 0.66 | 23 |
| 10.5 | 1.66 | 12.9 | 1.55 | 15.1 | 1.40 | 19.7 | 1.20 | 23.4 | 1.06 | 28.3 | 0.88 | 35.8 | 0.66 | 24 |
| 10.2 | 1.67 | 12.6 | 1.56 | 14.8 | 1.41 | 19.3 | 1.21 | 23.0 | 1.06 | 27.9 | 0.89 | 35.3 | 0.67 | 25 |
| 9.9 | 1.68 | 12.3 | 1.57 | 14.5 | 1.42 | 18.9 | 1.22 | 22.6 | 1.07 | 27.5 | 0.90 | 34.9 | 0.68 | 26 |
| 9.6 | 1.69 | 12.0 | 1.58 | 14.2 | 1.43 | 18.5 | 1.22 | 22.3 | 1.08 | 27.1 | 0.90 | 34.5 | 0.68 | 27 |
| 9.4 | 1.70 | 11.7 | 1.58 | 13.9 | 1.43 | 18.2 | 1.23 | 22.0 | 1.08 | 26.7 | 0.91 | 34.1 | 0.69 | 28 |

### 附表 7　JIS Z9004 計數調整型單次抽樣表（未知 $\sigma$）（續）

| 1.5 | | 2.0 | | 3.0 | | 5.0 | | 7.0 | | 10 | | 15 | | $P_0$ |
|---|---|---|---|---|---|---|---|---|---|---|---|---|---|---|
| $p_1$ | k | $p_1$ | k | $p_1$ | k | $p_1$ | k | $p_1$ | k | $p_1$ | k | $p_1$ | k | n |
| 9.2 | 1.71 | 11.4 | 1.59 | 13.6 | 1.44 | 17.9 | 1.23 | 21.7 | 1.09 | 26.4 | 0.91 | 33.8 | 0.69 | 29 |
| 9.0 | 1.71 | 11.2 | 1.60 | 13.4 | 1.45 | 17.7 | 1.24 | 21.4 | 1.09 | 26.1 | 0.92 | 33.5 | 0.70 | 30 |
| | | | | | | | | | | | | | | |
| 8.1 | 1.74 | 9.9 | 1.63 | 12.3 | 1.48 | 16.5 | 1.27 | 20.1 | 1.11 | 24.7 | 0.95 | 31.7 | 0.72 | 35 |
| 7.5 | 1.77 | 9.0 | 1.65 | 11.5 | 1.50 | 15.4 | 1.29 | 19.0 | 1.14 | 23.6 | 0.97 | 30.5 | 0.74 | 40 |
| 6.9 | 1.79 | 8.5 | 1.67 | 10.8 | 1.52 | 14.7 | 1.31 | 18.2 | 1.16 | 22.8 | 0.98 | 29.5 | 0.76 | 45 |
| 6.5 | 1.81 | 8.1 | 1.69 | 10.3 | 1.54 | 14.1 | 1.33 | 17.5 | 1.17 | 22.0 | 1.00 | 28.6 | 0.77 | 50 |
| 6.2 | 1.83 | 7.7 | 1.70 | 9.8 | 1.55 | 13.6 | 1.34 | 16.9 | 1.19 | 21.4 | 1.01 | 27.9 | 0.78 | 55 |
| 5.9 | 1.84 | 7.3 | 1.72 | 9.4 | 1.56 | 13.1 | 1.35 | 16.4 | 1.20 | 20.8 | 1.02 | 27.3 | 0.79 | 60 |
| 5.6 | 1.85 | 7.0 | 1.73 | 9.1 | 1.57 | 12.7 | 1.36 | 16.0 | 1.21 | 20.3 | 1.03 | 26.8 | 0.80 | 65 |
| 5.4 | 1.86 | 6.7 | 1.74 | 8.8 | 1.58 | 12.3 | 1.37 | 15.6 | 1.22 | 19.9 | 1.04 | 26.4 | 0.81 | 70 |
| 5.2 | 1.87 | 6.5 | 1.75 | 8.5 | 1.59 | 12.0 | 1.38 | 15.2 | 1.23 | 19.5 | 1.05 | 26.0 | 0.81 | 75 |
| 5.0 | 1.88 | 6.3 | 1.76 | 8.3 | 1.60 | 11.7 | 1.39 | 14.9 | 1.23 | 19.1 | 1.05 | 25.6 | 0.82 | 80 |
| 4.8 | 1.89 | 6.1 | 1.77 | 8.1 | 1.61 | 11.4 | 1.39 | 14.6 | 1.24 | 18.8 | 1.06 | 25.3 | 0.83 | 85 |
| 4.7 | 1.90 | 5.9 | 1.77 | 7.9 | 1.62 | 11.2 | 1.40 | 14.3 | 1.24 | 18.5 | 1.06 | 25.0 | 0.84 | 90 |
| 4.6 | 1.91 | 5.7 | 1.78 | 7.7 | 1.63 | 11.0 | 1.41 | 14.0 | 1.25 | 18.2 | 1.07 | 24.7 | 0.84 | 95 |
| 4.5 | 1.92 | 5.6 | 1.79 | 7.5 | 1.63 | 10.8 | 1.42 | 13.0 | 1.26 | 18.0 | 1.08 | 24.4 | 0.85 | 100 |

## 附表 8　Dodge & Romig 抽檢表

### SL 表－0.5

### LTPD＝0.5　　　　　　　　　　　$\beta = 0.10$

| 工程平均% | 0-.005 | | | .006-.050 | | | .051-.100 | | | .101-.150 | | | .151-2.00 | | | .201-.250 | | |
|---|---|---|---|---|---|---|---|---|---|---|---|---|---|---|---|---|---|---|
| 批量 N | n | c | AOQL% | n | c | AOQL% | n | c | AOQL% | n | c | AOQL% | n | c | AOQL% | n | c | AOQL% |
| 1-180 | 全數 | 0 | 0 | 全數 | 0 | 0 | 全數 | 0 | 0 | 全數 | 0 | 0 | 全數 | 0 | 0 | 全數 | 0 | 0 |
| 181-210 | 180 | 0 | .02 | 180 | 0 | .02 | 180 | 0 | .02 | 180 | 0 | .02 | 180 | 0 | .02 | 180 | 0 | .02 |
| 211-250 | 210 | 0 | .03 | 210 | 0 | .03 | 210 | 0 | .03 | 210 | 0 | .03 | 210 | 0 | .03 | 210 | 0 | .03 |
| 251-300 | 240 | 0 | .03 | 240 | 0 | .03 | 240 | 0 | .03 | 240 | 0 | .03 | 240 | 0 | .03 | 240 | 0 | .03 |
| 301-400 | 275 | 0 | .04 | 275 | 0 | .04 | 275 | 0 | .04 | 275 | 0 | .04 | 275 | 0 | .04 | 275 | 0 | .04 |
| 401-500 | 300 | 0 | .05 | 300 | 0 | .05 | 300 | 0 | .05 | 300 | 0 | .05 | 300 | 0 | .05 | 300 | 0 | .05 |
| 501-600 | 320 | 0 | .05 | 320 | 0 | .05 | 320 | 0 | .05 | 320 | 0 | .05 | 320 | 0 | .05 | 320 | 0 | .05 |
| 601-800 | 350 | 0 | .06 | 350 | 0 | .06 | 350 | 0 | .06 | 350 | 0 | .06 | 350 | 0 | .06 | 350 | 0 | .06 |
| 801-1000 | 365 | 0 | .06 | 365 | 0 | .06 | 365 | 0 | .06 | 365 | 0 | .06 | 365 | 0 | .06 | 365 | 0 | .06 |
| 1001-2000 | 410 | 0 | .07 | 410 | 0 | .07 | 410 | 0 | .07 | 670 | 1 | .08 | 670 | 1 | .08 | 670 | 1 | .08 |
| 2001-3000 | 430 | 0 | .07 | 430 | 0 | .078 | 705 | 1 | .09 | 705 | 1 | .09 | 955 | 2 | .10 | 955 | 2 | .10 |
| 3001-4000 | 440 | 0 | .07 | 440 | 0 | .07 | 730 | 1 | .09 | 985 | 2 | .10 | 1230 | 3 | .11 | 1230 | 3 | .11 |
| 4001-5000 | 445 | 0 | .08 | 740 | 1 | .10 | 1000 | 2 | .11 | 1000 | 2 | .11 | 1250 | 3 | .12 | 1480 | 4 | .12 |
| 5001-7000 | 450 | 0 | .08 | 750 | 1 | .10 | 1020 | 2 | .12 | 1280 | 3 | .12 | 1510 | 4 | .13 | 1760 | 5 | .14 |
| 7001-10,000 | 455 | 0 | .08 | 760 | 1 | .10 | 1040 | 2 | .12 | 1530 | 4 | .14 | 1790 | 5 | .14 | 2240 | 7 | .16 |
| 10,001-20,000 | 460 | 0 | .08 | 775 | 1 | .10 | 1330 | 3 | .14 | 1820 | 5 | .15 | 2300 | 7 | .17 | 2780 | 9 | .18 |
| 20,001-50,000 | 775 | 1 | .11 | 1050 | 2 | .13 | 1600 | 4 | .15 | 2080 | 6 | .18 | 3060 | 10 | .20 | 4200 | 15 | .22 |
| 50,001-100,000 | 780 | 1 | .11 | 1060 | 2 | .13 | 1840 | 5 | .17 | 2590 | 8 | .19 | 3780 | 13 | .22 | 5140 | 19 | .24 |

### SL 表－1.0

### LTPD＝1.0%

| 工程平均% | 0-.010 | | | .11-.10 | | | .11-.20 | | | .21-.30 | | | .31-.40 | | | .41-.50 | | |
|---|---|---|---|---|---|---|---|---|---|---|---|---|---|---|---|---|---|---|
| 批量 N | n | c | AOQL% | n | c | AOQL% | n | c | AOQL% | n | c | AOQL% | n | c | AOQL% | n | c | AOQL% |
| 1-120 | 全數 | 0 | 0 | 全數 | 0 | 0 | 全數 | 0 | 0 | 全數 | 0 | 0 | 全數 | 0 | 0 | 全數 | 0 | 0 |
| 121-150 | 120 | 0 | .06 | 120 | 0 | .06 | 120 | 0 | .06 | 120 | 0 | .0 | 120 | 0 | .06 | 120 | 0 | .06 |
| 151-200 | 140 | 0 | .08 | 140 | 0 | .08 | 140 | 0 | .08 | 140 | 0 | .08 | 140 | 0 | .08 | 140 | 0 | .08 |
| 201-300 | 165 | 0 | .10 | 165 | 0 | .10 | 165 | 0 | .10 | 165 | 0 | .10 | 165 | 0 | .10 | 165 | 0 | .10 |
| 301-400 | 175 | 0 | .12 | 175 | 0 | .12 | 175 | 0 | .12 | 175 | 0 | .12 | 175 | 0 | .12 | 175 | 0 | .12 |
| 401-400 | 120 | 0 | .13 | 180 | 0 | .13 | 180 | 0 | .13 | 180 | 0 | .13 | 180 | 0 | .13 | 180 | 0 | .13 |
| 501-600 | 190 | 0 | .13 | 190 | 0 | .13 | 190 | 0 | .13 | 190 | 0 | .13 | 190 | 0 | .13 | 305 | 1 | .14 |
| 601-830 | 200 | 0 | .14 | 200 | 0 | .14 | 200 | 0 | .14 | 330 | 1 | .15 | 330 | 1 | .15 | 330 | 1 | .15 |
| 801-1000 | 205 | 0 | .14 | 205 | 0 | .14 | 205 | 0 | .14 | 335 | 1 | .17 | 335 | 1 | .17 | 335 | 1 | .17 |
| 1001-2000 | 220 | 0 | .15 | 220 | 0 | .15 | 360 | 1 | .19 | 490 | 2 | .21 | 490 | 2 | .21 | 610 | 3 | .22 |
| 2001-3000 | 220 | 0 | .15 | 375 | 1 | .20 | 505 | 2 | .23 | 630 | 3 | .24 | 745 | 4 | .26 | 870 | 5 | .26 |
| 3001-4000 | 225 | 0 | .15 | 380 | 1 | .20 | 510 | 2 | .24 | 645 | 3 | .25 | 880 | 5 | .28 | 1000 | 6 | .29 |
| 4001-5000 | 225 | 0 | .16 | 380 | 1 | .20 | 520 | 2. | 24 | 770 | 4 | .28 | 895 | 5 | .29 | 1120 | 7 | .31 |
| 5001-7000 | 230 | 0 | .15 | 385 | 1 | .21 | 655 | 3 | .27 | 780 | 4 | .29 | 1020 | 6 | .32 | 1260 | 8 | .34 |
| 1001-10,000 | 230 | 0 | .16 | 520 | 2 | .25 | 660 | 3 | .28 | 910 | 5 | .32 | 1050 | 7 | .34 | 1500 | 10 | .37 |
| 10,001-20,000 | 390 | 1 | .21 | 525 | 2 | .26 | 785 | 4 | .31 | 1040 | 6 | .35 | 1400 | 9 | .39 | 1980 | 14 | .43 |
| 20,001-50,000 | 390 | 1 | .21 | 530 | 2 | .26 | 920 | 5 | .34 | 1300 | 3 | .39 | 1890 | 13 | .44 | 2570 | 19 | .48 |
| 50,001-100,000 | 390 | 1 | .21 | 670 | 3 | .29 | 1040 | 6 | .36 | 1420 | 9 | .41 | 2120 | 15 | .47 | 3150 | 23 | .50 |

## SL 表－2.0
### LTPD＝2.0

| 工程平均% | 0-.02 | | | .03-.20 | | | .21-.40 | | | .41-.60 | | | .61-.80 | | | .81-1.00 | | |
|---|---|---|---|---|---|---|---|---|---|---|---|---|---|---|---|---|---|---|
| 批量 N | n | c | AOQL% | n | c | AOQL% | n | c | AOQL% | n | c | AOQL% | n | c | AOQL% | n | c | AOQL% |
| 1-75 | 全數 | 0 | 0 | 全數 | 0 | 0 | 全數 | 0 | 0 | 全數 | 0 | 0 | 全數 | 0 | 0 | 全數 | 0 | 0 |
| 76-100 | 70 | 0 | .16 | 70 | 0 | .16 | 70 | 0 | .16 | 70 | 0 | .16 | 70 | 0 | .16 | 70 | 0 | .16 |
| 101-200 | 85 | 0 | .25 | 85 | 0 | .25 | 85 | 0 | .25 | 85 | 0 | .25 | 85 | 0 | .25 | 85 | 0 | .25 |
| 201-300 | 95 | 0 | .26 | 95 | 0 | .26 | 95 | 0 | .26 | 95 | 0 | .25 | 95 | 0 | .26 | 95 | 0 | .26 |
| 301-400 | 100 | 0 | .28 | 100 | 0 | .28 | 100 | 0 | .28 | 160 | 1 | .32 | 160 | 1 | .32 | 160 | 1 | .32 |
| 401-500 | 105 | 0 | .28 | 105 | 0 | .28 | 105 | 0 | .28 | 165 | 1 | .34 | 165 | 1 | .34 | 165 | 1 | .34 |
| 501-600 | 105 | 0 | .29 | 105 | 0 | .29 | 175 | 1 | .34 | 175 | 1 | .34 | 175 | 1 | .34 | 235 | 2 | .36 |
| 601-800 | 110 | 0 | .29 | 110 | 0 | .29 | 180 | 1 | .36 | 240 | 2 | .40 | 240 | 2 | .40 | 300 | 3 | .41 |
| 801-1000 | 115 | 0 | .28 | 115 | 0 | .28 | 185 | 1 | .37 | 245 | 2 | .42 | 305 | 3 | .44 | 305 | 3 | .44 |
| 1001-2000 | 115 | 0 | .30 | 190 | 1 | .40 | 255 | 2 | .47 | 325 | 3 | .50 | 380 | 4 | .54 | 440 | 5 | .56 |
| 2001-3000 | 115 | 0 | .31 | 190 | 1 | .41 | 260 | 2 | .48 | 385 | 4 | .58 | 450 | 5 | .60 | 565 | 7 | .64 |
| 3001-4000 | 115 | 0 | .31 | 195 | 1 | .41 | 330 | 3 | .54 | 450 | 5 | .63 | 510 | 6 | .65 | 690 | 9 | .70 |
| 4001-5000 | 195 | 1 | .41 | 260 | 2 | .50 | 335 | 3 | .54 | 455 | 5 | .63 | 575 | 7 | .69 | 750 | 10 | .74 |
| 5001-7000 | 195 | 1 | .42 | 265 | 2 | .50 | 335 | 3 | .55 | 515 | 6 | .69 | 640 | 8 | .73 | 870 | 12 | .80 |
| 7001-10,000 | 195 | 1 | .42 | 255 | 2 | .50 | 395 | 4 | .62 | 520 | 6 | .69 | 760 | 10 | .79 | 1050 | 15 | .86 |
| 10,001-20,000 | 200 | 1 | .42 | 265 | 2 | .51 | 460 | 5 | .67 | 650 | 8 | .77 | 885 | 12 | .86 | 1230 | 18 | .94 |
| 20,001-50,000 | 200 | 1 | .42 | 335 | 3 | .58 | 520 | 6 | .73 | 710 | 9 | .81 | 1060 | 15 | .93 | 1520 | 23 | 1.0 |
| 50,001-100,000 | 200 | 1 | .42 | 335 | 3 | .58 | 585 | 7 | .76 | 770 | 10 | .84 | 1180 | 17 | .97 | 1690 | 26 | 1.1 |

## SL 表－3.0
### LTPD＝3.0%

| 工程平均% | 0-.03 | | | .04-.30 | | | .31-.60 | | | .61-.90 | | | .91-1.20 | | | 1.21-1.50 | | |
|---|---|---|---|---|---|---|---|---|---|---|---|---|---|---|---|---|---|---|
| 批量 N | n | c | AOQL% | n | c | AOQL% | n | c | AOQL% | n | c | AOQL% | n | c | AOQL% | n | c | AOQL% |
| 1-40 | 全數 | 0 | 0 | 全數 | 0 | 0 | 全數 | 0 | 0 | 全數 | 0 | 0 | 全數 | 0 | 0 | 全數 | 0 | 0 |
| 41-55 | 40 | 0 | .18 | 40 | 0 | .18 | 40 | 0 | .18 | 40 | 0 | .18 | 40 | 0 | .18 | 40 | 0 | .18 |
| 56-100 | 55 | 0 | .30 | 55 | 0 | .30 | 55 | 0 | .30 | 55 | 0 | .30 | 55 | 0 | .30 | 55 | 0 | .30 |
| 101-200 | 65 | 0 | .38 | 65 | 0 | .38 | 65 | 0 | .38 | 65 | 0 | .38 | 65 | 0 | .38 | 65 | 0 | .38 |
| 201-300 | 70 | 0 | .40 | 70 | 0 | .40 | 70 | 0 | .40 | 110 | 1 | .48 | 110 | 1 | .48 | 110 | 1 | .48 |
| 301-400 | 70 | 0 | .43 | 70 | 0 | .43 | 115 | 1 | .52 | 115 | 1 | .52 | 115 | 1 | .52 | 155 | 2 | .54 |
| 401-500 | 70 | 0 | .45 | 70 | 0 | .45 | 120 | 1 | .53 | 120 | 1 | .53 | 160 | 2 | .58 | 160 | 2 | .58 |
| 501-600 | 75 | 0 | .43 | 75 | 0 | .43 | 120 | 1 | .56 | 160 | 2 | .63 | 160 | 2 | .63 | 200 | 3 | .65 |
| 601-800 | 75 | 0 | .44 | 125 | 1 | .57 | 125 | 1 | .57 | 165 | 2 | .66 | 205 | 3 | .71 | 240 | 4 | .74 |
| 801-1000 | 75 | 0 | .45 | 125 | 1 | .59 | 170 | 2 | .67 | 210 | 3 | .73 | 250 | 4 | .76 | 290 | 5 | .78 |
| 1001-2000 | 75 | 0 | .47 | 130 | 1 | .60 | 175 | 2 | .72 | 260 | 4 | .85 | 300 | 5 | .900 | 380 | 7 | .95 |
| 2001-3000 | 75 | 0 | .48 | 130 | 1 | .62 | 220 | 3 | .82 | 300 | 5 | .95 | 385 | 7 | 1.0 | 460 | 9 | 1.1 |
| 3001-4000 | 130 | 1 | .63 | 175 | 2 | .75 | 220 | 3 | .84 | 305 | 5 | .95 | 425 | 8 | 1.1 | 540 | 11 | 1.2 |
| 4001-5000 | 130 | 1 | .63 | 175 | 2 | .76 | 260 | 4 | .91 | 345 | 6 | 1.0 | 465 | 9 | 1.1 | 620 | 13 | 1.2 |
| 5001-7000 | 130 | 1 | .63 | 175 | 2 | .76 | 265 | 4 | .92 | 390 | 7 | 1.1 | 505 | 10 | 1.2 | 700 | 15 | 1.3 |
| 7001-10,000 | 130 | 1 | .64 | 175 | 2 | .77 | 265 | 4 | .93 | 390 | 7 | 1.1 | 550 | 11 | 1.2 | 775 | 17 | 1.4 |
| 10,001-20,000 | 130 | 1 | .64 | 175 | 2 | .78 | 305 | 5 | 1.0 | 430 | 8 | 1.2 | 630 | 13 | 1.3 | 900 | 20 | 1.5 |
| 20,001-50,000 | 130 | 1 | .65 | 225 | 3 | .86 | 350 | 6 | 1.1 | 520 | 10 | 1.2 | 750 | 16 | 1.4 | 1090 | 25 | 1.6 |
| 50,001-100,000 | 130 | 1 | .65 | 265 | 4 | .96 | 390 | 7 | 1.1 | 590 | 12 | 1.3 | 630 | 18 | 1.5 | 1215 | 28 | 1.6 |

## 附表 9　Dodge & Romig 抽樣表
### SA 表－0.1%
### AOQL=0.1%

| 工程平均% | 0-.002 | | | .003-.020 | | | .021-.040 | | | .041-.060 | | | .061-.080 | | | .081-.100 | | |
|---|---|---|---|---|---|---|---|---|---|---|---|---|---|---|---|---|---|---|
| 批量 N | n | c | pt% | n | c | pt% | n | c | pt% | n | c | pt% | n | c | pt% | n | c | pt% |
| 1-75 | 全數 | 0 | - | 全數 | 0 | - | 全數 | 0 | - | 全數 | 0 | - | 全數 | 0 | - | 全數 | 0 | - |
| 76-95 | 75 | 0 | 1.5 | 75 | 0 | 1.5 | 75 | 0 | 1.5 | 75 | 0 | 1.5 | 75 | 0 | 1.5 | 75 | 0 | 1.5 |
| 960-130 | 95 | 0 | 1.4 | 95 | 0 | 1.4 | 95 | 0 | 1.4 | 95 | 0 | 1.4 | 95 | 0 | 1.4 | 95 | 0 | 1.4 |
| 131-200 | 130 | 0 | 1.2 | 130 | 0 | 1.2 | 130 | 0 | 1.2 | 130 | 0 | 1.2 | 130 | 0 | 1.2 | 130 | 0 | 1.2 |
| 201-300 | 165 | 0 | 1.1 | 165 | 0 | 1.1 | 165 | 0 | 1.1 | 165 | 0 | 1.1 | 165 | 0 | 1.1 | 165 | 0 | 1.1 |
| 301-400 | 190 | 0 | .96 | 190 | 0 | .96 | 190 | 0 | .96 | 190 | 0 | .96 | 190 | 0 | .96 | 190 | 0 | .96 |
| 401-500 | 210 | 0 | .91 | 210 | 0 | .91 | 210 | 0 | .91 | 210 | 0 | .91 | 210 | 0 | .91 | 210 | 0 | .91 |
| 501-600 | 230 | 0 | .86 | 230 | 0 | .86 | 230 | 0 | .86 | 230 | 0 | .86 | 230 | 0 | .86 | 230 | 0 | .86 |
| 601-800 | 250 | 0 | .81 | 250 | 0 | .81 | 250 | 0 | .81 | 250 | 0 | .81 | 250 | 0 | .81 | 250 | 0 | .81 |
| 801-1000 | 270 | 0 | .76 | 270 | 0 | .76 | 1270 | 0 | .76 | 270 | 0 | .76 | 270 | 0 | .76 | 270 | 0 | .76 |
| 1001-2000 | 310 | 0 | .71 | 310 | 0 | .71 | 310 | 0 | .71 | 310 | 0 | .71 | 310 | 0 | .71 | 310 | 0 | .71 |
| 2001-3000 | 330 | 0 | .67 | 330 | 0 | .67 | 330 | 0 | .67 | 330 | 0 | .67 | 330 | 0 | .67 | 655 | 1 | .64 |
| 3001-4000 | 340 | 0 | .64 | 340 | 0 | .64 | 340 | 0 | .64 | 695 | 1 | .59 | 695 | 1 | .59 | 695 | 1 | .59 |
| 4001-5000 | 345 | 0 | .62 | 345 | 0 | .62 | 345 | 0 | .62 | 720 | 1 | .54 | 720 | 1 | .54 | 720 | 1 | .54 |
| 5001-7000 | 350 | 0 | .61 | 350 | 0 | .61 | 750 | 1 | .51 | 750 | 1 | .51 | 750 | 1 | .51 | 750 | 1 | .51 |
| 7001-10,000 | 355 | 0 | .60 | 355 | 0 | .60 | 775 | 1 | .49 | 775 | 1 | .49 | 775 | 1 | .49 | 1210 | 2 | .44 |
| 10,001-20,000 | 360 | 0 | .59 | 810 | 1 | .48 | 810 | 1 | .48 | 1280 | 2 | .42 | 1280 | 2 | .42 | 1770 | 3 | .38 |
| 20,001-50,000 | 365 | 0 | .58 | 830 | 1 | .47 | 1330 | 2 | .41 | 1870 | 3 | .37 | 2420 | 4 | .34 | 2980 | 5 | .33 |
| 50,001-100,000 | 365 | 0 | .58 | 835 | 1 | .46 | 1350 | 2 | .40 | 2480 | 4 | .33 | 3070 | 5 | .32 | 4270 | 7 | .30 |

### SA 表－0.25
### AOQL=0.25%

| 工程平均% | 0-.03 | | | .04-.30 | | | .31-.60 | | | .61-.90 | | | .91-1.20 | | | 1.21-1.50 | | |
|---|---|---|---|---|---|---|---|---|---|---|---|---|---|---|---|---|---|---|
| 批量 N | n | c | pt% | n | c | pt% | n | c | pt% | n | c | pt% | n | c | pt% | n | c | pt% |
| 1-60 | 全數 | 0 | - | 全數 | 0 | - | 全數 | 0 | - | 全數 | 0 | - | 全數 | 0 | - | 全數 | 0 | - |
| 61-100 | 60 | 0 | 2.5 | 60 | 0 | 2.5 | 60 | 0 | 2.5 | 60 | 0 | 2.5 | 60 | 0 | 2.5 | 60 | 0 | 2.5 |
| 101-200 | 85 | 0 | 2.1 | 85 | 0 | 2.1 | 85 | 0 | 2.1 | 85 | 0 | 2.1 | 85 | 0 | 2.1 | 85 | 0 | 2.1 |
| 201-300 | 100 | 0 | 1.9 | 100 | 0 | 1.9 | 100 | 0 | 1.9 | 100 | 0 | 1.9 | 100 | 0 | 1.9 | 100 | 0 | 1.9 |
| 301-400 | 110 | 0 | 1.8 | 110 | 0 | 1.8 | 110 | 0 | 1.8 | 110 | 0 | 1.8 | 110 | 0 | 1.8 | 110 | 0 | 1.8 |
| 401-500 | 115 | 0 | 1.8 | 115 | 0 | 1.8 | 115 | 0 | 1.8 | 115 | 0 | 1.8 | 115 | 0 | 1.8 | 115 | 0 | 1.8 |
| 501-600 | 120 | 0 | 1.7 | 120 | 0 | 1.7 | 120 | 0 | 1.7 | 120 | 0 | 1.7 | 120 | 0 | 1.7 | 120 | 0 | 1.7 |
| 601-800 | 125 | 0 | 1.7 | 125 | 0 | 1.7 | 125 | 0 | 1.7 | 125 | 0 | 1.7 | 125 | 0 | 1.7 | 125 | 0 | 1.7 |
| 801-1000 | 130 | 0 | 1.7 | 130 | 0 | 1.7 | 130 | 0 | 1.7 | 130 | 0 | 1.7 | 130 | 0 | 1.7 | 130 | 0 | 1.7 |
| 1001-2000 | 135 | 0 | 1.6 | 135 | 0 | 1.6 | 135 | 0 | 1.6 | 290 | 1 | 1.3 | 290 | 1 | 1.3 | 290 | 1 | 1.3 |
| 2001-3000 | 140 | 0 | 1.6 | 140 | 0 | 1.6 | 300 | 1 | 1.3 | 300 | 1 | 1.3 | 300 | 1 | 1.3 | 300 | 1 | 1.3 |
| 3001-4000 | 140 | 0 | 1.6 | 140 | 0 | 1.6 | 310 | 1 | 1.3 | 310 | 1 | 1.3 | 310 | 1 | 1.3 | 485 | 2 | 1.1 |
| 4001-5000 | 145 | 0 | 1.6 | 145 | 0 | 1.6 | 315 | 1 | 1.2 | 315 | 1 | 1.2 | 495 | 2 | 1.1 | 495 | 2 | 1.1 |
| 5001-7000 | 145 | 0 | 1.6 | 320 | 1 | 1.2 | 320 | 1 | 1.2 | 510 | 2 | 1.0 | 510 | 2 | 1.0 | 700 | 3 | .94 |
| 7001-10,000 | 145 | 0 | 1.6 | 325 | 1 | 1.2 | 325 | 1 | 1.2 | 520 | 2 | 1.0 | 720 | 3 | .91 | 720 | 3 | .91 |
| 10,001-20,000 | 145 | 0 | 1.6 | 330 | 1 | 1.2 | 535 | 2 | 1.0 | 750 | 3 | .89 | 970 | 4 | .81 | 1190 | 5 | .75 |
| 20,001-50,000 | 145 | 0 | 1.6 | 335 | 1 | 1.2 | 545 | 2 | 1.0 | 995 | 4 | .80 | 1240 | 5 | .74 | 1980 | 8 | .66 |
| 50,001-100,000 | 335 | 1 | 1.2 | 545 | 2 | 1.0 | 775 | 3 | .87 | 1250 | 5 | .73 | 1750 | 7 | .67 | 2810 | 11 | .62 |

## SA 表－1.0
## AOQL=1.0%

| 工程平均% | 0-.02 | | | .03-.20 | | | .21-.40 | | | .41-.60 | | | .61-.80 | | | .81-1.00 | | |
|---|---|---|---|---|---|---|---|---|---|---|---|---|---|---|---|---|---|---|
| 批量 N | n | c | $p_t$% | n | c | $p_t$% | n | c | $p_t$% | n | c | $p_t$% | n | c | $p_t$% | n | c | $p_t$% |
| 1-25 | 全數 | 0 | - | 全數 | 0 | - | 全數 | 0 | - | 全數 | 0 | - | 全數 | 0 | - | 全數 | 0 | - |
| 26-50 | 22 | 0 | 7.7 | 22 | 0 | 7.7 | 22 | 0 | 7.7 | 22 | 0 | 7.7 | 22 | 0 | 7.7 | 22 | 0 | 7.7 |
| 51-100 | 27 | 0 | 7.1 | 27 | 0 | 7.1 | 27 | 0 | 7.1 | 27 | 0 | 7.1 | 27 | 0 | 7.1 | 27 | 0 | 7.1 |
| 101-200 | 32 | 0 | 6.4 | 32 | 0 | 6.4 | 32 | 0 | 6.4 | 32 | 0 | 6.4 | 32 | 0 | 6.4 | 32 | 0 | 6.4 |
| 201-300 | 33 | 0 | 6.3 | 33 | 0 | 6.3 | 33 | 0 | 6.3 | 33 | 0 | 6.3 | 33 | 0 | 6.3 | 65 | 1 | 5.0 |
| 301-400 | 34 | 0 | 6.1 | 34 | 0 | 6.1 | 34 | 0 | 6.1 | 70 | 1 | 4.6 | 70 | 1 | 4.6 | 70 | 1 | 4.6 |
| 401-500 | 35 | 0 | 6.1 | 35 | 0 | 6.1 | 35 | 0 | 6.1 | 70 | 1 | 4.7 | 70 | 1 | 4.7 | 70 | 1 | 4.7 |
| 501-600 | 35 | 0 | 6.1 | 35 | 0 | 6.1 | 75 | 1 | 4.4 | 75 | 1 | 4.4 | 75 | 1 | 4.4 | 75 | 1 | 4.4 |
| 601-800 | 35 | 0 | 6.2 | 35 | 0 | 6.2 | 75 | 1 | 4.4 | 75 | 1 | 4.4 | 75 | 1 | 4.4 | 120 | 2 | 4.2 |
| 801-1000 | 35 | 0 | 6.3 | 35 | 0 | 6.3 | 80 | 1 | 4.4 | 80 | 1 | 4.4 | 120 | 2 | 4.3 | 120 | 2 | 4.3 |
| 1001-2000 | 36 | 0 | 6.2 | 80 | 1 | 4.5 | 80 | 1 | 4.5 | 130 | 2 | 4.0 | 130 | 2 | 4.0 | 180 | 3 | 3.7 |
| 2001-3000 | 36 | 0 | 6.2 | 80 | 1 | 4.6 | 80 | 1 | 4.6 | 130 | 2 | 4.0 | 185 | 3 | 3.0 | 235 | 4 | 3.3 |
| 3001-4000 | 36 | 0 | 6.2 | 80 | 1 | 4.7 | 135 | 2 | 3.9 | 135 | 2 | 3.9 | 185 | 3 | 3.6 | 295 | 5 | 3.1 |
| 4001-5000 | 36 | 0 | 6.2 | 85 | 1 | 4.6 | 135 | 2 | 3.9 | 190 | 3 | 3.5 | 245 | 4 | 3.2 | 300 | 5 | 3.1 |
| 5001-7000 | 37 | 0 | 6.1 | 85 | 1 | 4.6 | 135 | 2 | 3.9 | 190 | 3 | 3.5 | 305 | 5 | 3.0 | 420 | 7 | 2.8 |
| 7001-10,000 | 37 | 0 | 6.2 | 85 | 1 | 4.6 | 135 | 2 | 3.9 | 245 | 4 | 3.2 | 310 | 5 | 3.0 | 430 | 7 | 2.7 |
| 10,001-20,000 | 85 | 1 | 4.6 | 135 | 2 | 3.9 | 195 | 3 | 3.4 | 250 | 4 | 3.2 | 435 | 7 | 2.7 | 635 | 10 | 2.4 |
| 20,001-50,000 | 85 | 1 | 4.6 | 135 | 2 | 3.9 | 255 | 4 | 3.1 | 380 | 6 | 2.8 | 575 | 9 | 2.5 | 990 | 15 | 2.1 |
| 50,001-100,000 | 85 | 1 | 4.6 | 135 | 2 | 3.9 | 255 | 4 | 3.1 | 445 | 7 | 2.6 | 790 | 12 | 2.3 | 1520 | 22 | 1.9 |

## SA 表－1.5
## AOQL=1.5%

| 工程平均% | 0-.03 | | | .04-.30 | | | .31-.60 | | | .61-.90 | | | .91-1.20 | | | 1.21-1.50 | | |
|---|---|---|---|---|---|---|---|---|---|---|---|---|---|---|---|---|---|---|
| 批量 N | n | c | $p_t$% | n | c | $p_t$% | n | c | $p_t$% | n | c | $p_t$% | n | c | $p_t$% | n | c | $p_t$% |
| 1-15 | 全數 | 0 | - | 全數 | 0 | - | 全數 | 0 | - | 全數 | 0 | - | 全數 | 0 | - | 全數 | 0 | - |
| 16-50 | 16 | 0 | 11.6 | 16 | 0 | 11.6 | 16 | 0 | 11.6 | 16 | 0 | 11.6 | 16 | 0 | 11.6 | 16 | 0 | 11.6 |
| 51-100 | 20 | 0 | 9.8 | 20 | 0 | 9.8 | 20 | 0 | 9.8 | 20 | 0 | 9.8 | 20 | 0 | 9.8 | 20 | 0 | 9.8 |
| 101-200 | 22 | 0 | 9.5 | 22 | 0 | 9.5 | 22 | 0 | 9.5 | 22 | 0 | 9.5 | 22 | 0 | 9.5 | 44 | 1 | 8.2 |
| 201-300 | 23 | 0 | 9.2 | 23 | 0 | 9.2 | 23 | 0 | 9.2 | 47 | 1 | 7.9 | 47 | 1 | 7.9 | 47 | 1 | 7.9 |
| 301-400 | 23 | 0 | 9.3 | 23 | 0 | 9.3 | 49 | 1 | 7.8 | 49 | 1 | 7.8 | 49 | 1 | 7.8 | 49 | 1 | 7.8 |
| 401-500 | 23 | 0 | 9.4 | 23 | 0 | 9.4 | 50 | 1 | 7.7 | 50 | 1 | 7.7 | 50 | 1 | 7.7 | 50 | 1 | 7.7 |
| 501-600 | 24 | 0 | 9.0 | 24 | 0 | 9.0 | 50 | 1 | 7.7 | 50 | 1 | 7.7 | 50 | 1 | 7.7 | 50 | 1 | 7.7 |
| 601-800 | 24 | 0 | 9.1 | 24 | 0 | 9.1 | 50 | 1 | 7.8 | 50 | 1 | 7.8 | 80 | 2 | 6.4 | 80 | 2 | 6.4 |
| 801-1000 | 24 | 0 | 9.1 | 55 | 1 | 7.0 | 55 | 1 | 7.0 | 85 | 2 | 6.2 | 85 | 2 | 6.2 | 85 | 2 | 6.2 |
| 1001-2000 | 24 | 0 | 9.1 | 55 | 1 | 7.0 | 55 | 1 | 7.0 | 85 | 2 | 6.2 | 120 | 3 | 5.4 | 155 | 4 | 5.0 |
| 2001-3000 | 24 | 0 | 9.2 | 55 | 1 | 7.1 | 90 | 2 | 5.9 | 125 | 3 | 5.3 | 160 | 4 | 4.9 | 200 | 5 | 4.6 |
| 3001-4000 | 24 | 0 | 9.2 | 55 | 1 | 7.1 | 90 | 2 | 5.9 | 125 | 3 | 5.3 | 165 | 4 | 4.8 | 240 | 6 | 4.4 |
| 4001-5000 | 24 | 0 | 9.2 | 55 | 1 | 7.1 | 90 | 2 | 5.9 | 125 | 3 | 5.3 | 205 | 5 | 4.6 | 280 | 7 | 4.2 |
| 5001-7000 | 24 | 0 | 9.2 | 55 | 1 | 7.1 | 90 | 2 | 5.9 | 165 | 4 | 4.8 | 205 | 5 | 4.6 | 325 | 8 | 4.0 |
| 7001-10,000 | 24 | 0 | 9.2 | 55 | 1 | 7.1 | 130 | 3 | 5.2 | 165 | 4 | 4.8 | 250 | 5 | 4.2 | 375 | 9 | 3.8 |
| 10,001-20,000 | 55 | 1 | 7.1 | 90 | 2 | 5.9 | 130 | 3 | 5.2 | 210 | 5 | 4.4 | 340 | 8 | 3.8 | 515 | 12 | 3.4 |
| 20,001-50,000 | 55 | 1 | 7.1 | 90 | 2 | 5.9 | 170 | 4 | 4.7 | 295 | 7 | 4.0 | 480 | 11 | 3.5 | 860 | 19 | 3.0 |
| 50,001-100,000 | 55 | 1 | 7.1 | 130 | 2 | 5.2 | 210 | 5 | 4.4 | 340 | 8 | 3.8 | 625 | 14 | 3.3 | 1120 | 24 | 2.8 |

## SA 表－2.0
## AOQL＝2.0%

| 工程平均% | 0-.04 | | | .05-.40 | | | .41-.80 | | | .81-1.20 | | | 1.21-1.60 | | | 1.61-2.00 | | |
|---|---|---|---|---|---|---|---|---|---|---|---|---|---|---|---|---|---|---|
| 批量 N | n | c | $p_t$% | n | c | $p_t$% | n | c | $p_t$% | n | c | $p_t$% | n | c | $p_t$% | n | c | $p_t$% |
| 1-15 | 全數 | 0 | - | 全數 | 0 | - | 全數 | 0 | - | 全數 | 0 | - | 全數 | 0 | - | 全數 | 0 | - |
| 16-50 | 14 | 0 | 13.6 | 14 | 0 | 13.6 | 14 | 0 | 13.6 | 14 | 0 | 13.6 | 14 | 0 | 13.6 | 14 | 0 | 13.6 |
| 51-100 | 16 | 0 | 12.4 | 16 | 0 | 12.4 | 16 | 0 | 12.4 | 16 | 0 | 12.4 | 16 | 0 | 12.4 | 16 | 0 | 12.4 |
| 101-200 | 17 | 0 | 12.2 | 17 | 0 | 12.2 | 17 | 0 | 12.2 | 17 | 0 | 12.2 | 35 | 1 | 10.5 | 35 | 1 | 10.5 |
| 201-300 | 17 | 0 | 12.3 | 17 | 0 | 12.3 | 17 | 0 | 12.3 | 37 | 1 | 10.2 | 37 | 1 | 10.2 | 37 | 1 | 10.2 |
| 301-400 | 18 | 0 | 11.8 | 18 | 0 | 11.8 | 28 | 1 | 10.0 | 38 | 1 | 10.0 | 38 | 1 | 10.0 | 60 | 2 | 8.5 |
| 401-500 | 18 | 0 | 11.9 | 18 | 0 | 11.9 | 39 | 1 | 9.8 | 39 | 1 | 9.8 | 60 | 2 | 8.6 | 60 | 2 | 8.6 |
| 501-600 | 18 | 0 | 11.9 | 18 | 0 | 11.9 | 39 | 1 | 9.8 | 39 | 1 | 9.8 | 60 | 2 | 8.6 | 60 | 2 | 8.6 |
| 601-800 | 18 | 0 | 11.9 | 40 | 1 | 9.6 | 40 | 1 | 9.6 | 65 | 2 | 8.0 | 65 | 2 | 8.0 | 85 | 3 | 7.5 |
| 801-1000 | 18 | 0 | 12.0 | 40 | 1 | 9.6 | 40 | 1 | 9.6 | 65 | 2 | 8.1 | 65 | 2 | 8.1 | 90 | 3 | 7.4 |
| 1001-2000 | 18 | 0 | 12.0 | 41 | 1 | 9.4 | 65 | 2 | 8.2 | 65 | 2 | 8.2 | 95 | 3 | 7.0 | 120 | 4 | 6.5 |
| 2001-3000 | 18 | 0 | 12.0 | 41 | 1 | 9.4 | 65 | 2 | 8.2 | 95 | 3 | 7.0 | 120 | 4 | 6.5 | 180 | 6 | 5.8 |
| 3001-4000 | 18 | 0 | 12.0 | 42 | 1 | 9.3 | 65 | 2 | 8.2 | 95 | 3 | 7.0 | 155 | 5 | 6.0 | 210 | 7 | 5.5 |
| 4001-5000 | 18 | 0 | 12.0 | 42 | 1 | 9.3 | 70 | 2 | 7.5 | 125 | 4 | 6.4 | 155 | 5 | 6.0 | 245 | 8 | 5.3 |
| 5001-7000 | 18 | 0 | 12.0 | 42 | 1 | 9.3 | 93 | 3 | 7.0 | 125 | 4 | 6.4 | 185 | 6 | 5.6 | 280 | 9 | 5.1 |
| 7001-10,000 | 42 | 1 | 9.3 | 70 | 2 | 7.5 | 95 | 3 | 7.0 | 155 | 5 | 6.0 | 220 | 7 | 5.4 | 350 | 11 | 4.8 |
| 10,001-20,000 | 42 | 1 | 9.3 | 70 | 2 | 7.6 | 95 | 3 | 7.0 | 190 | 6 | 5.6 | 290 | 9 | 4.9 | 460 | 14 | 4.4 |
| 20,001-50,000 | 42 | 1 | 9.3 | 70 | 2 | 7.6 | 125 | 4 | 6.4 | 220 | 7 | 5.4 | 395 | 12 | 4.5 | 720 | 21 | 3.9 |
| 50,001-100,000 | 42 | 1 | 9.3 | 95 | 3 | 7.0 | 160 | 5 | 5.9 | 290 | 9 | 4.9 | 505 | 15 | 4.2 | 955 | 27 | 3.7 |

## SA 表－2.5
## AOQL＝2.5%

| 工程平均% | 0-.05 | | | .06-.50 | | | .51-1.00 | | | 1.01-1.50 | | | 1.51-2.00 | | | 2.01-2.50 | | |
|---|---|---|---|---|---|---|---|---|---|---|---|---|---|---|---|---|---|---|
| 批量 N | n | c | $p_t$% | n | c | $p_t$% | n | c | $p_t$% | n | c | $p_t$% | n | c | $p_t$% | n | c | $p_t$% |
| 1-10 | 全數 | 0 | - | 全數 | 0 | - | 全數 | 0 | - | 全數 | 0 | - | 全數 | 0 | - | 全數 | 0 | - |
| 11-50 | 11 | 0 | 17.6 | 11 | 0 | 17.6 | 11 | 0 | 17.6 | 11 | 0 | 17.6 | 11 | 0 | 17.6 | 11 | 0 | 17.6 |
| 51-100 | 13 | 0 | 15.3 | 13 | 0 | 15.3 | 13 | 0 | 15.3 | 13 | 0 | 15.3 | 13 | 0 | 15.3 | 13 | 0 | 15.3 |
| 101-200 | 14 | 0 | 14.7 | 14 | 0 | 14.7 | 14 | 0 | 14.7 | 29 | 1 | 12.9 | 29 | 1 | 12.9 | 29 | 1 | 12.9 |
| 201-300 | 14 | 0 | 14.9 | 14 | 0 | 14.9 | 30 | 1 | 12.7 | 30 | 1 | 12.7 | 30 | 1 | 12.7 | 30 | 1 | 12.7 |
| 301-400 | 14 | 0 | 15.0 | 14 | 0 | 15.0 | 31 | 1 | 12.3 | 31 | 1 | 12.3 | 31 | 1 | 12.3 | 48 | 2 | 10.7 |
| 401-500 | 14 | 0 | 15.0 | 14 | 0 | 15.0 | 32 | 1 | 12.0 | 32 | 1 | 12.0 | 49 | 2 | 10.6 | 49 | 2 | 10.6 |
| 501-600 | 14 | 0 | 15.1 | 32 | 1 | 12.0 | 32 | 1 | 12.0 | 50 | 2 | 10.4 | 50 | 2 | 10.4 | 70 | 3 | 9.3 |
| 601-800 | 14 | 0 | 15.1 | 32 | 1 | 12.0 | 32 | 1 | 12.0 | 50 | 2 | 10.5 | 50 | 2 | 10.5 | 70 | 3 | 9.4 |
| 801-1000 | 15 | 0 | 14.2 | 33 | 1 | 11.7 | 33 | 1 | 11.7 | 50 | 2 | 10.6 | 70 | 3 | 9.4 | 90 | 4 | 8.5 |
| 1001-2000 | 15 | 0 | 14.2 | 33 | 1 | 11.7 | 55 | 2 | 9.3 | 75 | 3 | 8.8 | 95 | 4 | 8.0 | 120 | 5 | 7.6 |
| 2001-3000 | 15 | 0 | 14.2 | 33 | 1 | 11.8 | 55 | 2 | 9.4 | 75 | 3 | 8.8 | 120 | 5 | 7.6 | 145 | 6 | 7.2 |
| 3001-4000 | 15 | 0 | 14.3 | 33 | 1 | 11.8 | 55 | 2 | 9.5 | 100 | 4 | 7.9 | 125 | 5 | 7.4 | 195 | 8 | 6.6 |
| 4001-5000 | 15 | 0 | 14.3 | 33 | 1 | 11.8 | 75 | 3 | 8.9 | 100 | 4 | 7.9 | 150 | 6 | 7.0 | 225 | 9 | 6.3 |
| 5001-7000 | 33 | 1 | 11.8 | 55 | 2 | 9.7 | 75 | 3 | 8.9 | 125 | 5 | 7.4 | 175 | 7 | 6.7 | 250 | 10 | 6.1 |
| 7001-10,000 | 34 | 1 | 11.4 | 55 | 2 | 9.7 | 75 | 3 | 8.9 | 125 | 5 | 7.4 | 200 | 8 | 6.4 | 310 | 12 | 5.8 |
| 10,001-20,000 | 34 | 1 | 11.4 | 55 | 2 | 9.7 | 100 | 4 | 8.0 | 150 | 6 | 7.0 | 260 | 10 | 6.0 | 425 | 16 | 5.3 |
| 20,001-50,000 | 34 | 1 | 11.4 | 55 | 2 | 9.7 | 100 | 4 | 8.0 | 180 | 7 | 6.7 | 315 | 13 | 5.5 | 640 | 23 | 4.8 |
| 50,001-100,000 | 34 | 1 | 11.4 | 80 | 3 | 8.4 | 125 | 5 | 7.4 | 235 | 9 | 6.1 | 435 | 16 | 5.2 | 800 | 28 | 4.5 |

## SA 表－5.0
## AOQL=5.0%

| 工程平均% | 0-.10 | | | .11-1.00 | | | 1.01-2.00 | | | 2.01-3.00 | | | 3.01-4.00 | | | 4.01-5.00 | | |
|---|---|---|---|---|---|---|---|---|---|---|---|---|---|---|---|---|---|---|
| 批量 N | n | c | pt% | n | c | pt% | n | c | pt% | n | c | pt% | n | c | pt% | n | c | pt% |
| 1-5 | 全數 | 0 | - | 全數 | 0 | - | 全數 | 0 | - | 全數 | 0 | - | 全數 | 0 | - | 全數 | 0 | - |
| 6-50 | 6 | 0 | 20.5 | 6 | 0 | 30.5 | 6 | 0 | 30.5 | 6 | 0 | 30.5 | 6 | 0 | 30.5 | 6 | 0 | 30.5 |
| 51-100 | 7 | 0 | 27.0 | 7 | 0 | 27.0 | 7 | 0 | 27.0 | 14 | 1 | 26.5 | 14 | 1 | 26.5 | 14 | 1 | 26.5 |
| 101-200 | 7 | 0 | 27.5 | 7 | 0 | 27.5 | 16 | 1 | 24.0 | 16 | 1 | 24.0 | 16 | 1 | 24.0 | 24 | 2 | 21.5 |
| 201-300 | 7 | 0 | 27.5 | 16 | 1 | 24.0 | 16 | 1 | 24.0 | 16 | 1 | 24.0 | 25 | 2 | 21.0 | 25 | 2 | 21.0 |
| 301-400 | 7 | 0 | 27.5 | 16 | 1 | 24.0 | 16 | 1 | 24.0 | 26 | 2 | 20.0 | 26 | 2 | 20.0 | 35 | 3 | 18.8 |
| 401-500 | 7 | 0 | 27.5 | 16 | 1 | 24.0 | 16 | 1 | 24.0 | 26 | 2 | 20.0 | 36 | 3 | 18.3 | 46 | 4 | 17.0 |
| 501-600 | 7 | 0 | 28.0 | 16 | 1 | 24.0 | 26 | 22 | 20.0 | 26 | 2 | 20.0 | 37 | 3 | 17.9 | 47 | 4 | 16.6 |
| 601-800 | 7 | 0 | 28.0 | 16 | 1 | 24.0 | 27 | 2 | 19.4 | 37 | 3 | 17.9 | 48 | 4 | 16.3 | 60 | 5 | 15.2 |
| 801-1000 | 7 | 0 | 28.0 | 17 | 1 | 22.5 | 27 | 2 | 19.5 | 37 | 3 | 17.9 | 48 | 4 | 16.3 | 70 | 6 | 14.3 |
| 1001-2000 | 7 | 0 | 28.0 | 17 | 1 | 23.0 | 27 | 2 | 19.6 | 38 | 3 | 17.6 | 60 | 5 | 15.3 | 85 | 7 | 13.7 |
| 2001-3000 | 7 | 0 | 28.0 | 17 | 1 | 23.0 | 38 | 3 | 17.6 | 50 | 4 | 15.8 | 75 | 6 | 13.9 | 125 | 10 | 12.3 |
| 3001-4000 | 17 | 1 | 22.0 | 27 | 2 | 19.6 | 39 | 3 | 17.0 | 60 | 5 | 15.4 | 85 | 7 | 13.8 | 140 | 11 | 11.8 |
| 4001-5000 | 17 | 1 | 23.0 | 27 | 2 | 19.6 | 39 | 3 | 17.0 | 65 | 5 | 14.2 | 100 | 8 | 12.9 | 155 | 12 | 11.6 |
| 5001-7000 | 17 | 1 | 23.0 | 27 | 2 | 19.7 | 39 | 3 | 17.1 | 75 | 6 | 13.9 | 115 | 9 | 12.3 | 185 | 14 | 11.0 |
| 7001-10,000 | 17 | 1 | 23.0 | 27 | 2 | 19.7 | 50 | 4 | 15.9 | 75 | 6 | 14.0 | 130 | 10 | 12.0 | 225 | 17 | 10.4 |
| 10,001-20,000 | 17 | 1 | 23.0 | 27 | 2 | 19.7 | 50 | 4 | 15.9 | 90 | 7 | 13.1 | 170 | 13 | 11.0 | 305 | 22 | 9.6 |
| 20,001-50,000 | 17 | 1 | 23.0 | 39 | 3 | 17.1 | 65 | 5 | 14.3 | 115 | 9 | 12.3 | 215 | 16 | 10.4 | 400 | 28 | 9.0 |
| 50,001-100,000 | 17 | 1 | 23.0 | 39 | 3 | 17.1 | 75 | 6 | 14.0 | 145 | 11 | 11.5 | 275 | 20 | 9.8 | 450 | 31 | 8.8 |

## SL 表－7.0
## AOQL=7.0%

| 工程平均% | 0-.14 | | | .15-1.40 | | | 1.41-2.80 | | | 2.81-4.20 | | | 4.21-5.60 | | | 5.61-7.00 | | |
|---|---|---|---|---|---|---|---|---|---|---|---|---|---|---|---|---|---|---|
| 批量 N | n | c | pt% | n | c | pt% | n | c | pt% | n | c | pt% | n | c | pt% | n | c | pt% |
| 1-5 | 全數 | 0 | - | 全數 | 0 | - | 全數 | 0 | - | 全數 | 0 | - | 全數 | 0 | - | 全數 | 0 | - |
| 6-50 | 5 | 0 | 35.5 | 5 | 0 | 35.5 | 5 | 0 | 35.5 | 5 | 0 | 35.5 | 5 | 0 | 35.5 | 5 | 0 | 35.5 |
| 51-100 | 5 | 0 | 36.0 | 5 | 0 | 36.0 | 5 | 0 | 36.0 | 11 | 1 | 28.5 | 11 | 1 | 28.5 | 11 | 1 | 28.5 |
| 101-200 | 5 | 0 | 36.5 | 5 | 0 | 36.5 | 11 | 1 | 30.5 | 11 | 1 | 30.5 | 18 | 2 | 26.5 | 18 | 2 | 26.5 |
| 201-300 | 5 | 0 | 36.5 | 12 | 1 | 28.5 | 12 | 1 | 28.5 | 18 | 2 | 26.5 | 18 | 2 | 26.5 | 25 | 3 | 26.0 |
| 301-400 | 5 | 0 | 37.0 | 12 | 1 | 28.5 | 12 | 1 | 28.5 | 19 | 2 | 25.5 | 26 | 3 | 25.0 | 33 | 4 | 23.5 |
| 401-500 | 5 | 0 | 37.0 | 12 | 1 | 28.5 | 19 | 2 | 25.5 | 19 | 2 | 25.5 | 26 | 3 | 25.0 | 34 | 4 | 23.0 |
| 501-600 | 5 | 0 | 37.0 | 12 | 1 | 28.5 | 19 | 2 | 25.5 | 27 | 3 | 24.5 | 34 | 4 | 23.0 | 42 | 5 | 21.5 |
| 601-800 | 5 | 0 | 37.0 | 12 | 1 | 29.0 | 19 | 2 | 25.5 | 27 | 3 | 24.5 | 35 | 4 | 22.5 | 50 | 6 | 20.5 |
| 801-1000 | 5 | 0 | 37.0 | 12 | 1 | 29.0 | 19 | 2 | 25.5 | 27 | 3 | 24.5 | 43 | 5 | 21.5 | 60 | 7 | 19.3 |
| 1001-2000 | 5 | 0 | 37.0 | 12 | 1 | 29.0 | 27 | 3 | 24.5 | 36 | 4 | 22.0 | 50 | 6 | 21.0 | 70 | 8 | 17.7 |
| 2001-3000 | 12 | 1 | 29.0 | 19 | 2 | 25.5 | 28 | 3 | 23.5 | 45 | 5 | 20.5 | 60 | 7 | 19.6 | 100 | 11 | 16.5 |
| 3001-4000 | 12 | 1 | 29.0 | 20 | 2 | 24.5 | 28 | 3 | 24.0 | 45 | 5 | 20.5 | 70 | 8 | 18.1 | 120 | 13 | 15.8 |
| 4001-5000 | 12 | 1 | 29.0 | 20 | 2 | 24.5 | 36 | 4 | 22.0 | 55 | 6 | 19.0 | 80 | 9 | 17.3 | 140 | 15 | 15.1 |
| 5001-7000 | 12 | 1 | 29.0 | 20 | 2 | 24.5 | 36 | 4 | 22.0 | 55 | 6 | 19.1 | 90 | 10 | 16.8 | 160 | 17 | 14.6 |
| 7001-10,000 | 12 | 1 | 29.0 | 20 | 2 | 24.5 | 36 | 4 | 22.0 | 65 | 7 | 18.4 | 110 | 12 | 15.9 | 195 | 20 | 13.9 |
| 10,001-20,000 | 12 | 1 | 29.0 | 28 | 3 | 24.0 | 45 | 5 | 20.5 | 75 | 8 | 17.8 | 135 | 14 | 15.2 | 240 | 24 | 13.2 |
| 20,001-50,000 | 12 | 1 | 29.0 | 28 | 3 | 24.0 | 55 | 6 | 19.2 | 95 | 10 | 16.6 | 175 | 18 | 14.1 | 310 | 30 | 12.4 |
| 50,001-100,000 | 12 | 1 | 29.0 | 28 | 3 | 24.0 | 55 | 6 | 19.2 | 115 | 12 | 15.8 | 210 | 21 | 13.4 | 355 | 34 | 12.1 |

## 附表 10  $\chi^2$ 分配表

$$\phi \cdot P \to \chi^2$$

| P / $\phi$ | .99 | .975 | .95 | .90 | .50 | .10 | .05 | .025 | .01 |
|---|---|---|---|---|---|---|---|---|---|
| 1 | 0.01157 | 0.03982 | 0.00393 | 0.0158 | 0.455 | 2.706 | 3.841 | 5.024 | 6.635 |
| 2 | 0.0201 | 0.0506 | 0.103 | 0.211 | 1.386 | 4.505 | 5.991 | 7.378 | 9.210 |
| 3 | 0.115 | 0.216 | 0.352 | 0.584 | 2.386 | 6.251 | 7.815 | 9.348 | 11.345 |
| 4 | 0.297 | 0.484 | 0.711 | 1.064 | 3.357 | 7.779 | 9.488 | 11.143 | 13.277 |
| 5 | 0.554 | 0.831 | 1.145 | 1.610 | 4.351 | 9.236 | 11.070 | 12.832 | 15.086 |
| 6 | 0.554 | 0.831 | 1.145 | 1.810 | 4.351 | 9.236 | 11.070 | 12.832 | 15.086 |
| 7 | 1.239 | 1.690 | 2.167 | 2.833 | 6.346 | 12.017 | 14.067 | 16.013 | 18.475 |
| 8 | 1.646 | 2.180 | 2.733 | 3.490 | 7.344 | 13.362 | 15.507 | 17.535 | 20.090 |
| 9 | 2.088 | 2.700 | 3.325 | 4.168 | 8.343 | 14.684 | 16.919 | 19.023 | 21.666 |
| 10 | 2.558 | 3.247 | 3.940 | 4.865 | 9.342 | 15.987 | 18.307 | 20.483 | 23.209 |
| 11 | 3.053 | 3.816 | 4.575 | 5.578 | 10.341 | 17.275 | 19.675 | 21.920 | 24.725 |
| 12 | 3.571 | 4.404 | 5.226 | 6.304 | 11.340 | 18.549 | 21.026 | 23.337 | 26.217 |
| 13 | 4.107 | 5.009 | 5.892 | 7.042 | 12.340 | 19.812 | 22.362 | 24.736 | 27.688 |
| 14 | 4.660 | 5.629 | 6.571 | 7.790 | 13.339 | 21.064 | 23.685 | 26.119 | 29.141 |
| 15 | 5.229 | 6.262 | 7.261 | 8.547 | 14.339 | 22.307 | 24.996 | 27.488 | 30.578 |
| 16 | 5.812 | 6.908 | 7.962 | 9.312 | 15.338 | 23.542 | 26.296 | 28.845 | 38.000 |
| 17 | 6.408 | 7.564 | 8.672 | 10.085 | 16.338 | 24.769 | 27.587 | 30.191 | 33.409 |
| 18 | 7.015 | 8.231 | 9.390 | 10.865 | 17.338 | 25.989 | 28.869 | 31.526 | 34.805 |
| 19 | 7.633 | 8.907 | 10.117 | 11.651 | 18.338 | 27.204 | 30.144 | 32.852 | 36.191 |
| 20 | 8.260 | 9.591 | 10.851 | 12.443 | 19.337 | 28.412 | 31.410 | 34.170 | 37.566 |

## 附表 10 $\chi^2$ 分配表（續）

$\phi \cdot P \rightarrow \chi^2$

| P<br>$\phi$ | .99 | .975 | .95 | .90 | .50 | .10 | .05 | .025 | .01 |
|---|---|---|---|---|---|---|---|---|---|
| 21 | 8.897 | 10.283 | 11.591 | 13.240 | 20.337 | 29.615 | 32.671 | 35.479 | 38.932 |
| 22 | 9.542 | 10.982 | 12.338 | 14.041 | 21.337 | 30.813 | 33.924 | 36.781 | 40.289 |
| 23 | 10.196 | 11.689 | 13.091 | 14.848 | 22.337 | 32.007 | 35.172 | 38.076 | 41.638 |
| 24 | 10.856 | 12.401 | 13.848 | 15.659 | 23.337 | 33.196 | 36.415 | 39.364 | 42.980 |
| 25 | 11.524 | 13.120 | 14.611 | 16.473 | 24.337 | 34.382 | 37.652 | 40.646 | 44.314 |
| 26 | 12.198 | 13.844 | 15.379 | 17.292 | 25.336 | 35.563 | 38.885 | 41.923 | 45.642 |
| 27 | 12.879 | 14.573 | 16.151 | 18.114 | 26.336 | 36.741 | 40.113 | 43.194 | 46.963 |
| 28 | 13.565 | 15.308 | 16.928 | 18.939 | 27.336 | 37.916 | 41.337 | 44.461 | 48.278 |
| 29 | 14.256 | 16.047 | 17.708 | 19.768 | 28.336 | 39.087 | 42.557 | 45.722 | 49.588 |
| 30 | 14.953 | 16.791 | 18.493 | 20.599 | 29.336 | 40.256 | 43.773 | 46.979 | 50.892 |
| 40 | 22.164 | 24.433 | 26.509 | 29.050 | 39.335 | 51.805 | 55.758 | 59.342 | 63.691 |
| 50 | 29.707 | 32.357 | 34.764 | 37.689 | 49.335 | 63.167 | 67.505 | 71.420 | 76.154 |
| 60 | 37.485 | 40.482 | 43.188 | 46.459 | 59.335 | 74.397 | 79.082 | 83.298 | 88.379 |
| 70 | 45.442 | 48.758 | 51.739 | 55.329 | 69.334 | 85.527 | 90.531 | 95.023 | 100.425 |
| 80 | 53.540 | 57.153 | 60.392 | 64.278 | 79.334 | 96.578 | 101.879 | 106.629 | 112.329 |
| 90 | 61.754 | 65.647 | 69.126 | 73.291 | 89.334 | 107.565 | 113.145 | 118.136 | 124.116 |
| 100 | 70.065 | 74.222 | 77.930 | 82.358 | 99.334 | 118.498 | 124.342 | 129.561 | 135.807 |

## 附表 11　臺灣主要魚介類生產期表

| 魚介名 | 英　　　名 | 1月 | 2 | 3 | 4 | 5 | 6 | 7 | 8 | 9 | 10 | 11 | 12 |
|---|---|---|---|---|---|---|---|---|---|---|---|---|---|
| 鯖 | Mackerel | 〰 | — | — | 〰 | 〰 | — | — | | | | 〰 | 〰 |
| 白帶魚 | Hair tail | 〰 | 〰 | 〰 | 〰 | — | — | — | | | | | |
| 馬頭魚 | Tile fish | | | | — | 〰 | 〰 | — | | | | | |
| 海　鰻 | Sea eel | 〰 | 〰 | 〰 | — | 〰 | 〰 | 〰 | — | | | | |
| 鬼頭刀 | Mahi mahi | | | | — | 〰 | 〰 | — | | | | | |
| 虱目魚 | Milk fish | | | | | 〰 | 〰 | 〰 | 〰 | 〰 | — | | |
| 吳郭魚 | Tilapia | | | — | — | — | — | — | 〰 | 〰 | 〰 | 〰 | 〰 |
| 河　鰻 | Japanese eel | — | — | — | — | — | — | — | — | — | — | — | — |
| 四　破 | Amber fish | — | | | | | | | | 〰 | 〰 | 〰 | 〰 |
| 硬尾鰺 | Horse mackerel | 〰 | — | — | — | — | — | — | — | — | — | — | 〰 |
| 圓花鰹 | Bullet Mackerel | | | | — | 〰 | 〰 | — | | | | | |
| 巴　鰹 | Oceanic Bonito | — | — | — | — | 〰 | 〰 | — | | | | 〰 | |
| 白　口 | White mouth | 〰 | 〰 | | | | | | | | | | |
| 　　鯤 | Skipjack | 〰 | — | — | 〰 | 〰 | — | — | 〰 | 〰 | 〰 | 〰 | 〰 |
| 長鰭鮪 | Albacore | | | | — | — | — | — | 〰 | 〰 | 〰 | 〰 | 〰 |
| 大眼鮪 | Bigeye tuna | | | | 〰 | 〰 | — | — | — | — | — | — | 〰 |
| 黃鰭鮪 | Mellow fin tuna | | | | — | — | — | — | — | — | — | — | 〰 |
| 黑　鮪 | Blue fin tuna | — | — | — | — | — | — | — | — | — | — | — | — |
| 旗　魚 | Marlin | 〰 | 〰 | 〰 | 〰 | 〰 | — | — | | | 〰 | 〰 | 〰 |
| 黑　鯧 | Black Pomfret | — | — | — | — | — | — | — | | | | 〰 | 〰 |
| 赤　海 | Red Snapper | — | — | — | — | — | — | — | — | — | — | — | — |
| 烏　賊 | Cuttle fish | 〰 | 〰 | — | — | — | — | — | — | — | — | — | 〰 |
| 小　卷 | Squid | | | | — | 〰 | 〰 | 〰 | 〰 | — | — | | |
| 紅　蝦 | Red Shrimp | | | | | | | — | 〰 | 〰 | — | | |
| 草　蝦 | Grass Shrimp | | | — | 〰 | 〰 | 〰 | — | | | | | |
| 金　門 | | 〰 | — | — | — | — | — | — | — | — | — | 〰 | 〰 |

〰〰〰〰 表示盛產期　　───── 表示產期　　（來源：1984林泗潭）

## 附表 12　罐頭原料到達鮮度限界最大放置時間及放置溫度關係

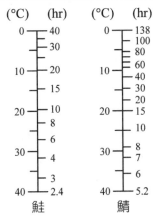

鮭　　　　鯖

## 附表 13　食品品質與溫度關係表

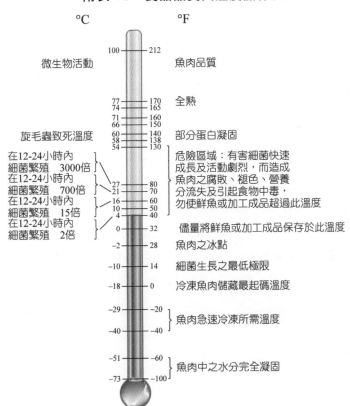

## 附表 14 冷凍食品 3T 計算用圖

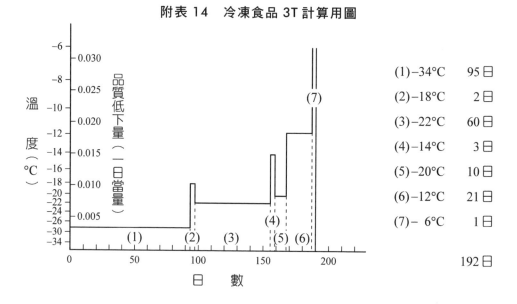

(1) −34°C　　95 日

(2) −18°C　　　2 日

(3) −22°C　　60 日

(4) −14°C　　　3 日

(5) −20°C　　10 日

(6) −12°C　　21 日

(7) −　6°C　　　1 日

192 日

## 附表 15 生物化學常用單位

| | |
|---|---|
| $\mu$g micorgram（1000 分之一 mg） | Be' Bame　　母氏度 |
| $\mu$ micron（1000 分之一 1mm） | Brix (Bx)　　糖度百分率 |
| m$\mu$ milli micorn（1000 分之 1 $\mu$） | Mrad megarad　　放射線照射量 |
| $\mu$g%　100g 中 mg 數 | P.P.M.(Parts per million)，100 萬分之一 |
| $\mu$g%　100g 中 $\mu$g 數 | γ%與 $\mu$g%相同 |
| γ (gamma)與 $\mu$g 相同 | °A　0.1$\mu$m =$^{-8}$cm |
| γ/g(gamma per gram)1g 中 γ 數 | IU (International unit)國際單位 |
| Kcal 1 Cal 相當 3.968 B.T.U | N normal　（規定濃度） |
| PH 酸鹼度 | B.T.U.　相當 0.252Kcal |

### 附表 16　攝氏及華氏溫度對照表

| 攝　氏<br>（℃） | 華　氏<br>（℉） | 攝　氏<br>（℃） | 華　氏<br>（℉） | 攝　氏<br>（℃） | 華　氏<br>（℉） | 攝　氏<br>（℃） | 華　氏<br>（℉） | 攝　氏<br>（℃） | 華　氏<br>（℉） |
|---|---|---|---|---|---|---|---|---|---|
| -40 | -40.0 | -5 | 23.0 | 30 | 86.0 | 65 | 149.0 | 100 | 212.0 |
| -39 | -38.2 | -4 | 24.8 | 31 | 87.8 | 66 | 150.8 | 101 | 213.8 |
| -38 | -36.4 | -3 | 26.6 | 32 | 89.6 | 67 | 152.6 | 102 | 215.6 |
| -37 | -34.6 | -2 | 28.4 | 33 | 91.4 | 68 | 154.4 | 103 | 217.4 |
| -36 | -32.8 | -1 | 30.2 | 34 | 93.2 | 69 | 156.2 | 104 | 219.2 |
| -35 | -31.0 | 0 | 32.0 | 35 | 95.0 | 70 | 158.0 | 105 | 221.0 |
| -34 | -29.2 | 1 | 33.8 | 36 | 96.8 | 71 | 159.8 | 106 | 222.8 |
| -33 | -27.4 | 2 | 35.6 | 37 | 98.6 | 72 | 161.6 | 107 | 224.6 |
| -32 | -25.6 | 3 | 37.4 | 38 | 100.4 | 73 | 163.4 | 108 | 226.4 |
| -31 | -23.8 | 4 | 39.2 | 39 | 102.2 | 74 | 165.2 | 109 | 228.2 |
| -30 | -22.0 | 5 | 41.0 | 40 | 104.0 | 75 | 167.0 | 110 | 230.0 |
| -29 | -20.2 | 6 | 42.8 | 41 | 105.8 | 76 | 168.8 | 111 | 231.8 |
| -28 | -18.4 | 7 | 44.6 | 42 | 107.6 | 77 | 170.6 | 112 | 233.6 |
| -27 | -16.6 | 8 | 46.4 | 43 | 109.4 | 78 | 172.4 | 113 | 235.4 |
| -26 | -14.8 | 9 | 48.2 | 44 | 111.2 | 79 | 174.2 | 114 | 237.2 |
| -25 | -13.0 | 10 | 50.0 | 45 | 113.0 | 80 | 176.0 | 115 | 239.0 |
| -24 | -11.2 | 11 | 51.8 | 46 | 114.8 | 81 | 177.8 | 116 | 240.8 |
| -23 | -9.4 | 12 | 53.6 | 47 | 116.6 | 82 | 179.6 | 117 | 242.6 |
| -22 | -7.6 | 13 | 55.4 | 48 | 118.4 | 83 | 181.4 | 118 | 244.4 |
| -21 | -5.8 | 14 | 57.2 | 49 | 120.2 | 84 | 183.2 | 119 | 246.2 |
| -20 | -4.0 | 15 | 59.0 | 50 | 122.0 | 85 | 185.0 | 120 | 248.0 |
| -19 | -2.2 | 16 | 60.8 | 51 | 123.8 | 86 | 186.8 | 121 | 249.8 |

## 附表 16　攝氏及華氏溫度對照表（續）

| 攝　氏 (℃) | 華　氏 (℉) | 攝　氏 (℃) | 華　氏 (℉) | 攝　氏 (℃) | 華　氏 (℉) | 攝　氏 (℃) | 華　氏 (℉) | 攝　氏 (℃) | 華　氏 (℉) |
|---|---|---|---|---|---|---|---|---|---|
| -18 | -0.4 | 17 | 62.6 | 52 | 125.6 | 87 | 188.6 | 122 | 251.6 |
| -17 | 1.4 | 18 | 64.4 | 53 | 127.4 | 88 | 190.4 | 123 | 253.4 |
| -16 | 3.2 | 19 | 66.2 | 54 | 129.2 | 89 | 192.2 | 124 | 255.2 |
|  |  |  |  |  |  |  |  |  |  |
| -15 | 5.0 | 20 | 68.0 | 55 | 131.0 | 90 | 194.0 |  |  |
| -14 | 6.8 | 21 | 69.8 | 56 | 132.8 | 91 | 195.8 |  |  |
| -13 | 8.6 | 22 | 71.6 | 57 | 134.6 | 92 | 197.6 |  |  |
| -12 | 10.4 | 23 | 73.4 | 58 | 136.4 | 93 | 199.4 |  |  |
| -11 | 12.2 | 24 | 75.2 | 59 | 138.2 | 94 | 201.2 |  |  |
|  |  |  |  |  |  |  |  |  |  |
| -10 | 14.0 | 25 | 77.0 | 60 | 140.0 | 95 | 203.0 |  |  |
| -9 | 15.8 | 26 | 78.8 | 61 | 141.8 | 96 | 204.8 |  |  |
| -8 | 17.6 | 27 | 80.6 | 62 | 143.6 | 97 | 206.6 |  |  |
| -7 | 19.4 | 28 | 82.4 | 63 | 145.4 | 98 | 208.4 |  |  |
| -6 | 21.2 | 29 | 84.2 | 64 | 147.2 | 99 | 210.2 |  |  |

## 附表 17　中外度量衡算表(Conversion tables)

### 長　度

| 公厘 | 公尺 | 公里 | 市尺 | 營造尺 | 舊日尺(台尺) | 吋 | 呎 | 碼 | 哩 | 國際浬 |
|---|---|---|---|---|---|---|---|---|---|---|
| 1 | 0.001 | ...... | 0.003 | 0.00313 | 0.0033 | 0.03937 | 0.00328 | 0.00109 | ...... | ...... |
| 1000 | 1 | 0.001 | 3 | 3.125 | 3.3 | 39.37 | 3.28084 | 1.09361 | 0.00062 | 0.00054 |
| ...... | 1000 | 1 | 3000 | 3125 | 3300 | 39370 | 3280.84 | 1093.61 | 0.62137 | 0.53996 |
| 333.333 | 0.33333 | 0.00033 | 1 | 1.04167 | 1.1 | 13.1233 | 1.09361 | 0.36454 | 0.00021 | 0.00018 |
| 320 | 0.32 | 0.00032 | 0.96 | 1 | 1.056 | 12.5984 | 1.04987 | 0.34996 | 0.0002 | 0.00017 |
| 303.303 | 0.30303 | 0.00030 | 0.90909 | 0.94697 | 1 | 11.9303 | 0.99419 | 0.33140 | 0.00019 | 0.00016 |
| 25.4 | 0.0254 | 0.00003 | 0.07620 | 0.07938 | 0.08382 | 1 | 0.08333 | 0.02778 | 0.00002 | 0.00001 |
| 304.801 | 0.30480 | 0.00031 | 0.91440 | 0.95250 | 1.00584 | 12 | 1 | 0.33333 | 0.00019 | 0.00017 |
| 914.402 | 0.91440 | 0.00091 | 2.74321 | 2.85751 | 3.01752 | 36 | 3 | 1 | 0.00057 | 0.00049 |
| | 1609.35 | 1.60935 | 4828.04 | 5029.21 | 5310.83 | 63360 | 5280 | 1760 | 1 | 0.86898 |
| ...... | 1852.00 | 1.85200 | 5556.01 | 5787.50 | 6111.60 | 72913.2 | 6076.10 | 2025.37 | 1.15016 | 1 |

1英碼＝0.9143992公尺　　1公尺＝1.0936143英碼　　1英吋＝2.539998公分　　1海里＝6080呎
1美碼＝0.91440183公尺　　1公尺＝1.0936111美碼　　1美吋＝2.54000公分　　1海里＝1.516哩

### 地　積（面積）

| 平方公尺 | 公畝 | 公頃 | 平方公里 | 市畝 | 營造畝 | 日坪 | 日畝 | 臺灣甲 | 英畝 | 美畝 |
|---|---|---|---|---|---|---|---|---|---|---|
| 1 | 0.01 | 0.0001 | ...... | 0.0015 | 0.001628 | 0.30250 | 0.01008 | 0.00010 | 0.00025 | 0.00025 |
| 100 | 1 | 0.01 | 0.0001 | 15 | 0.16276 | 30.25 | 1.00833 | 0.01031 | 0.02471 | 0.02471 |
| 10000 | 100 | 1 | 0.01 | 15 | 16.276 | 3025.0 | 100.833 | 1.03102 | 2.47106 | 2.47104 |
| ...... | 10000 | 100 | 1 | 1500 | 1627.6 | 302500 | 10083.3 | 10.3102 | 247.106 | 247.104 |
| 666.666 | 6.66667 | 0.06667 | 0.000667 | 1 | 1.08507 | 201.667 | 6.72222 | 0.06874 | 0.16441 | 0.16474 |
| 614.40 | 6.1440 | 0.06144 | 0.000614 | 0.9216 | 1 | 185.856 | 6.19520 | 0.06238 | 0.15203 | 0.15182 |
| 3.30579 | 0.03306 | 0.00033 | ...... | 0.00496 | 0.00538 | 1 | 0.03333 | 0.00034 | 0.00082 | 0.00082 |
| 99.1736 | 0.99174 | 0.00992 | 0.0000099 | 0.14876 | 0.16142 | 30 | 1 | 0.01023 | 0.02451 | 0.02451 |
| 9699.17 | 96.9917 | 0.96992 | 0.00970 | 14.5488 | 15.7866 | 2934 | 97.80 | 1 | 2.39672 | 2.39647 |
| 4046.85 | 40.4685 | 0.40469 | 0.00405 | 6.07029 | 6.58666 | 1224.17 | 40.8057 | 0.41724 | 1 | 0.99999 |
| 4046.87 | 4.04687 | 0.40469 | 0.00405 | 6.07031 | 6.58671 | 1224.18 | 40.806 | 0.41724 | 1.000005 | 1 |

1 Rai(泰國)＝484坪＝1600m²　　1平方哩＝2.58999平方公里＝640美(英畝)　　1台灣甲＝2934坪
1台灣甲＝6.25 Rai(泰國)　　1日町＝10段＝100日畝＝3000日坪

### 容　量

| 公撮 | 公升(市升) | 營造升 | 日升(台升) | 英液溫司 | 美液溫司 | 美液品脫 | 英加侖 | 美加侖 | 英蒲式耳 | 美蒲式耳 |
|---|---|---|---|---|---|---|---|---|---|---|
| 1 | 0.001 | 0.00097 | 0.00055 | 0.03520 | 0.03382 | 0.00211 | 0.00022 | 0.00026 | 0.00003 | 0.00003 |
| 1000 | 1 | 0.96575 | 0.55435 | 35.1960 | 33.8148 | 2.11342 | 0.21998 | 0.26418 | 0.02750 | 0.02838 |
| 1035.47 | 1.03547 | 1 | 0.57402 | 36.4444 | 35.0141 | 2.18838 | 0.22777 | 0.27355 | 0.02960 | 0.02939 |
| 1803.91 | 1.80391 | 1.74212 | 1 | 63.4904 | 60.9986 | 3.81242 | 0.39682 | 0.47655 | 0.04960 | 0.05119 |
| 28.4123 | 0.02841 | 0.02744 | 0.01585 | 1 | 0.96075 | 0.06005 | 0.00625 | 0.00751 | 0.00078 | 0.00081 |
| 29.5729 | 0.02957 | 0.02856 | 0.01639 | 1.04086 | 1 | 0.06250 | 0.00651 | 0.00781 | 0.00081 | 0.00084 |
| 473.167 | 0.47317 | 0.45696 | 0.26230 | 16.6586 | 16 | 1 | 0.10409 | 0.1250 | 0.01301 | 0.01343 |
| 4545.96 | 4.54596 | 4.39025 | 2.52007 | 160 | 153.721 | 9.60752 | 1 | 1.20094 | 0.1250 | 0.12901 |
| 3785.33 | 3.78533 | 3.65567 | 2.09841 | 133.229 | 128 | 8 | 0.83268 | 1 | 0.10409 | 0.10745 |
| 3636.77 | 36.3677 | 35.1220 | 20.1605 | 1280 | 1229.76 | 76.8602 | 8 | 9.60753 | 1 | 1.02921 |
| 35238.3 | 35.2383 | 34.0313 | 19.5344 | 1240.25 | 1191.57 | 74.4733 | 7.75156 | 9.30917 | 0.96895 | 1 |

1公升＝1.000028立方公寸
1英加侖＝8英液品脫＝160英液溫司＝32英及耳＝76800英米甯
1美加侖＝8美液品脫＝128美液溫司＝32美及耳＝61440美米甯

### 重　量

| 公克 | 公斤 | 公噸 | 市斤 | 營造庫平斤 | 台兩 | 日斤(台斤) | 溫司 | 磅 | 長噸 | 短噸 |
|---|---|---|---|---|---|---|---|---|---|---|
| 1 | 0.001 | ...... | 0.002 | 0.00168 | 0.02667 | 0.00167 | 0.03527 | 0.00221 | | |
| 1000 | 1 | 0.001 | 2 | 1.67556 | 26.6667 | 1.66667 | 35.2740 | 2.20462 | 0.00098 | 0.00110 |
| ...... | 1000 | 1 | 2000 | 1675.56 | 26666.7 | 1666.67 | 352740 | 2204.62 | 0.98421 | 1.10231 |
| 500 | 0.5 | 0.0005 | 1 | 0.83778 | 13.3333 | 0.83333 | 17.6370 | 1.10231 | 0.00049 | 0.00055 |
| | 0.59682 | 0.0006 | 1.19363 | 1 | 15.9151 | 0.99469 | 21.0521 | 1.31575 | 0.00060 | 0.00066 |
| | 0.0375 | 0.00004 | 0.075 | 0.06283 | 1 | 0.0625 | 1.32277 | 0.08267 | 0.00004 | 0.00004 |
| | 0.6 | 0.0006 | 1.2 | 1.00534 | 16 | 1 | 21.1644 | 1.32277 | 0.00059 | 0.00066 |
| | 0.02835 | 0.00003 | 0.0567 | 0.04692 | 0.75599 | 0.04725 | 1 | 0.0625 | 0.00003 | 0.00003 |
| | 0.45359 | 0.00045 | 0.90719 | 0.76002 | 12.0958 | 0.75599 | 16 | 1 | 0.00045 | 0.00050 |
| | 1016.05 | 1.01605 | 203.209 | 1702.45 | 27094.6 | 1693.41 | 35840 | 2240 | 1 | 1.12 |
| 907185 | 907.185 | 0.90719 | 1814.37 | 1520.04 | 24191.6 | 1511.98 | 32000 | 2000 | 0.89286 | 1 |

1英磅＝0.45359245公斤　　1脫來磅＝12脫來溫司＝0.822857磅　　1克辣＝0.2公克
1美磅＝0.4535924277公斤　　1日貫＝1000日匁＝6.25台斤＝100台兩　　1克冷＝0.0648公克

# 附錄三 品質管制練習用紙

## 用表（一）

| 1 | 2 | 3 | 4 | 5 | 6 | 7 | 8 | 9 | 10 | Xmax | Xain |
|---|---|---|---|---|---|---|---|---|----|------|------|
|   |   |   |   |   |   |   |   |   |    |      |      |

組數＝　　　組　　組距＝Xmax-Xmin／組數＝

境界值單位＝　　，境界值＝Xmin-境界值單位＝

| 組數 | 組界 | 中心值 | 次數分配 | 次數 |
|------|------|--------|----------|------|
| 1 |  |  |  |  |
| 2 |  |  |  |  |
| 3 |  |  |  |  |
| 4 |  |  |  |  |
| 5 |  |  |  |  |
| 6 |  |  |  |  |
| 7 |  |  |  |  |
| 8 |  |  |  |  |
| 9 |  |  |  |  |
| 10 |  |  |  |  |
| 11 |  |  |  |  |
| 12 |  |  |  |  |

| 統計檢討 | 形狀特性 | |
|----------|----------|--|
|          | 規格比較 | 製程能力 |
|          |          | 中心位置 |

| 現場檢討 | 不良狀況 |
|----------|----------|
|          | 調整方法 |

用表(二)

＿＿＿＿工業股份有限公司　　$\bar{X} － R$ 管　制　圖

資料編號：

| 製品名稱 | | 規　格 | 標準 | $T/\sqrt{n}$ | 管制圖 | 製造部門 | 期　間 | 年　月　日／ | 月 | 日 |
| --- | --- | --- | --- | --- | --- | --- | --- | --- | --- | --- |
| 品質特性 | | 最大值 | | | 上限 | 機器號碼 | 抽樣方法 | 合　計 | | |
| 測量單位 | | 平均值 | | | 中心線 | 工作者 | 測定者 | $\Sigma \bar{X}=$ | | |
| | | 最小值 | | | 下限 | | | $\Sigma R=$ | | |

| 時　間 | | | | | | | | | | | | 平　均 |
| --- | --- | --- | --- | --- | --- | --- | --- | --- | --- | --- | --- | --- |
| 樣本測定值 | $X_1$ | | | | | | | | | | | 平均 $\bar{\bar{X}}=$ |
| | $X_2$ | | | | | | | | | | | $\bar{R}=$ |
| | $X_3$ | | | | | | | | | | | 計 |
| | $X_4$ | | | | | | | | | | | |
| | $X_5$ | | | | | | | | | | | |
| $\Sigma X$ | | | | | | | | | | | | |
| $\bar{X}$ | | | | | | | | | | | | |
| $R$ | | | | | | | | | | | | |

$\bar{X}$ 管 制 圖

$R$ 管 制 圖

原因記錄

| $n$ | 4 | 5 | 6 |
| --- | --- | --- | --- |
| $A_2$ | 0.73 | 0.58 | 0.48 |
| m3A2 | 0.80 | 0.69 | 0.55 |
| $A_0$ | 1.52 | 1.36 | 1.26 |
| $D_4$ | 2.28 | 2.11 | 2.00 |

用表(三)

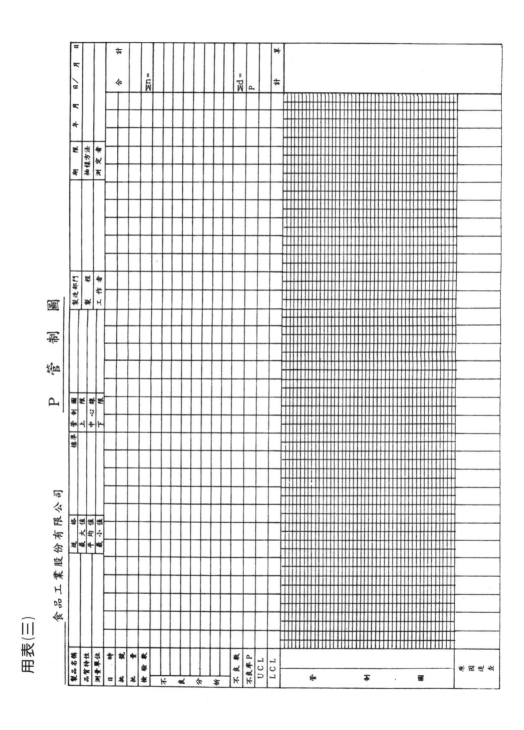

# 參 考 文 獻

1. 品質管制(1973)，王獻彰，科技圖書。

2. 品質管制(1983)，林偉仁譯，科技圖書。

3. 統計品質管制(1978)，王昆山，海國書局。

4. 品質管制(1976)，柯阿銀譯，三民書局。

5. 品質管制(1982)，歌林月刊社，新生報。

6. 品質管制(1978)，朱亮輝，萬博企管。

7. 品質管制(1982)，李景文，前程企管。

8. 品質管制(1977)，李少藩，大中國圖書公司。

9. 品質管制(1970)林秀雄，大中國圖書公司。

10. 工廠品質管理實務(1973)，蔡萍芳，逢甲書局。

11. 品質管制與工廠統計(1970)，陳文哲、黃清連譯，中華企管。

12. 中華民國之品質管制(1975)，中國生產力中心。

13. 品質管制七個新工具(1982)，林秀豐，前程企管。

14. 品圈活動(1977)，現場與管理雜誌社。

15. 品質管制之統計方法(1968)，陳文哲，中華企管。

16. 實用品質管制方法(1978)，陳耀茂、傅武雄，徐氏基金會。

17. 品質管制(1977)，周安川，正文書局。

18. 品質管制實施方法(1974)，鍾朝嵩，和昌出版。

19. 品質小組實務(1969)，鄭錦波譯，臺灣旭光雜誌社。

20. 品質查核(1979)，鄭平吉。

21. 抽樣檢驗(1974)，鍾朝嵩，和昌出版。

22. 品質管制學(1979)，莊德樹，復文書局。

23. 品管圈活動營的基本(1981)，先峰企管。

24. 相關與回歸分析(1981)，鍾朝嵩，先峰企管。

25. 品質管制實務及實驗計畫之應用(1978)，鍾清章，聯華企管。

26. 品管圈與自由管理活動手冊(1983)，陳文化。

27. 品質管制(1979)，陳光輝，永大書局。

28. 品質管制數值表(1981)，鍾朝嵩，先峰企業。

29. 品質管制—實用之管制方法(1983)，劉振譯，中興企管。

30. 品質管制—理論、方法、制度、實務(1981)，林秀雄，前程企管。

31. 品管圈(Q.C.C)百問百答，石原勝吉著，陳柏仁譯，先峰企管。

32. 品質管制的經濟計算法(1983)，陳耀茂譯，巨浪出版。

33. 品質管制(1981)，石川馨著，柯阿銀譯，三民書局。

34. 品質管制(1983)，王獻彰，全華科技圖書公司。

35. 近代品質管制學(1981)，鈴木著，葉碧珍譯，復文書局。

36. 品質管制理論與實務(1982)，陳文化，三民書局。

37. 品質管制(1999)，林成益，揚智文化。

38. 品質管制—技術與實務(1982)，盧慶塘、陳耀茂，六國出版社。

39. 品質管制(1981)，柯阿銀譯，三民書局。

40. 品質管制原理(1981)，陳慶芳，六國出版社。

41. 日本式品質管制(1983)，石川馨著，鍾朝嵩譯，先峰企管。

42. 品質管制(1972)，王昆山。

43. 品質計畫與分析(1983)，Juran & Gryna 著，劉振等合譯，中興企管。

44. 品質管制(1983)，D. H Bester Field 著，林傳仁譯，科技圖書公司。

45. 抽樣檢驗理論與應用(1981)，許如欽，中興企管。

46. 現代的品質管制(1981)，陳耀茂，五南圖書公司。

47. 高級品管(1973)，吳玉印，中華企管。

48. 品質管制入門(1971)，夏子中，中國生產力中心。

49. 管制圖表(1983)，J. Murdoch 著，徐仁勳譯，科技圖書公司。

50. 現代的品質管制，陳耀茂，五南圖書公司。

51. 品質經營與創新管理(1980)，林秀雄，前程企管。

52. 品質管制(1981)，品管編輯委員會，先峰企管。

53. 新 QC 七大手法(1983)，先峰品管研究會，先峰企管。

54. 食品品質管制(1992)，鄭清和，復文書局。

55. 品質管制(2000)，葉榮鵬，高立圖書有限公司。

56. 全面品管 ISO 9000 系列(1999)，蔡武德，復文書局。

57. 品質管制（修訂版）(2002)，周祖亮，文京圖書有限公司。

58. 不流淚的品管(1998)，Philip B. Crosby 著，陳怡芳譯，天下遠見出版股份公司。

59. これでいいのが，TQC(1986)，鎌田勝，日本實業出版社。

60. TQC の ABC，(1982)，椿常也，日本實業出版社。

61. 日本的品質管理(1982)，石川馨，日科技連。

62. TQC 日本の知惠(1981)，唐津一，日科技連。

63. TQM 21 世紀的總合「質」經營(1999)，鍾朝嵩，先峰企管。

64. TQM 推行實務(1999)，伊藤清、霍士富，超越企管。

65. 品質管理(1991)，戴久永，三民書局。

66. 品質管理的基本(2000)，內田治，建宏出版社。

67. 品質管理(1999)，李元墩、林明煙，復文書局。

68. 品質管理(1999)，簡聰海、許聰鑫、蔡志弘，全威出版。

69. 品質管理(1997)，傅和彥、黃士滔，前程企管。

70. 品質管理(1998)，陳文哲、楊銘賢，中興企管。

71. 品質管理(1997)，鄭春生，育友出版。

72. Grant E. L. and Leavenworth R. S.(1988). Statistical Quality Control, McGraw-Hill(5rd ed.).

73. Kramer, A. and Twigg B. A.(1970). Quality Control For The Food Industry, AVI(3rd ed.)

74. Juran, J. M. and Gryna, F. M.(1988). Juran's Quality Control Handbook, McGraw-Hill(4th ed.).

75. Crosby, P. B.(2004). Quality Without Tears, McGraw-Hill Education (India) Pvt Limited..

76. Loken, J. K.(1995). HACCP Food Safety Manual, Wiley.

國家圖書館出版品預行編目資料

品質管理：食品加工、餐飲服務、生鮮物流/
林志城, 林泗潭編著. -- 五版. -- 新北市 :
新文京開發出版股份有限公司, 2021.08
　　面；　　公分

ISBN　978-986-430-768-5（平裝）

1.品質管理　2.餐飲管理

494.56　　　　　　　　　　　　110013378

品質管理－食品加工、餐飲服務、
生鮮物流（第五版）　　　　　　　　（書號：B121e5）

| 編 著 者 | 林志城　林泗潭 |
| 出 版 者 | 新文京開發出版股份有限公司 |
| 地　　址 | 新北市中和區中山路二段 362 號 9 樓 |
| 電　　話 | (02) 2244-8188（代表號） |
| Ｆ Ａ Ｘ | (02) 2244-8189 |
| 郵　　撥 | 1958730-2 |
| 初　　版 | 西元 2002 年 06 月 10 日 |
| 二　　版 | 西元 2006 年 10 月 10 日 |
| 三　　版 | 西元 2011 年 10 月 10 日 |
| 四　　版 | 西元 2018 年 08 月 15 日 |
| 五　　版 | 西元 2021 年 09 月 10 日 |

有著作權　不准翻印　　　　　　　　建議售價：600 元
法律顧問：蕭雄淋律師
ISBN　978-986-430-768-5